关键信息基础设施安全保护丛书

网络空间安全监测预警

饶志宏 著

电子工业出版社·

Publishing House of Electronics Industry

北京·BEIJING

内 容 简 介

本书介绍网络空间安全监测预警的基本概念、主要特征，系统分析了网络空间安全监测预警的技术体系，同时阐述了网络空间安全监测预警的关键技术，分别从网络空间安全持续监测、网络空间安全态势感知与适时预警、网络空间安全追踪溯源、面向监测预警的安全威胁情报等方面对网络空间安全监测预警技术进行了详细介绍。特别从互联网安全监测预警技术及应用和关键信息基础设施安全监测预警技术及典型应用角度，理论联系实践地介绍了网络空间安全监测预警技术的应用场景和效能等，并对网络空间安全监测预警技术发展趋势进行了展望。

本书较为全面地总结了近几年来网络空间安全监测预警技术的最新研究成果，深入浅出地剖析了网络空间安全监测预警涵盖的理论与技术。本书内容全面、覆盖面广，既强调基础性，又兼具前沿性，可作为高等学校相关专业师生和对网络空间安全监测预警技术感兴趣的广大工程技术人员的参考书。

图书在版编目（CIP）数据

网络空间安全监测预警 / 饶志宏著. —北京：电子工业出版社，2022.11
（关键信息基础设施安全保护丛书）
ISBN 978-7-121-44445-6

Ⅰ. ①网…　Ⅱ. ①饶…　Ⅲ. ①计算机网络—网络安全—监测预报—研究　Ⅳ. ①TP393.08

中国版本图书馆 CIP 数据核字（2022）第 198447 号

责任编辑：徐蕾薇　　文字编辑：赵　娜
印　　刷：涿州市京南印刷厂
装　　订：涿州市京南印刷厂
出版发行：电子工业出版社
　　　　　北京市海淀区万寿路 173 信箱　　　邮编　100036
开　　本：787×1 092　　1/16　　印张：24.75　　字数：634 千字
版　　次：2022 年 11 月第 1 版
印　　次：2022 年 11 月第 1 次印刷
定　　价：150.00 元

凡所购买电子工业出版社图书有缺损问题，请向购买书店调换。若书店售缺，请与本社发行部联系，联系及邮购电话：（010）88254888，88258888。

质量投诉请发邮件至 zlts@phei.com.cn，盗版侵权举报请发邮件至 dbqq@phei.com.cn。

本书咨询联系方式：xuqw@phei.com.cn。

FOREWORD 前言

　　网络空间中发生的活动关系国家安全、经济利益、社会运行和民生福祉，因而与之有关的各利益方均需要对其中的安全态势演化过程进行持续的探测感知，掌握其实时变化，以此作为调节网络空间行动及防护策略的依据。网络空间安全监测预警是网络空间安全的重要组成部分。

　　监测的概念最早来自人们对自然界的认知。"监"指监视、监听、监督等，"测"指测试、测量、测验等。监测的前提是目标对象具有"可区分性"。理论上，自然界中任何实物目标及其所产生的现象总会有一定的特征，并与其所处的背景有差异。

　　目标与背景之间的任何差异，如外貌、形状、内在结构方面的差异，或在声、光、电、磁、热、力学等物理、信息特性方面的差异，都可直接由人的感官或借助一些技术手段加以区别，这是目标可以被监测的基本依据。

　　预警技术在环境、工业、医疗、财经、农业等很多领域都有着广泛应用，可以实现不同的目标。在网络安全技术领域，安全预警将根据网络安全态势信息，在攻击发生前，对攻击发生的规模大小、时空特性及行为特征等进行预测。预警技术是为防御突然的网络攻击，监视、识别网络上的不规则、异常行为的警戒手段，是网络空间防护的重要组成部分。

　　网络空间安全监测预警是指根据网络空间安全固有规律，通过持续监测、态势感知、追踪溯源等手段，对潜在或正在发生的，针对国家和组织网络空间资产攻击和威胁活动进行发现、感知、识别、分析、预测和告警的过程。

　　近年来，针对高级持续性威胁（Advanced Persistent Threat，APT）的安全防护需求推动了网络空间安全监测预警技术的迅猛发展，国内外涌现出一大批有代表性的技术和产品，在遏制 APT 攻击方面发挥了较为明显的作用。网络空间安全监测预警技术逐渐成为网络安全领域较为活跃的新兴技术方向，形成了独特的理论、方法与技术体系。

　　本书在作者和研究团队多年对网络空间安全监测预警技术的研究成果和工程实践的基础上，结合分析整理各方面文献资料编写而成。本书较为全面地阐述了网络空间安全监测预警的内涵、发展历程、主要特征、关键技术及应用等相关内容，力求使读者既能整体掌握网络空间安全监测预警技术体系，又能了解网络空间安全监测预警的新方法、新理论，相信将带给读者很好的启迪。由于作者和研究团队知识有限和网络空间安全监测预警技术不断发展，书中难免存在不足之处，甚至观点争议，愿探讨共勉！

作者

2022 年 5 月

CONTENTS 目录

第 1 章 网络空间安全监测预警概述

网络空间安全监测预警是网络空间安全的一个重要方向，监测预警通过监控和识别受保护网络上的安全漏洞和入侵行为，快速发现并封堵网络内部安全漏洞，并在入侵发生或入侵造成严重后果前，预报网络攻击行为的时空范围和危害程度，给出指向正确、及时的报警信息，使系统能够预先采取相应的防御措施来加强网络的安全；同时，监测预警技术能够对网络安全态势及演进趋势进行清晰表示，能够揭示攻击者是谁、以什么方式及何时发动进攻、攻击的特点是什么等一系列重要信息，实现对网络空间攻击者的追踪溯源，是网络空间主动防御的重要环节。

1.1 网络空间安全的概念与内涵

网络空间是继陆地、海洋、天空、太空后的第五维空间，是通过电子信息系统（未来可能还有其他信息系统，如量子信息系统等）产生作用的人造空间，也是信息时代人类进行生产、生活所高度依赖的虚实结合空间。由于网络空间在不断发展和演化过程中逐步蕴含巨大的政治、经济、社会价值和利益，网络空间安全已成为新形势下国家安全的重要组成部分。知己知彼，百战不殆，监测预警作为网络空间安全体系重要的感知环节，对安全体系整体能力的发挥具有至关重要的作用，是捍卫国家网络空间安全的前提和基础。

1.1.1 网络空间的定义和范畴

网络空间（是 CyberSpace 的一种权威译称，也有的音译为赛博空间）是社会信息化发展到一定阶段的必然产物，是一个发展中的概念，政府、军队、学术界对其定义不尽相同。

维基百科将网络空间定义为可以通过电子技术和电磁能量进行访问的电磁域空间，人类借助此空间可实现更广泛的通信与控制能力。网络空间通过集成信息存储器、处理器、控制器等大量实体，形成了一个虚拟集成的世界。美军参联会 2006 年 12 月出台的

《赛博空间国家军事战略》中，将 CyberSpace 定义为通过网络化系统及相关的物理基础设施，利用电子和电磁频谱存储、修改并交换数据的领域。美国空军 2008 年 3 月发布的《美空军赛博空间战略司令部战略构想》指出，赛博空间是通过网络系统和相关的物理基础设施，使用电子和电磁频谱来存储、修改或交换数据的一个域，赛博空间主要由电磁频谱、电子系统和网络化基础设施等组成。在美国国防部 2008 年版《国防部军事及相关术语词典》中，网络空间被定义为"由信息技术基础设施互相联网组成的全球范围的信息环境，包括互联网、电信网、计算机系统及嵌入式处理器和控制器等"。2020 年 6 月，《美国防部军事相关术语词典》对网络空间的定义是"由相互依存的信息技术基础设施网络和数据构成的全球域信息环境，包括互联网、电信网、计算机系统、嵌入式处理器、控制器"。《美国国家军事战略》对网络空间的定义为"一个作战域，其特征是通过互联的、互联网上的信息系统和相关的基础设施，应用电子技术和电磁频谱产生、存储、修改、交换和利用数据"。

综合上述定义，本书认为网络空间是人类利用信息设施构造、实现信息交互，进而影响人类思想和行为的虚实结合空间，其实体是由信息技术基础设施构成的相互依赖的网络，包含计算机、通信网络系统、信息系统、嵌入式处理器、控制器及其中所保有的数据。

网络空间通常可以从物理域、逻辑域和认知域三个维度来描绘。物理域包括由网络终端、链路、节点等组成的网络物理实体和电磁信号；逻辑域构建了由协议、软件、数据等组成的信息活动域；认知域包括网络用户交流产生的知识、思想、情感和信念。网络空间与传统的陆、海、空、天等物理空间相互交织，形成虚拟与现实交织的人类生产生活的新空间。

国家网络空间与传统的陆、海、空、天等物理空间一样，是国家主权和利益的新疆域，其有高度的战略价值，网络空间安全对于政治安全、国防安全、经济发展和社会稳定具有难以估量的重大意义。

本书中的"网络安全"，一般是"网络空间安全"的简称。

1.1.2　网络空间面临的安全威胁

随着信息技术的高速发展，网络与信息安全问题正以前所未有的广度和深度向传统领域渗透。网络空间作为当代社会活动的重要组成部分，其带来的社会变革逐渐拓展了国家安全的内涵和职能要求。网络空间作为全球连通、实时到达的信息域，相关攻击行为能够几乎不受空间、时间和地域限制地发起，对传统的国家安全观念构成了强力冲击和严峻挑战。

1．威胁特征

网络空间面临个人、利益团体和国家行为体三个层面的威胁。威胁的主要手段包括网络欺骗、窃取、入侵、控制、阻塞和病毒等。随着网络空间技术的发展，安全威胁呈现多样性和复杂性，高级持续性威胁（Advanced Persistent Threat，APT）攻击就是近年新型威胁的典型代表。针对网络空间，特别是互联网的典型攻击方法特征如表 1.1 所示。

表 1.1　网络空间典型攻击方法特征

序号	攻击种类	预期效果	典型能力特征
1	欺骗攻击	对目标（设备、应用、用户）实施假冒欺骗攻击，获取攻击目标的信任	• 能够使目标设备网络信息状态改变； • 能够获取目标（系统、应用、协议）的认证
2	窃取攻击	按照攻击者感兴趣的领域，对目标网络通信、数据库存储、Web 服务或计算机操作系统中的数据进行窃取，使用户或企业的数据泄露	• 能够自动查找感兴趣的对象数据，并对数据进行标记和存储； • 具有回传机制，使攻击者获取数据
3	入侵攻击	入侵采用 Windows、Linux、OSX 系列操作系统的关键主机系统、网络设备，获取对目标设备的操作权限	• 具有安全防护（防火墙、杀毒软件、主机监控软件）的突破能力； • 能够获取目标操作权限的级别
4	控制攻击	通过多种入侵手段，对目标设备植入控制代码，并实时进行监测、触发和控制，同时具有隐蔽能力	• 对安全防护软件具有免杀和绕过的能力； • 具有较好的隐藏能力，不易被发现，具有自动清除痕迹的能力； • 对目标设备的远程操作能力（如密码窃取、文件窃取、屏幕截屏、远程控制等）
5	阻塞攻击	通过强制占有信道资源、网络连接资源、存储空间资源，使服务器崩溃或资源耗尽而无法对外继续提供服务	• 对目标资源（网络、终端、服务器、服务等）占用； • 具有对目标服务的中断能力
6	病毒攻击	病毒是指把预先编写好的恶意代码送入计算机系统，对目标系统内的文件、程序等进行干扰、更改和破坏，使其系统功能受到削弱，直至完全失效或瘫痪，按功能区分，可分为木马病毒和蠕虫病毒	• 具有削弱、瘫痪目标主机系统的能力； • 具有削弱、瘫痪目标设备硬件的能力

2．威胁态势

随着网络空间规模、范围的迅猛扩张和网络空间应用的日益广泛，纷繁复杂的网络攻击和安全威胁，如拒绝服务、数据泄露、网络滥用、身份冒用、勒索病毒等事件层出不穷，安全威胁态势空前严峻，网络安全事件频发。从 2015 年 12 月乌克兰电厂遭到黑客攻击，到 2016 年 10 月美国遭史上最大规模分布式拒绝服务（Distributed Denial of

Service，DDoS）攻击、11 月德国电信 90 万名用户网络瘫痪，再到 2021 年 5 月美国最大燃油运输管道商科洛尼尔（Conlonial Pipeline）遭到网络攻击暂停输送业务，以及 2022 年俄罗斯与乌克兰冲突中的认知域对抗，人们的视线一次次聚焦网络安全，网络安全已成为世界各国都必须重视的问题之一。

根据 CNNIC 发布的第 48 次《中国互联网络发展状况统计报告》，截至 2021 年 6 月底，我国网民规模为 10.11 亿人，手机网民规模为 10.07 亿人，互联网普及率达 71.6%，域名总数为 3136 万个。随之而来的是层出不穷的网络安全问题，勒索软件开始利用基于暗网的云基础设施进行数据的分批次泄露；随着世界范围内移动设备感染率的上升，IoT 设备被感染的可能性也大大增大；黑客对供应链、VPN、漏洞等常见攻击面的兴趣仍然在持续。此外，黑客及黑产组织仍然在暗网上持续活动，并被监测到存在利用暗网买卖、泄露数据、云基础设施等行为。2020 年，被曝光的 APT 攻击事件有数百起，40 余个国家和地区遭受了不同程度的 APT 攻击。新冠肺炎疫情对网络环境也产生了一定影响，尤其在网络攻击方面，与新冠肺炎疫情相关的攻击数量大幅上升，攻击手段更加多样，医疗行业受此影响较大，移动办公相关的信息基础设施和远程通信工具更是网络攻击的重灾区。

近几年，我国陆续出台《中华人民共和国网络安全法》《中华人民共和国密码法》《中华人民共和国数据安全法》《中华人民共和国个人信息保护法》等，以完善网络安全保障机制与措施，国家网络安全防护水平显著提升，但面临的威胁态势同样不容乐观。

1）虽然基础网络设施安全水平进一步提升，但重要行业网络安全有待加强

据业界相关权威材料报道，我国境内可被利用的 DDoS 攻击资源稳定性降低，被利用发起攻击的境内攻击资源数量被持续控制在较低水平，有效减少了自我国境内发起的攻击流量，从源头上持续遏制了 DDoS 攻击事件，反映出我国重要域名系统抗 DDoS 攻击能力已大大提升。2020 年，我国境内 DDoS 攻击次数减少 16.16%，攻击总流量减少 19.67%；僵尸网络控制端数量在全球的占比稳步下降至 2.05%。

但近年利用社会热点信息投递钓鱼邮件的 APT 攻击行动高发。2020 年，境外"白象""海莲花"等 APT 攻击组织以"新冠肺炎疫情""基金项目申请"等相关社会热点及工作文件为诱饵，向我国重要单位邮箱账户投递钓鱼邮件，从而盗取受害人的邮箱账号密码。东亚区域APT组织等多个境外APT组织通过对供应链攻击方式对我国党政机关、科研院所等多个重要行业单位发起攻击，造成较为严重的网络安全风险。另外，部分 APT 组织网络攻击工具长期潜伏在我国重要机构设备中窃取信息，这些工具功能强大、结构复杂、隐蔽性高。例如，"响尾蛇"组织隐蔽控制我国某重点高校主机，持续窃取了多份文件。2020 年，木马或僵尸程序受控主机数量虽然呈现全年稳定且整体下降的趋势，但是在新冠肺炎疫情较为严峻的 3 月和 4 月，木马或僵尸程序受控主机呈现较大的规模（见图 1.1），新冠肺炎疫情在对现实社会产生严峻影响的同时，也给网络空间秩序带来了较

大的挑战。

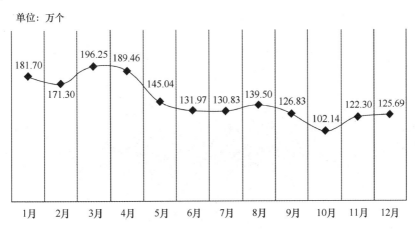

图 1.1　2020 年木马或僵尸程序受控主机数量（按月度统计）
资料来源：国家计算机网络应急技术处理协调中心（CNCERT/CC）。

2）互联网个人信息泄露及非法售卖事件猖獗，社会危害严重

CNCERT 通过监测，发现涉及身份证号码、手机号码、家庭住址等的敏感个人信息暴露在互联网上的事件时有发生。2020 年，仅 CNCERT 就累计监测发现政务公开等平台未脱敏展示公民个人信息事件 107 起，涉及未脱敏个人信息近 10 万条。此外，2020 年全年累计监测发现个人信息非法售卖事件 203 起。其中，银行、证券相关行业用户个人信息遭非法售卖的事件占比较高，约占数据非法交易事件总数的 40%；电子商务、社交平台等用户数据和教育行业通讯录数据分别占数据非法交易事件总数的 20% 和 12%。从地域来看，2021 年上半年，我国遭受恶意程序攻击的省份位列前三的分别是广东、江苏、浙江，如图 1.2 所示。

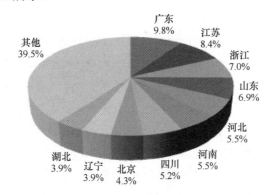

图 1.2　我国遭受恶意程序攻击的 IP 分布情况（截至 2021 年上半年）

3）移动互联网恶意程序数量大幅增长，应用软件供应链安全问题凸显

2020 年，我国移动互联网恶意程序数量近 302.8 万个，同比增长 8.5%。按恶意行为

进行分类，排名前三位的恶意行为分别是流氓行为类、资费消耗类和信息窃取类，占比分别为48.4%、21.1%和12.7%，如图1.3所示。

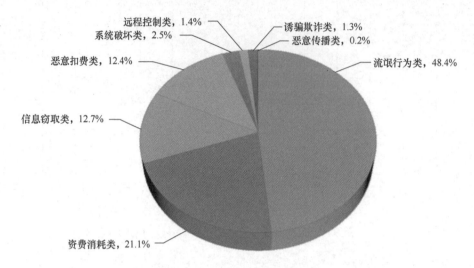

图1.3　2020年我国移动互联网恶意程序数量（按行为属性统计）

资料来源：CNCERT/CC。

2020年年末，SolarWinds旗下Orion基础设施管理平台源码遭到攻击者篡改，导致数百家关键机构遭遇入侵；2021年10月14日，境外消息称，国内某银行内部源代码和数据泄露，经评估，这是一起攻击软件开发企业窃取软件产品源代码及其产品用户信息，贩卖代码牟利的事件。此后，NPM官方仓库ua-parser-js账号疑似遭遇劫持。一系列事件引发了业内对软件供应链安全的高度关注。

4）网页仿冒事件层出不穷，网站安全任重道远

2020年，我国境内网站的仿冒页面数量达20万个，同比增长约1.4倍。其中，大部分为"ETC在线认证"网站、网上行政审批等利用社会热点的仿冒页面。我国境内约10万个网站被篡改，其中被篡改的政府网站有494个，同比减少45.9%。从境内被篡改网页的顶级域名分布来看，占比分列前三位的仍然是".com"".net"和".org"，分别占总数的73.8%、5.2%和1.7%（见图1.4）。

5）网络安全高危漏洞频现，网络设备安全漏洞风险依然较大

2020年，CNVD共收录了20704个漏洞，其中高危漏洞收录数量高达7420个，占比为35.8%，同比增长52.1%；0-day漏洞为8902个，占比为43%。图1.5显示了2020年CNVD收录的安全漏洞数量占比（按影响对象分类统计）情况，应用程序漏洞占47.9%，Web应用漏洞占29.5%，操作系统漏洞占10.0%，网络设备漏洞占7.1%，智能设备漏洞占2.1%，安全产品漏洞占2.0%，数据库漏洞占1.4%。

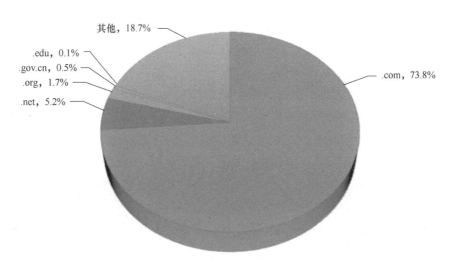

图 1.4　2020 年我国境内被篡改网站数量占比（按顶级域名分布统计）

资料来源：CNCERT/CC。

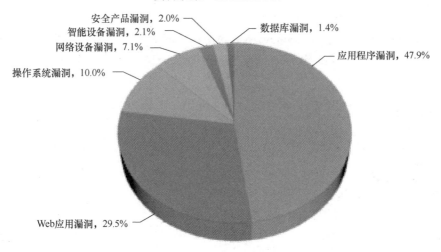

图 1.5　2020 年 CNVD 收录的安全漏洞数量占比（按影响对象分类统计）

从以上数据可以看出，应用程序存在极大安全风险，全球数亿台设备可能会暴露在软件漏洞中。安全咨询公司 Synopsys 发布的 *2021 Software Vulnerability Snapshot* 显示，在移动应用程序中，80%的漏洞与不安全数据存储有关，攻击者可通过物理或恶意软件获得对移动设备的访问，需引起高度重视。

随着网络威胁的爆发式增长，网络防御技术也在不断发展。网络防御由静态向动态、由局部向全局、由单一向纵深方向发展，防御方法逐步向新型主动防御方向演进。监测预警作为主动防御体系运转起点，能有效发现突发的和不可预知的网络攻击，如 APT 攻击。同时，通过监测预警能够了解攻击者是谁，以什么方式及在何时何地发动进攻，攻击目标范围、攻击的危害程度等重要信息，从而最大限度地解决"全天候、全方位感知网络安全态势"问题。

1.1.3 网络空间安全模型

网络空间安全模型决定了信息系统的复杂性、安全性能、安全成本，是网络信息安全系统设计的基础，能够精确、形象地描述网络信息系统的组成要素，准确刻画网络空间安全的重要方面与系统要素、结构和行为的关系。

自网络安全引起人们的重视之后，许多网络信息安全和入侵检测模型逐渐被提了出来，本书将其归入网络空间安全模型范畴，其中被业界广泛认可和知名的主要有PDR（Protection Detection Response，保护-检测-响应）模型、PPDR（Policy Protection Detection Response，策略-保护-检测-响应）模型、APPDRR（Assessment Policy Protection Detection Reaction Restoration，风险分析-安全策略-防御系统-实时监测-实时响应-灾难恢复）模型、WPDRRC（Warning Protection Detection Reaction Recovery Counterattack，预警-保护-检测-反应-恢复-反制）模型、Denning 入侵检测模型、CIDF（Common Intrusion Detection Framework，通用入侵检测框架）模型、IATF（Information Assurance Technical Framework，信息保障技术框架）模型、基于机器学习的入侵检测系统框架模型等。

1. PDR 模型

PDR 模型由美国国际互联网安全系统公司（Internet Security Systems，ISS）提出，

图 1.6　PDR 模型

它是最早体现主动防御思想的一种网络安全模型，包括防护（Protection）、检测（Detection）、响应（Response）三个部分，如图 1.6 所示。

（1）防护：采用一切可能的措施来保护网络和信息系统的安全。通过修复系统漏洞、正确设计开发和安装系统防护软件来预防安全事件的发生；通过定期检查和不定期抽查发现可能存在的网络脆弱性；通过教育、培训等手段，使用户和操作人员正确使用网络和系统，防止产生意外威胁；通过访问控制、监视等手段防止产生恶意威胁。通常采用的防护技术包括数据加密、身份认证、访问控制、授权和虚拟专用网（Virtual Private Network，VPN）技术、防火墙、安全扫描和数据备份等。

（2）检测：检测可以及时发现将要发生、正在发生或已经发生的破坏网络信息安全的行为，是安全防护和动态响应的依据。通过不断地检测和监控网络信息系统，发现新

的威胁和弱点；通过循环反馈做出及时、有效的响应。当攻击者穿透防护系统时，检测系统发挥作用，与防护系统形成互补。常用的检测技术主要包括入侵检测、漏洞检测及网络扫描等技术。

（3）响应：检测系统一旦检测到入侵，响应系统就开始工作，对相关事件进行处理。应急响应在安全模型中占有重要地位，是降低安全威胁最有效的环节，包括应急响应、异常处理、恢复处理等主要步骤。建立应急响应机制，形成快速安全响应的能力，对网络和系统而言至关重要。

2. PPDR 模型

PPDR 模型也是由美国 ISS 公司提出的动态网络安全体系的代表性模型之一，是动态安全模型的雏形，包括策略（Policy）、防护（Protection）、检测（Detection）和响应（Response）四个主要部分，如图 1.7 所示。

图 1.7　PPDR 模型

PPDR 模型在 PDR 模型的基础上增加了安全策略（Policy）元素。根据风险分析产生的安全策略描述了系统中哪些资源需要受到保护，以及怎样实现对它们的保护等。安全策略是 PPDR 模型的核心，所有的防护、检测和响应都基于安全策略实施。网络安全策略一般包括总体安全策略和具体安全策略两个部分。PPDR 模型是在整体的安全策略的控制和指导下，在综合运用多种防护工具（如防火墙、身份认证、加密等）的同时，利用检测工具（如监测预警、漏洞评估、入侵检测等）及时了解和评估系统的安全状态，通过适当的响应将系统调整到"最安全"和"风险最低"的状态。防护、检测和响应组成了一个完整的、动态的安全循环，在安全策略的指导下保证信息系统的安全。PPDR 模型的基本理论指出：网络空间安全相关的所有活动，不管是攻击行为、防护行为、检测行为，还是响应行为等都需要消耗时间，因此可以以时间轴为尺度衡量具体的网络空间域的安全性和安全能力。从 PPDR 模型中可以得出的启发是，"及时的检测和响应就是安全""及时的检测和恢复就是安全"。PPDR 模型为安全问题指出了明确的解决方向，即增加系统的防护时间、减少检测时间和响应时间。

然而，PPDR 模型也存在不足之处，即忽略了网络系统内在的变化因素，如人员的流动、人员的素质和策略执行的不稳定性。实际上，安全问题牵涉面广，除了涉及防护、检测和响应问题，系统本身安全的"免疫力"的增强、系统和整个网络的优化，以及人员这个在系统中最重要角色的素质的提升等问题，PPDR 模型系统都未考虑到。

3. APPDRR 模型

从前文可以看到，PPDR 模型在一定程度上体现了网络安全的动态特性，主要是通过入侵检测和响应来完成网络安全的动态防护，但不能描述网络安全的动态螺旋上升过程。为了使模型能够贴切地描述网络安全的本质规律，研究人员对 PPDR 模型进行了修正和补充，在 PPDR 模型的基础上提出了 APPDRR 模型。APPDRR 模型包括风险分析（Assessment）、安全策略（Policy）、防御系统（Protection）、实时监测（Detection）、实时响应（Reaction）和灾难恢复（Restoration）六个环节，如图 1.8 所示。

图 1.8　APPDRR 模型

在 APPDRR 模型中，第一个重要环节是风险分析，通过风险分析，获取网络安全面临的风险信息，进而采取必要的处置措施，使信息组织的网络安全水平呈现动态螺旋上升的趋势。安全策略是 APPDRR 模型的第二个重要环节，起着承上启下的作用：一方面，安全策略应当随着风险评估的结果和安全需求的变化做相应的更新调整；另一方面，安全策略在整个网络安全工作中处于原则性的指导地位，其后的检测、响应等环节都在安全策略的基础上展开。防御系统是安全模型中的第三个环节，体现了网络安全的静态防护措施。APPDRR 模型的另三个环节是实时监测、实时响应、灾难恢复，它们分别体现了安全动态防护和安全入侵、安全威胁"短兵相接"的对抗性特征。

APPDRR 模型隐含了网络安全的相对性和动态螺旋上升的过程，网络安全表现为一个不断改进的过程。通过风险分析、安全策略、防御系统、实时监测、实时响应和灾难恢复六个环节的循环流动，网络安全逐渐得以完善和提高，从而实现保护网络资源的网络安全目标。

4．WPDRRC 模型

WPDRRC 模型是我国国家高技术研究发展计划（863 计划）信息安全专家组提出的适合中国国情的信息系统安全保障体系建设模型。WPDRRC 在 PPDR 模型的前后分别增加了预警、恢复、反击功能，如图 1.9 所示。

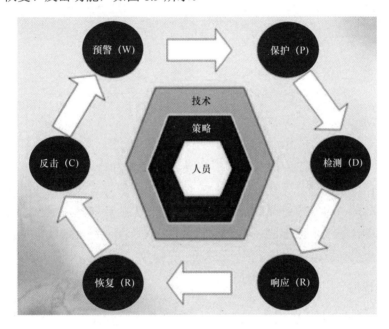

图 1.9　WPDRRC 模型

WPDRRC 模型有六个环节和三大要素。六个环节包括预警、保护、检测、响应、恢复和反击，它们具有较强的时序性和动态性，能够较好地反映出信息系统安全保障体系的预警能力、保护能力、检测能力、响应能力、恢复能力和反击能力。三大要素包括人员、策略和技术，其中人员是核心，策略是桥梁，技术是保证，落实在 WPDRRC 六个环节的各个方面，将安全策略变为安全现实。

5．Denning 入侵检测模型

Denning 入侵检测模型由 Dorthy Denning 于 1987 年提出，目前的各种入侵检测技术和体系都是在该模型基础上的扩展和细化。Denning 入侵检测模型是一个基于主机的入侵检测模型，它首先对主机事件按照一定的规则学习产生用户行为模型（Activity Profile），即建立一个框架描述用户和文件、程序或设备等的正常的交互，然后将当前的事件和模

型进行比较，如果不匹配则认为异常。Denning 入侵检测模型的运行流程原理如图 1.10 所示。

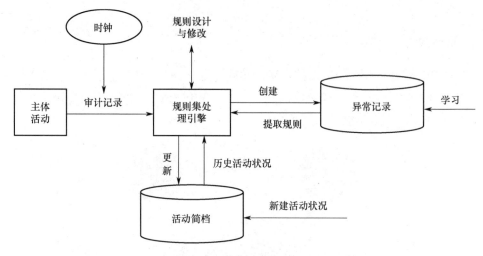

图 1.10　Denning 入侵检测模型的运行流程原理

Denning 入侵检测模型主要包括以下几个部分：主体活动，是指在系统中进行活动的实体及其行为；活动简档，保存主体的正常活动信息；异常记录，包括事件、时间戳和记录；规则集处理引擎，通过存储、处理和评估数据来执行业务规则和决策的部件。主体活动包括：审计记录，用于记录系统的状态；提取规则，通过规则集检查是否发生入侵，结合活动简档分析审计记录，能够在发现入侵时实施有效的响应方案。

6．CIDF 模型

通用入侵检测框架（CIDF）的工作集中体现在四个方面：入侵检测系统的体系结构、通信机制、描述语言和应用程序接口（API）。

（1）体系结构：CIDF 在 IDES（Intrusion Detection Expert System，入侵检测专家系统）和 NIDES（Network Intrusion Detection Expert System，网络入侵检测专家系统）的基础上提出了一个通用模型，将入侵检测系统分为四个基本组件：事件产生器、事件分析器、响应单元和事件数据库，前三者通常以应用程序的形式出现，事件数据库则以文件或数据流的形式出现，以上四个组件只是逻辑实体，一个组件可能是某台计算机上的一个进程甚至线程，也可能是多台计算机上的多个进程，它们以统一入侵检测对象（General Intrusion Detection Object，GIDO）格式进行数据交换。事件是指入侵检测系统需要分析的数据，包含网络数据包及系统日志等。事件分析器用于分析所获取的数据，并给出分析结果；响应单元用于对被监控的系统做出响应，如报警；警报数据和中间数据存储于事件数据库中。CIDF 的体系结构如图 1.11 所示。

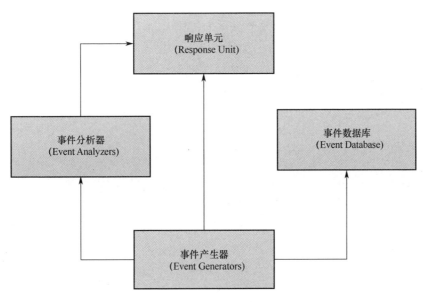

图 1.11　CIDF 的体系结构

（2）通信机制：CIDF 将通信机制构造成一个三层模型：GIDO 层、消息层和协商传输层。GIDO 层的任务是提高组件之间的互操作性，负责考虑所传递信息语义；消息层确保被加密认证消息在防火墙或 NAT 等设备间传输过程中的可靠性；协商传输层规定了 GIDO 在各个组件间的传输机制。CIDF 的通信机制如图 1.12 所示。

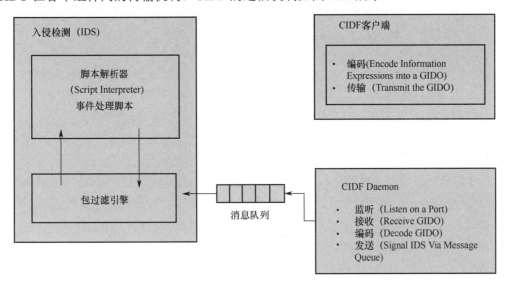

图 1.12　CIDF 的通信机制

（3）描述语言：CIDF 的总体目标是实现软件的复用和入侵检测与响应组件间的互操作性，CIDF 定义了一种应用层语言——公共入侵规范语言，用来描述入侵检测组件间传送的信息，制定了一套对这些信息进行编码的协议。

（4）应用程序接口（API）：CIDF 的 API 负责 GIDO 的编码、解码和传递，它提供的调用功能使得程序员可以在不了解编码和传递过程具体细节的情况下，以一种简单的方式构建和传递 GIDO。GIDO 的生成分为两步：首先构造表示 GIDO 的树形结构，然后将此结构编成字节码。

7．IATF 模型

《信息保障技术框架》（*Information Assurance Technical Framework*，IATF）是美国国家安全局（National Security Agency，NSA）制定的，是描述其信息保障的指导性文件。IATF 信息安全模型如图 1.13 所示。

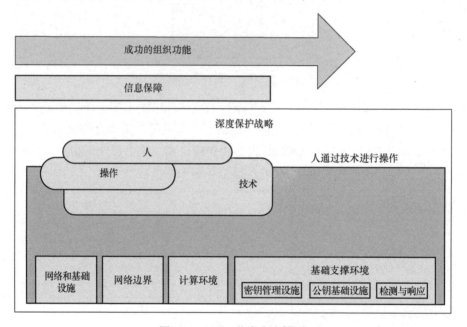

图 1.13　IATF 信息安全模型

IATF 提出的信息保障的核心思想是纵深防御战略（Defense in Depth）。所谓纵深防御战略就是采用一个多层次的、纵深的安全措施来保障用户信息及信息系统的安全。在纵深防御战略中，人、技术和操作是三个核心因素，要保障信息及信息系统的安全，三者缺一不可。

除纵深防御这个核心思想外，IATF 还提出了其他一些信息安全原则，这些原则对指导建立信息安全模型及保障体系都具有非常重大的意义。

第一，保护多个位置。包括保护网络和基础设施、网络边界、计算环境等，这一原则提醒我们，仅仅在信息系统的重要敏感位置设置一些保护装置是不够的，任意系统漏洞都有可能导致严重的攻击和破坏后果，只有在信息系统的各个方位布置全面的防御机制，才能将风险减至最低。

第二，分层防御。如果说上一个原则是横向防御，那么本原则就是纵向防御，这也是纵深防御思想的一个具体体现。分层防御即在攻击者和目标之间部署多层防御机制，每个这样的机制都必须对攻击者形成一道屏障。而且，每个这样的机制都应包括保护和检测措施，以使攻击者不得不面对被检测到的风险，迫使攻击者由于高昂的攻击代价而放弃攻击行为。

第三，安全强健性。不同的信息对于组织有不同的价值，该信息丢失或破坏所产生的后果对组织也有不同的影响。因此，对信息系统内每个信息安全组件设置的安全强健性（强度和保障），都取决于被保护信息的价值及所遭受的威胁程度。在设计信息安全保障体系时，必须考虑信息价值和安全管理成本的平衡。

IATF 的网络与基础设施防御、区域性边界防御、计算环境防御和支撑性基础设施四个技术焦点区域呈逐层递进的关系，从而形成一种纵深防御系统。因此，以上四个方面的应用充分贯彻了纵深防御的思想，对整个信息系统的各个区域、各个层次，甚至在每个层次内部都部署了信息安全设备和安全机制，保证访问者对每个系统组件进行访问时都受到保障机制的监视和检测，以实现系统全方位的充分防御，将系统遭受攻击的风险降至最低，确保网络信息的安全和可靠。

8．基于机器学习的入侵检测系统框架模型

基于机器学习的入侵检测系统框架模型借鉴了 PPDR 模型、Denning 模型和 CIDF 模型，该模型的重点是机器学习方法在入侵检测中的应用，主要包括数据获取、数据预处理、入侵检测、响应和数据存储五个部分。

数据获取是通过监控目标网络或系统，采集用于分析的安全数据。数据预处理是将获取的数据进行处理，包含数据清洗、数值化、标准化、特征选择、特征提取等操作，最终形成规范的安全数据集，用于下一步的入侵检测。入侵检测是机器学习方法的主要应用模块，通过训练数据分类器，采用分类器对检测的数据集进行分析，最终获得入侵检测的结果。响应是入侵检测系统对检测结果的决策。数据存储是与各个模块发生关联的部分，包括获取的原始数据、构建的新数据、入侵检测的规则、检测结果等，都需要相应的存储方案。

1.2　网络空间安全监测预警的概念与分类

网络空间全面渗透于现实世界的政治、经济、军事、科技和文化，在推动全球科技革命和产业变革浪潮的同时，其蕴含的深刻安全问题不断涌现。网络间谍、网络恐怖、网络犯罪、网络渗透愈演愈烈，成为建设网络强国、发展数字经济的障碍和瓶颈。维护

网络安全，首先要知道风险在哪里，是什么样的风险，什么时候发生风险。没有意识到风险是最大的风险。

1.2.1　网络空间安全监测预警的概念

网络空间安全边界非固定、结构高可变、虚实紧融合、立体多维度，与传统空间相比，存在较为明显的区别，一是"无形"，网络空间对抗没有物理形态，攻击隐蔽发起，能量光速抵达；二是"无边"，网络空间对抗没有前方、后方，目标范围广泛，防不胜防；三是"无人"，网络空间对抗不分平时、战时，攻击智能引导，危害长期潜伏；四是"无界"，网络空间对抗关联陆、海、空、天域，影响经济社会发展，动摇国家政权稳定。监测预警对网络空间安全的效用可以类比于传统物理空间的雷达系统。雷达系统通过无线电监视空天目标、来袭武器，测定其空间位置，计算抵达时间、方位，从而引导防护机制跟踪、拦截或摧毁目标。网络空间的监测预警系统通过数据采集、关联分析和研判决策，对潜在或正在发生的网络空间攻击和威胁活动进行识别、分析、预测和告警。行之有效的预警能力，有助于把握网络安全风险发生的规律、动向、趋势，为组织防御尽可能地争取时间。

虽然到目前为止尚无对网络空间安全监测预警的统一定义，但可笼统理解为：网络空间安全监测预警是按照网络空间安全固有规律，通过持续监测、态势感知、追踪溯源等手段，对潜在或正在发生的，针对国家和组织网络空间资产的攻击和威胁活动进行发现、感知、识别、分析、预测和告警的过程。

从监测预警覆盖的威胁层次看，物理域主要关注环境、场地、周界和设备安全风险，逻辑域关注网络协议、计算平台、软件服务安全风险、数据隐私、机密信息、数字资产安全风险，认知域关注意识形态、社会认知、网络文化安全风险。

从监测预警面临的威胁环境看，新技术、新理论、新模式都会对监测预警的实时性、有效性构成冲击。

从监测预警针对的威胁对象看，既包括针对网络空间的来袭攻击，也包括经由、借助网络空间对其他领域的间接攻击。

从监测预警关注的威胁主体看，由于网络空间攻击能够在隐蔽和非对称条件下，以较小代价对高价值目标进行精确破坏或范围打击，具备很高的效费比和行动价值，因而个人、利益团体和国家行为体等各个层面的威胁来源均是预警的关注对象。

从监测预警防范的威胁样式看，网络空间主流的攻击对抗方式具备广维度、多目标、高烈度、短猝发、强隐蔽等特点，为监测预警带来了极大的复杂性和不确定性。

1.2.2　网络空间安全监测预警的分类

网络空间安全监测预警的类别划分可借鉴西方情报界对"预警"概念的分类方法，

分为战略预警和战术预警。战略预警是前瞻性的，是在敌人威胁行为发生较早之前就发出警告，以提醒决策者重新评估并调整应对此类威胁的戒备状态，从而慑止、避开或减少可能出现的威胁。战术预警是反应性的，是对迫近的或已发生的网络威胁行为的即时通报，主要服务于作战和应急处置。

网络空间安全监测预警也可以划分为战略级和战术级（见图 1.14），两者在指向、规模、目标、方法和机制方面有显著区别。在指向方面，战术级监测预警关注网络安全事件及事件的下一步动向，战略级更加关注攻击背后操纵者的意图、动机和意识形态。在规模方面，战术级监测范围通常具有地域性，监测对象规模可大可小，战略级监测范围不局限于组织内部，具有广域性，监测对象规模巨大。在目标方面，战术级监测预警通常侧重于国家或组织内部的业务系统或平台等一般目标，战略级侧重对针对国家重要网络、关键基础设施和高价值目标发起的各类攻击行为进行预警。在方法方面，战术级监测预警技术手段包括数据采集、规则匹配、数据融合、关联分析等，战略级监测预警在其基础上增加研判决策等技术手段。在机制方面，战术级监测预警需要以有限域内的情报共享等机制作为保障，而战略级监测预警要与传统空间预警机制密切协同联动，需要通过多域融合的策略互通、情报共享来覆盖和准确率。

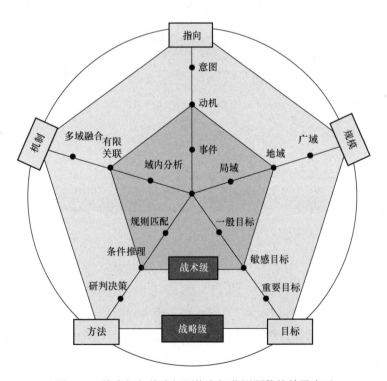

图 1.14　战术级与战略级网络空间监测预警的差异表示

1.3 国内外研究现状

1.3.1 网络空间安全监测预警模型

与丰富的网络空间信息安全模型相比，网络空间安全监测预警模型的研究并不多见。学界的研究多集中在网络安全预警系统框架设计，或是某种场景中的特定问题解决，但网络空间安全监测预警模型正在走向体系化。

2021 年 5 月 11 日，兰德公司发布报告《可扩展预警和恢复模型（SWARM）——增强防御者的网络空间预测能力》［*RAND's Scalable Warning and Resilience Model (SWARM)—Enhancing Defenders' Predictive Power in CyberSpace*］，提出了可扩展预警和复原力模型——SWARM，如图 1.15 所示。该模型通过为防御者提供一种实用的方法来识别威胁，对攻击可能发生的时间做出概率预测、增强安全弹性，提高国家风险应对能力。概括而言，一是通过更早、更全面的技术和非技术指标度量，为网络事件提供预警，从而提高预测能力；二是增强应对网络事件的弹性，它不是组织的唯一防御机制，而是一个有效的分层防御网络行动方法的组成部分。

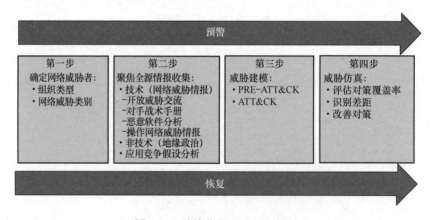

图 1.15 兰德公司 SWARM 设计

在第一步中，防御者需确定组织所处的类别，识别对其信息环境构成最大威胁的网络威胁者，从而为优先收集网络威胁情报（CTI）数据奠定基础。

在第二步中，防御者可以收集与特定威胁者行为相关的指标的信息。兰德公司建议将重点放在网络威胁情报和地缘政治上，因为这些信息可以帮助预测网络事件。

在第三步中，防御者可以通过应用威胁建模框架，如 MITRE 的 ATT&CK 和 PRE-ATT&CK 工具，深入研究潜在对手的技术，以便识别出对手对其组织已经采取的威胁行动，并采取相应预防措施。

在第四步中，防御者提前进行假想敌活动，即通过测试防御者引入系统仿真工具，确保防御系统对潜在威胁具备强大的防御能力。

1.3.2　网络空间安全监测预警技术

1．APT 攻击检测技术研究现状

自 2010 年 APT 出现在公众视野之后，安全业界已经陆续报道了数百起 APT 攻击事件，涉及交通、金融、电力等各个领域，引起了业界的广泛关注，针对 APT 攻击的检测技术也随之展开。纵观当前主流的 APT 攻击检测方法，可大致归结为以下三类。

一是针对 APT 攻击生命周期的检测方法。APT 攻击行为通常有相对固定的生命周期，洛克希德·马丁公司提出的著名杀伤链模型，可应用于对 APT 攻击生命周期的界定，将攻击行为划分为侦察跟踪、武器构建、载荷投递、漏洞利用、安装植入、命令控制阶段。根据各阶段目的、危害性和被检测防御的难度等不同，有针对性地选取检测方法。在中后期，所采用的检测主要为虚拟执行分析检测和异常检测，虚拟执行分析检测通过在虚拟机上执行样本，基于其程序控制流等样本信息判断攻击是否发生，异常检测通过检测网络中的异常流量判断 APT 攻击的回传行为。

二是基于大数据分析的 APT 攻击检测方法。这类技术主要借助大数据及机器学习技术，综合分析收集到的 APT 攻击所产生的各项数据，分析其内在的行为特征，从而对 APT 攻击进行捕获和预测。常用的基于底层原始数据分析的检测技术主要有网络流量异常检测、主机恶意代码异常检测和社交网络安全事件挖掘；基于高层网络事件融合的检测技术主要是安全事件关联分析。

三是基于动态行为分析的 APT 攻击检测方法。这类技术主要借助沙箱、虚拟机等，在实际运行环境中，对可能发生的攻击行为进行动态、全面分析。

近年来新发展的针对 APT 的检测方法大多为基于异常的检测方法，这些方法利用机器学习、图方法对系统内实体或行为进行分析。典型的方法有基于机器学习检测网络中被 APT 攻击的主机、通过高效图分析识别隐秘异常活动等方法。

在产品方面，FireEye 所推出的基于恶意代码防御引擎的 APT 检测和防御方案在全球有较大的占有率，其 APT 安全解决方案包括 MPS（Malware Protection System，恶意软件保护系统）和 CMS（Central Management System，中央管理系统）两个组件。其中，MPS 是恶意代码防护引擎，它是一个高性能的智能沙箱，可直接采集网络流量，抽取所携带文件，然后放到沙箱中进行安全检测；CMS 是集中管理系统模块，它管理系统中的各 MPS 引擎，同时实现威胁情报的收集和及时分发。Bit9 可信安全平台（Trust-based Security Platform）使用软件可信、实时检测审计和安全云三大技术来对抗 APT 攻击，为企业网

络提供网络可视、实时检测、安全保护和事后取证四大安全功能，从而可以检测和抵御各种高级威胁和恶意代码。Bit9 解决方案的核心是一个基于策略的可信引擎，管理员可以通过安全策略来定义哪些软件是可信的。RSA 公司的 Security Analytics 信息安全智能分析解决方案，可帮助安全分析师检测和调查其他安全工具常常错过的威胁。通过将大数据安全数据收集、管理和分析功能与基于整个网络和日志的可见性及自动化威胁情报结合起来，安全分析师能够更好地检测、调查和了解以前常常无法轻易发现和了解的威胁，最终提高可见性和速度，帮助组织发现其计算环境中的攻击者的时间从数周缩短至数小时，从而大幅降低攻击可能造成的影响。

2. 网络攻击预测技术研究现状

网络攻击预测是识别攻击者的最终意图并预测攻击者下一步可能执行步骤和行为的研究领域，对于防御者及时组织安全手段和调整安全配置而言具有重要作用。近年来，网络攻击预测技术在网络安全防御领域得到广泛应用，已经成为网络空间安全领域中不可或缺的一部分。目前，国外研究者对网络攻击的威胁评估、攻击意图、破坏预期、成效规律、发作周期等方面进行了研究，在历史和经验数据基础上能够对未来即将来袭的攻击在一定程度上做出预测。纵观当前主流的网络攻击预测方法，可大致归结为以下三类。

一是基于专家知识的攻击预测技术。这类技术主要是利用历史的记录及专家经验知识对攻击进行预测，包括采用基于特征库的方法审计威胁态势指标信息、采用 Box-Jenkin 模型基于威胁态势预测网络威胁变化趋势等。此类方法中，专家知识存在局限性、主观性、不规则化等缺点，形成的模型适用性较差，无法匹配专家知识库以外的攻击。

二是基于数据挖掘的攻击预测技术。这类技术将整个攻击过程中产生的数据作为基础，通过对海量攻击警报、检测结果等先验知识进行统计分析、规则关联及分类归纳等，找出能够描述攻击过程的知识与模型，挖掘出攻击信息之间的关联特征，对未来攻击进行分类和预测。数据挖掘对数据深层的隐藏特征和工作模式具有更强的表征能力，如基于数据融合方法提取并融合网络中攻击者的信息，依据这些信息进行安全态势的预测。该预测方法通过数据挖掘技术找出攻击过程中产生的有用知识与信息，适用范围较广，解决了人工定义关系规则集构建困难、依赖专家经验等问题。有学者针对恶意可执行文件的代码伪装逃逸检测，提出了随机森林、随机树和 Rep 树等基于数据挖掘的算法，并比较了这些算法的预测准确率、计算复杂度等特性。

三是基于数学模型的攻击预测技术。这类技术的重要依据是网络攻击状态与模型的结构、参数关联紧密。有文献提出基于隐马尔可夫的多步攻击预测模型，由报警信息和多步攻击的 HMM 通过 Forward 算法和 Viterbi 算法，推测出攻击者的攻击意图，以及下一步可能发生的攻击。该方法能够通过数学模型还原整个攻击场景，通过参数关联计算，提高攻击预测的精确性。还有学者提出，可使用贝叶斯方法对报警数量的增减趋势进行预测，并采用真实的入侵检测系统对检测到的攻击进行验证，但该方法对攻击的实际数据量无法进行预测。有文献在考虑网络攻击本质及传统灰色 Verhulst 模型不足的情况下，提出了一种自适应灰色 Verhulst 态势预测模型，其中的模型灰色参数通过输入序列自适应确定，从而提高了态势预测的精确性。

在产品方面，英国伦敦国王学院的国际安全分析中心（International Centre for Security Analysis，ICSA）研发了一种信息战攻击评估系统，该系统提出了针对信息战攻击的威胁评估及报警指示等相关概念，并提出了一种新型决策系统的框架。该系统不仅可以对不同攻击者进行威胁攻击造成的代价进行评估并报警，而且能预测威胁攻击的行为路径。工业网络安全及威胁情报公司 CyberX 于 2017 年推出工控安全系统攻击途径预测解决方案，可预测企业网络中的数据泄露和攻击途径。该解决方案以可视化的形式呈现了关键资产所有可能被攻击的风险点。

3．威胁情报生成及应用技术研究现状

随着网络威胁呈泛化和持续化趋势发展，多样化的攻击切入点、高水平的入侵方式、系统化的攻击工具使网络威胁成本降低。为最大限度地保护核心系统资产安全，亟须对传统的安全防御方式进行优化和改进，形成能应对多样化和持续化威胁的安全体系。威胁情报是一种可以包含漏洞、威胁、特征、名单、属性、解决建议等多种内容的动态更新的知识载体，在以单点、静态、被动为特征的防护体系向以全局、动态、主动为特征的防护体系转变中具备关键的催化支撑作用。威胁情报使网络防御者能够站在攻击者的视角去理解网络威胁，从而使得安全防护策略得以精准实施。自 2014 年以来，关于威胁情报的研究在各大信息安全会议和学术领域开始活跃，各安全企业纷纷将其作为有效扭转攻防非对称局面的重点方向进行研究布局。

在学术界，人工智能、大数据等新兴技术快速发展推动着威胁情报生成及应用技术高速发展，当前威胁情报生成与应用技术可以大致归结为以下三个方面。

一是威胁情报感知技术。威胁情报感知是从多种渠道获得的用以保护系统核心数据资产的安全要素的全集，包括特定场景下与一定的攻击威胁相关的上下文环境、指标条件、攻击行为、影响破坏及应对措施。在网络空间安全演进的阶段，计算机与网络威胁情报感知的关注重点集中在主机异常、恶意代码检测、网络流量监控等方面，威胁情报感知技术的作用对象相对单一、感知粒度较粗、相互之间独立。在当今网络空间发展阶段，云计算、软件定义、移动互联网等技术的出现与发展极大地扩展了网络的规模，增加了网络信息系统的复杂性，给威胁情报感知带来了新挑战。这时，威胁情报感知由面向网络中心化朝着面向用户与服务的信息内容分析方向快速发展，其关注重点集中在情报感知的综合性与关联性，不仅需要感知传统网络侧信息，还更需要综合搜索和关联攻击者、应用层协议与内容解析等相关信息。

二是威胁情报共享技术。威胁情报共享旨在加强各信息系统协同互助，构筑宽共享、全联通的信息共享环境可使威胁情报价值最大化，进而提高参与共享各方的威胁检测与应急响应能力。目前，相关研究主要集中在两个方面：一方面是威胁情报共享机制与方法，以解决威胁情报共享过程中数据分发与交互缺少有效模型机制的问题；另一方面是威胁情报共享收益分配方法，以解决数据价值评估难度大、收益不易计量等问题。同时，标准化的数据格式和统一的传输协议是高效威胁情报共享体系中必不可少的部分。目前，业界已制定了一系列相关标准用于威胁情报的交换。结构化威胁情报表述（Structured Threat Information eXpression，STIX）基于 XML 语法，实现了对威胁情报具体内容的描述，可较清晰地勾勒出威胁因素、威胁趋势等相关细节。可信自动交换显示器（Trusted Automated Exchange of Indicator Information，TAXII）提供了威胁情报信息的安全传输与交换，可兼容多种传输格式的数据。网络可观察对象描述（Cyber Observable eXpression，CybOX）对计算机可观察对象及网络动态和实体的表征进行了规范。

三是威胁情报分析技术。威胁情报分析可为安全态势评估和防御系统整改提供有益的支持，相关技术主要包括威胁情报评估、威胁情报关联分析、威胁态势智能推演等。威胁情报评估旨在对网络信息系统存在的或潜在威胁进行分析与预测，为网络安全态势推演提供基础分析数据，进而帮助防御方制定更有针对性的应对措施。威胁情报关联分析旨在运用将数据分类、关联融合、大数据分析等技术，深度挖掘多维情报之间的内在联系，提高从海量威胁情报数据中提取出高价值威胁信息的能力。威胁态势智能推演旨在采用人工智能等新技术、新方法，实现对威胁情报的智能化分析，同时对威胁态势进行推演，进而实现对威胁的预测及防御的针对性加固，目前已有很多研究把智能学习算法用于对计算机系统的潜在威胁的推演与预测。

威胁情报生成及应用技术日渐广泛。在国外，美国高度重视网络空间威胁情报，在策略方面积极推动相关情报政策出台和标准制定，推动政府机构间更好地协调并分享情报信息，不断加大网络空间攻击属性和告警的研究。由美国国防部资助的 Mitre 公司提出了 STIX/TAXII 情报共享格式，用于实现不同类型的情报之间的共享。MANDIANT 公司曾经提出并建立了一套情报共享的标准——OpenIOC，该标准主要使用 XML 实现，每个 IOC 的实质都是一个复合指示器，通过遵循该标准，建立 IOC 的逻辑分组，可以实现情报交流共享。美国国土安全部（DHS）于 2009 年建立了网络安全和通信整合中心 NCCIC，负责推动美国政府与企业共享网络威胁信息。由美国国家情报总监领导，2015 年美国成立了新机构"网络威胁情报整合中心"（Cyber Threat Intelligence Integration Center，CTIIC），通过跨部门协作共同对抗外来的网络威胁，捍卫本国公民安全并排除潜在隐患，用于避免机构间壁垒造成的信息交互弊端，弥补处理安全事件时缺乏沟通的短板。在国内，2018 年发布的《信息安全技术网络安全威胁信息格式规范》国家标准是网络威胁情报标准的主要依据；在组织机构方面，2001 年 8 月成立的国家计算机网络应急技术处理协调中心，是我国计算机网络应急处理体系中的牵头单位，开展互联网网络安全事件的预防、发现、预警和协调处置等工作。

1.3.3　网络空间安全监测预警应用

从公开文献来看，美国、英国、日本等国家已建立了国家级网络安全事件监控系统。其中，美国研制了全球预警信息系统（Global Early Warning Information System，GEWIS），该系统通过监视全球因特网的 13 个高级 DNS 的运行状态，向政府的互联网用户及电子商务的经营者提供提前预警服务。日本研制了互联网扫描数据获取系统（Internet Scan Data Acquisition System，ISDAS），2003 年开始运用该系统应对日本国内突发事件，并同相关网络管理者实现实时信息合作。除此之外，简要介绍几个典型的网络空间安全监测预警系统及应用。

1. 美国"爱因斯坦（EINSTEIN）"计划

"爱因斯坦"计划，又名国家网络空间安全保护系统（National Cybersecurity Protection System，NCPS），整个计划始于 2003 年，于 2010 年被外界所知，缘于奥巴马政府当年 RSA 大会上宣布的一份 CNCI（Comprehensive National Cybersecurity Initiative，国家网络安全综合计划）解密文件。作为 CNCI 的重要组成部分，"爱因斯坦"计划由美国国土安全部联合国防部和国家安全局负责开发。目前，NCPS 已知在美国政府机构中除国防部及其相关部门外的 23 个机构中部署运行，其系统部署示意图如图 1.16 所示。

根据美国国土安全部的设计，NCPS 由四个部分组成，即网络数据采集系统、网络数据处理系统、网络态势可视化与事件报告系统、信息共享与协作系统。图 1.17 展示了 NCPS 分析门户中面向出站流量的地理空间角度分析界面。

目前，NCPS 已经发展到第三代，它不断增加对网络威胁的预警和防范手段，同时也加强了网络攻击的防御能力。"爱因斯坦 1"是第一代系统，于 2003 年投入运行，是被动型数据流跟踪监视系统。它的技术本质是基于深度/动态检测（Deep/Dynamic Flow Inspection，DFI）来跟踪异常行为和分析总体趋势，也就是基于 Flow 数据的 DFI 技术。"爱因斯坦 2"是"爱因斯坦 1"的增强版，于 2007 年投入运行，该系统在原来对异常行为分析的基础上，增加了对恶意行为的分析能力，以期获得更好的网络态势感知能力。实现恶意行为分析能力的手段是网络入侵检测系统（Intrusion Detection System，IDS），它对 TCP/IP 通信的数据包进行深度包检测（Deep Packet Inspection，DPI）分析，以发现恶意行为（攻击和入侵）。"爱因斯坦 2"的入侵检测技术中既有基

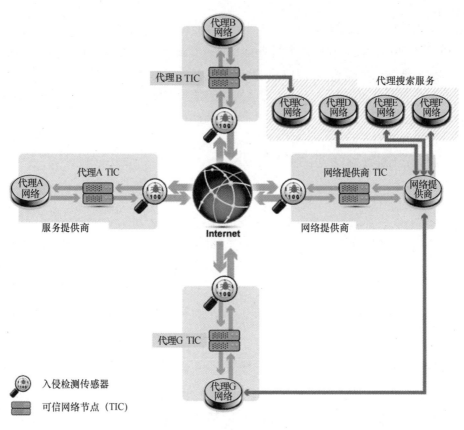

图 1.16　NCPS 部署示意图

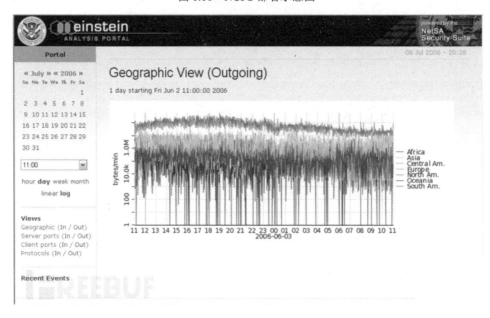

图 1.17　NCPS 分析门户中面向出站流量的地理空间角度分析界面

于特征库的检测，也有基于异常的检测。"爱因斯坦 3"是主动型网络入侵防御与预警系统，开始于 2008 年，它综合运用商业技术和美国国家安全局专用的技术对政府机构的互联网进出口的双向流量进行实时的全包检测（Full Packet Inspection，FPI），以及基于威胁的决策分析，目标是识别并标记恶意网络传输，以便增强网络空间的安全分析、态势感知和安全响应能力。该系统能够自动地检测网络威胁并在危害发生之前做出适当的响应，也就是具备入侵防御系统（Intrusion Prevention System，IPS）的动态防御能力，它主要解决的问题是网络空间威胁，至少包括钓鱼、IP 欺骗、僵尸网络、DoS（Denial of Service）、DDoS、中间人攻击，以及其他恶意代码插入。

2．美国空军网络空间飞行器

根据报道，美国空军实验室构想了一种新概念平台，即网络空间飞行器（Cybercraft），它是一种可以在网络空间中自由穿梭的平台，可以搭载多种任务负荷，实现网络态势感知、入侵和防御等功能。这种平台将成为网络监测预警系统的新模态，是实现网络空间全面、实时监控的重要手段。网络空间飞行器的运行流程如图 1.18 所示。

根据构想，美国将在网络空间中部署超过 100 万个飞行器，这些飞行器将采用主动防御的方式实现自治运行和主动监控，以确保网络空间信息监测的完整性和全面性。不同的飞行器可以合作，形成分布式、级联的网络空间态势图。这种构建从根本上改变了监测预警的传统模式，通过分布于网络空间各处的"蜂群"式无人值守监控和信息智能汇聚，实现传统监测方法难以达到的全网、实时、在线监控和告警能力。

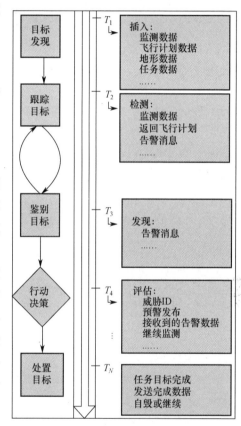

图 1.18　网络空间飞行器的运行流程

注：T 指时间周期。

3．美国高级情报研究计划署 CAUSE 系统

2015 年有报道称，美国高级情报研究计划署（Intelligence Advanced Research Projects Agency，IARPA）正在研制基于内部安全控制和外部威胁告警生成的自动预警系统，即网络空间攻击非常规自动化探测环境（Cyberattack Automated Unconventional Sensor

Environment，CAUSE）。该系统结合各种监控手段，包括非常规探测和前沿的网络探测技术，追踪来自网络空间中逻辑域和认知域的值得关注的风险告警信息。

IARPA 指出，严重的网络攻击不是一蹴而就的，而是一个分阶段的过程，包括早期侦查计划、预备、实施等多个环节。该项目的更多信息没有披露，但已有的信息表明该系统的关键是数据融合，采用非常规探测的方式，结合可在互联网上获取的开源网络空间情报和安全威胁情报等来源进行综合分析，以对潜在的风险进行告警。

4．英国信息战攻击评估系统

英国的国际安全分析中心（ICSA）于 1997—2000 年开发了信息战攻击评估系统（IWAAS），提出了一个开放性信息源决策支持系统的框架，其目的包括评估不同攻击者造成的威胁、提供攻击的指示和报警、预测攻击者的行为路径。

本章参考文献

[1] 魏亮. 网络空间安全[M]. 北京：电子工业出版社，2016.

[2] 中国互联网络信息中心，工业和信息化部. 第 48 次中国互联网络发展状况报告[R/OL].[2021-12-1]. http://www.cnnic.net.cn/hlwfzyj/hlwxzbg/hlwtjbg/202109/P020210915523670981527.pdf.

[3] 汪明敏. 预警概念界定问题研究[J]. 情报杂志，2022，41（1）：14-18.

[4] CHEN P, DESMET L, HUYGENS C. A study on advanced persistent threats[C]. IFIP International Conference on Communications and Multimedia Security. Portugal: Springer, 2014: 63-72.

[5] VIRVILIS N, VANAUTGAERDEN B, SERRANO O S. Changing the game: The art of deceiving sophisticated attackers[C]. 2014 6th International Conference on Cyber Conflict, IEEE, 2014: 87-97.

[6] MUCKIN M, FITCH S C. A threat-driven approach to cyber security[J]. Lockheed Martin Corporation, 2015: 3(1): 1-8.

[7] 陈瑞东，张小松，牛伟纳，等. APT 攻击检测与反制技术体系的研究[J].电子科技大学学报，2019，48（6）：870-879.

[8] 付钰，李洪成，吴晓平，等. 基于大数据分析的 APT 攻击检测研究综述[J]. 通信学报，2015，36（11）：1-14.

[9] BIAN H, BAI T, SALAHUDDIN M A, et al. Host in Danger? Detecting Network Intrusions from Authentication Logs [C]. 2019 15th International Conference on Network and Service Management (CNSM), IEEE, 2019: 1-9.

[10] GHAFIR I, HAMMOUDEH M, PRENOSIL V, et al. Detection of Advanced Persistent Threat Using Machine-learning Correlation Analysis [J]. Future Generation Computer Systems, 2019, 73: 237-253.

[11] HAN X Y, PASQUIER T, BATES A, et al. Unicorn: Runtime Provenance-Based Detector for Advanced

Persistent Threats [J]. Future Generation Computer System, 2018(89): 349-359.

[12] 胡倩.基于多步攻击场景的攻击预测方法[J].计算机科学，2019，46（6A）：365-369.

[13] 吴琨，白中英. 集对分析的可信网络安全态势评估与预测[J]. 哈尔滨工业大学学报，2012，44（3）：113-118.

[14] SOLDO F, MARKOPOULOU A. Blacklisting Recommendation System: Using Spatio-Temporal Patterns to Predict Future Attacks[J]. IEEE Journal on Selected Areas in Communications, 2011, 29(7): 1423-1437.

[15] 张松红，王亚弟，韩继红. 基于隐马尔可夫模型的复合攻击预测方法[J]. 计算机工程，2008，34（6）：131-133.

[16] ISHIDA C, ARAKAWA Y, SASASE I, et al. Forecast techniques for predicting increase or decrease of attacks using Bayesian inference[C]. IEEE Pacific RIM Conference on Communications, Computers, and Signal Processing-Proceedings, 2005: 450-453.

[17] LEAU Y B, MANICKAM S. A Novel Adaptive Grey Verhulst Model for Network Security Situation Prediction[J]. International Journal of Advanced Computer Science and Applications, 2016, 7(1): 90-95.

[18] 贾焰，韩伟红，王伟. 大规模网络安全态势分析系统 YHSAS 设计与实现[J]. 信息技术与网络安全，2018，37（1）：17-22.

第 2 章　网络空间安全监测预警 MAB-E 体系

2.1　网络空间安全监测预警需求

2.1.1　网络空间安全监测的广度、深度与精度需求

随着网络攻防博弈技术不断拓展和更新，网络空间面临的安全问题日趋严重，诸如国家关键基础设施、企业核心业务等重要信息系统安全受到严重威胁，网络空间安全监测预警范围更加广泛。例如，APT 这种典型的攻击样式，由国家或跨地区组织操控，受政治、经济或其他领域的利益驱使并由具有丰富经验的攻击者实施，针对高价值的政治、经济、高科技、军事目标，具有典型的长时间、多手段综合运用特点，对于防御体系的破坏性巨大。

网络空间攻击构成复杂、光速到达、隐蔽性强、潜伏期长、指向明确等特点，决定了现有的常用监测机制通常难以奏效。网络空间安全监测的广度、深度和精度分析，将为态势分析、研判和威胁预警与防御提供重要依据。从分析视角看，主要的攻击发展趋势包括以下几方面。

- 攻击发起更加突然。经过充足的准备，选取信息系统的脆弱部位及有利时机，向指定目标发起精准攻击。
- 攻击的分布化更加明显。一方面，分布式攻击造成破坏严重；另一方面，多个攻击源协同使响应抑制难以实施。
- 攻击手段更加隐蔽。先进的 APT 攻击方式能够在信息系统内潜伏较长时间，并在攻击目的实现后清除自身痕迹，造成入侵从未发生的假象。
- 攻击过程更加迅速。使安全体系立即失效，短时间内即造成大量损害，使防御者无法及时组织足够的防护力量抵抗攻击，应急响应策略指令在到达节点时已无法执行。
- 攻击后果更加严重。攻击者除可能导致信息窃取、数据篡改、服务拥塞、访问困难外，系统崩溃、文件删除、数据丢失和硬件永久性损害也时有发生，对重要信

息基础设施的破坏甚至对国家经济、社会秩序和人民生命财产安全构成威胁。

- 攻击的协同性、整体性更强。受政治、经济利益驱动，多种攻击手段综合运用，错综复杂、取长补短、时空交织，可联合构成大规模、广范围、无差别的全面攻击。

2.1.2　网络空间安全监测预警的适时度需求

为防御突发的和不可预知的网络攻击，监测预警技术是监视、识别网络入侵行为的主要手段，通过对网络空间的监控与分析，对潜在威胁和攻击发展趋势进行预测。网络空间安全监测预警在不同的阶段发挥作用。在入侵攻击尚未对目标系统造成破坏前，监测预警应能够察觉到入侵行为，预报网络攻击行为的时空范围和危害程度，并利用信息传递、协同联动、告警和局部控制来进行保护，建议可执行的防御行为；在入侵攻击已经抵达目标系统并正在造成破坏时，监测预警应及时生成和传递相应的安全事件，使管理员能够较清晰地掌握当前的攻击态势，制定相应补救措施；在系统被入侵攻击后，监测预警汇集和分析与此次攻击关联的信息，重构攻击路径和过程，从中汲取有益的防御和响应经验，并相应调整系统安全策略，丰富入侵知识库中的信息，以避免在未来再次经受同样的入侵破坏。

当前网络空间已经采取了系列安全措施进行保护，如防火墙、入侵检测系统、防病毒系统、安全网关等。但这些安全产品大多通过攻击样本的记录和检测实现事后告警，缺乏事前预警能力。研究表明，对于一个熟练的攻击者，如果从入侵发现到响应执行的时延为 10 小时，那么入侵成功的概率为 80%；如果时延为 20 小时，那么入侵成功的概率上升为 95%。能够越早识别和检测攻击并发出预警，在攻击造成破坏前阻止其渗透和扩散的成功率也就越高。被动型的安全体系永远滞后于攻击手段的发展，传统入侵检测、安全审计、日志分析等事后型安全手段不再适用，能够在攻击到达前就先发制人的主动防御手段成为安全专家探索的重点。

与国土防御需要雷达保卫领空一样，网络空间同样需要监测预警技术来达到类似的效果，单纯的防御措施无法阻止蓄意的攻击者。Gartner 认为，2020 年以后，防范措施不再重要，监控和情报成为网络安全的关键领域，60% 的安全预算会投入到检测、预警和响应中。网络安全具有很强的隐蔽性，网络空间安全监测预警需要以先进的信息技术为基础，通过监控和识别受保护网络上的安全漏洞和入侵行为，快速发现并封堵网络内部安全漏洞，在入侵发生或入侵造成严重后果前，预报网络攻击行为的时空范围和危害程度，给出指向正确防御措施的预警信息，及时采取相应的防御措施来加强网络的安全。通过监测预警系统，能够了解攻击者是谁，以什么方式及何时何地发动进攻，攻击目标范围、攻击的危害程度等一系列的重要信息，这些信息能为网络空间防御提供支撑，使网络空间防御能够更积极、主动地运用安全措施，为网络空间中的未知攻击、APT 攻击及未来新型攻击的主动防御提供支撑。

2.2　MAB-E 体系结构

2.2.1　整体概念

第 1 章介绍的 PDR、PPDR、APPDRR、WPDRRC 等模型都具有防护、检测、响应，即"PDR"功能，它们在信息化和信息安全的发展进程中发挥了阶段性作用，使模型具有一定的功能互补特性，且在结构上都具有"环状"特点，因而在运行过程中能够通过多个相互依赖环节的协同完成信息安全系统的设计目标，具有积极的设计参考借鉴意义。

从不足来看，这些模型并没有强调数据采集或数据获取功能，且不具有自学习特性，不能自我调整、进化、完善；WPDRRC 模型中虽然有预警功能，但该功能仅限于在威胁发生或破坏已造成后发出警告，无法体现网络空间安全重在预防的重心所在；Denning、CIDF、基于机器学习的入侵检测系统框架等模型都包括数据采集、分析功能，也具备初步的学习能力，但首先其通用性较差，其次仅将学习作为一种事后的简单检验和改进机制，因此形成的功能增量无法适应网络空间威胁的快速发展变化。

由于网络空间环境非常复杂，新型网络威胁层出不穷，网络空间数据呈海量增长，数据分析难度猛增，网络空间安全监测预警模型需要具有动态特性，即能根据外界变化做出实时、准确的调整。自学习特性作为模仿生物体具备的环境适应和演化能力，通过学习已有的知识和类比推测等方法学习积累新的知识，使模型具有越来越高的智能特性，这些特性使模型由"死"变"活"，由"固定、死板"变"动态、灵活"，能进行自我进化、更新、积累和完善。对于新的网络空间安全防御需求而言，当前已有的网络空间安全监测预警模型还需要进一步贴合网络安全发展时代特征、反映先进防御理念、融合前沿技术，同时具备较强通用性，从而能够为现代网络空间安全监测预警体系及系统设计提供理论基础。

为此，结合网络信息安全模型、入侵检测模型和先进前沿技术，本书提出了一种网络空间安全监测预警模型，即以学习进化（Evolution）为核心驱动的、覆盖持续监测（Monitor）、态势感知（Awareness）、追踪溯源（Backtrace）三维监测预警模型 MAB-E，如图 2.1 所示。

三维监测预警模型 MAB-E 整体上由功能维、对象维和结构维三个相互正交的表述维度构成，作为模型的三个立面从不同的角度描述了监测预警的主要特征和要求。功能维面向监测预警对网络空间安全体系中各功能的支撑作用和效果，与网络空间安全体系的主要环节交织，其中持续监测、态势感知、追踪溯源与监测预警强相关，是监测预警在网络空间安全体系中的主要职责；而防护/攻击、应急响应与评估恢复也与监测预警存在关联，为安全体系的能力发挥提供不可或缺的支撑作用；对象维覆盖网络空间物理层、逻辑层和认知层的全域空间，提供对各层次中要素状态、事件和风险的监测及预警能力，同时具备一定程度的跨层监测分析与知识关联能力；结构维描述了构成监测预警体系中各要素的异构关系，并通过这种异构关系反映新型监测预警系统应当具备的自组织、自协同、自治理特征。

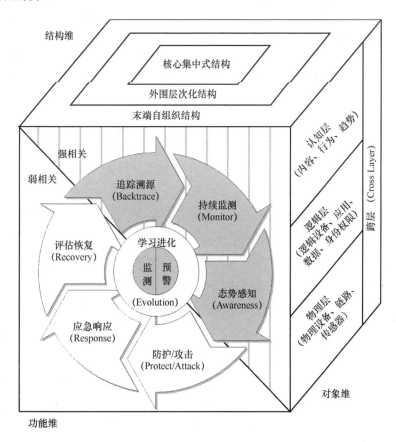

图 2.1　三维监测预警模型 MAB-E

2.2.2　功能维

功能维由自内向外的三个同心圆构成，通过内圈层、中间圈层和外圈层的构造，突出监测预警的地位中心性、流程迭代性、功能辐射性的特点。

1. 内圈层

内圈层包括监测和预警两个方面的功能任务，监测侧重于全要素感知，以更完整、准确地获取网络空间中各要素的状态、趋势和隐含的风险为目标，是安全信息的获取、融合和分析单元；预警侧重于能力赋予，通过监测形成的态势结论指导安全策略和手段的实施和调整，以更有效地辅助防御和决策为目标，是安全情报的生成、分发和共享单元。

2. 中间圈层

位于中间圈层的学习进化是推动监测预警与网络空间安全功能闭环的桥梁和催化剂，是体系呈现自生长特性的关键。随着网络威胁数量持续增加、能力不断增长、风险日益严峻，网络空间安全监测预警系统需要具有学习能力，对新型木马、新型病毒、新的网络漏洞、未知攻击行为等网络威胁具有认知、学习能力，能自我积累新型检测、预警、防御方法，使系统具有越来越强大的网络空间安全监测预警能力和防护能力，以保障网络空间安全。

在机制方面，学习进化的主要方法是大数据驱动下的人工智能技术，特别是机器学习、深度学习，以及相应的有监督学习和无监督学习算法等。学习可以对应于感知的处理，也可以对应于认知的处理，基于对海量数据的识别和分析，帮助监测预警系统做出各种各样的判断。如同人类可以从有限的学习范例中学习知识一样，安全监测预警系统具备的学习进化机制可以从数以千计的范例中不断学习和优化自己。

在效果方面，学习进化可作用于持续监测、态势感知等安全环节，使监测预警与这些环节在运行中持续改进，在实践中不断提升，使信息利用更加高效。另外，学习进化也可以作用于监测预警自身，通过评估在不同的监测预警支撑条件下网络空间安全功能闭环的历史运行效能，归纳提炼出在不同场景中影响能力正向或逆向发挥的关键因素，指导系统自身运行不断完善。

3. 外圈层

外圈层由持续监测、态势感知、防护/攻击、应急响应、评估恢复和追踪溯源的功能闭环构成，代表了网络空间安全能力迭代提升的完整生命周期。监测预警所提供的能力贯穿于这一周期中，但更侧重于持续监测、态势感知和追踪溯源，通过实时、准确的信息分析和适时的信息交付来提升功能闭环的效能。

2.2.3 对象维

对象维覆盖网络空间物理层、逻辑层和认知层的全域空间，不同层次的监测预警任务有不同的侧重点。例如，物理层聚焦真实设备、计算机、服务器、链路、传感器等的物理实体和地理空间位置，监测主要关注链路中信号、数据的传输、设备的运行状态和异常等可观测到的物理域活动；逻辑层聚焦由逻辑设备、应用、数据、身份权限等组成的网络信息系统及发生于其中的事件操作，监测主要关注协议规范、身份鉴别、权限授予、信息使用、数据共享、应用运行、服务供给、网络状态等信息域活动；认知层聚焦传递信息的内容，以及网络用户相互交流产生的知识、思想、情感和信念等，监测主要关注信息语义、用户倾向、群体趋势、话题走向等高层次意识域活动。由于对象不同，监测预警采用的手段方法也存在极大的差异。

2.2.4　结构维

结构维描述了构成监测预警各要素在空间和逻辑上的分布与联系，由末端、外围和核心三个区域构成。

1. 末端自组织

在监测预警的末端存在着用于原始数据采集、状态感知的传感器，如防火墙、入侵检测、UTM 网关、主机监控程序、安全审计程序等，这些传感器以主动方式采集或作为被动代理接收同步数据，按照各自的职责对信息进行初步处理和加工。由于末端节点的区域覆盖和处理能力均有限，因而不同类型的传感器之间需要通过分工与协作才能获取到较为完整的所需监测信息，事实上形成了一类在共同目标下运行的自组织结构。

2. 外围层次化

在监测预警的外围存在着用于传感器管理与维护的功能节点，它们是某一区域内传感器和安全代理的管理者，主要负责汇聚本区域内监测的所有数据，在按照约定的通信协议和标准进行格式转换、处理后上报至更高的监测预警层次。由于在通常情况下末端传感器基于体系的可配置性和易重构性考虑，一般不会与核心节点直接通信，因而外围用于管理维护的功能节点总是存在，且在形态结构上表现出支持分级汇聚的层次化特点。

3. 核心集中式

监测预警的核心由集中式的数据融合、分析和告警功能构成，其具备监测预警系统内顶层的信息存储、处理能力，对所关注的监测数据进行归并、去重、聚类、统计、分析和挖掘等处理后，形成关于网络空间的安全全景视图，从而能够有效关联、识别和追踪网络内的非法操作、异常事件和攻击行为，产生对应类型、级别的告警并通知至相关的接收单元。为了避免信息多头汇聚、事件并行触发、告警重复生成造成的资源浪费，监测预警的核心即便在空间上分布式部署，在逻辑上也应形成功能集中的统一体，作为监测预警系统的顶层服务与关联系统进行交互和协同。

随着末端、外围设备计算和存储能力增强，监测预警系统中三个维度的界限会越来越模糊，将从有中心向无中心、分布式协同监测预警方向发展。

2.3 MAB-E 体系视图

2.3.1 体系视图

网络空间安全监测预警体系视图是由网络空间内外与监测预警工作相关的各要素构成的整体框架，由监测对象、监测内容、监测手段、监测策略、预警内容、预警策略和监测预警要求构成，如图 2.2 所示，从结构上体现出"六横一纵"的特点。其中，监测对象、监测内容、监测手段和监测策略属于监测方面，预警内容和预警策略属于预警方面，监测预警要求贯穿体系设计实施的整个环节。

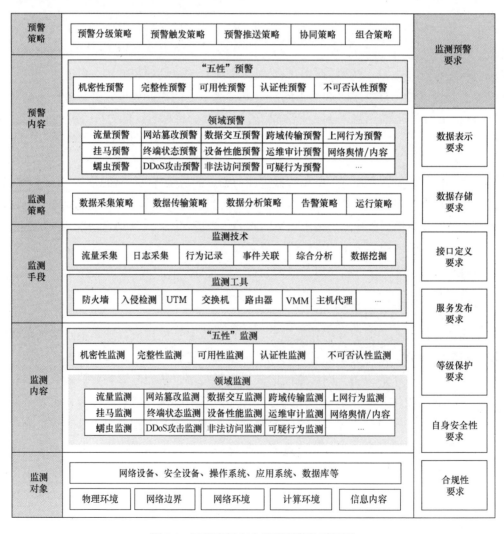

图 2.2　网络空间安全监测预警体系视图

- 监测对象：确定监测预警体系的范围与对象，包括物理环境、网络边界、网络环境、计算环境、信息内容等，涵盖网络设备、安全设备、操作系统、应用系统和数据库等。
- 监测内容：对目标网络空间的信息安全"五性"，即机密性、完整性、可用性、认证性和不可否认性进行监测，监测信息的获取需要在监测策略的指导下，遵循监测要求，通过多样化的监测手段完成。监测的领域包括流量、网站篡改、挂马、数据交互、跨域传输、网络舆情等。
- 监测手段：采用流量采集、日志采集、行为记录、事件关联等方式，对来自防火墙、交换机、主机代理等数据源的监测信息进行有针对性的分析。
- 监测策略：监测预警体系在数据采集、数据传输、数据分析、告警和运行等策略的定义和配置下执行预期功能。
- 预警内容：对目标网络空间的监测结果产生与之相关的告警信息，既包括宏观层面对信息安全"五性"的运行情况进行预警，也包括对流量、网站篡改、挂马、数据交互、跨域传输、网络舆情中的异常情况进行告警。
- 预警策略：监测预警体系在产生、提交、传输和共享预警等方面执行功能时遵循的定义和配置，包括预警信息的分级策略、触发策略、推送策略等。
- 监测预警要求：网络空间安全监测的整个过程要符合相关标准、法律、法规和自身安全性约定。

2.3.2　技术视图

网络空间安全监测预警技术视图从技术角度给出了与监测预警相关的网络安全采集、融合、分析、检测、管理、运维等技术的层次化支撑依赖关系。从总体上看，可以将技术视图划分为感知目标层、数据采集层、事件融合层、威胁检测层和预警应用层五个平面层，以及预警管理、预警系统安全防护和预警信息交换三个立面层，层次间通过数据或行为进行连接。网络空间安全监测预警技术视图如图 2.3 所示。

- 感知目标层：技术体系的作用对象和立足点，主要由网络空间中存在的各类各级网络构成，也包括依托于公共互联网或与互联网逻辑隔离的企业内部网。
- 数据采集层：技术体系中用于构建分布式传感器网络的多主体数据获取技术集，包括网络、主机、服务、应用和数据层面的安全信息感知和事件发现。
- 事件融合层：对数据采集层提交的多类信息、事件进行预处理和深度处理的综合技术集，包括数据归并、格式转换、筛选等预处理技术，以及语义识别等深度处理技术。为了支撑海量数据场景中的监测预警事件融合，还包含面向大数据的管理和存储技术。

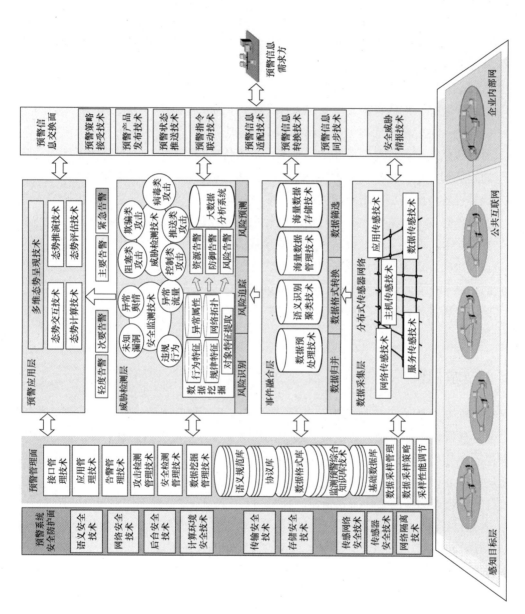

图 2.3 网络空间安全监测预警技术视图

- 威胁检测层：对处理和融合后的事件中包含的安全或威胁信息进行提取和识别的综合技术集，包括以行为特征、异常属性等对象特征为核心的数据挖掘和告警生成技术，以及基于大数据分析的安全监测技术和威胁检测技术。
- 预警应用层：实现预警数据、事件和知识的呈现、交互、共享和响应等应用目标的综合技术集，包括面向态势预警的计算、交互、推演和评估技术，以及多维态势呈现技术。
- 预警管理面：包括监测预警在数据采集、事件融合、威胁检测和预警应用等层面的管理、运维关联技术，实现核心技术体系运行参数和策略的正确配置。
- 预警系统安全防护面：关注监测预警系统自身安全的技术集，使监测预警系统总能在外界存在干扰和非预期影响的条件下，以高可信、可靠和可用性实现自身的运行目标，给出准确的预警结果。
- 预警信息交换面：关注监测预警系统作为网络空间中非独立个体的协同、联动类技术集，使异构、分布式、各级别的监测预警系统能够高效地交互，同时确保监测预警系统与其他关联系统的信息互通能力。

2.3.3　时序视图

网络空间安全监测预警时序视图从时间维度给出了监测预警在一次完整攻击防御流程时间线中的作用时机和支撑效果。在时序视图中，对手基于攻击系统发起针对被保护系统的攻击，我方依托防护系统实施对威胁的遏制和阻断。监测预警系统通过施加"监测""预警"两种类型的作用，以最小化攻击者可能造成的破坏为目标，在攻击系统的攻击行为和防御系统的防御手段之间构建动作模板，使防御任务能够按照最佳化的策略方案有序开展。网络空间安全监测预警时序视图如图 2.4 所示。

- 态势感知：监测预警系统对被保护对象及防御系统的安全态势进行采集和

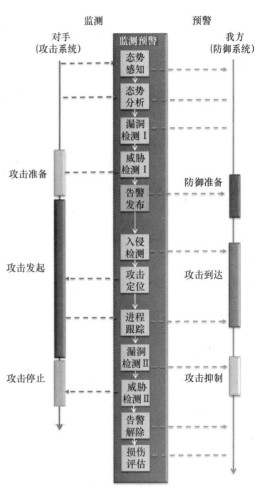

图 2.4　网络空间安全监测预警时序视图

感知,包括资源配置、资产持有、防护力量和安全策略等相关信息。

- 态势分析:监测预警系统对采集的安全态势信息进行分析,期望发现攻击者的历史活动痕迹,评估防御者的综合防护水平。
- 漏洞检测Ⅰ:以区域轮询、主动检测的方式对被保护对象、防御系统中存在的已知漏洞进行扫描和修补。
- 威胁检测Ⅰ:在攻击者的攻击准备阶段,及时检测到用于表明攻击正在酝酿的线索、标志和证据,为攻击类型、攻击目标的判定提供基础信息。
- 告警发布:将所获取的攻击准备信息以告警形式提交给防御系统,进行防御准备。
- 入侵检测:监测预警系统进入全面设防状态,将与本次攻击相关的所有行为、事件信息以告警方式提交至防御系统。
- 攻击定位:监测预警系统获取到能够对攻击者进行定位的信息,将信息提炼后形成能够指导安全策略配置的告警数据。
- 进程跟踪:按照本次攻击的类型分析结果,与特征库中已有的攻击进程知识相比对,判断攻击的进程、进度等信息。
- 漏洞检测Ⅱ:在攻击事件正在发生的过程中持续扫描高风险设备、平台、端口、应用和服务等资源,发现并判断漏洞是否已被攻击者利用。
- 威胁检测Ⅱ:分析攻击是否已经停止,网络中是否还存在已被利用但还没报告的风险。
- 告警解除:监测预警系统通知防御系统攻击已经结束,可以相应调整安全等级和应急策略配置。
- 损伤评估:通过态势感知和状态采集,评估攻击造成的破坏,将评估结果和攻击过程记录作为改进监测预警系统运作效能的基础信息,实现自我能力的不断完善。

2.3.4 系统视图

网络空间安全监测预警系统视图是网络空间安全监测预警模型的具象化和实例化,在模型对监测预警功能与特性的定义、约定等规范化指导下,针对实际环境中信息系统、安全防御系统的独特需求,描述了系统在抽象层面各要素的静态和动态关系。

网络空间安全监测预警系统是包含数据传感、信息采集、监测分析和运维管理等功能模块的嵌入、依附式系统,需要与被监测的信息系统对象以强交互方式集成运行。

从宏观上看,网络空间安全监测预警工作由完成不同任务的组件、模块、代理等构成,这些组件具备信息采集、传输、路由、计算、存储或分析等功能。在一致的协同交互协议的联系下，各组件承担的任务和活动具备整体可调控性，能够依据一定的策略进行宏观调度、协调和并发控制，实现安全信息从采集、传输、存储、使用、管理到分析的一体化处理，通过模块间的无缝集成有效支撑网络空间安全体系的主动防御、快速反应、妥善处理、联动服务等阶段能力。

网络空间安全监测预警系统通常由布设在被监控网络中的传感器、节点管理器、数据控制中心和监测知识库构成。为了操作控制、提高效率和管理方便，监测预警系统所涉及的组件往往在物理上分布于多个地理位置，不同的组件间通过分布式交互协议上报数据、下发策略及共享信息。网络空间安全监测预警系统视图如图 2.5 所示。

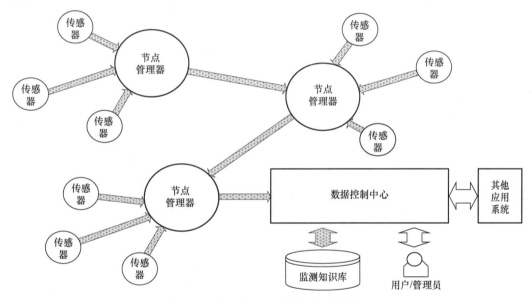

图 2.5　网络空间安全监测预警系统视图

1．传感器

网络空间安全监测预警系统的传感器是各类前端数据采集和分析设备（又称网络/终端探针/爬虫）。在实际环境中，这些传感器通常被布置在需要被监控对象的出口路由器或交换机上、内部网络设备镜像端口，或者直接安装在目标主机上以代理方式运行，通常数据分析处理能力较弱。传感器是网络信息系统监测的安全数据的源头，传感器数据采集的带宽、实时和准确性对于监测预警的整体效能指标影响很大。

传感器分为网络传感器、主机传感器、虚拟机传感器、设备传感器和内容爬虫五类，相关监测对象、监测内容、部署方式和典型实体如表 2.1 所示。

表 2.1　网络空间安全监测预警系统传感器分类

传感器类型		监测对象	监测内容	部署方式	典型实体
网络传感器	串联	网络流量	通信协议、通信地址、端口号、流量特征、通信内容等	以串联方式接入待监测链路采集网络流量	防火墙、安全网关、UTM 等
	并联	网络流量	通信协议、通信地址、端口号、流量特征、通信内容等	以旁路方式接入路由器、交换机镜像端口采集流量	入侵检测、网络审计等
主机传感器		操作系统、应用程序、数据库	用户行为、系统操作、服务状态、网络连接、设备连接、病毒入侵等	安装于目标主机操作系统中，与操作系统同时启动，对主机操作及行为进行实时监测	主机安全防护软件、主机审计软件、沙箱软件等
虚拟机传感器		虚拟机	用户行为、系统操作、服务状态、网络连接、设备连接、病毒入侵等	安装于虚拟机所在的宿主机操作系统中，对虚拟机操作及行为进行实时监测	虚拟机安全防护软件
设备传感器		设备自身	设备运行状态、负载、吞吐量等	采用代理方式运行，作为模块嵌入被监测设备中。采用对等方式运行，通过网络协议与设备交互采集信息	设备安全管理代理
内容爬虫		网络内容	有价值的网络信息内容	根据任务需要驻留或实时施放	爬虫软件

典型传感器内部结构如图 2.6 所示。传感器的设计重点是如何使其具有高效率、低功耗、灵活性、可重构性，所涉及的主要技术包括网络数据流量捕获技术、数据包协议重组技术、数据内容深度分析技术、主机操作系统数据采集技术、数据模式匹配技术等。

传感器在采集到原始数据后首先需要进行过滤和预处理，数据源提供的数据分为日志化数据、协议化数据和顺序化流状数据，每类数据的处理方式都不同。在格式字典的辅助下对数据作归一化标准处理后即可得到满足监测预警功能要求的应用数据，从而得到分析结果，形成安全事件或报警信息。

2. 节点管理器

节点管理器负责管理某一网络区域内传感器提交的信息，同时在传感器和数据控制中心之间传递数据和指令。节点管理器接收本区域内下级传感器提交的安全事件、运行状态或报警信息并进行初步分析，按照一定的规范化流程对这些数据进行格式转换处理，以进行本地存储或提交至上级数据挖掘中心。节点管理器作为网络监测预警系统数据的交换和中继单元，是一个可选组件，当安全传感器节点数量较少、层次结构的重要性不是非常突出时，可以省略节点管理器而直接将安全传感器的采集数据上报至数据控制中心。

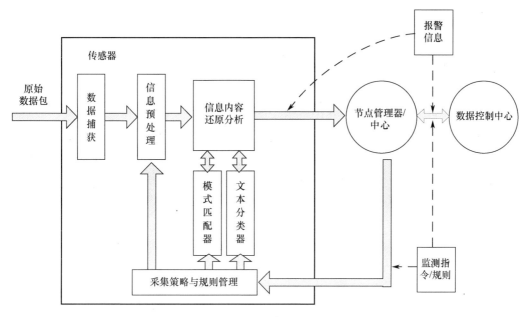

图 2.6　典型传感器内部结构

3．数据控制中心

数据控制中心是网络空间安全监测预警系统的数据分析、数据发布和体系管理中心，具备数据分析、数据发布和体系管理的职能。

在数据分析方面，经由安全传感器和节点管理器，对被监测网络中物理环境、计算环境、网络环境、区域边界及信息内容等所包含的安全设备、网络设备、操作系统、应用系统、安全系统、数据库等所采集的信息（如日志、操作行为记录、外部环境因素数据、内容数据）进行汇总和处理，通过攻击特征提取、入侵识别、异常行为感知、统计分析等数据挖掘算法完成各项威胁检测过程，将处理结果通过可视化方式转换为管理员容易理解的告警文本、图表或图形，辅助管理员掌握网络安全态势、感知全局安全状态，进行有效的应急响应处置。

在数据发布方面，数据控制中心对及时发现的系统内的异常信息、非法操作和攻击事件、舆情异常等生成告警，告警信息将被填充与相应事件和态势相对应的紧急程度、安全级别、描述内容、处置建议、知悉范围和其他有助于对威胁进行响应的相关信息。

在体系管理方面，数据控制中心负责整个网络空间安全监测体系的状态监控和运行控制，通过资源管理、安全域管理、拓扑管理、性能管理、合规性管理、预警管理等过程，促进和完善安全防护策略，保障业务和系统安全可靠运行。数据控制中心的主要功能包括数据接收、态势分析、指令下达、节点管理等几方面，其在最高级层次上汇聚传感器或节点管理器上报的安全信息，查询和调用监测知识库，综合分析经过汇集处理后的状态信息、安全事件并评估威胁程度，同时对传感器、节点管理器的状态进行实时监测和认知，进而制定、生成和下达数据控制指令、策略和规则等以实现监测行为的调控。

4．监测知识库

监测知识库是网络空间安全监测预警系统的知识中枢，存放着网络空间安全监测预警系统正常运行所需的控制参数、配置、规则，以及已知的漏洞信息和攻击行为特征。监测知识库包含漏洞知识库、攻击行为特征库和算法库。漏洞知识库由来自不同漏洞信息源的已知漏洞信息构成；攻击行为特征库是结合已知攻击特征代码和监测预警系统中的威胁检测结果构成；算法库通过漏洞知识库和攻击行为特征库的集成协作，结合监测预警循环学习实现优化增强，为数据控制中心的信息处理过程提供关键监测预警算法能力支撑。

5．运行流程

网络空间安全监测预警系统典型交互流程如图 2.7 所示。

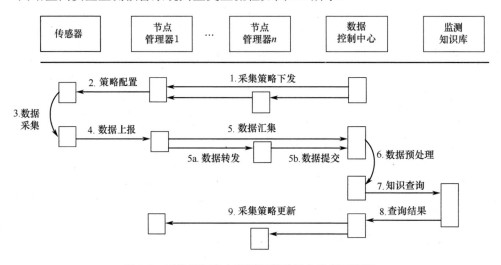

图 2.7 网络空间安全监测预警系统典型交互流程

网络空间安全监测预警系统的交互流程以安全控制中心的策略下发起始，以监测知识库的运算结果返回终止，完成一个监测周期。具体包括以下步骤。

- 安全控制中心根据监测预警需求，向节点管理器下发安全数据采集策略，包含数据采集对象、采集目标、采集优先级、上报策略和故障策略等。采集策略既可以通过节点管理器下发，也可以通过节点管理器转发。
- 节点管理器根据设备类型配置域内的安全传感器。
- 传感器依据采集策略运行，获取安全基础数据。
- 传感器依据上报策略，将指定的数据上报至域内的节点管理器。
- 节点管理器将获取的数据汇集至数据控制中心，在不能直接连接至数据控制中心时，将数据转发至邻近的节点管理器。

- 数据控制中心对汇集的数据进行整编、预处理和初步的分析。
- 数据控制中心向监测知识库发起知识查询，匹配已知、学习发现未知（潜在）的入侵攻击或风险威胁特征。
- 监测知识库将运算结果返回至数据控制中心。

最后，数据控制中心根据监测结果和系统运行目标调整数据采集策略，通知节点管理器进行策略更新，提升网络空间安全监测的针对性。

2.3.5　能力视图

网络空间安全监测预警的目标是实现网络威胁和安全风险的及时发现、准确定位和适合预警。针对网络中存在的病毒传播、资源滥用、非法授权访问、非法接入、信息泄露等各类安全问题，通过基于特征和基于行为两种检测方式进行综合分析，捕获已知和未知的威胁，尽早发现网络中存在的风险，将可能造成的危害程度降至最低，在网络空间安全体系中发挥风险管理、安全运维、信息共享、安全评估、指挥控制和知识中心等作用。网络空间安全监测预警能力视图如图 2.8 所示。

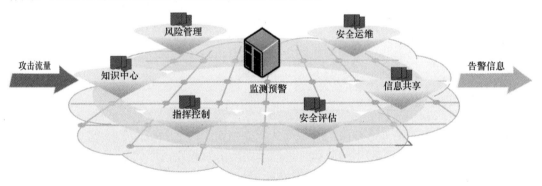

图 2.8　网络空间安全监测预警能力视图

监测预警核心能力可以使网络安全体系中的安全运维、信息共享、安全评估、指挥控制、知识中心和风险管理等安全基础服务的运行得到可靠保障。监测预警通过识别和分析攻击流量产生预警和告警信息，能够在攻击者尚未造成实质性破坏之前提升防御响应和处置的成功率。

2.4　MAB-E 体系与网络空间安全

2.4.1　MAB-E 体系特征

MAB-E 的体系特征包括持续监测、态势感知、追踪溯源和学习进化。

1. 持续监测（Monitor）

持续监测是以无中断方式全时段对目标对象网络中的数据通信、服务调用和用户行为等活动进行监测，也是"全天候全方位感知网络安全态势"的前提。在高级复杂性威胁越来越善于隐藏自身、越来越难以被监测系统识别的趋势下，持续监测可以最大限度地获取网络中的各类信息，尽可能避免数据遗漏造成重要线索丢失。但持续监测会造成采集的数据量过大，因而需要对数据进行预处理。预处理的目的，一是清除大量冗余信息，以支持后续的关联分析；二是通过预处理对所观测的目标给出联合的目标属性判断，最后给出比单传感器更准确、更具体、更完备的目标分类与属性；三是对原始数据进行格式转换，形成统一的数据格式，以支持后期监测预警的高层数据分析处理。

2. 态势感知（Awareness）

态势感知从分析各类网络攻击的特点入手，旨在发现、识别、测量、跟踪可确定攻击行为模式和事件发展过程，构建多维度、复杂攻击检测方法，通过多角度信息安全技术的综合集成监测、分析和追踪来识别计算与网络环境的微妙变化与异常，实现复杂威胁行为的捕获和检测。由于网络攻击的方式多种多样，使用单一检测手段较难达到目的。同时，由于网络空间的虚拟性和不可直接观察性，需要借助可视化呈现理论方法，根据用户需求，提取网络空间综合态势要素，以图形图像的方式融合数据进行定量分析与综合呈现。

3. 追踪溯源（Backtrace）

追踪溯源采用技术手段对攻击过程进行采集和还原，用于回答在网络攻击事件中谁发起了攻击、攻击源头在哪里的问题，进而确定攻击源或攻击中间介质及相应的攻击路径。通过攻击追踪溯源能够获取更准确的网络攻击信息，以此制定更具针对性的防护措施，助力网络空间的主动防御。在能力上，追踪溯源需要在网络空间中通过对攻击行为和攻击的中间介质（反射器、"傀儡机"或"僵尸机"、跳板）进行识别确认，重构攻击路径，最终确定真正的攻击者。在反向追踪定位的过程中，会涉及攻击中间介质的确定及攻击路径的重构问题。网络追踪溯源需要通过网络及网络信息设备中的相关信息实现攻击介质及路径的快速确认和重构，以实现具备实用意义的追踪定位，并据此采取相应的防护措施，将网络攻击的危害程度降至最低。网络攻击的中间介质根据其属性千差万别，而攻击行为的实施方式也是变化多端，相应的追踪溯源技术也有所区别。根据网络攻击介质识别确认、攻击链路的重构及追踪溯源的维度和深度，可将网络攻击追踪溯源分为追踪溯源主机、追踪溯源攻击控制主机、追踪溯源攻击者和追踪溯源攻击组织四个逐级递进的层次。

4．学习进化（Evolution）

MAB-E 模型融合了传统网络信息安全模型（纵深防御）、入侵检测模型（预警－检测－响应－恢复）和人工智能模型（感知－认知－学习－进化）中值得借鉴的部分，反映了新形势下网络空间严峻安全形势对应的能力需要，提出了以学习为动态行为特征、以能力为目标导向、以网络空间全域为监测对象、以松散－集中结构为组织方式的监测预警模型，使该模型具有较好的动态性和自我学习、积累、进化特性。

2.4.2　MAB-E 体系在网络空间安全中的作用

本章通过分析传统的信息安全模型和入侵检测模型，根据网络空间动态化和复杂化特性，结合网络空间安全监测预警需求，提出了以学习为中心的网络空间安全监测预警模型，该模型具有动态特性和自学习特性。其在应对网络空间安全监测预警难题和挑战方面的作用如下。

1．提升检测精确度

由于网络空间中攻击者与防御者的非对等性，网络攻击技术的发展总是先行，而相应的检测能力通常只能在这项攻击技术已经造成了具体的破坏，并经过取证分析和事件调查后才能具备。APT 攻击使网络威胁从散兵游勇式的随机攻击变成有目的、有组织、有预谋的群体式攻击，使传统的以实时检测、实时阻断为主体的防御方式难以发挥作用。整体上，规则匹配式的感知机制对已知威胁能够良好地响应，但对未知威胁通常难以发现；异常检测的感知机制需要事先建立关于正常状态的安全基线，然后根据实际场景中状态对基线的偏离程度来判断是否出现风险，其漏报和误报性能很难折中。MAB-E 体系涵盖了全局和区域、短时和长时、大样本和小样本情形的威胁检测，能够有效提升检测精确度。

2．提升监测实时性

随着传统通信网的演进和无线传感器网络、自由空间光通信、物联网、量子通信等新兴通信技术的出现，网络空间通信骨干基础设施向综合一体化、整体宽带化、高速大容量化、软件定义化、虚拟化等方向发展，在过去 10 年内，光纤通信的传输速率大约增加了 1000 倍，其承载的应用类型也迅猛拓展，为感知系统以线速监测并识别所有流量中包含的内容构成了极为严峻的挑战。当前通常采用的方法为集群化监测、延时监测或丢弃部分数据等，但都具有成本高昂、覆盖度下降、不能实时报告威胁等缺点。MAB-E 体系三圈层的结构使得从监测到处置的闭环能够以不同的速度收敛，实现感知实时性的优化。

3. 提升监测全面度

网络空间物理域、逻辑域和认知域相互交织、彼此关联，状态和行为间相互影响、制约的现象突出，为了取得网络空间安全状态的全貌，感知的对象不能仅局限于某一个特定的层次。尽管受传感器、探针的功能特性、布设位置、关注重点等因素限制，单个感知单元无法获得区域内所有与攻击入侵及安全防护有关联的信息，但通过多个感知单元的分工与协同配合，从理论上可以最大程度还原网络空间安全态势。当前，物理和逻辑层的感知机制相对成熟，但基于社交媒体、论坛、微博、博客、音视频网站的内容发布和言论、观点、评论等信息的监测手段还比较缺乏，不能为全面掌握网络空间社会域中危害国家安全和社会安全的信息提供有力支撑。MAB-E 体系不仅关注网络域，还跨域关联了物理域、认知域和社会域，能够洞察网络空间的泛在广义和微观细节实体与关联，实现感知全面度的提升。

通过 MAB-E 体系与网络空间安全的防护/攻击、应急响应、评估恢复等环节可形成网络空间安全有效闭环，实现对网络空间安全威胁实时监测、安全态势感知和攻击适时预警，支撑网络空间安全的防护和反制，使安全事件得到及时处置，最大限度地控制安全事件破坏的广度、深度，有效降低网络空间安全事件造成的损失。

本章参考文献

[1] 赵琳琳，颜若愚，李奇胜. 基于 P2DER 模型的网络安全主动协同防护系统框架[J]. 现代计算机，2010（2）：93-97.

[2] 楼润瑜，王备战，王伟. 大规模网络的主动协同防御模型研究[J]. 厦门大学学报（自然科学版），2010，49（2）：198-204.

[3] 郝叶力，郭世泽，赵红. 网络国防战略协同机制研究[J]. 数学的实践与认识，2013，43（24）：7-15.

[4] 刘旭勇. 基于协同的网络安全防御系统研究[J]. 计算技术与自动化，2012，31（2）：142-144.

[5] 王芳芳. 任务可分活动网络协作计划模型及其协同混合进化算法[D]. 扬州：扬州大学，2012.

[6] 张晓玉，李振邦. 移动目标防御技术综述[J]. 通信技术，2013（6）：111-113.

[7] 史建中，边杏宾，胡志勇. 网络空间安全威胁的动机、趋势、对策研究[J]. 现代工业经济和信息化，2018，8（7）：47-49.

[8] 熊钢，葛雨玮，褚衍杰，等. 基于跨域协同的网络空间威胁预警模式[J]. 网络与信息安全学报，2020，6（6）：88-96.

[9] 刘胜湘，邬超. 美国情报与安全预警机制论析[J]. 国际关系研究，2017（6）：83-105，153-154.

[10] 张旭，肖岩军. 美国网络空间态势感知预警防护体系建设概况及对我国的启示[J]. 保密科学技术，2016（4）：20-26.

[11] 庄洪林，姚乐，汪生，等. 网络空间战略预警体系的建设思考[J]. 中国工程科学，2021，23（2）：1-7.

[12] 陈烨，马晓娟，闻杰. 基于模型思维的预警情报分析模式研究[J]. 情报杂志，2020，39（6）：24，54-60.

[13] 苗增良，刘振军，王勇. 网络空间态势感知与预警技术发展及对策研究[C]//第六届中国指挥控制大会论文集（下册）. 北京：电子工业出版社，2018.

[14] 李昌玺，徐颖，王峰，等. 战略预警情报体系构建问题研究[J]. 飞航导弹，2018（11）：55-60.

[15] 俞锦涛，肖兵，熊家军. 基于效能环的预警情报体系能力评估[J]. 火力与指挥控制，2022，47（2）：32-36，42.

[16] 杨沛安，武杨，苏莉娅，等. 网络空间威胁情报共享技术综述[J]. 计算机科学，2018，45（6）：9-18，26.

[17] 杨阔朝，蒋凡. 安全漏洞的统一描述研究[J]. 计算机工程与科学，2006，28（10）：11-12.

[18] 杨宏宇，谢丽霞，朱丹. 漏洞严重性的灰色层次分析评估模型[J]. 电子科技大学学报，2010，39（5）：778-782.

[19] 张美超，曾凡平，黄奕. 基于漏洞库的 fizzing 测试技术[J]. 小型微型计算机系统，2011，32（4）：651-655.

[20] 冯潇. 缓冲区溢出漏洞利用研究[J]. 北京联合大学学报（自然科学版），2009，23（2）：7-10.

[21] 李立明，蔡立军. TCP/IP 协议攻击的分析与对抗[J]. 湖南师范大学社会科学学报，2001，30（5）：61-66.

[22] 王硕，赵荣彩，颜峻，等. 基于代理服务器的分布式拒绝服务攻击系统设计与实现[J]. 信息工程大学学报，2012，13（3）：365-369.

[23] 康治平，向宏. 特洛伊木马隐藏技术研究及实践[J]. 计算机工程与应用，2006，9：103-105，119.

[24] 张新宇，卿斯汉，马恒太，等. 特洛伊木马隐藏技术研究[J]. 通信学报，2004，25（7）：153-159.

[25] 章金熔，刘峰，赵志宏，等. 数据挖掘方法在网络入侵检测中的应用[J]. 计算机工程与设计，2009，30（24）：5561-5566.

[26] 努尔布力. 基于数据挖掘的异常检测和多步入侵警报关联方法研究[D]. 长春：吉林大学，2010.

[27] 李波. 基于数据挖掘的异常模式入侵检测研究[D]. 沈阳：东北大学，2005.

第 3 章　网络空间安全持续监测技术

3.1　网络空间安全持续监测机理

网络空间安全监测目标与背景之间的任何差异，如外貌、形状、内在结构方面的差异，或在声、光、电、磁、热、力学等物理、信息特性方面的差异，都可直接由人的感官或借助一些技术手段加以区别，这就是目标可以被监测的基本依据。

在军事领域中，监测是获取情报的主要手段，是根据目标与环境相区分的特征信息，完成对目标的常态化情报获取过程。在网络空间中，攻防双方进行着类似军事冲突和争夺性质的对抗，具备竞争性、隐蔽性、多元性、不确定性等特点。

监测按目的可以分为三种类型。一是研究性监测，即研究确定网络空间的结构、组成、功能、行为等方面的运行方式，揭示网络空间的生长、消亡、演化、竞争、冲突等客观规律。这类监测需要关注网络空间的所有参与主体和行为客体，涉及网络科学、计算机科学、社会学、组织学和行为学等相关知识。如果监测表明空间中的一个因素对其他因素产生了非预期的影响，那么很可能够获取到关于目标网络空间领域运行方式的新模型、新认知。二是监视性监测，即对关心的空间对象状态、属性、变化和发展进行跟踪和预测，评价对其施加的控制策略的效果，判断相关网络空间面临的完整性、机密性、可用性、可靠性等的满足情况，一般会对关键对象进行重点关注，同时根据其不同程度的变化，提前制定应对措施。三是事件性监测，即在对象网络空间发生非预期的安全事件后，为了确定安全事件的规模、严重性等级、危害程度等指标，特别是为了避免其造成更大的破坏性影响，以事件为驱动、以控制为中心、以保护为目标进行的事后补充性监测。三类监测的手段与目标的联系如图 3.1 所示。

网络空间安全持续监测是以"安全"为主要目标，以"监"为手段，以"测"为依据，以"持续"为保障的网络空间多维、多域、多目标和多粒度的信息获取过程。

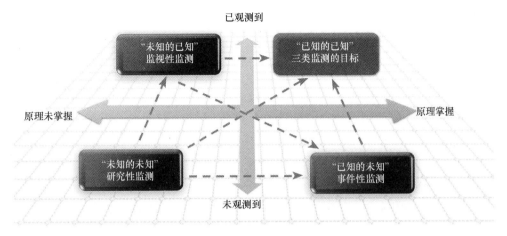

图 3.1　三类监测的手段与目标的联系

3.1.1　网络空间 "监" 的时空机制

通常意义上的 "监" 一般指监视、监听、监察、监控、监督等, 从字面含义上是通过具备 "眼、耳、脑" 等功能的感觉器官来获取对象信息的过程, 由于 "眼" 对人体而言带宽最大、感知效率最高, 因此下文中将 "监" 由 "监视" 指代。监视的方法是在一定的策略控制下采集基础数据, 将其转化成为有意义的指标并能够为用户、机器所察觉。安全信息全面、实时获取和分析是网络空间安全监测预警的起点, 各类监视方法在发展过程中通过更自动化的手段, 实现网络设备、安全设备、终端及网络流量分析中涉及安全、风险与威胁信息的获取, 在此基础上结合外部信息进行安全事件的关联分析和溯源。

网络空间监视与现实空间监视存在诸多共同点, 特别是在时间选择、空间选择与信息选择上, 不断向以更经济、更灵活、更安全的方式达到效益最大化的监视手段方式演进。例如, 在时间策略上, 物理空间与网络空间都强调 "全天候、连续式" 监视, 不分昼夜、不分季节、不分平战; 在空间策略上, 物理空间与网络空间都尽量实现 "无盲点、全覆盖", 特别是关口、要道、区域边界和要害核心区域; 在信息策略上, 物理空间与网络空间都以达到 "异常" (Abnormal) 与 "误用" (Misuse) 的准确识别为目标。但事实上, 因为传感器的布设、数据的传递汇聚、分析资源的分配、人员对警报的确认都需要花费经济成本, 因此网络空间监视体系的规划和策略制定是一门技术, 也是一门艺术。为了达到更加有效的监视效果, 可以通过时间策略、空间策略和信息策略三类模式进行深入分析和持续探索, 如图 3.2 所示。

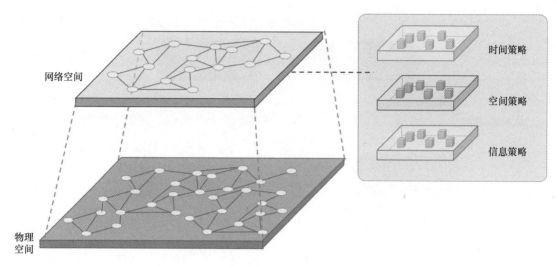

图 3.2　网络空间监视的时空与信息机制

1. 监视的时间选择机制

网络空间监视的时间选择是从更好地发现威胁、识别风险的角度，在监视活动的时间维度上形成的多类策略模式，包括连续时间监视、周期时间监视、特定时间监视、触发时间监视等，共同构成灵活、丰富的时间策略选项。

（1）连续时间监视：最常用的监视策略，在资源充沛、带宽条件优良、处理能力足够时对目标及其特征属性进行全天候"7×24 小时"监视，能够取得最为详尽的序列化目标状态信息。

（2）周期时间监视：在对目标的监视资源受限、条件不足或情况不允许时，按照一定的时间间隔进行的"采样""间歇"式监视策略，能够在较低的监视成本下取得接近连续时间监视的效果。

（3）特定时间监视：如果能够大体掌握目标的活动规律及风险情况，可采取在特定时间段、时间点的监视策略，以降低整体监视资源开销，如在夜间网络活动较少时针对出站流量进行监视以防止拖库操作，在业务高峰期针对入站流量进行监视以识别洪泛攻击等。

（4）触发时间监视：监视器平时处于非活跃状态，仅在特定事件发生、场景匹配或规则满足后开展的监视活动。例如，新漏洞披露后在网络边界的恶意利用检测等。

2. 监视的空间选择机制

网络空间监视的空间选择是从优化监视结构、减少探针布设、提升数据指向等预期效果出发，在监视活动的空间维度上形成的多类策略模式，包括基于不同空间尺度的监视、不同空间维度的监视、不同空间角度的监视和不同空间策略的监视等，共同构成高效、互补、集约的监视空间架构。

（1）不同空间尺度的监视：对网络空间的监视可以从点、线、面、体等尺度出发，将相应对象作为监视分辨的最小单元。点是网络空间的零维对象，如节点、个体等，具备基本的信息与网络功能，能够执行接收、发送、阅读、转换等动作；线是网络空间的一维对象，如路径、通道、链路等，"两点"或"多点"间可以建立直接或间接通信关系；面是网络空间的二维对象，如范围、疆域、周界等，代表由点、线拓展的简单系统；体是网络空间的多维对象，由"面"间通过立体、交织、集成等操作规则耦合重构，形成"系统之系统"。

（2）不同空间维度的监视：对网络空间的监视可以以一维、二维、三维甚至更多维为呈现基点，如一维代表仅对目标对象进行监视，二维代表同时对两个对象及相关关系进行监视，以此类推；也可以基于网络空间层次化构成的维度，如物理、逻辑、认知对目标在不同维度的投影进行监视。例如，某台物理空间存在的服务器，在逻辑维上是一个移动虚拟专用网络的计算设备，在认知维上是一个媒体内容处理/转发的节点，监视可以覆盖这些维度的一个或多个领域。

（3）不同空间角度的监视：对网络空间的监视可以基于本征空间、平行空间或跨域空间形式进行监测。在本征空间的监视方式中，监视手段与监视对象位于同一空间中，尽管能有更近的监视距离，但一方面需要消耗系统资源导致监视效果难以提升，另一方面监视工具可能会影响监视结果，导致"测不准效应"；在平行空间的监视方式中，监视手段以旁路或透明方式接入目标环境中，对目标运行和系统资源仅产生较小的消耗及影响，相应监视能力也存在一定局限；在跨域空间的监视方式中，通常监视工具与监视目标不在同一空间域，需要在其间构建传感通道，监视能力受到更大限制。

（4）不同空间策略的监视：网络空间的策略化监视主要是基于关键地形的传感器布设方式。网络空间地形是对网络空间的抽象、概括，将其形式化和模型化为在某一时空条件下的"实例"或"快照"，并以此记录和还原整个网络空间的面貌和轮廓。网络空间关键地形是特定场景中的关键节点、关键路径或关键系统，对确保监视传感器效能的发挥、数据的质量有重要影响。通过综合分析，可以通过定性和定量方式确定网络空间不同的地形地貌特征对监视任务成功率的影响。

3. 监视的信息选择机制

通常监测区域广、覆盖面宽，必须使用多传感器组合对欲监视网络空间进行分布式、互补式覆盖，进行长时连续监视。整个传感器组合是一个多层次的分布式网络结构体系，不同传感器提交数据的置信度、优先级、使用顺序等构成了监视的信息选择模式。在不同的网络空间风险威胁场景中，信息是否能合理编排利用、是否能针对监视情形进行优化、是否能在安全事件结束后进行自我迭代，都是决定信息选择有效性的重要因素。

3.1.2 网络空间"测"的原理方法

与网络空间监视侧重于信息的感知、获取方式手段不同，"测"代表针对不同目标状态、特征、属性的测试、测量、测验过程，是按照领域专用的规范、标准和测度对原始数据进行定性、定量和形式化规约的过程。"监"是"测"的前提，"测"是"监"能够发挥作用的保证。在网络空间安全监测预警中，"监"和"测"通常是一并完成的，本小节为了突出两者在理论、方法和实践上的差异，仍然将"测量"在网络空间安全语境下进行独立分析，突出其对于以统一、共识的方式认知网络空间的重要作用。

网络空间测量的对象是网络空间资源，是通过网络空间测量手段，能够探测和感知的对象，涵盖实体资源与虚拟资源。网络空间资源属性与网络空间资源的类型和所处的网络空间层次息息相关，分别从物理域、逻辑域和认知域三个角度观察，网络空间资源将表现出不同的状态和行为，因而与之关联的属性测量方法也不相同。用于物理域测量的手段、工具无法感知认知域的属性，用于认知域测量的手段、工具也无法获取逻辑域的属性，即便这些属性之间是相互关联并影响的。

1. 目标对象

对于同一目标，在不同的域测量得到的属性类型和内容具有明显差异，从而为在物理、逻辑和认知三个维度建立彼此独立又相互关联的资源属性坐标系提供了可能。资源在每一维度的属性取值都是一个高维稀疏数组，依据资源类型、测量能力进行定义和赋值。由于网络空间中资源分布的极化特点突出，在区域间纵向存在着分解、组合关系，横向也存在着一定的协作关系，这就要求提升网络空间属性组织的规范性、体系性和可重用性，以满足多分辨率的静态、动态测量能力要求。

2. 测量模型

结合网络空间安全监测预警领域的具体情况，建立由三个正交维度构成的资源属性模型，包括物理域坐标 P、逻辑域坐标 L 和认知域坐标 C，则不考虑测量者和测量行为的网络空间资源属性模型为一个三元组：

$$M_0 = (P, L, C)$$

其中，$P = (p_0, p_1, \cdots, p_n)$ 为资源模型的物理域属性取值；$L = (l_0, l_1, \cdots, l_n)$ 为资源模型的逻辑域属性取值；$C = (c_0, c_1, \cdots, c_n)$ 为资源模型的认知域属性取值。资源的整体属性由三个维度的属性集共同刻画。

考虑到测量者 I 和测量行为 B 的因素，网络空间资源的属性会受测量者测量的位置、目的、精度等，以及测量行为的方式、策略、时刻、流程等因素影响，导致所获取的属性与资源的实际属性存在较大的偏差，即在非理想状态下，网络空间资源属性模型为一个五元组：

$$M_1 = (P, L, C, I, B)$$

行之有效的测量行为就是采用尽可能客观、公正和精确的测量位置和测量工具，来获得较高可信度的测量结果，使得 M_1 能够不断逼近 M_0，使主动测量的结果与真实数据的误差尽可能小。

网络空间资源各层次属性模型与元属性模型如图 3.3 所示。

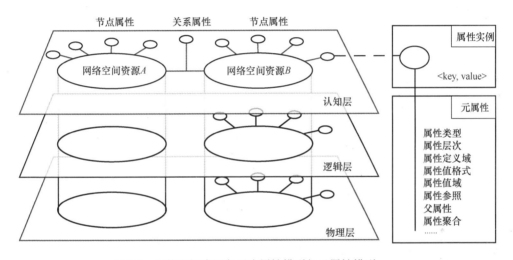

图 3.3　网络空间资源各层次属性模型与元属性模型

属性由 Key-Value 键值对构成，键名是字符串。属性值要么是原始值，要么是原始值类型的一个数组。而网络空间资源元属性模型是关于属性的属性模型，这种自我递归的深度被限制为仅一级，以避免无穷回溯（Infinite Backtrace）的情况发生。

元属性由属性类型、属性层次、属性定义域、属性值格式、属性值域等字段构成，其定义和约束了每个属性的基本信息和生效规则，也是属性间进行关联、聚合、继承等操作的依据。在元数据的规范和领域专家先验知识的支撑下，基于网络空间资源属性列表能够以层级迭代的方式表示为属性知识图谱。

3. 方法途径

网络空间资源测量属性知识的表示，可以使用知识图谱的思想和建模流程，首先构建属性概念分类体系（Taxonomy）；然后将实体测量关系型数据库中的数据转换为语义知识库的三元组，获得大量的实体与概念之间的 IsA 关系（每个表的列属性）；最后利用定义的 Taxonomy 与关系数据完成本体的构建。

例如，将资源 R 与属性 P 之间存在关系的知识表示为

$$\langle R, hasProperty\ P \rangle$$

将属性 P1 是属性 P2 的子属性这一知识表示为

$$\langle P1, subPropertyOf, P2 \rangle$$

将属性 P1 与 P2 等价这一知识表示为

$$\langle P1, equivalentWith, P2 \rangle$$

由于每一资源、属性名都拥有全局唯一的统一资源标识符（URI），因此网络空间的资源属性图谱可以经由语义三元组的方式完整表示。

3.1.3　网络空间"持续"监测的运行逻辑

网络空间安全监测的持续性可以从系统论、认识论、控制论和进化论的角度去探索其构建逻辑，能够基于采样定律、离散模型、反馈模型和螺旋模型表达。

- 从系统论角度看，系统无时无刻不在变化之中，同外界存在信息交换和能量交换，因此，持续的而非暂时、脉冲式的监测成为必需，以实现"持续运行"。
- 从认识论角度看，一方面，任何传感器的感知能力都是受限的，无法覆盖所有的空间和时间；另一方面，防御者对攻击者采取的手段、工具和战术不能完全掌握，持续的监测过程有助于积累有用信息，以更大的确定程度去进行攻击的识别，以实现"持续理解"。
- 从控制论角度看，从满足安全目标和威胁监测需要的数据来源、类型、结构、关联等方面，对监测体系探针和策略进行配置，以实现"持续调整"。
- 从进化论角度看，攻击威胁无时无刻不在发展之中，监测的手段、数据的运用、策略的调整都会影响监测的有效性，以实现"持续改进"。

前文已经提及，网络空间监视包括连续时间监视、周期时间监视、特定时间监视、触发时间监视等策略，其中连续时间监视在大多数情形下难以完全实现，其他类型的监视方式配合一定的空间选择和信息选择策略可以弥补这种不足，在节约监视成本的前提下达到接近持续监测的效果。

3.2　网络空间安全持续监测体系

从监测手段来看，网络空间持续监测技术主要包括僵尸、木马和蠕虫监测，以及入侵检测、漏洞监测等技术。网络空间安全持续监测体系结构包括数据采集、事件融合和威胁检测三个层次，如图 3.4 所示。

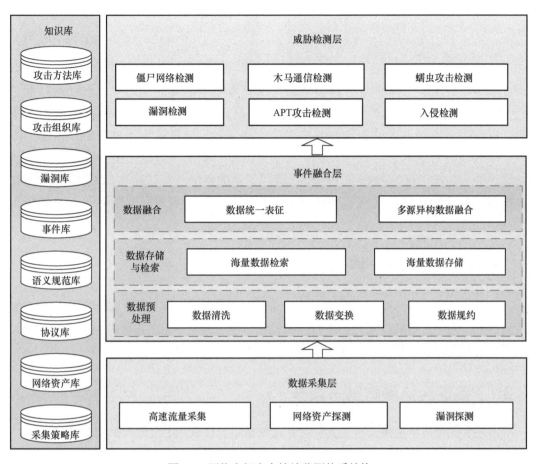

图 3.4　网络空间安全持续监测体系结构

1. 数据采集层

通过部署在网络中的传感器进行网络测量和数据采集，包括各种入侵检测系统前端对网络及主机采集的相关信息、网络管理系统采集的网络环境相关信息、漏洞扫描得到漏洞的相关信息。在数据采集层中主要涉及的是海量、异构、持续、快速到达的数据与网络带宽资源开销的问题。

2. 事件融合层

完成数据采集后，由于检测方式和工作环境的不同，使得采集的信息具有不确定性、相关性和动态性，并且随着信息的发展，数据呈现大数据的特征。因此，需要对数据进行融合处理，事件融合层的目的包括两个方面：一是去除大量冗余信息，以支持后续的威胁检测；二是通过融合对所观测的目标给出联合的目标属性判断，最后给出比单传感器更准确、更具体、更完备的目标分类与属性。其重要意义在于它与目标状态估计相结合，是构成系统的态势和威胁评估的基础，是预警决策的重要依据。

3．威胁检测层

威胁检测层主要负责从上报的数据中挖掘出隐藏的异常行为和攻击行为，可进一步分为对内异常行为检测和对外攻击行为检测两部分。面对复杂高危攻击的威胁，以及网络攻击方式的多样性，使用单一检测手段是较难达到目的的。从分析各类网络攻击的特点入手，旨在发现、识别、测量、跟踪可确定攻击行为模式和事件发展过程，构建多维度复杂攻击模型，通过多角度网络安全技术的综合集成，监测、分析和追踪识别计算和网络环境的微妙变化和异常，可实现复杂威胁行为的捕获和检测。

3.3 网络空间安全持续监测关键技术

网络空间安全持续监测关键技术涉及高速全流量数据采集技术，僵尸、木马、蠕虫检测技术，基于传统机器学习的入侵检测技术，基于深度学习的入侵检测技术，基于强化学习的入侵检测技术。

3.3.1 高速全流量数据采集技术

高速全流量数据采集技术主要包括高速数据采集技术、流量分类识别技术等。

3.3.1.1 高速数据采集技术

1．DPDK 技术

DPDK 是 Intel 公司开发的一款高性能的网络驱动组件，旨在为数据面应用程序提供一个简单、方便、完整、快速的数据包处理解决方案，主要技术有用户态、轮询取代中断、零拷贝、网卡 RSS、访存 DirectIO 等。

1）DPDK 总体架构

DPDK 总体架构如图 3.5 所示。

2）核心组件

DPDK 主要包括以下六个核心组件。

- 环境抽象层（EAL）：为 DPDK 其他组件和应用程序提供一个屏蔽具体平台特性的统一接口。环境抽象层提供的功能主要有 DPDK 加载和启动、支持多核和多线程执行类型、CPU 核亲和性处理、原子操作和锁操作接口、时钟参考、PCI 总线访问接口、跟踪和调试接口、CPU 特性采集接口、中断和告警接口等。

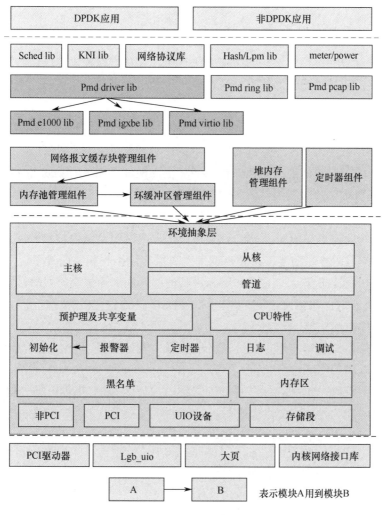

图 3.5　DPDK 总体架构

- 堆内存管理组件（Malloc lib）：堆内存管理组件为应用程序提供从大页内存分配内存的接口。当需要分配大量内存小块时，使用这些接口可以减少转译后备缓冲区（TLB）缺页。
- 环缓冲区管理组件（Ring lib）：环缓冲区管理组件为应用程序和其他组件提供一个无锁的多生产者/多消费者 FIFO 队列 API——Ring。Ring 借鉴了 Linux 内核 kfifo 无锁队列的思想，可以无锁出入队列，支持多生产者/多消费者同时出入队列。
- 内存池管理组件（Mem pool lib）：为应用程序和其他组件提供分配内存池的接口，内存池是一个由固定大小的多个内存块组成的内存容器，可用于存储相同对象实体，如报文缓存块等。内存池由名称唯一标识，它由一个环缓冲区和一组核本地缓存队列组成，每个核从自己的缓存队列分配内存块，当本地缓存队列减少到一定程度时，从内存缓冲区中申请内存块来补充本地队列。

- 网络报文缓存块管理组件（Mbuf lib）：提供应用程序创建和释放用于存储报文信息的缓存块的接口，这些网络报文缓存块存储在内存池中。网络报文缓存块管理组件提供两种类型的网络报文缓存块，一种用于存储一般信息，另一种用于存储报文信息。
- 定时器组件（Timer lib）：提供一些异步周期执行的接口（也可以只执行一次），可以指定某个函数在规定的时间异步执行，就像 libc 函数中的 timer 定时器，但是这里的定时器需要应用程序在主循环中周期性调用 rte_timer_manage 来使定时器得到执行。定时器组件的时间参考来自环境抽象层提供的时间接口。

除以上六个核心组件外，DPDK 还提供以下功能。

（1）以太网轮询模式驱动（PMD）架构：把以太网驱动从内核移到应用层，采用同步轮询机制而不是内核态的异步中断机制来提高报文的接收和发送效率。

（2）报文转发算法支持：HASH 库和最长前缀匹配库为报文转发算法提供支持。

（3）网络协议定义和相关宏定义：基于 FreeBSD IP 协议栈的相关定义，如 TCP、UDP、SCTP 等协议头定义。

（4）报文服务质量调度库：支持随机早检测、流量整形、严格优先级和加权随机循环优先级调度等相关服务质量功能。

（5）内核网络接口库（KNI）：内核网络接口（见图 3.6）提供一种 DPDK 应用程序与内核协议栈的通信方法，类似普通 Linux 的 TUN/TAP 接口，但比 TUN/TAP 接口效率高。每个物理网口都可以虚拟出多个 KNI 接口。

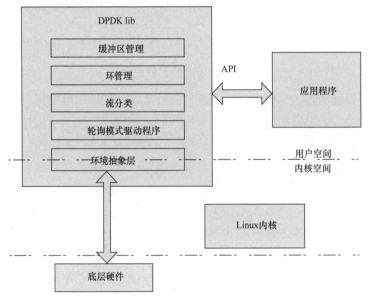

图 3.6　内核网络接口

3）KNI 组件

KNI 是 DPDK 平台提供的用于将数据重入内核协议栈的一个组件,其目的是充分运用传统内核协议栈已实现的较稳定的协议处理功能。DPDK 平台对数据包的处理绕过了内核协议栈,直接交给用户空间处理,而用户空间没有完善的协议处理栈,如果让开发人员在用户空间实现完整独立的协议栈,则开发工作是非常复杂的,因此 DPDK 平台提供了 KNI 组件,使开发人员可以在用户空间实现一些特殊的协议处理功能,再通过 KNI 重入内核协议栈功能,将普通常见的协议交由传统内核协议栈处理。KNI 通信机制如图 3.7 所示。

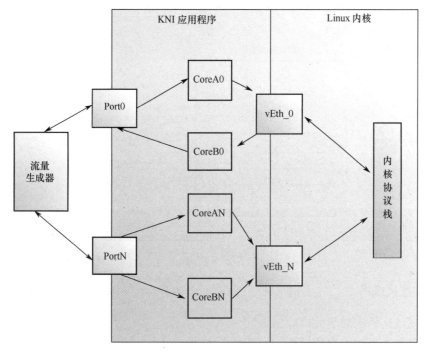

图 3.7　KNI 通信机制

KNI 组件通过创建 KNI 虚拟接口设备,将数据包经过虚拟接口实现用户空间和内核协议栈间的通信。当网卡接收到数据包时,应用程序通过驱动将数据包接收到用户空间,KNI 组件将需要的数据包发送至 KNI 虚拟接口,由 KNI 虚拟接口交给内核协议栈处理,处理后若有响应报文,则再交给 KNI 虚拟接口返回给应用程序。其中,两个不同的逻辑核分别处理发送数据包至内核协议栈及接收内核协议栈回复的数据包,不会出现由于收发数据包而阻塞应用程序与内核协议栈双向传输的问题。

KNI 接口（见图 3.8）实际上是一个虚拟的设备。该虚拟设备定义了四个队列,分别是接收队列（rx_q）、发送队列（tx_q）、已分配内存块队列（alloc_q）、待释放内存块队列（free_q）。接收队列用于存放用户空间程序发往 KNI 虚拟设备的报文。发送队列用于存放内核协议栈发往 KNI 虚拟设备的报文。已分配内存块队列用于存放已向内存中申请的内存块，供内核协议栈发送报文时取出使用。待释放内存块队列用于记录 KNI 虚拟设备从用户空间程序处接收到报文后不再使用的内存块，然后将该队列中的内存块释放回内存。用户空间程序从网卡接收到报文时，将报文发送给 KNI 虚拟设备，KNI 虚拟设备接收到用户空间程序发来的报文后，交给内核协议栈进行协议解析。发送报文时，原始数据先由内核协议栈进行协议封装，然后发送给 KNI 虚拟设备。KNI 虚拟设备接收到报文后，再将报文发送给用户空间程序。

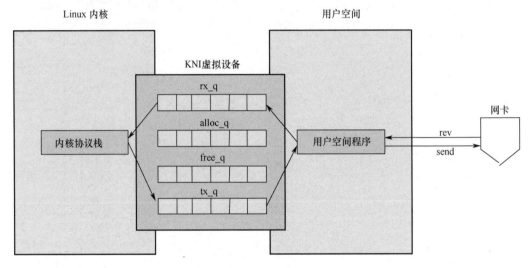

图 3.8　KNI 接口

2．零拷贝技术

一般发送文件的处理流程如图 3.9 所示。

该流程涉及以下内存拷贝：

- 磁盘文件→页面缓存；
- 页面缓存→用户缓冲区；
- 用户缓冲区→Socket 缓冲区；
- Socket 缓冲区→网卡。

由于涉及多个内存拷贝，会消耗过多的 CPU 资源，使系统并发处理能力降低。

而零拷贝技术在技术实现上，并不意味着根本没有拷贝，而是取消了用户缓冲区的拷贝，如图 3.10 所示。但是内核态还是需要先将磁盘文件的内容复制到页面缓存中，然后再将页面缓存中的内容复制到 Socket 缓冲区中。如果网卡支持分散－聚集内存直接访问（Scatter-Gather Direct Memory Access，SG-DMA）技术，则也可以去掉 Socket 缓冲区的拷贝。

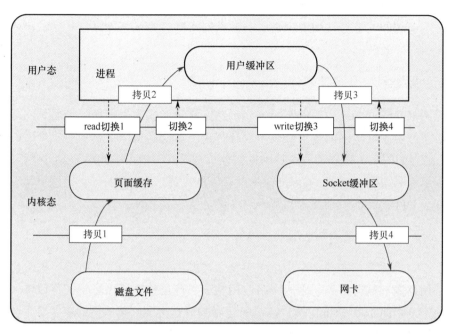

图 3.9　一般发送文件的处理流程

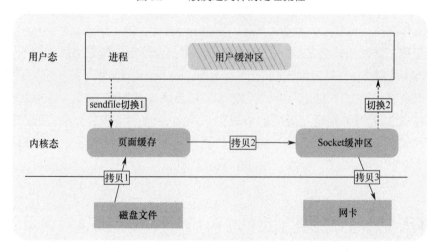

图 3.10　零拷贝技术下文件发送处理流程

但是，在高并发场景中处理大文件时，应该使用异步 IO 和直接 IO 来代替零拷贝技术。

因为页面缓存很容易被大文件填满，而大文件的某个部分被再次访问的概率很低，从而导致大文件无法享受在页面缓存中缓存的优势，影响其他热点小文件的缓存，所以不适合传输大文件。异步 IO 可以将读操作分为两部分，其中前半部分先向内核发起读请求，但不等数据到位就返回，然后可以继续处理其他任务。当内核将数据从磁盘复制到进程缓冲区时，异步 IO 通知进程处理数据。

异步 IO 不会阻塞用户进程。对于磁盘，异步 IO 只支持直接 IO。直接 IO 是指应用程序绕过页面缓存，即直接访问磁盘中的数据而不经过内核缓冲区，从而减少内核缓存与用户程序之间的数据拷贝。

3.3.1.2　流量分类识别技术

随着网络规模和网络应用的不断发展，网络流量的规模呈现指数级增长，业务种类也越来越多，基于端口的流量识别技术对各种新应用及新型网络技术手段产生的流量无能为力。现有的网络流量分类识别技术主要包括基于端口映射的网络流量分类识别技术、基于深度包检测（DPI）的分类识别技术及基于深度流（DFI）的分类识别技术。本节主要介绍基于 DPI 的分类识别技术和基于 DFI 的分类识别技术。

1．基于 DPI 的分类识别技术

基于端口的流量识别技术不再适用于复杂的网络环境，研究人员将研究重点转向报文应用层所承载的载荷信息，因为网络应用程序的应用层载荷信息特征可以唯一识别一类应用程序，因此 DPI 深度包检测技术应运而生，它通过判断流量的应用层负载信息是否包含网络协议或网络应用的特征字符串来对网络流量进行分类。在大多数情况下，DPI 技术可靠性、准确率高，可以对网络流量进行细粒度的识别。目前，流量识别领域的主流商用引擎都在使用该技术，如 Ace Net、Qosmos、PACE 等。学术界常将该技术作为评估 DFI 流量识别算法质量的基准，而 DPI 流量分类技术常用于标记 DFI 流量分类技术所需的网络流训练样本。

DPI 流量识别引擎主要分为模式匹配算法和负载签名库两部分。因为 DPI 使用模式匹配算法来搜索网络流量应用层的负载信息中是否包含特征字符串，因此为了提高流量识别引擎的识别效率，选择一种高效的模式匹配算法非常重要。常见的模式匹配算法有暴力模式匹配算法、KMP（Knuth-Morris-Pratt）算法、AC（Aho-Corasick）算法等。

2．基于 DFI 的分类识别技术

DFI 技术不对网络流量的应用层负载特征进行深入分析，只是提取双方网络数据包的头部信息，通过分析行为特征实现网络流量的分类。因此，该技术不需要嗅探网络流量数据包的具体传输内容，只需要提取数据包的头部信息，然后计算相关的网络流特征。这些网络流特征包括包长度特征、流速率特征、流时间间隔特征和数据包头标志位的数量。常见的网络流统计特征如表 3.1 所示。

例如，P2P 流的平均时长比 Web 流长，P2P 流的平均大小大于 Web 流，Web 流的包长度一般比 SSH 流长。因此，DFI 技术往往基于网络流量的统计特征建立机器学习模型，利用不同类型网络流量的特征差异对网络流量进行分类。

表 3.1　常见的网络流统计特征

特征类型	部分实例
包相关特征	最大、最小、平均数据包/字节大小
流速率相关特征	每秒传输的数据包个数、字节大小
时间相关特征	流持续时间、数据包到达时间间隔
标志位特征	ACK/PUSH 等标志位置 1 的数据包个数
其　他	TCP 接收窗口的大小、流空闲/活跃相互转换的时间等

3.3.2　僵尸、木马、蠕虫检测技术

随着网络攻击形式的不断演变，僵尸网络、木马、蠕虫等网络威胁表现出快速且持续升级的攻防对抗性。

3.3.2.1　僵尸网络检测

僵尸网络检测是指发现僵尸网络的存在，检测出其中部分僵尸主机节点，并对僵尸网络行为进行持续监测。目前，僵尸网络检测技术主要分为五种类型：基于蜜罐技术的僵尸网络检测、基于通信内容的僵尸网络检测、基于异常行为的僵尸网络检测、基于安全设备日志的僵尸网络检测及基于网络流量分析的僵尸网络检测。

1. 基于蜜罐技术的僵尸网络检测

蜜罐是一种具有安全漏洞的设备，是对攻击行为进行欺骗的安全技术。通过部署一些有缺陷的资源或设备，诱使黑客进行攻击。当攻击行为发生时，在表面看来攻击方已经获得设备的主导权，但实际上蜜罐的控制权始终在蜜罐部署者的手中。蜜罐经常被用来收集某些类型的僵尸网络或蠕虫的信息，通过捕获并分析僵尸程序，进而可以获得诸如僵尸网络采用的技术、恶意行为指令等信息，可以实现对僵尸网络的信息收集或特征提取。基于蜜罐进行捕获分析对已知的高隐蔽性僵尸网络具有较好的检测效果，可以获取僵尸网络中的僵尸程序源码，并对源码进行分析和研究。

蜜罐技术根据规模主要分为三种：蜜罐、蜜网及分布式蜜网。蜜罐一般部署在一个范围较小的网络中，其所获取的恶意数据种类有限，数量也有限。蜜网是多个网络中蜜罐的分布式组合，相比于蜜罐，其范围更大，可以监测某个区域范围内的安全威胁。分布式蜜网是多个区域中蜜网的组合，具有更大的监测范围，甚至可以实现全网络的某种安全威胁。当今的蜜罐主要包括低交互式蜜罐和高交互式蜜罐。低交互式蜜罐采用模拟软件生成，不易被攻击方劫持，但由于存在一些特征容易被攻击方识别，而且只能检测数据库中存在的威胁种类。高交互式蜜罐采用真实的软件和主机构建的设备体系，其还原度高，可以对未知的威胁进行检测，但与此同时也需要复杂的配置，需要更多的系统

资源，具有更高的安全风险，虽不易被攻击方识别但很容易被捕获成为第三方的攻击平台。利用蜜罐可以实现对僵尸网络的检测，有相关机构在对 Mirai 僵尸网络逆向分析及对相关 DDoS 事件分析的基础上，提出了 Mirai 僵尸网络基于蜜罐的检测方法，取得了成功。基本过程如下：

- 首先通过逆向分析了解到 Mirai 的四大功能模块：ScanListen 模块获取主机关键信息，通过弱口令进行破解，收集包括 IP、用户 ID 及密码等信息；Load 模块根据 ScanListen 模块收集的信息分别对各个设备植入 Mirai 木马；CNC 模块及整个系统的命令与控制模块，负责整个系统的维系及攻击的发起；Bot 模块一方面负责接收及响应 CNC 模块的控制命令及攻击命令，另一方面负责对网络设备进行弱口令扫描。整个感染过程为 ScanListen 模块接收 Bot 模块的信息，但并未对信息来源进行身份验证，直接将信息传递给 Load 模块并完成木马的植入，如图 3.11 所示。

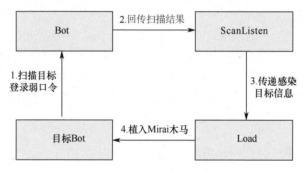

图 3.11　Mirai 感染逻辑

- 通过伪造扫描结果信息，把蜜罐的系统地址信息与登录口令发送给疑似 ScanListen，如果匹配到真实的 ScanListen，则相应的 Load 服务器会对蜜罐系统植入 Mirai 木马，木马运行后与相应的 CNC 服务器建立连接，如图 3.12 所示。

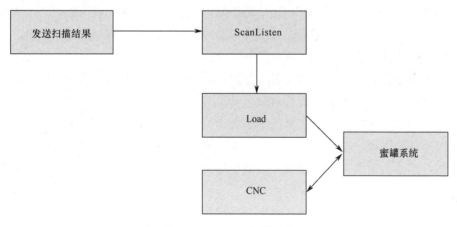

图 3.12　Mirai 的探测系统

- 首先，在全球范围内扫描开放 48101 端口的服务器 IP，获得可疑的 ScanListen 的相关数据；然后，构造大量的数据包及复杂的用户名与密码，在一定时间段内，保证向一个可疑 ScanListen 发送一个唯一的用户名与密码；最后，通过监控与蜜罐系统建立 Telnet 连接时使用的用户名与密码，即可确定哪个可疑 ScanListen 是真实的 ScanListen。

蜜罐在僵尸网络防御或取样中具有广泛的应用，基于蜜罐技术的检测方法的准确率较高，但只能检测对其发起攻击的行为，不能主动防御有漏洞的设备。由于蜜罐本身被动的特性，一般需要结合其他检测手段对僵尸网络进行检测，如防火墙、入侵检测系统等。除此之外，出于成本考虑，蜜罐系统一般不能实现大规模的部署，并且存在之前所提到的风险性高及检测周期长的缺点。

2．基于通信内容的僵尸网络检测

基于通信内容的僵尸网络检测是指通过 DPI 等技术，使用预先设置的特征码对通信内容进行正则匹配或规则匹配，从而发现僵尸网络。该方法目前已用于厂商（如 Cisco、华为、深信服等）的防火墙等安全设备中，检测效率高、精度准，但是需要维护庞大的僵尸网络特征库并实时更新，对新出现的僵尸网络检测效果较差。

3．基于异常行为的僵尸网络检测

基于异常行为的僵尸网络检测是指通过识别网络中主机的异常通信行为来检测僵尸网络的方法。北京邮电大学王新良提出了一种基于指纹特征自提取的僵尸网络检测方法，通过提取僵尸网络流统计特征和僵尸网络行为特征达到僵尸网络检测的目的，大幅度提升了僵尸网络检测率。Zeidanloo H R 等人基于同一个僵尸网络的数据包具有一些相同特征这一判断，对数据包的主机地址、端口号、数目等特征进行了分析，通过比较计算得到僵尸网络流量的相似性，并利用相似性特征进行检测。基于异常行为的僵尸网络检测，由于需要对异常行为进行预先研究和分析，所以无法有效检测变种和新型僵尸网络。

4．基于安全设备日志的僵尸网络检测

基于安全设备日志的僵尸网络检测通过对邮件网关等应用服务器日志、防火墙等安全设备日志的分析，寻找安全告警与僵尸网络之间的关联，从而对僵尸网络进行检测。Gu G F 等人基于同一局域网中僵尸网络行为在时空上的关联性假设，结合扫描、二进制文件下载、垃圾邮件 SPAM 等异常事件日志进行关联分析，最终实现了对 IRC、HTTP 流量中的僵尸网络识别。邓国强等人提出了一种邮件行为异常和邮件内容相似性匹配相结合的僵尸网络检测方法，该检测方法具有不错的垃圾邮件检测效果并发现了多个具有一定规模的僵尸网络。

5．基于网络流量分析的僵尸网络检测

基于网络流量分析的僵尸网络检测是指通过网络流量分析判断网络中是否存在 C&C 通信，通过 C&C 信道的检测和分析定位僵尸主机，达到僵尸网络检测的目的。Narang P 等人提出一种基于正常 P2P 通信成员与僵尸网络 P2P 通信成员的网络会话特征差异的统计分析方法，该方法虽然可以对加密的僵尸网络进行检测，但是该方法主要分析会话特征，对于一些隐蔽性较强的僵尸网络检测率不高。张维维等人从域名的依赖性和使用位置两个方面刻画 DNS 活动行为模式，而后基于有监督的多分类器模型提出一种 DAOS 算法，该算法可以有效地检测僵尸网络、钓鱼网站及垃圾邮件等恶意活动。网络流量分析方法是非侵入式的，可部署在小型网络边界甚至骨干网上，从而既可以细粒度地检测特定用户网络，又可以从更高的视角在广域网层面并发检测更多的僵尸网络。目前，基于网络流量分析的僵尸网络检测方法是主流的僵尸网络检测方法之一，也是研究的热点、难点之一。

3.3.2.2　木马隐蔽通信检测

隐蔽通信作为广泛出现在上述网络威胁中的一种通信模式，对它的研究和检测具有重要现实意义。但目前正面临这样一个难题：能否从会话行为的角度，突破其隐蔽性，分析并提取能有效刻画研究对象的特征。攻击者为达到远程控制、信息窃取、持续攻击等目的，在潜伏期间通常采用对抗性隐蔽技术，使网络通信过程隐匿于无形，显著增加了会话行为特征分析、描述和提取的难度。而这些难点正是隐蔽通信初步判定的根基。针对这个问题，本节从特定窃密木马特征分析出发，介绍隐蔽通信与正常通信会话行为的差异性，然后介绍了四川大学陈兴蜀等人提出的基于会话流聚合的新型木马通信检测。

1．基于会话流聚合的新型木马通信检测

陈兴蜀等人通过对正常通信流量的统计分析和隐蔽通信会话的特征分析，明确了隐蔽通信在产生的单条会话流上存在一定特征，且其产生的会话流在多个维度上均存在相似性。为在描述单条会话流特征的同时，刻画会话流之间的相似性，陈兴蜀等人在 Spark 平台上设计并实现了会话流聚合算法，得到聚合后的会话流，并在此基础上提取了相应特征。

1）会话流聚合算法

为得到特征向量，陈兴蜀等人首先利用通信 IP 对、目的端口和开始时间聚合会话流得到聚合流。为便于算法阐述，下面对通信 IP 对和聚合流进行如下定义。

定义 3.1：通信 IP 对。通信 IP 对 $C = (x, y)$ 由源和目的端通信节点构成，其中 x 和 y 为通信节点。通信 IP 对产生的会话流集合为 $S = \{s_1, s_2, \cdots, s_n\}$，$n$ 为会话流数量，对任意

$s_i(i=0,1,\cdots,n)$，s_i 源端为 x，目的端为 y。

定义 3.2：聚合流。聚合流由给定时间阈值内属于相同通信 IP 对且具有相同目的端口的会话流序列构成，可形式化表示为 $F=\langle f_1,f_2,\cdots,f_n\rangle$，其中 $f_i(i=0,1,\cdots,n)$ 为会话流。f_1 对应的开始时间 t_1 及 f_n 对应的开始时间 t_n，满足 $t_n-t_1\leqslant x$，x 为设定的时间阈值。且 F 为按照 f_i 开始时间 t_i 升序排列的有序序列，即对于 $F=\langle f_1,f_2,\cdots,f_n\rangle$ 对应的会话流开始时间序列 $T=\langle t_1,t_2,\cdots,t_n\rangle$ 满足 $t_i\leqslant t_{i+1}$。

会话流聚合算法输入包括从 HDFS 中读取并已转为 RDD 形式的会话流数据，以及设定的时间阈值。输出为带有通信 IP 对及目的端口信息的聚合流。首先，将单条会话流构造成以通信 IP 对及目的端口为键，以会话流开始时间及会话流数据为值的键值对。其次，将输入的会话流按通信 IP 对和目的端口进行分组，并将同分组会话流按开始时间排序。最后，将排序后的会话流按时间阈值进行聚合，取时间阈值为 180s。在 Spark 平台下实现了该算法对会话流进行聚合，其具体实现算法如算法 3.1 所示。

算法 3.1　会话流聚合算法

输入：	RDD[session]: 从 HDFS 获取会话流数据，并存储在 RDD
	Aggregation_time:流聚合时间门限
输出：	聚合会话流

```
1   keyValueRDD←RDD[session].map(…, getKV); //会话流键值对构造;
2   groupedKV RDD←keyValueRDD.groupByKey();//会话流分组;
3   for each Si∈groupedKV RDD do
4       valueSeq← Si.getValue.toSeq;
5       startTime← Si.getStartTime;
6       SortedSeq←valueSeq.sortBy(startTime);//分组后会话流按时间排序;
7       //会话流聚合策略;
8       index←0;
9       for each Ij∈sortedSeq do
10          if Ij.getStartTime-Iindex.getStartTime≤aggregation_time then
11              sessinList← Ij
12          else
13              index←j;
14              sessionArray←sessionList;
15              sessionList←ϕ;
16              sessionList← Ij;
17          end
18      end
19      if sessionList≠ϕ then
20          sessionArray←sessionList
21      end
```

22	aggregatedSessionArray←(Si.getKey, sessionArray)
23	end
24	return RDD[aggregatedSessionArray]

2）特征说明

在对正常网络行为与隐蔽通信会话行为的差异性进行研究的基础上，陈兴蜀等人利用提出的会话流聚合算法得到聚合流，从会话流基本特征、会话流相似性特征、聚合流特征三个角度，综合考虑数据的集中趋势和离散程度，最终提取了如表 3.2 所示的十二个维度的特征。

表 3.2　特征及描述

类别	特征编号	特征描述
会话流基本特征	1	发送字节数均值
	2	接收字节数均值
	3	发收字节比均值
	4	发收包数比均值
	5	平均发包长均值
	6	平均收包长均值
	7	持续时间均值
会话流相似性特征	8	发送字节数相似性
	9	发收字节数比相似性
	10	持续时间相似性
聚合流特征	11	会话流数量
	12	端口有序度

下面以任意聚合流 $F = \langle f_1, f_2, \cdots, f_n \rangle$ 为例，对特征的计算方式进行说明。

会话流基本特征集合 $B = \langle b_1, b_2, \cdots, b_7 \rangle$ 中的元素分别代表 F 的发送字节数均值、接收字节数均值、发收字节比均值、发收包数比均值、平均发包长均值、平均收包长均值及持续时间均值。式（3-1）以发送字节数均值 SendLenAve 为例，对集合 B 中各个元素计算方式进行说明：

$$\text{SendLenAve} = n^{-1} \times \sum_{i=1}^{n} \text{SendLen}_i \qquad (3\text{-}1)$$

式中，SendLen_i 表示第 i 次会话发送的字节数，n 表示会话次数。其他特征计算方式类似式（3-1）。

会话流相似性特征集合 $S = \{s_1, s_2, s_3\}$ 中的元素分别代表发送字节数相似性、发收字节数比相似性及持续时间相似性。式（3-2）以发送字节数相似性 SendLenSim 为例，对 $S = \{s_1, s_2, s_3\}$ 中各个元素的计算方式进行说明：

$$SendLenSim = \begin{cases} SD_{SendLen} / MN_{SendLen}, & MN_{SendLen} \neq 0 \\ -1, & MN_{SendLen} = 0 \end{cases} \tag{3-2}$$

其中，

$$SD_{SendLen} = \left(n^{-1} \times \sum_{i=1}^{n} \left(SendLen_i - SendLenAve \right)^2 \right)^{\frac{1}{2}} \tag{3-3}$$

$$MN_{SendLen} = SendLenAve = n^{-1} \times \sum_{i=1}^{n} SendLen_i \tag{3-4}$$

聚合流特征中，会话流数量 C 计算方式如下：

$$C = n \tag{3-5}$$

端口有序度 PtOrderDegree 计算方式如下：

$$PtOrderDegree = \begin{cases} \left((n-1)^{-1} \times \sum_{i=1}^{n-1} \left(port_{i+1} - port_i \right)^2 \right)^{\frac{1}{2}}, & n > 1 \\ -1, & n = 1 \end{cases} \tag{3-6}$$

陈兴蜀等人基于布拉格捷克理工大学（Czech Technical University in Prague，CTU）在 2011 年采集的恶意软件网络数据集——CTU-13 数据集，使用五个值对模型进行评估：精确率（Precision，P）、召回率（Recall，R）、准确率（Accurate，Acc）、ROC 曲线下的面积（Area under ROC Curve，AUC）、P-R 曲线下的面积（Area under P-R）。利用决策树（Decision Tree）、逻辑回归（Logistic Regression）、梯度提升树（Gradient Boosting Tree）作为分类器进行实验。将所有数据按不同 λ（训练数据和测试数据比）进行划分，不同分类器下的分类结果如表 3.3 所示。

表 3.3　不同分类器下的分类结果

分类器	λ	精确率	召回率	准确率	ROC 曲线下的面积	P-R 曲线下的面积
决策树	60%：40%	92.98%	99.52%	94.00%	0.89	0.96
	70%：30%	92.90%	99.44%	94.00%	0.89	0.97
	80%：20%	92.18%	99.50%	93.62%	0.89	0.96
逻辑回归	60%：40%	85.51%	96.43%	85.62%	0.76	0.92
	70%：30%	85.46%	96.73%	85.64%	0.76	0.92
	80%：20%	86.20%	96.10%	85.88%	0.77	0.93
梯度提升树	60%：40%	92.85%	98.93%	93.65%	0.89	0.96
	70%：30%	91.56%	98.90%	92.46%	0.86	0.96
	80%：20%	93.51%	98.42%	93.83%	0.90	0.97

由表 3.3 可知，几组实验中决策树和梯度提升树在各个评估值上的表现均优于逻辑回归，用决策树和梯度提升树构建的模型召回率约为 98%，准确率约为 93%，ROC 曲线下

的面积约为 0.89，P-R 曲线下的面积约为 0.96。三种分类器的几组实验结果中，准确率相对较低，表明在测试集中有非隐蔽通信流量被判定为隐蔽通信流量的比例较高。

为获得比单一分类器更好的性能，陈兴蜀等人采用异质的集成学习方法，通过绝对多投票法决定分类结果，即对于样本 x，上述三个分类器中有两个分类器预测结果为隐蔽通信所产生流量时，才输出样本 x 的类别为隐蔽通信流量。集成学习方法下的检测结果如表 3.4 所示。

表 3.4　集成学习方法下的检测结果

λ	精确率	召回率	准确率	ROC 曲线下的面积	P-R 曲线下的面积
60%∶40%	96.43%	97.52%	95.50%	0.94	0.98
70%∶30%	97.13%	97.32%	95.89%	0.95	0.98
80%∶20%	97.25%	96.40%	95.40%	0.95	0.98

由表 3.4 可知，在采用投票的方式对检测结果进行判定后，召回率虽不及表 3.3 中的最高值，但也落在表 3.3 所得到的范围内，同时准确率得到提升。P-R 曲线下的面积为 0.98，高于单独使用上述任意一种分类器时的结果，即集成学习方法下，精确率和召回率均有较好的表现。另外，在准确率和 ROC 曲线下的面积上的表现也优于使用单一分类器。

最后，陈兴蜀等人对初步判定模型的构建方法为：首先，构建三个个体学习器，通过绝对多投票法的方式得到最后的分类结果。接着，通过五组实验对模型的稳健性进行了验证，每组实验都对表 3.4 中的实验数据进行随机的三七划分，五组实验的结果如表 3.5 所示。从表 3.5 中可以看出，在五组实验中五个评价值均稳定在对应数值，其中精确率约为 97%，召回率约为 96%，准确率约为 95%，ROC 曲线下的面积约为 0.94，P-R 曲线下的面积约为 0.98。

表 3.5　模型稳健性验证实验结果

实验编号	精确率	召回率	准确率	ROC 曲线下的面积	P-R 曲线下的面积
1	97.13%	96.18%	95.07%	0.94	0.98
2	97.23%	96.02%	95.05%	0.94	0.98
3	97.35%	95.89%	95.07%	0.94	0.98
4	97.31%	97.43%	96.13%	0.95	0.98
5	97.52%	96.77%	95.84%	0.94	0.98

为了进一步验证隐蔽通信初步判定方法的有效性，陈兴蜀等人将该方法应用于所使用数据集，该数据集包含了与隐蔽通信相关的数据，并采用与之相同的评估方式，对比实验结果如表 3.6 所示。

Kirubavathi 等人提出的方法的检测目标为数据集中所有恶意流量，陈兴蜀等人关注的对象为隐蔽通信，因此该方法在召回率上的表现不如 Kirubavathi 等人提出的方法。陈兴蜀等人的方法在不同分类器下召回率波动较大。Stevanovic 等人提出的方法在召回率达到 99.47% 的一组实验中，其准确率仅为 7.42%，在准确率和召回率均较高的几组实验中，准确率和召回率分别都在 95% 左右。陈兴蜀等人提出的方法在各指标上的表现均落在了上述研究范围内，故陈兴蜀等人提出的方法在仿真实验中具有一定的有效性。

表 3.6　对比实验结果

方法	准确率	召回率
Kirubavathi 等人提出的方法	93.60%~99.80%	93.30%~99.10%
Mai 等人提出的方法	—	65.00%~95.00%
Stevanovic 等人提出的方法	7.42%~96.20%	94.10%~99.47%
陈兴蜀等人提出的方法	94.11%~94.12%	88.89%~94.44%

2. 基于 JS 的挖矿木马通信检测技术

基于 JS 的恶意页面挖矿的原理是攻击者从挖矿脚本网站为挖矿者提供网页挖矿代码，挖矿代码会绑定一个加密的数字钱包，由受害者的设备产出的挖矿算力会折算成一定比例的加密货币。恶意网页挖矿的基本流程是攻击者从挖矿脚本网站获取挖矿脚本，然后在其利用漏洞入侵成功的网页或其自身的网页上加入连接到该 JS 脚本的代码。在用户通过浏览器对该含有恶意挖矿脚本的网页进行访问时，该恶意挖矿脚本就会被执行，用户就会在未知情和未允许的情况下进行挖矿，最后产出的数字货币在被挖矿脚本网站抽取部分后都归攻击者所有。受害者上网时可能会感受到卡顿（目前有一些挖矿脚本会降低 CPU 使用占比，导致受害者无法通过感受察觉），还会因为计算机 CPU 算力和电能资源被大量消耗而受到损失。

1）基于通信流数据的恶意页面挖矿行为特征分析

本节从流量角度介绍访问正常网页时产生的流量与访问存在恶意挖矿行为的网页时产生的流量存在的区别。其中，访问正常网页时产生的流量为使用计算机访问网页时用 wireshark 抓取的流量。之后章节内容皆为基于以上 pcap 数据包及恶意挖矿脚本的原理分析得来。本节主要通过基于包的特征和基于网络流的特征对流量进行分析，所选取的特征如表 3.7 所示。

表 3.7　挖矿行为特征

类别	特征编号	特征描述
时间特征	1	持续时间均值
空间特征	2	发送包长的标准差
	3	发送包长的最大值
	4	发送包长的新数据均值
	5	发送包长的最小值
	6	发送包长的极差

续表

类别	特征编号	特征描述
空间特征	7	发送包长的偏度
	8	发送包长的方差
	9	发送包长的峰度
	10	接收包长的方差
	11	接收包长的标准差
	12	接收包长的最大值
	13	接收包长的最小值
	14	接收包长的新数据均值
	15	接收包长的极差
	16	接收包长的偏度
	17	接收包长的峰度
	18	发收包数比
关联 DNS	19	是否包含挖矿域名

（1）收/发包时间间隔特征。

根据挖矿的原理，矿池给矿工下发任务后，矿工需要对数据计算 HASH 值，而在整个访问页面过程中，用户主机并不需要做计算等复杂的工作，因此在通信过程中，客户端（client）与服务器端（server）交互的时间远大于正常的交互时间（以采集点在主机端为例，采集点为近主机端的情况下也可近似有该时间特性）。挖矿脚本的通信行为如图 3.13 所示，从矿池数据包到达矿工数据包发出的时间间隔大部分在 0.5s 左右；而在如图 3.14 所示的正常通信行为的情况下，该时间间隔大部分为 0.06s。因此，在服务器端与客户端交互的过程中，包到达客户端的时间和客户端发出包的时间间隔较大时（明显大于正常通信的交互时间），可判定其为异常通信行为。

```
8793  850.813759    88.99.2.68       223.129.0.222    TLSv1…   146 Application Data
8835  859.636167    223.129.0.222    88.99.2.68       TLSv1…   253 Application Data
8836  860.093334    88.99.2.68       223.129.0.222    TLSv1…   146 Application Data
8861  866.689241    223.129.0.222    88.99.2.68       TLSv1…   253 Application Data
8862  867.144609    88.99.2.68       223.129.0.222    TLSv1…   146 Application Data
8895  881.291074    223.129.0.222    88.99.2.68       TLSv1…   253 Application Data
8896  881.749164    88.99.2.68       223.129.0.222    TLSv1…   146 Application Data
8911  884.701343    223.129.0.222    88.99.2.68       TLSv1…   253 Application Data
8923  885.159915    88.99.2.68       223.129.0.222    TLSv1…   146 Application Data
9097  915.706346    223.129.0.222    88.99.2.68       TLSv1…   253 Application Data
9098  916.164458    88.99.2.68       223.129.0.222    TLSv1…   146 Application Data
9104  919.570318    223.129.0.222    88.99.2.68       TLSv1…   253 Application Data
9105  920.024635    88.99.2.68       223.129.0.222    TLSv1…   146 Application Data
9235  948.462840    223.129.0.222    88.99.2.68       TLSv1…   253 Application Data
9239  948.916666    88.99.2.68       223.129.0.222    TLSv1…   146 Application Data
9243  949.392608    223.129.0.222    88.99.2.68       TLSv1…   253 Application Data
```

图 3.13　挖矿脚本的通信行为

80	0.582660	39.156.66.14	192.168.1.64	TLSv1...	783	Application Data, Application D
82	0.602644	39.156.66.14	192.168.1.64	TLSv1...	342	Application Data
84	0.608731	192.168.1.64	39.156.66.14	TLSv1...	127	Application Data
86	0.661771	39.156.66.14	192.168.1.64	TLSv1...	342	Application Data
96	1.119128	192.168.1.64	39.156.66.14	TLSv1...	337	Application Data
98	1.179660	39.156.66.14	192.168.1.64	TLSv1...	444	Application Data
101	1.242603	192.168.1.64	39.156.66.14	TLSv1...	613	Application Data
103	1.262909	192.168.1.64	39.156.66.14	TLSv1...	247	Application Data
104	1.293431	39.156.66.14	192.168.1.64	TLSv1...	292	Application Data
106	1.294465	192.168.1.64	39.156.66.14	TLSv1...	255	Application Data
108	1.341485	39.156.66.14	192.168.1.64	TLSv1...	467	Application Data
109	1.345630	192.168.1.64	39.156.66.14	TLSv1...	571	Client Hello

图 3.14　正常通信行为

（2）空间特征。

空间特征指的是不会因为时间的改变而改变的特征，如数据包层面的单个包大小、数据包中的字段（如端口号、IP 值等）、数据流层面的报文数、报文大小（最大值、最小值、平均值、标准差等）。从这些方面进行分析，得出以下可能与正常访问页面场景存在差异的特征。

① 收/发包长度。

根据挖矿行为的原理，矿池在与矿工交互的过程中数据的变化不大（其中只有几个变量值改变，不会对包长有较大的影响），图 3.15 为在谷歌浏览器开发者模式下的挖矿通信过程明文数据，从中可以看出整个数据包的格式并未发生较大的改变，只是改变了其中的某些参数值，而正常的网页访问过程（如 HTTPS 协议，会有不同的操作，如请求操作 GET、POST 等），根据所请求的数据，响应值也会发生改变。因此，正常通信情况下的包长变化较大，而恶意页面挖矿行为的通信过程中包长变化很小。

4588f0a0f90e2c8b4e3f97d7ab00000000517c37b9a78df48a8f711699c84b772f2e0949e4f5724690d799b1596cdb4b3b01"}}

↑ {"type":"verified","params":{"verify_id":237588744,"verified":true}}

{"type":"job","params":
{"job_id":"317151744943112","blob":"0606f6eeb5d30530596769711bf61a66b25463c5a84e8a0247e45a3163728a67c6e2d5c
02353415ae33a909110","target":"ffffff00"}}

↑ {"type":"submit","params":{"job_id":"317151744943112","nonce":"692acf15","result":"c914d1053a7f31ca83f2a88c766d0b1d5d

{"type":"hash_accepted","params":{"hashes":8448}}

{"type":"job","params":
{"job_id":"133413156960159","blob":"0606b2efb5d305d2cf4e69e9d1bdc68394e47ab5880f8a99b4dd990be4ca2349c06e876C
220ca6f1a5b013501","target":"ffffff00"}}

↑ {"type":"submit","params":{"job_id":"133413156960159","nonce":"76e80e9a","result":"42747927e9e434081cd5c1b086225ce5e

{"type":"hash_accepted","params":{"hashes":8704}}

{"type":"job","params":
{"job_id":"983906667958945","blob":"0606c5efb5d3052f487f7b03cec309aef926f1f477d3b3b9cdda49645c0ad6bc86f2d9fdc5
623c80b63a783604","target":"ffffff00"}}

{"type":"verify","params":
{"verify_id":1635545357,"result":"23d07e698be06e1973bd2c2fb042c45d9f1dd691c2eeb9b12aac700fa7aa5900","nonce":"d11a
49645c0ad6bc86f2d9fdc5efc2000000007821210d5a23fc5e74370713ffeb6826317fd513ade907263b623c80b63a783604"}}

↑ {"type":"verified","params":{"verify_id":1635545357,"verified":true}}

↑ {"type":"submit","params":{"job_id":"983906667958945","nonce":"2f48b1f1","result":"3d939e404900a7e61f4ddc8cecee3fd4382

{"type":"hash_accepted","params":{"hashes":8960}}

图 3.15　在谷歌浏览器开发者模式下的挖矿通信过程明文数据

② 发收包数比。

根据挖矿行为的原理，矿池在与矿工交互的过程中，多数情况为矿工下发一个任务，矿工计算完成后回复一个数据包，少数情况会出现下发一个任务回复两个数据包的情况，因此发出包与接收包比值应该为一点几，如图 3.13 所示；而正常的页面访问过程，在客户端请求数据量过大的情况下，服务器端会发出多个响应包，如图 3.14 所示，因此发出包数与接收包数比值应明显大于挖矿行为的比值。

③ 收/发包长新数据均值。

根据挖矿行为的原理，矿池在与矿工交互的过程中，数据的变化不大。因此，收/发包的长度都在某一常数上下范围内波动，从而形成新数据。新数据的均值用来衡量新的收/发包长的均值，与数据变化前相比变化较小。

④ 收/发包长的峰度。

为了衡量收/发包长概率分布情况，一般使用峰度来衡量实数随机变量概率分布的峰态。峰值高就意味着方差增大时有低频度的大于或小于平均值的极端差值。从挖矿行为的原理可知，恶意页面挖矿行为的收/发包大小变化与正常的网页访问过程的收/发包大小变化相比并不大，故恶意页面挖矿行为收/发包长的峰度相比于正常的峰度较低。

⑤ 收/发包长的偏度。

偏度是用来统计数据分布偏斜方向、偏斜程度的度量和统计数据分布非对称程度的数字特征。由于恶意页面挖矿行为收/发包长变化不大，可以通过收/发包长的偏度查看包长分布情况、包长分布趋势、偏斜方向和程度，恶意页面挖矿行为相比正常的网页访问过程的收/发包长的偏度变化较小，偏斜程度较低。

⑥ 收/发包长的极差。

由于挖矿行为收/发包长变化不大，挖矿行为收/发包长的最大值与最小值的差值与正常的网页访问过程收/发包长的最大值与最小值的差值相比较小。因此，可使用收/发包长的极差（标志值变动的最大范围）来表示收/发包长的变化范围。

（3）通信协议分析。

① DNS 协议分析。

在整个恶意页面挖矿行为过程中，浏览器会对 js 脚本所在的外部链接及代理矿池进行访问和连接，那么在此过程中必然需要对域名进行解析，通过对源码的分析，发现有两个部分的域名会包含"coinhive.com"的特定部分，这与正常的域名存在明显区别。DNS 解析域名"coinhive.com"的过程如图 3.16 所示。因此，如果从数据包中检测出包含"coinhive.com"部分的域名，可判断该通信行为可疑。

图 3.16 DNS 解析域名"coinhive.com"的过程

② WSS 协议分析。

矿池与矿工的通信过程中使用的是 WSS 协议，如图 3.17 所示。该协议可以使客户端和服务器端双向数据传输过程更加简单快捷，并且在 TCP 连接进行一次握手之后，就可以持久性连接，同时允许服务器端对客户端推送数据，且它使用的通信端口是 443 端口，与一部分访问不使用该端口通信的正常页面的通信行为存在差异性。

7310	758.884312	223.129.0.222	88.99.2.68	TLSv1...	246 Client Hello
7358	759.338244	88.99.2.68	223.129.0.222	TLSv1...	1514 Server Hello
7362	759.338486	88.99.2.68	223.129.0.222	TLSv1...	504 Certificate, Server Key Exchange, Server Hello Done
7364	759.345926	223.129.0.222	88.99.2.68	TLSv1...	141 Client Key Exchange
7365	759.345929	223.129.0.222	88.99.2.68	TLSv1...	72 Change Cipher Spec
7366	759.345941	223.129.0.222	88.99.2.68	TLSv1...	111 Encrypted Handshake Message
7384	759.800377	88.99.2.68	223.129.0.222	TLSv1...	117 Change Cipher Spec, Encrypted Handshake Message
7386	759.802988	223.129.0.222	88.99.2.68	TLSv1...	515 Application Data
7412	760.256620	88.99.2.68	223.129.0.222	TLSv1...	224 Application Data
7414	760.257723	223.129.0.222	88.99.2.68	TLSv1...	270 Application Data
7471	760.707851	88.99.2.68	223.129.0.222	TLSv1...	147 Application Data
7472	760.707870	88.99.2.68	223.129.0.222	TLSv1...	333 Application Data

图 3.17　WSS 协议

2）基于机器学习的恶意页面挖矿行为检测模型建立

通过对基于页面的挖矿行为进行分析，利用挖矿行为与正常通信行为之间存在的差异性，对网络文件进行基于会话流的特征提取，并使用随机森林模型对该恶意行为进行检测，检测流程如图 3.18 所示。

（1）基于会话流聚合的数据预处理。

为了使数据在处理后仍能具有包级属性和流级属性以便后续的特征提取，首先对数据进行会话还原，并利用源 IP、目的 IP、目的端口及流开始时间对数据包聚合会话流得到包聚合流。包聚合流定义如下。

定义 3.3：包聚合流。聚合流由一系列开始时间相同，具有相同通信 IP 对且具有相同源目的端口的数据包序列构成，可形式化表示为 $F=\{(starttime,srcIP,dstIP,srcPort,dstPort), (f_1,f_2,f_3,\cdots,f_n)\}$，其中 $f_i(i=0,1,\cdots,n)$ 为数据包 f_1 对应的流开始时间 t_1 时刻该流中存在的第一个数据包属性数据，以及 f_n 对应流开始时间 t_1 时刻该流中的最后一个数据包属性数据，F 为按照 f_i 开始时间 t_i 升序排列的有序序列。

对获取到的网络流量数据（pcap、pcapng 等网络文件）进行会话还原，把能够准确刻画通信行为的属性保留，会话还原数据所含字段如表 3.8 所示。

上述数据以数据包的属性格式进行存储，为了提取特征，需要同时具有包级特征和流级特征，因此，将数据按照源 IP、目的 IP、源端口、目的端口及流开始时间对数据进行聚合，同时将包级的属性保留，得到包聚合流数据。

（2）基于会话流聚合数据的特征提取。

该部分对上一步中经过数据预处理后的包聚合流数据对特征进行计算，得到特征向量，以便后续的模型训练与检测。以下为部分特征的计算方法描述。

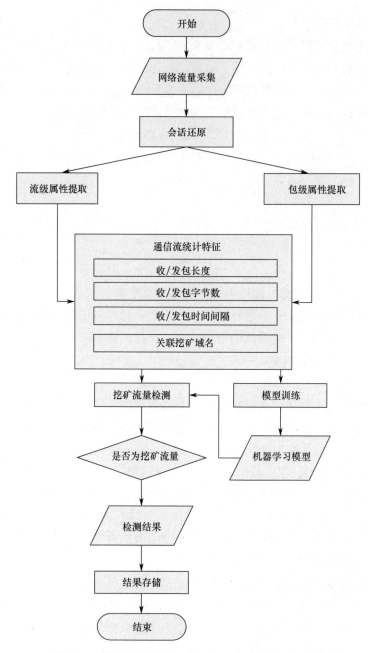

图 3.18 基于机器学习的恶意页面挖矿行为检测流程

表 3.8 会话还原数据所含字段

序 号	名 称	描 述
1	srcMAC	发出数据包 MAC 地址
2	dstMAC	接收数据包 MAC 地址

续表

序　号	名　称	描　述
3	srcIP	发出数据包 IP
4	dstIP	接收数据包 IP
5	srcPort	发出数据包端口
6	dstPort	接收数据包端口
7	Protocol	通信使用协议，如 TCP 协议为 6
8	streamStartTime	流开始时间
9	packetArrivalTime	数据包到达时间
10	packetLength	数据包长度
11	ACKSerialNumber	ACK 序号
12	SEQSerialNumber	SEQ 序号
13	SYN	标志位 SYN
14	ACK	标志位 ACK
15	FIN	标志位 FIN
16	RST	标志位 RST
17	URG	标志位 URG

① 收/发包长的偏度。

收/发包长的偏度计算公式为

$$g_1 = \frac{m_3}{m_2^{3/2}} = \frac{\frac{1}{n}\sum_{i=1}^{n}(x_i - \overline{x})^3}{(\frac{1}{n}\sum_{i=1}^{n}(x_i - \overline{x})^2)^{3/2}} \tag{3-7}$$

式中，n 是样本数量，x_i 是第 i 个值，$\overline{x}$ 是收/发包长平均值，m_3 是三阶样本中心矩，m_2 是二阶样本中心矩。

② 收/发包长的峰度。

收/发包长的峰度计算公式为

$$g_1 = \frac{m_4}{m_2^{3/2}} = \frac{\frac{1}{n}\sum_{i=1}^{n}(x_i - \overline{x})^4}{(\frac{1}{n}\sum_{i=1}^{n}(x_i - \overline{x})^2)^{3/2}} \tag{3-8}$$

式中，n 是样本数量，m_4 是四阶样本中心矩，m_2 是二阶样本中心矩（样本方差），x_i 是第 i 个值，$\overline{x}$ 是收/发包长平均值。

③ 收/发包长的极差。

极差又称范围误差或全距，以 R 表示，用来表示统计资料中的变异量数，它表示最大值与最小值之间的差距，即最大值减最小值后所得之数。其公式如下：

$$R = x_{max} - x_{min} \tag{3-9}$$

式中，x_{max} 为最大值，x_{min} 为最小值。

（3）基于随机森林的恶意挖矿行为检测。

在训练模型时，将上一步得到的特征向量放入随机森林模型中进行训练，训练好的模型将用于后续数据的检测；检测时，将特征向量输入训练好的模型中，模型会对数据进行检测，判断其为正常流量或为含有恶意页面挖矿行为的流量，并在保存检测结果后结束检测。

3.3.2.3 蠕虫攻击监测

蠕虫是一个生物学术语，由 Shoch J 和 Hupp J 于 1982 年首次引入计算机领域。之所以使用"蠕虫"一词，是因为在 DOS 环境下，当病毒爆发时，计算机屏幕上会出现一个类似蠕虫的东西，随意吞噬屏幕上的字母，不断地改变它的形状。随着计算机技术的发展，现在的"蠕虫"不再有这样的症状，但这个词被沿用了下来。

国内外研究学者从不同角度提出了蠕虫的定义，但这些定义反映了蠕虫的共性，即一种可以自我复制并通过网络传播的独立恶意程序。一些研究人员研究了蠕虫、计算机病毒和木马之间的区别，如表 3.9 所示。

表 3.9　蠕虫、计算机病毒和木马之间的区别

	蠕　虫	计算机病毒	木　马
存在形式	独立个体，以文件形式存在	寄生，不以文件形式存在	寄生或独立，伪装成其他文件
传播方式	自主传播，利用系统存在的漏洞	依赖宿主机文件或介质，插入其他程序	依靠用户主动传播，通过诱骗手段传播
攻击目标	网络上的计算机，网络本身	本地文件	感染的计算机系统
使用者角色	无关	病毒传播中的关键环节	无关
危害	侵占资源	破坏数据完整性、系统完整性	留下后门，窃取信息
传播速度	极快	快	慢

1．蠕虫传播模型研究

建立蠕虫传播模型有助于了解蠕虫的传播机制，从而制定有效的防御策略。Wang Y N 等人对蠕虫传播模型进行了综述，并根据蠕虫寻找目标的方法对其传播模型进行了分类。蠕虫传播模型的研究方法包括以下几种：①流行病模型；②物理方法的平均场模型；③随机模型。

1）流行病模型

在用于研究蠕虫传播的模型中，流行病模型占主导地位。流行病模型是通过模拟蠕虫在生物种群中的传播过程建立的蠕虫传播模型。流行病模型将宿主分为以下几个状态。

（1）易感状态（Susceptible）：主机系统存在漏洞，可以被蠕虫等恶意代码感染，但未被感染。处于这种状态的主机不具备感染其他主机的能力。

（2）感染状态（Infected, Infectious）：宿主已经被蠕虫感染，并且具有感染其他宿主的能力。

（3）恢复状态（Recovered）：宿主上的蠕虫已被清除，无法再感染其他宿主。

（4）潜伏状态（Exposed）：主机已被蠕虫感染，尚未攻击，但具有感染其他主机的能力。

流行病模型的建立主要基于舱室模型，代表性传播模型如下。

（1）简单流行病模型（Simple Epidemic Model，SEM）：简单流行病模型假设主机加入网络的速率等于从网络中移除主机的速率，即认为网络中的主机总数 N 保持不变，易感主机被感染后仍会保持这种状态。该模型未考虑清除蠕虫、打补丁、安装防火墙等情况，为最简单的传播模型。

简单流行病模型可表示为

$$\begin{cases} \dfrac{\mathrm{d}I(t)}{\mathrm{d}t} = \beta I(t)S(t) \\ I(t) + S(t) = N \end{cases}$$

式中，β 表示易感主机的感染率，$S(t)$、$I(t)$ 分别表示 t 时刻易感主机数、被感染的主机数。SEM 模型在蠕虫传播的早期拟合良好，但不能反映中后期的传播行为。

（2）SIS（Susceptible-Infected-Susceptible）模型：SIS 模型在前一个模型的基础上，考虑到受感染主机在清除蠕虫后不采取打补丁等安全措施，会回到易感状态。SIS 也是一个简单的蠕虫传播模型，其表达式为

$$\begin{cases} \dfrac{\mathrm{d}I(t)}{\mathrm{d}t} = \beta I(t)S(t) - \gamma I(t) \\ I(t) + S(t) = N \end{cases}$$

式中，γ 表示蠕虫在受感染主机上的清除速率，$S(t)$、$I(t)$ 分别表示 t 时刻易感主机数、被感染的主机数，N 表示主机数。该模型假设宿主再次被感染回到易感状态的概率保持不变，并且没有考虑被感染宿主的免疫力，因此 SIS 模型不能真实反映蠕虫的传播行为。

（3）SIR（Susceptible-Infected-Recovered）模型：SIR 模型考虑到受感染主机在清除蠕虫后进入恢复状态，更符合蠕虫传播的实际情况，SIR 模型有三种状态：S（易感状态）、I（感染状态）、R（恢复状态）。SIR 模型表达为

$$\begin{cases} \dfrac{\mathrm{d}I(t)}{\mathrm{d}t} = -\beta I(t)S(t) \\[2mm] \dfrac{\mathrm{d}I(t)}{\mathrm{d}t} = \beta I(t)S(t) - \gamma I(t) \\[2mm] \dfrac{\mathrm{d}I(t)}{\mathrm{d}t} = \gamma I(t) \\[2mm] I(t) + S(t) + R(t) = N \end{cases}$$

式中，β 表示蠕虫的感染率，γ 表示蠕虫从被感染宿主体内的清除速率，$S(t)$、$I(t)$、$R(t)$ 分别表示 t 时刻易感主机数、被感染的主机数、从被感染主机恢复的主机数，N 表示主机数。该模型仍然没有考虑用户采用的防蠕虫情况，如安装防火墙、打补丁等。

在此模型的基础上，研究人员参考流行病在人群中的传播情况对模型进行了改进，如 Thommes R 考虑到用潜伏期提出改进的 SEI（Susceptible Exposed Infected）模型来模拟病毒的传播。Ping Y 等人在 SIR 模型中引入了潜伏状态，提出了 SEIR（Susceptible Exposed Infected Recovered）模型。其假设进入恢复状态的模型会获得永久免疫，与实际情况不符。针对这个缺点，Bimal K M 等人提出了临时免疫的 SEIRS（Susceptible Exposed Infected Recovered Susceptible）模型，该模型更符合蠕虫传播的实际情况。

（4）双因素模型（Two-Factor Model）：Cliff C Z 等人考虑到蠕虫引起的网络拥塞对传播速度的影响及用户对蠕虫的干预，提出了一种双因素传播模型。该模型微分方程表示如下：

$$\begin{cases} \dfrac{\mathrm{d}S(t)}{\mathrm{d}t} = -\lambda(t)S(t)I(t) - \mathrm{d}Q(t)/\mathrm{d}t \\[2mm] \dfrac{\mathrm{d}R(t)}{\mathrm{d}t} = \gamma I(t) \\[2mm] \dfrac{\mathrm{d}Q(t)}{\mathrm{d}t} = \mu S(t)J(t) \\[2mm] \lambda(t) = \lambda_0[1 - I(t)/N]^{\eta} \\[2mm] N = S(t) + I(t) + R(t) + Q(t) \end{cases}$$

其中，初始条件设为：$I(0) = I_0 \ll N$，$S(0) = N - I_0$，$R(0) = Q(0) = 0$。上式中各参数的含义为：λ_0 表示初始时刻的感染率，感染率的变化是由于用户的对策和网络拥塞对蠕虫传播速度的影响，$\lambda(t)$ 为 t 时刻的感染率；γ 表示被感染宿主的恢复率；μ 表示易感宿主的免疫率；η 表示根据受感染主机的数量调整 $\lambda(t)$ 的常数；$S(t)$、$I(t)$、$R(t)$ 分别表示 t 时刻易感主机数、被感染的主机数、从被感染主机恢复的主机数；$Q(t)$ 表示易感主机获得免疫的数量，$J(t) = I(t) + R(t)$ 表示 t 时刻被感染的主机数。根据上式得到 $I(t)$ 为

$$\frac{\mathrm{d}I(t)}{\mathrm{d}t} = \lambda(t)[N - R(t) - I(t) - Q(t)]I(t) - \mathrm{d}R(t)/\mathrm{d}t$$

近年来，随着新的网络技术和新应用的发展，研究人员也提出了相应的蠕虫传播模型。点对组模式（P2G）是一种新的信息传播模式，借助 P2G 传播方式的蠕虫会产生更

大的破坏力。为了防御这种蠕虫，Wang F 等人提出了传染病模型 SEIBWR（Susceptible Exposed Infectous Benign Worm Recovered），主要考虑两个重要的网络环境因素：P2G 信息传播模式和良性蠕虫。随着无线网络的发展，一些研究人员提出了蠕虫在无线网络上的传播模型。由于无线网络没有固定的结构，因此很难建立蠕虫在无线网络上的传播模型。Mishra B K 等人在无线传感器网络（Wireless Sensor Network，WSN）上建立了蠕虫的 SIQRS 模型，Mishra B K 和 Keshri N 在无线传感器网络上建立了免疫流行病学模型 SEIRS-V。他们都讨论了基本的再生数和平衡点，并得到了和有线网络上类似的结论。Wang J 等人研究了网络范围、网络速度、节点密度和 MAC 机制对蠕虫传播的影响。Zhuang K C 等人讨论了网络结构和免疫机制对 WSN 上蠕虫传播的影响。随着无线网络的应用越来越广泛，关于蠕虫在 WSN 上传播的研究将会越来越多。

2）物理方法的平均场模型

从复杂网络的角度来看，互联网可以表示为节点和边的集合。在互联网中，"节点"是指计算机或路由器，"边"是指连接节点的传输介质。节点的度数表示连接到该节点的其他节点的数量。互联网是一个非均匀度数网络。近年来，许多研究人员从复杂网络的角度研究了病毒传播的动态特性，并对病毒在复杂网络上的传播阈值进行了深入研究。根据互联网的不均匀程度，研究人员从平均场论的角度建立了病毒传播的 SIS 模型。基于平均场论的病毒传播模型为

$$\frac{\mathrm{d}\rho(t)}{\mathrm{d}t} = -\rho(t) + \lambda <k> \rho(t)[1 - \rho(t)]$$

式中，$\rho(t)$ 表示 t 时刻被感染节点的密度，λ 表示有效传播速率，$<k>$ 表示节点的平均度。

病毒在均匀网络上的传播阈值为 $\lambda_c = \dfrac{1}{<k>}$。如果有效传播速率 λ 低于该阈值，则病毒在网络上无法大范围传播，最终会消亡。如果有效传播速率 λ 高于该阈值，则病毒就会在网络上传播，最终达到平衡状态。

无标度网络上的传播模型为

$$\frac{\mathrm{d}\rho_K(t)}{\mathrm{d}t} = -\rho_K(t) + \lambda k[1 - \rho_K(t)]\Theta\rho_K(t)$$

式中，$\rho_K(t)$ 表示度为 k 的节点被感染密度。$\Theta\rho_K(t)$ 表示任何给定边与另一个受感染节点之间的连接概率，λ 表示有效传播速率。由此可以得出基于该模型的病毒在无标度网络上的传播阈值为 $\lambda_c = \dfrac{k}{<k^2>}$。根据该模型得到 WS 网络和 BA 网络中被感染节点的密度与传播率的关系，如图 3.19 所示。从图 3.19 中可以看出，在 WS 网络（均匀网络）上存在一个正的有限传播阈值，而在 BA 网络（非均匀网络）上，病毒传播的临界值随网络规模的增加而接近零。这一结论解释了在病毒传播期间，即使很少有主机被感染，病

毒也会在互联网上爆发的现象。该结论在当时引起了极大的轰动。网络的拓扑结构对病毒的传播有很大的影响。Moreno Y 等人给出了病毒在各种扩展网络上的传播阈值，包括 WS 网络、BA 网络和一般无标度网络。Deng C 等人提出了一种在无标度网络上具有非线性感染率的传播模型，并分析了其动态行为。

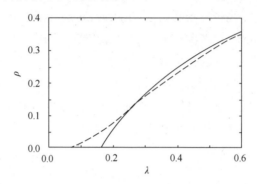

图 3.19　WS 网络（实线）和 BA 网络（虚线）中被感染节点的密度 ρ 与传播率 λ 之间的关系

为了模仿生物病毒的传播过程，研究人员提出了一种在复杂网络上具有感染媒介的 SIS 模型。Shi H 等人讨论了考虑感染媒介后的病毒传播阈值为 $\lambda_c = \dfrac{1-\gamma_1\gamma_2}{<k>}$，其中 $<k>$ 表示节点的度数，γ_1 表示被感染的媒介感染个体的概率，γ_2 表示被感染的个体感染传输媒介的概率。在考虑了感染媒介后，Shi H 等人还采用了基于平均场理论的模型建模方法。

3）随机模型

蠕虫的传播是一个离散事件，Chen Z S 提出的随机模型 AAWP（Analytical Active Worm Propagation）比流行模型更能准确地描述蠕虫的传播。该模型假设蠕虫的扫描率为 s，i 时刻网络中的主机总数为 N（包括被感染主机和易受攻击的主机），被蠕虫感染的主机数为 n_i。那么，n_i 个主机发送的扫描次数为 sn_i。扫描命中至少一台主机的概率为 $[1-(1-\dfrac{1}{2^{32}})^{sn_i}]$，则 $i+1$ 时刻被感染主机的总数为

$$n_{i+1} = n_i + (N-n_i)[1-(1-\frac{1}{2^{32}})^{sn_i}]$$

AAWP 适用于在 IPv4 地址空间中使用随机扫描策略的蠕虫。该模型假设网络主机均匀分布在整个地址空间中，没有考虑主机分布不均匀和网络的异构性。后来有研究者对其进行改进，提出了增强型 AAWP 模型，研究了 NAT 数量、NAT 中易受攻击主机的密度及本地优先级扫描策略对蠕虫在异构网络中传播过程的影响。该模型比 AAWP 模型更符合蠕虫在网络上的传播情况。

Chen Z S 等人还提出了蠕虫传播的独立模型（Independent Model），它假设网络上每个主机的状态是相互独立的。节点 i 在时刻 t 的状态表示为

$$X_i(t) = \begin{cases} 1 & ,\ \text{如果}t\text{时刻节点}i\text{被感染} \\ 0 & ,\ \text{如果}t\text{时刻节点}i\text{是易感的} \end{cases}$$

节点 i 的状态转移图如图 3.20 所示。

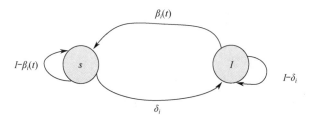

图 3.20　节点 i 的状态转移图

节点 i 的状态转移满足下式：
$$P(X_i(t+1)=1) = 1 - R_i(t) - P(X_i(t)=0)S_i^{\text{ind}}(t)$$
其中，$S_i^{\text{ind}}(t) = \prod\limits_{j \in N_i} [1 - \beta_{ji} P(X_j(t)=1)]$，$\beta_{ji}$ 表示被感染节点 j 感染邻居节点 i 的概率。$R_i(t)$ 表示 t+1 时刻主机从感染状态恢复到易感状态的概率。

此外，Sehgal V K 还讨论了蠕虫在可信网络上传播的随机模型。它主要是将流行病模型转化为状态空间模型，然后将其转化为马尔可夫链来分析其状态。但是，Sehgal V K 只讨论了对可信网络的分析，对于这个结论是否可以推广到一般的网络却没有提及。Kondakci S 根据随机过程理论，将恶意代码的状态分为几类，并从恶意代码的状态角度解释现象，进驻 BIOS 的部分恶意代码处于吸收状态，而受感染的计算机清除恶意代码后获得了免疫，主机在此过程中处于瞬态。周翰逊等人建立了蠕虫传播的马尔可夫链，指出马尔可夫链有平稳分布和极限分布，并讨论了蠕虫的灭绝条件，但其只是对模型做了数值模拟，并没有提到模型和蠕虫在实际网络上传播的拟合情况。从随机过程的角度，可以得到一些关于蠕虫传播趋势的结果，对蠕虫的防御具有一定的参考意义。

3.3.3　基于传统机器学习的入侵检测技术

传统机器学习方法已经在网络入侵检测中得到广泛应用。通常，机器学习分为监督学习、无监督学习和半监督学习。攻击检测可以看作一个分类问题，即对主机数据和网络中流量数据进行二分类或多分类的判断，监督机器学习技术能够有效地对数据进行类别划分，因此被广泛用于入侵检测领域。基于监督机器学习的入侵检测技术的优点是能够充分利用先验知识，明确地对未知样本数据进行分类。缺点是训练数据的选取评估和类别标注需要花费大量的人力和时间。其中，监督机器学习技术包含生成方法和判别方法。生成方法在入侵检测中的优点如下：①在数据不完整的情况下，仍能检测异常。例如，朴素贝叶斯方法在数据较少的情况下，仍然能够较好地对未知数据进行分类。②可以学习存在隐变量的模型。例如，贝叶斯网络对于不确定性问题具有强大的推理能力且鲁棒性较好。③收敛速度快，即当样本数据较多时，可以更快地收敛于真实模型。例如，隐马尔可夫模型能够有效处理入侵检测领域中的序列相关问题，且模型收敛速度快。但是生成模型在入侵检测中也存在一些缺陷，即虽然能够为入侵检测提供很多信息，但是也需要更多的计算资源，当仅用于分类任务时，存在较多冗余信息，且其学习和计算过程较复杂。判别方法在入侵检测中的优点总结如下：①直接面对预测问题，准确率更高。例如，KNN 算法不需要对参数进行估计，能够直接对多种攻击类型进行较好的预测。②可以对输入数据进行各种程度的抽象，从而简化学习问题。例如，决策树方法能够构造易于理解的规则，在短时间内对大规模高维网络数据进行较好的处理，基于结构风险最小化的 SVM 方法也能够较好地处理高维非线性数据。③对于分类任务，冗余信息少，节省计算资源。例如，逻辑回归模型具有简单、高效的计算能力，且计算速度快，适合并行处理数据。但是判别方法在入侵检测中也存在一些缺点，即难以反映数据本身的特性，且数据缺失或异常值对预测结果影响较大。

监督机器学习中的生成方法和判别方法在入侵检测领域均取得了很好的效果，但两种方法的结合显示出了更大的优越性。已有一些研究将监督机器学习中的生成方法和判别方法结合，充分利用两种方法的优点，并最大限度地减少它们的缺点，但是部分研究对于攻击的检测率较低，仍具有较大提升空间，同时海量高维数据的增加仍是监督机器学习技术在入侵检测领域中面临的巨大困扰。

3.3.3.1 基于监督机器学习的入侵检测

1. 基于隐马尔可夫模型的检测方法

隐马尔可夫模型（Hidden Markov Models，HMM）是关于时序的概率模型，能够很好地捕获连续序列的依赖性，所以它常被应用于攻击检测中的字节序列相关问题。针对 Web 应用程序的安全，Ariu D 等人将有效载荷表示为一个字节序列，使用隐马尔可夫模型分析 HTTP 有效负载，并提出了一款名为 HMMPayl 的检测系统，该系统分三个步骤执行有效载荷处理，如图 3.21 所示。

Ariu D 等人提出的特征抽取算法（步骤 1）允许 HMM 生成一个有效的统计模型，该模型对攻击的"细节"（如具有特定值的字节）敏感。由于 HMM 对噪声鲁棒性高，因此它们在模式分析阶段（步骤 2）的使用保证了系统对训练集中存在的攻击（噪声）具有鲁棒性。在分类阶段（步骤 3），采用了多分类器系统（Multiple Classifier Systems，MCS），以提高入侵检测系统的准确性和难度。此外，MCS 范式保证了由于初始参数选择不理想而导致的分类器的弱点得到缓解。

经实验验证，该方法对最常见的 Web 应用攻击（如 XSS 和 SQL 注入）特别有效，实验结果如图 3.22 所示，但该方法没有考虑有效载荷的长度，还有进一步提高总体准确性的空间。

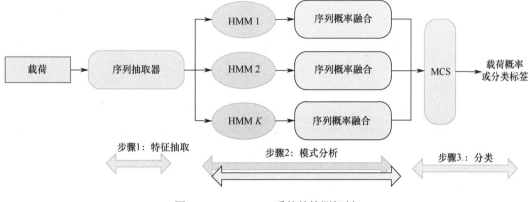

图 3.21　HMMPayl 系统的检测机制

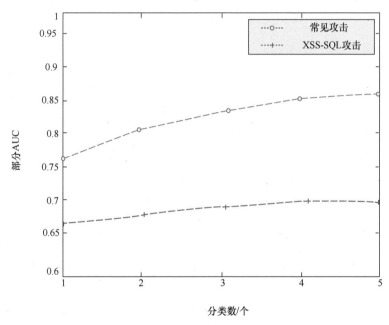

图 3.22　实验结果

Xiao L 等人将 HMM 应用于基于异常流量的网络攻击检测，攻击检测过程如图 3.23 所示。

该过程包括三个部分：特征抽取、训练 HMM 和网络入侵检测。在特征抽取步骤中，利用参数选择技术来切割输入维度，确定主要参数以创建异常检测模型。HMM 的训练过程就是不断更新参数的过程，HMM 中有两种隐藏状态，分别对应正常状态和异常状态。

该训练模型用作系统的行为模型，一旦有了系统的行为模型，就可以用它来检测当前网络状态的类型。这就是网络攻击检测的过程。

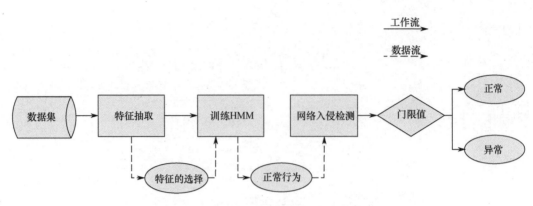

图 3.23　基于 HMM 的网络攻击检测过程

通过实验验证，Xiao L 等人提出的模型具有较高的召回率和相对较高的准确率，如表 3.10 所示。此外，通过对 F_1 仿真计算，与其他系统相比，Xiao L 等人提出的模型可以提高异常流量中入侵检测的效率，如图 3.24 所示。

表 3.10　流量分类的性能指标

类别	精确率（P）	准确率（Acc）	召回率（R）
正常	99.90%	99.40%	94.20%
异常	96.10%	98.40%	98.40%
总体	98.30%	99.10%	95.10%

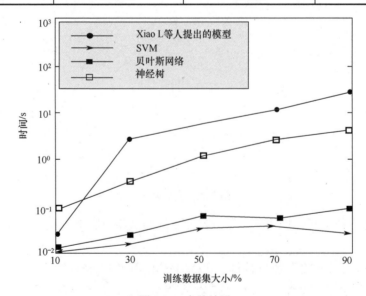

图 3.24　实验结果

表 3.10 中，精确率（P）、准确率（Acc）、召回率（R）的定义如下：

$$P = \frac{TP}{TP+FP}$$

$$Acc = \frac{TP+TN}{TP+TN+FP+FN}$$

$$R = \frac{TP}{TP+FN}$$

$$F_1 = \frac{2(PR \times RE_{call})}{PR+RE_{call}}$$

True Positive（TP）：正确判断为攻击的攻击记录数量。

False Positive（FP）：正确判断为正常的正常记录数。

True Negative（TN）：被错误判断为正常攻击的正常记录数。

False Negative（FN）：错误判断的攻击记录数量。

2. K 近邻算法

K 近邻算法即给定一个训练数据集，对新的输入实例，在训练数据集中找到与该实例最邻近的 K 个实例，这 K 个实例的多数属于某个类，就把该输入实例分类到这个类中。也就是说，在训练集中数据和标签已知的情况下，输入测试数据，将测试数据的特征与训练集中对应的特征进行相互比较，找到训练集中与之最为相似的前 K 个数据，则该测试数据对应的类别就是 K 个数据中出现次数最多的那个分类，其算法描述如下：

（1）计算测试数据与各个训练数据之间的距离。

（2）按照距离的递增关系进行排序。

（3）选取距离最小的 K 个点。

（4）确定前 K 个点所在类别的出现频率。

（5）返回前 K 个点中出现频率最高的类别作为测试数据的预测分类。

PKNN 算法是经典 K 近邻算法的改进版本，适合解决多标签分类问题，它优先考虑样本和待分类输入项更接近的类。Saleh A I 等人设计了一种能实时应用并适合于解决多分类问题的混合入侵检测系统（HIDS），系统组成如图 3.25 所示。

HIDS 由数据预处理模块（DPM）、特征选择模块 （FSM）、异常值剔除模块（ORM）和决策模块（DMM）组成。

1）数据预处理模块（DPM）

在预处理模块中，对网络流量进行收集和处理以供训练和测试时使用。可以使用任何数据包过滤工具来收集所需的数据集。之后将收集的数据保存在日志文件或数据库中，为下一阶段的分析提供数据。数据分析包括三步：①从数据集中删除重复实例的数据；②数据规范化，即将非数字数据元素转换为标准化的数字表示；③攻击类别转换，将每种攻击类型归类到其基本攻击类别。

2）特征选择模块（FSM）

在 FSM 中，过滤输入项以仅获得最有效（重要）的特征，其处理流程如图 3.26 所示。

FSM 由两个子模块组成：特征有效性识别（FEI）和互效应识别（MEI）。在 FEI 阶段，使用 NB 分类器分别确定每个特征的重要性。MEI 阶段的任务是测试消除每一对特征之间的相互影响，称为互效应。根据在 FEI 阶段计算的每个单独特征的重要性及一组识别规则，将选择最终的一组有效特征。

$$F = \left(F_1, F_2, F_3, \cdots, F_n \right)$$

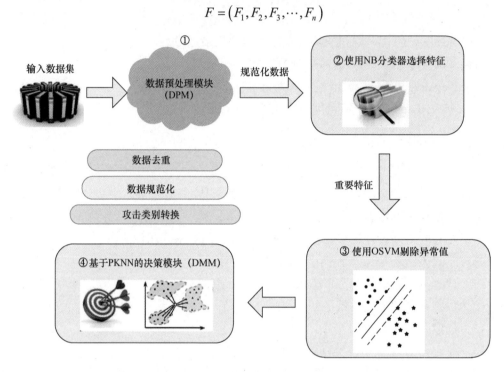

图 3.25　混合入侵检测系统组成

3）异常值剔除模块（ORM）

异常值是指一些错误数据，它会严重影响预测模型的性能，通常会导致模型过拟合。HIDS 中通过 ORM 模块剔除异常值通常分三个步骤实现：①将输入训练集投影到特征的输入维空间中（这里只考虑通过 FSM 选出的有效特征）；②每个类别标签的高度描述性示例（HDE）通过新的基于距离的标准来识别；③使用为每个类选出的高度描述性示例集来训练 OSVM 分类器。OSVM 分类器用于检测输入数据集中的异常值。图 3.27 给出了 ORM 的处理流程。

4）决策模块（DMM）

基于向量投影的 KNN 算法（PKNN）是一个经典 KNN 的改进版本。除了距离测量，PKNN 还考虑了每个项目的质量与测试项目的邻居。顾名思义，PKNN 将更多的优先级分配给示例更接近待分类的输入项的类，其复杂度为 $O(L)$，其中 L 是类标签的数量。PKNN 的实现步骤如下。

其中，

F_i：第 i 个特征；

V_j：每个特征(F_i)的第 j 个值；

eff(F_x)：移除 F_x 后的互效应；

eff(T)：在准确率为 0.0001 条件下的门限效应；

Δtr(F_x)：在训练时间内剔除 F_x 后的效应；

Δtst(F_x)：在测试时间内剔除 F_x 后的效应；

Imp_Features1：来自实验 1 的重要特征；

Imp_Features2：来自实验 2 的重要特征；

n：特征数。

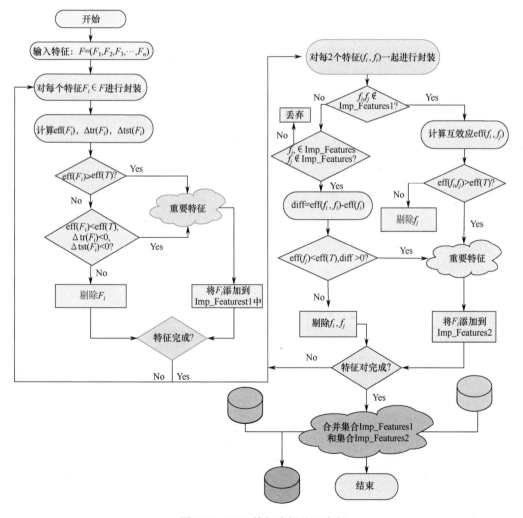

图 3.26　FSM 特征选择处理流程

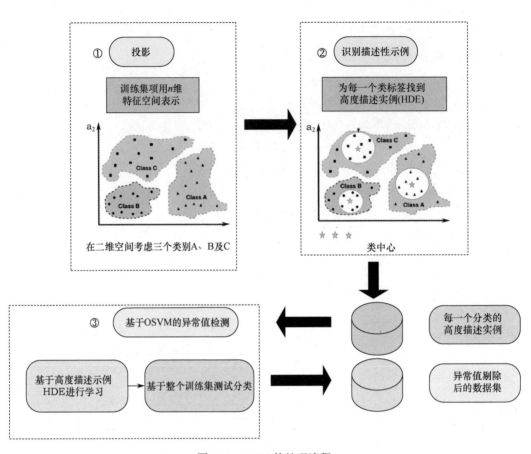

图 3.27 ORM 的处理流程

- 输入：

    训练数据集；

    包含 n 个特征 $(F_1, F_2, F_3, \cdots, F_n)$ 的输入数据包 E_i。

- 输出：

    分类后的攻击类型（DOS、U2R、R2L、Probe）。

- 步骤：

    ①训练数据用 n 维度特征空间进行表示；②选择距离测试点 E_i 最近的 K 项训练数据；③计算 E_i 和每个最近的训练数据的平均距离 D_{Th}；④选择位于直径为 D_{Th} 的圆内的训练数据；⑤每个测试点 E_i 的目标是选出 K 个与 E_i 相似度最高的样本。

    需要注意的是，PKNN 也适用于解决多标签分类问题。因此，一个输入数据可以被分类为一个以上的类别。这非常适合入侵检测系统领域，因为系统可能会受到混合入侵的攻击。因此，整个 IDS 使用的分类器应该能够发现输入入侵数据中使用的攻击类型。如果两个或更多类共同位于直径为 D_{Th} 的圆中，则 PKNN 可以确定输入攻击是混合攻击（如结合了几种类型的攻击）。在这种情况下，应将新数据归为所有这些攻击类别。

在 KDD CUP99 数据集上的实验结果表明，该系统能较快地检测攻击并能用于实时入侵检测，如图 3.28 和图 3.29 所示。

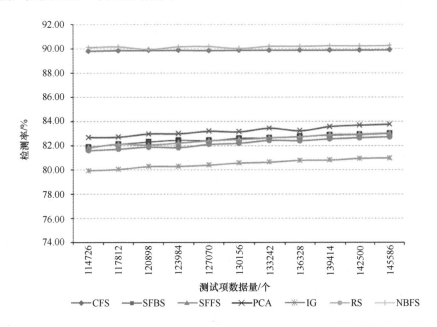

图 3.28　利用 KDD CUP99 数据集的 NB 分类器针对测试数据的不同特征选择得到的检测率

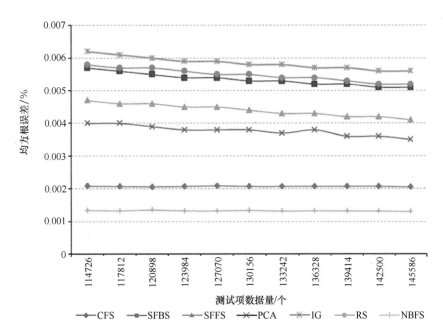

图 3.29　利用 KDD CUP99 数据集的 NB 分类器针对测试数据的不同特征选择得到的均方根误差

3. 支持向量机

支持向量机（Support Vector Machine，SVM）通常用于解决小样本、非线性、高维度等问题，其泛化能力强，在入侵检测领域被广泛应用。

1）基于压缩采样的 SVM 攻击检测

在数据采样阶段对数据进行降维，可以大大提高检测效率，Chen Z S 等人提出了一种基于压缩采样的 SVM 攻击检测模型，利用压缩感知理论中的压缩采样方法对网络数据流进行特征压缩，然后利用 SVM 对压缩结果进行分类。

基于压缩采样的 SVM 攻击检测方法是对带标签的训练数据集进行压缩采样，得到压缩后的特征数据，然后输入 SVM 分类器进行训练，得到分类模型。在检测阶段，对未标记的数据集进行压缩采样，然后复用构建的 SVM 分类模型对数据进行分类，获取正常或异常的访问行为，之后对正常行为的检测数据进行重构，得到完整的正常网络数据流。如图 3.30 所示，基于压缩采样的攻击检测步骤如下。

（1）数据集的预处理：压缩感知理论是直接对向量数据进行采样，因此训练数据和测试数据应该以向量的形式表示。

（2）选择合适的测量矩阵和稀疏矩阵：测量矩阵和稀疏矩阵应满足有限等距性质（RIP）的条件，其压缩采样得到的数据必须同时有效地表达原始数据。

（3）SVM 分类器的构建：SVM 分类器可以通过压缩采样得到低维数据，从而完成分类训练，使测试数据集检测精度高。

（4）进行检测后，如果网络访问正常，则使用重构算法将检测数据恢复为采样前的完整形式。

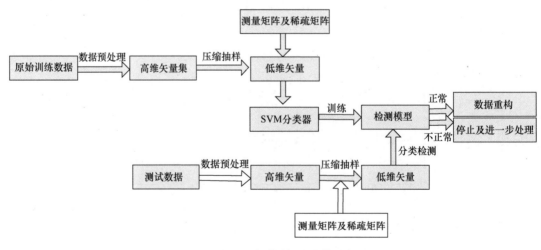

图 3.30　基于压缩采样的攻击检测流程

在 KDD CUP99 数据集上进行了实验验证，表 3.11 给出了支持向量机（SVM）作为分类器的检测结果，实验通过 30 次采样对不同采样矩阵进行入侵检测得到的结果。

表 3.11　支持向量机（SVM）作为分类器的检测结果

检测类型	检测性能	正常流量	探测攻击	DoS 攻击	U2R 攻击	R2L 攻击
未压缩采样	检测率/%	98.73	97.34	99.27	94.21	99.35
	误报率/%	0.87	1.03	0.92	1.08	0.92
压缩采样						
高斯随机矩阵	检测率/%	98.23	96.42	97.08	90.37	97.64
	误报率/%	0.82	1.19	0.96	1.26	0.98
随机伯努利矩阵	检测率/%	97.31	97.07	99.14	88.39	98.71
	误报率/%	1.13	1.21	1.07	1.86	0.92
部分 Hadamard 测量矩阵	检测率/%	98.12	96.94	98.71	90.84	97.75
	误报率/%	0.93	1.05	0.92	1.49	1.04
托普利兹测量矩阵	检测率/%	97.86	96.93	98.49	89.15	98.73
	误报率/%	0.88	1.06	0.91	2.12	0.94
结构随机矩阵	检测率/%	96.57	96.72	97.87	87.35	98.76
	误报率/%	1.15	1.23	0.97	2.34	0.96
Chirp 测量矩阵	检测率/%	97.33	96.24	98.39	90.08	99.01
	误报率/%	1.08	1.33	1.15	1.13	0.94

从表 3.11 中可以看出，未压缩采样和压缩采样两种方法得到的结果是相似的。对于未采用压缩采样方法，除 U2R 和探测攻击外，正常流量、DoS 攻击和 R2L 攻击三种类型的检测率均在 98%以上。在压缩采样条件下，除 U2R 攻击外使用不同的采样矩阵得到的检测率在 98%左右。仅对 U2R 攻击类数据采用压缩采样方法得到的检测率较低，误报率较高。进一步分析发现，传统的压缩采样方法针对 U2R 攻击类数据检测率低，这与数据集本身、U2R 类数据少、训练模型偏差等因素有关。在现实中，使用压缩采样方法并不能大幅度提高检测率，但可以通过减少数据维度来提高训练和检测的效率。图 3.31 给出了 30 次采样后不同采样矩阵下的训练和检测时间开销。

图 3.31 表明，压缩采样方法用于 KDD CUP99 数据集的信息处理后，用于训练和检测的时间减少了。特别是，对于通过使用高斯随机矩阵进行压缩采样获得的数据，其训练和检测时间大大减少。

2）基于压缩采样的攻击检测步骤

戚名钰等人提出了一种基于主成分分析的 SVM 攻击检测方法，通过主成分分析法对原始数据集进行降维，得到能提升分类效果的主成分属性集，然后利用该属性集训练 SVM 分类器。将主成分分析原理应用于 SVM 入侵检测的过程如下：

（1）对收集到的原始数据进行预处理。

（2）对原始数据进行主成分分析。

（3）将降维后的数据分为训练数据与测试数据，分别作为训练样本与测试样本。

（4）利用 SVM 分类器对训练数据进行学习，利用试探法找到较优的核函数参数。

（5）依次选取 1～41 维的主成分进行测试，选取使检测精度最高的主成分数据集。

（6）利用建立的最优 PCA-SVM 模型对检测样本进行检测，获得相关性能指标。

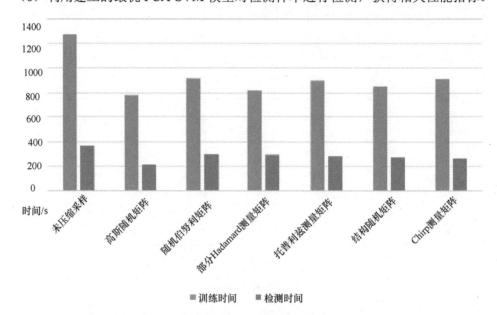

图 3.31　30 次采样后不同采样矩阵下的训练和检测时间开销

在 KDD CUP99 数据集上的实验表明，戚名钰等人提出的方法大大缩短了检测时间，提高了检测效率（见表 3.12）。

表 3.12　传统 SVM 与 PCA-SVM 算法性能对比

类型		混合	DoS 攻击	R2L 攻击	U2R 攻击	探测攻击
传统 SVM（41 个属性）	时间/s	2.3081	0.4531	0.0765	0.0169	0.4017
	精确率/%	92.15	99.93	75.07	83.63	98.35
	检测率/%	88.72	99.94	0.40	11.84	95
	误报率/%	0.82	0.08	0.03	0	0.30
PCA-SVM	时间/s	0.9976	0.23	0.0169	0.0052	0.0145
	精确率/%	93.06	99.93	80.83	84.37	98.60
	检测率/%	96.92	100	97.50	17.54	95.60
	误报率/%	5.88	0.18	14.73	0.40	0.20

3）基于改进遗传算法优化的入侵检测方法

基于改进的遗传算法优化支持向量机，Teng L 等人提出了一种多智能体协同入侵检测模型，并设计了一种基于分类准确率、误报率、数据特征维度的适应度函数。

多智能体协同入侵检测模型如图 3.32 所示。该模型由传感器、解码器和过滤器、事件生成器、事件检测器、融合中心和响应单元组成。遵循 E-CARGO 模型，它们都被视为需求，可以定义为角色。这些角色分为三种，分别是事件产生角色（Event Generator Role，EGR）、事件检测角色（Event Detection Role，EDR）和响应单元角色（Response Unit Role，RUR）。EGR 的组件包括传感器、解码器、过滤器和事件生成器，它们负责收集网络数据包、解码、过滤和生成事件。EDR 负责检测可疑事件，系统中有四个检测器，分别负责检测 TCP 攻击、UDP 攻击、ICMP 攻击及内容检测。RUR 是一个响应单元角色，它根据检测结果做出相应的响应。每个角色都分配给一些代理，这些代理执行相同的检测任务（一个角色）。考虑到不同的网络流量，系统区分了小、中、大三种检测规模，分别作为各种网络流量的检测实例，而这三种检测规模被用于自适应检测案例中。由扮演相同角

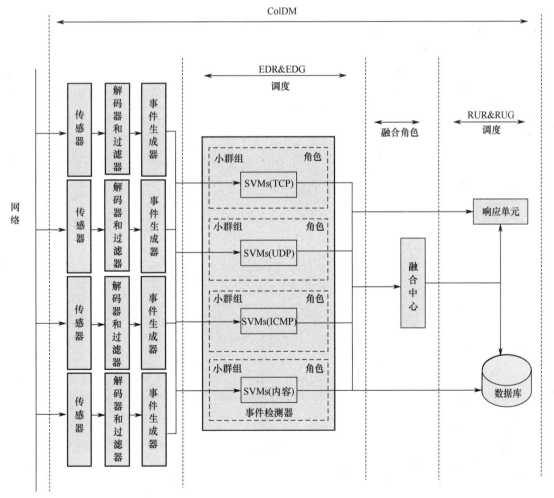

图 3.32　多智能体协同入侵检测模型

色的代理组成群组，大群组简称 BG（Big Group），小群组简称 SG（Small Group），群组具有动态扩展和抑制功能。大群组也分为事件生成器群组（Event Generator Group，EGG）、事件检测群组（Event Detection Group，EDG）和响应单元群组（Response Unit Group，RUG）。小群组由扮演相同角色的代理组成，包括四个检测小群组，分别为检测 TCP 攻击组、检测 UDP 攻击组、检测 ICMP 攻击组和检测内容组，这些小群组的作用是对其下所有代理检测到的结果进行综合计算。这样组织显著减少了组件之间的数据和信息传输。Teng L 等人将所有的大群组组合成入侵检测系统。

可疑事件检测角色有四种，分别是检测 TCP 攻击角色、检测 UDP 攻击角色、检测 ICMP 攻击角色、检测内容角色。扮演相同角色的代理组成一个 SG。

为了提高检测效率，Teng L 等人设计并实现了一种基于 SVMs 和 DTs 的优化自适应协同入侵检测模型，构建了用于检测攻击的优化决策树，如图 3.33 所示。在该模型的每一层中，构建了一个二分类 SVM。当网络流量大时，许多代理扮演相同的事件检测角色。这些代理形成一个小群组 SG，然后，构建很多个二分类 SVM，它们由扮演管理者角色的代理激活。在该模型的顶层，SVM1 将网络数据分为正常数据和可疑入侵数据。在第 2层，SVM2 检测 DoS 和 DDoS 攻击，并将数据分为 DoS/DDoS 攻击、R2L/U2R/探测攻击等。在第 3 层，SVM3 检测探测攻击，并将数据分为探测攻击和 U2R/R2L 攻击。在第 4层，SVM4 检测 U2R 攻击和 R2L 攻击。

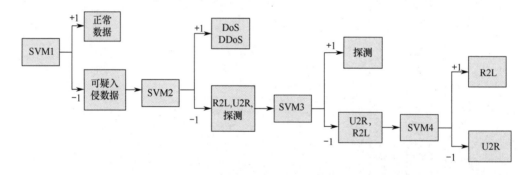

图 3.33　基于 SVMs 和 DTs 的优化自适应协同入侵检测模型

利用 KDD CUP99 数据集对模型进行了验证。训练集中有 467420 条记录，测试集中有 212960 条记录。训练集中包含 24 种攻击，测试集中包含 14 种新攻击。所有 38种攻击分为探测、DoS、U2R 和 R2L 四大类。一个完整的 TCP 会话被视为一个连接记录。每条记录包括四种类型的属性集合：基本特征、基于时间的流量特征、基于主机的流量特征和内容特征。训练集和测试集的数据分布如表 3.13 所示，实验结果如表 3.14 所示。

表 3.13　训练集和测试集的数据分布

会话类别	TCP		UDP		ICMP	
数据类型	测试集	训练集	测试集	训练集	测试集	训练集
总数/条	4700	14313	11295	9047	5012	23382
正常/条	2561	5110	10987	8182	84	50
DoS/条	1995	8939	255	723	4833	23300
R2L/条	1	100	0	0	0	0
U2R 条	16	5	0	0	0	0
探测/条	127	159	53	142	95	32

表 3.14　实验结果

会话类别	TCP		UDP		ICMP	
训练时间/s	5.641		0.771		1.1130	
总数	正确数/条	准确率/%	正确数/条	准确率/%	正确数/条	准确率/%
正常	2544	99.30	8809	80.18	83	98.81
DoS	1944	99.95	196	76.86	4823	99.79
R2L	1	100.00	0	0	0	0
U2R	12	75.00	0	0	0	0
探测	120	94.49	35	66.04	84	88.42

从表 3.14 中可以看出，TCP 的训练时间最长，ICMP 次之，UDP 最短；ICMP 检测准确率最高，TCP 次之，UDP 最低；准确率直接取决于训练集中的攻击记录数量，检测新攻击和异常攻击的准确率很低。当测试集的攻击记录大于训练集的攻击记录时，检测准确率较低。

Teng L 等人对所提出的基于 SVMs 和 DTs 的优化自适应协同入侵检测模型（CoIDM）和单个 SVM 的检测精度进行了比较实验，结果如表 3.15 所示。

表 3.15　CoIDM 和单个 SVM 之间的比较

算法	数量/条	平均准确率/%	错误率/%	训练时间/s
单个 SVM	17166	80.61	19.39	29.730
CoIDM	18701	87.81	12.19	7.247

从表 3.15 中可以看出，基于 SVMs 和 DTs 的优化自适应协同入侵检测模型从训练时间和检测精度上都优于单个 SVM。

4）基于 SVM 和 K-Means 的入侵检测方法

Sahu S K 等人使用 K-Means 对输入数据进行划分，形成两个集群，再用 SVM 对集群进行分类。数据预处理过程如图 3.34 所示。

基于 K-Means 的数据聚类算法流程如下：

K-Means（D, K, DM, N），其中，D 是数据集，K 是初始质心，DM 是相异度测量，N 是迭代次数。

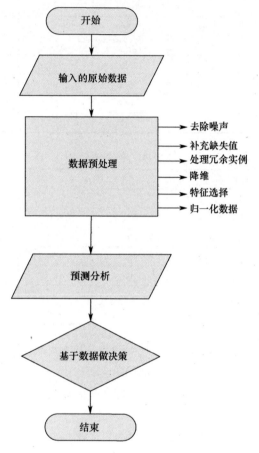

图 3.34　数据预处理流程

步骤 1：随机选择 K 个初始质心。

步骤 2：重复步骤 2 和步骤 3，直到迭代次数达到 N 或质心值不变，根据目标函数（距离测量）构建 K 个集群。

步骤 3：重新计算集群的质心。

步骤 4：结束。

SVM 分类技术旨在实现高准确结果、降低训练和泛化错误，提供更准确的二分类问题，它将输入向量映射到高维分量空间。如图 3.35 所示，聚类 1 和聚类 2 作为 SVM 分类器的输入，目标是将这两个聚类标签为正常或恶意。使用 SVM 要实现从集群中随机抽取三个实例并预测它们的类标签，最终使用投票进行决策。

Sahu S K 等人基于 KDD CUP99、NSL-KDD 和 GureKDD 数据集对方法进行了性能

验证，并与当前比较主流的组合方法进行了比较，如 Adaboost、Gentleboost、Logitboost、Bagging、Lpboost 及 Robustboost 等，实验结果如表 3.16～表 3.20 所示。

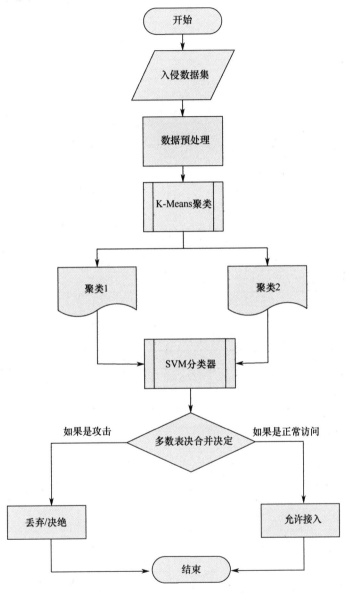

图 3.35　基于 K-Means 和 SVM 相结合的入侵检测流程

表 3.16　基于 NSL-KDD 数据集的方法比较

指标	方法					
	Adaboost	Gentleboost	Logitboost	Bagging	Lpboost	Robustboost
TP/条	9274	8918	9373	9431	8915	9406
FN/条	3242	3296	3506	3555	3137	5038

指标	方法					
	Adaboost	Gentleboost	Logitboost	Bagging	Lpboost	Robustboost
FP/条	437	793	338	280	796	305
TN/条	9591	9537	9327	9278	9696	7795
Acc/%	83.7	81.9	82.9	82.9	82.6	76.3
TPR/%	74.1	73	72.8	72.6	73.9	65.1
TNR/%	95.6	92.3	96.5	97.1	92.4	96.2
PPV/%	95.5	91.8	96.5	97.1	91.8	96.9
NPV/%	74.7	74.3	72.7	72.3	75.6	60.7
FNR/%	25.9	26.9	27.2	27.4	26	34.9
FPR/%	4.4	7.7	3.5	2.9	7.6	3.8
FDR/%	4.5	8.7	3.5	2.9	8.2	3.1
FOR/%	25.3	25.7	27.3	27.7	24.4	39.3
F1/%	83.4	81.4	83.9	83.1	81.9	77.9
LR+/%	17	9.5	20.8	24.8	9.6	17.2
LR−/%	0.3	0.3	0.3	0.3	0.3	0.4

表 3.17　基于 GureKDD 数据集的方法比较

指标	方法					
	Adaboost	Gentleboost	Logitboost	Bagging	Lpboost	Robustboost
TP/条	156873	156887	157002	157042	104430	157037
FN/条	790	328	396	40	73	1183
FP/条	175	161	46	6	52618	11
TN/条	3066	3528	3460	3816	3783	2673
Acc/%	99.4	99.7	99.7	99.9	67.3	99.3
TPR/%	99.5	99.8	99.7	99.9	99.9	99.3
TNR/%	94.6	95.6	98.7	99.8	6.7	99.6
PPV/%	99.9	99.9	99.9	99.9	66.4	99.9
NPV/%	79.5	91.5	89.7	98.9	98.1	69.3
FNR/%	0.5	0.2	0.3	0.02	0.06	0.7
FPR/%	5.4	4.4	1.3	0.2	93.3	0.4
FDR/%	0.1	0.1	0.02	0	33.5	0
FOR/%	20.5	8.5	10.3	1.03	1.9	30.7
F1/%	99.7	99.8	99.9	99.9	79.9	99.6
LR+/%	18.4	22.9	76	636.8	1	242.1
LR−/%	0.08	0	0	0	0	0

表 3.18 基于 KDD CUP99 数据集的方法比较

指标	方法					
	Adaboost	Gentleboost	Logitboost	Bagging	Lpboost	Robustboost
TP/条	55555	13515	13533	33809	13603	13873
FN/条	607	417	420	51	850	7103
FP/条	502	563	545	26	475	205
TN/条	19559	8796	8793	20115	8363	2110
Acc/%	98.5	95.8	95.9	99.9	94.3	68.6
TPR/%	97.2	97	96.9	99.8	94.1	66.1
TNR/%	97.5	93.9	94.2	99.9	94.6	91.1
PPV/%	99.1	96	96.1	99.9	96	98.5
NPV/%	96.9	95.5	95.4	99.7	90.8	22.9
FNR/%	1.1	2.9	3	0.2	5	33.9
FPR/%	2.5	6	5.8	0.1	5.4	8.9
FDR/%	0.9	3.9	3.9	0.1	3.4	1.5
FOR/%	3	4.5	4.6	0.3	9.2	77.1
F1/%	99	96.5	96.6	99.9	95.4	95.4
LR+/%	0	16.1	16.6	773.3	17.5	7.3
LR−/%	0	0	0	0	0	0.4

表 3.19 提出的组合方法（K-Means + SVM）性能验证

指标	数据集				
	NSL-KDD 测试集	NSL-KDD 训练集	NSL-KDD 全集	GKDDU 测试集	KDD-Corrected 数据集
TP/条	12825	1173	58419	2683	250436
FN/条	81	0 31	139	91	0
FP/条	8	13	211	1173	0
TN/条	3690	13418	67204	156957	60593
Acc/%	99.5	99.8	99.7	99.5	100
TPR/%	99.4	99.7	99.8	96.7	100
TNR/%	99.8	99.9	99.7	99.3	100
PPV/%	99.9	99.9	99.6	69.7	80.5
NPV/%	97.9	99.8	99.8	99.9	100
FNR/%	0.6	0.3	0.2	3.3	0
FPR/%	0.2	0.1	0.3	0.7	0
FDR/%	0.1	0.1	0.4	30.4	0
FOR/%	2.1	0.2	0.2	0.1	0
F1/%	99.7	99.8	99.7	80.9	100
LR+/%	459.3	1030.4	318.7	130.4	0
LR−/%	0.01	0	0	0.03	0

表 3.20　性能比较

组合方法	数据集	准确率/%
Adaboost	NSL-KDD	83.7
	GureKDD	99.4
	KDD CUP99	98.5
Bagging	NSL-KDD	82.9
	GureKDD	99.9
	KDD CUP99	99.9
K-Means+SVM	NSL-KDD	99.7
	GureKDD	99.5
	CDD CUP99	100

从实验结果可以看到，K-Means+SVM 的组合方法能够得到更好、更稳定的结果。

3.3.3.2　基于无监督机器学习的入侵检测

无监督机器学习主要处理先验知识缺乏、难以人工标注类别或通过人工标注成本太高等场景下的问题。在入侵检测领域，无监督机器学习不需要对数据进行类别标注，能直接对网络数据进行分类。此外，用于降维的无监督机器学习可以有效解决数据集的冗余和不相关问题，降低计算开销。常用的无监督机器学习方法有 K-Means、高斯混合模型和主成分分析法。

1. K-Means

K-Means 是经典的无监督聚类（Unsupervised Clustering）算法，该算法可解释性强，收敛速度快，被广泛应用于入侵检测领域。K-Means 可通过与其他方法结合进一步提升性能，也有不少研究人员对传统 K-Means 进行了改进。

1）基于 K-Means 和分类回归树（CART）算法

Aung Y Y 等人将 K-Means 和分类回归树（CART）算法相结合来构建入侵检测系统，研究混合方法的性能。入侵检测系统数据流图如图 3.36 所示。

KDD CUP99 数据集有两种不同的训练数据集：一个是完整的训练集，有 500 万个连接；另一个是这个训练集的 10%，有 494021 个连接。Aung Y Y 等人选择了 10%的数据集进行实验，其中包含 494021 条连接记录，每条记录共有 41 个特征、7 个符号字段和 34 个数字字段。该数据集包含四种类型的入侵：DoS、探测、U2R 和 R2L，还包含正常样本，如表 3.21 所示。

系统的实验结果如表 3.22 和表 3.23 所示。

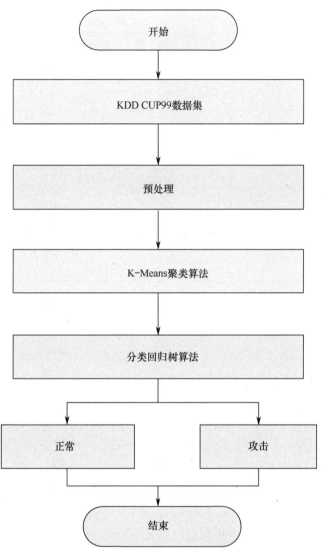

图 3.36　入侵检测系统数据流图

表 3.21　KDD CUP99 数据集

攻击类型	攻击名称
正常样本	正常样本
DoS	Neptune, Smurf, Pod, Teardrop, Land, Back
探测	Ipsweep, nmap, satan, portsweep
R2L	ftp_write, guess_passwd,imap, multihop, phf, spy
U2R	Perl, buffer_overflow, rootkit, loadmodule

表 3.22 10 折交叉验证的测试结果

数据集	K-Means	CART	正确分类实例数/条	正确分类实例占比/%	不正确分类实例数/条	不正确分类实例占比/%
10%P1	Y	Y	108822	99.98	23	0.02
10%P2	Y	Y	23480	99.80	48	0.20
10%P3	Y	Y	280798	100	0	0
10%P4	Y	Y	78660	99.88	97	0.12
10%P5	Y	Y	2063	98.56	30	1.43
总数	Y	Y	493823	—	198	—

注：Y 表示采用了该算法，N 表示未采用该算法。

表 3.23 具有时间复杂度的 10 折交叉验证的测试结果

数据集	K-Means	CART	总实例数/条	模型训练时间/s
10%P1	Y	Y	108845	164.1
10%P2	Y	Y	23528	24.07
10%P3	Y	Y	280798	83.62
10%P4	Y	Y	78757	302.96
10%P5	Y	Y	2093	0.65
总数	Y	Y	494021	575.4

注：Y 表示采用了该算法，N 表示未采用该算法。

在 10 折交叉验证分析中，基于 K-Means 和分类回归树（CART）算法的正确分类实例数为 493823 条记录，不正确分类实例数为 198 条记录。该算法的模型训练时间为 575.4s。

2）多层次入侵检测模型

Al-Yaseen W L 等人为减小分类器的训练时间，提高分类器性能，提出了一种多层次的入侵检测模型，首先通过改进 K-Means 算法对原始训练数据集进行优化，缩短分类器的训练时间，其次使用支持向量机和极限学习机进行多层次分类，具体算法如算法 3.2 所示。

算法 3.2 多层次入侵检测算法

步骤 1：将符号属性协议、服务和标志转换为数字；
步骤 2：将数字归一化；
步骤 3：将 10% KDD 训练数据集分为五类：正常、DoS、探测、R2L、U2R；
步骤 4：对每个分类数据集应用改进的 K-Means 算法，创建新的训练数据集；
步骤 5：用新的训练数据集训练 SVM 和 ELM 模型；
步骤 6：用 KDD CUP99 数据集测试多级模型。

改进的 K-Means 算法如算法 3.3 所示。

算法 3.3　改进的 K-Means 算法

步骤 1：确定距离阈值（φ）；

步骤 2：将数据集的第一个实例设置为第一个质心（C_1）并设置 $k=1$；

步骤 3：读下一个实例（S）；

步骤 4：$\forall C_i, 1 \leqslant i \leqslant k$，如果存在 $C_j \in \{C_i\}$，距离 $(S, C_j) < \varphi$，那么将 S 放入聚类 j 中，跳到步骤 6；

步骤 5：创建一个质心为 S 的新簇，设置 $k=k+1$；

步骤 6：重复步骤 3～步骤 5 直到数据集的末尾；

步骤 7：继续其他基本 K-Means 步骤。

在 KDD CUP99 数据集上进行评估，基于多级混合 SVM 和 ELM 模型的改进 K-Means 和基本 K-Means 性能比较如表 3.24 所示，可见该模型的准确率指标达到了 95.75%。

表 3.24　基于多级混合 SVM 和 ELM 模型的改进 K-Means 和基本 K-Means 性能比较

检测算法	基本 K-Means	改进 K-Means
准确率/%	91.88	95.75
检测率/%	92.13	95.17
误报率/%	9.16	1.87

Al-Yaseen W L 等人提出的多级混合 SVM 和 ELM 模型的性能分别优于多级 SVM 模型和多级 ELM 模型的性能。因此，Al-Yaseen W L 等人所提出的混合模型比单一模型可以更好地对业务数据进行分类。五个类别的检测率比较如表 3.25 所示，而准确率、检测率和误报率的比较如表 3.26 所示。这些模型之间的 ROC 曲线比较如图 3.37 和图 3.38 所示。

表 3.25　检测率比较

分类	多级 SVM	多级 ELM	多级混合 SVM 和 ELM 模型
正常/%	97.83	96.64	98.13
DoS/%	99.57	96.83	99.54
检测/%	80.94	84.93	87.22
U2R/%	16.23	23.68	21.93
R2L/%	31.60	10.14	31.39

表 3.26　准确率、检测率和误报率的比较

分类	多级 SVM	多级 ELM	多级混合 SVM 和 ELM 模型
准确率/%	95.57	93.83	95.75
检测率/%	95.02	93.15	95.17
误报率/%	2.17	3.36	1.87

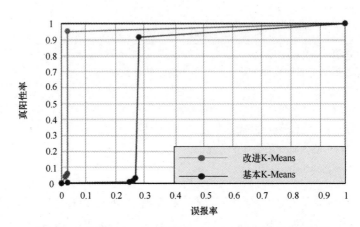

图 3.37　改进 K-Means 与基本 K-Means 性能的 ROC 曲线

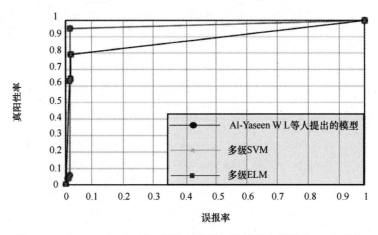

图 3.38　Al-Yaseen W L 等人所提出模型与其他两个模型的 ROC 曲线

上述结果表明，多级混合 SVM 和 ELM 模型提高了 IDS 的性能。多级混合 SVM 和 ELM 模型比现有方法更可靠，并且不会导致检测性能出现大的波动。多级混合 SVM 和 ELM 模型还可以有效且持续地隔离未知攻击，提高其检测性能。与其他方法相比，Al-Yaseen W L 等人提出的方法其优点是大大提高了检测精度，并且由于原始训练数据集的数量大大减少，所以训练时间很短。Al-Yaseen W L 等人提出的方法使用了多个分类器，与仅使用一个分类器的方法相比，测试时间更长。

2．高斯混合模型

高斯混合模型（Gaussian Mixture Model，GMM）对特征的概率分布进行建模，因此可以识别网络流量中的恶意数据样本。当攻击样本和正常样本的分布类似时，可以使用高斯混合模型在特征层面建模，对两类样本进行区分。

1）基于多级高斯混合模型（GMM）的入侵检测

为了解决训练数据不平衡、误报率高及无法检测到未知攻击等问题，Chapaneri R 等人使用高斯混合模型方法来学习每个流量类别的统计特征，并使用基于四分位数间距的自适应阈值技术来识别异常值。

图 3.39 给出了基于 GMM 的入侵检测技术框架。它由数据预处理的几个步骤组成，然后为每个类学习高斯混合模型。基于学习的 GMM 给出了一种多级分类技术，用于将输入网络流量分类为良性或特定攻击类别。多级分类技术还可以检测系统尚未学习的任何新攻击类别。

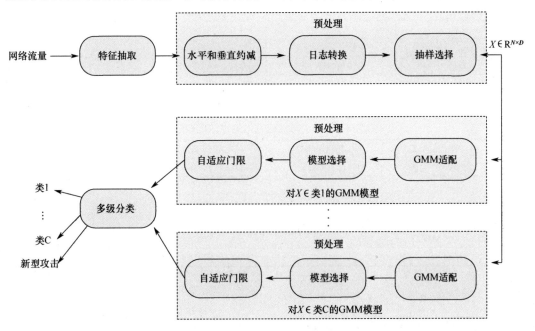

图 3.39 基于 GMM 的入侵检测技术框架

GMM 基于单个模型的 $F1$ 值降序级联进行多级分类。因此，如果测试数据不属于任何学习的 GMM 分布的配置文件，则该方法能够识别任何未知攻击或 0-day 漏洞攻击。基于 GMM 的入侵检测方法在 CICIDS2017 数据集上进行了评估，如表 3.27、表 3.28 和图 3.40 所示，结果表明该方法能有效检测出未知攻击，并显示出优于文献中的现有工作。该方法存在的限制是，由于网络攻击模式的变化，Benign 和各种攻击类别的 GMM 配置文件需要经常更新。

表 3.27 多类分类的评价结果

分类	精确率/%	召回率/%	$F1$ 值/%
. （a）已知攻击分类			
Benign	98.00	98.00	98.00
Bot	100	87.00	93.00
BruteForce	100	94.00	97.00
DDoS	100	98.00	99.00
DoS	100	92.00	96.00

续表

分类	精确率/%	召回率/%	F1 值/%
(a) 已知攻击分类			
Portscan	96.00	92.00	94.00
WebAttacks	100	80.00	89.00
(b) 未知攻击分类			
Benign	95.00	98.00	96.00
Bot	96.00	85.00	90.00
BruteForce	95.00	94.00	94.00
DDoS	94.00	97.00	95.00
DoS	92.00	92.00	92.00
未知	83.00	92.00	87.00

表 3.28 与其他方法的性能比较

方法	精确率/%	召回率/%	F1 值/%
Adaboost	77.00	84.00	81.00
MLP	77.00	83.00	79.00
NB	88.00	4.00	4.00
QDA	97.00	88.00	92.00
Adaboost with SMOTE	81.00	100	90.00
GMM	99.00	93.00	96.00

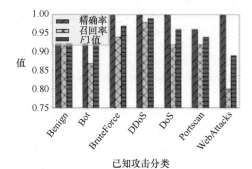

已知攻击分类

未知攻击分类

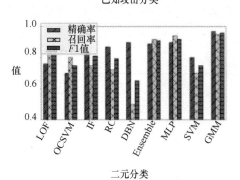

二元分类

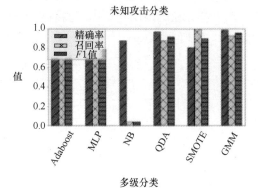

多级分类

图 3.40 GMM 性能评估

2）Hadoop 框架下基于高斯混合模型的入侵检测

高斯混合聚类具有简化、稳定性好、精度高、收敛性强等优点。但是，高斯混合聚类在训练过程中需要不断迭代计算，所以算法收敛速度慢，额外开销也比较大。针对 MapReduce 并行编程模型效率高、资源占用多的特点，Wang Z 等人将高斯混合聚类和 MapReduce 结合起来，提出一种基于 MapReduce 的分布式高斯混合聚类算法（以下简称 DGMM 算法），使用两步 MapReduce 流程来实现此算法。DGMM 算法可以充分利用两种方法的优点，首先，MapReduce 可以简化计算过程，提高计算效率；其次，高斯混合聚类可以提高准确性。DGMM 算法流程图如图 3.41 所示。

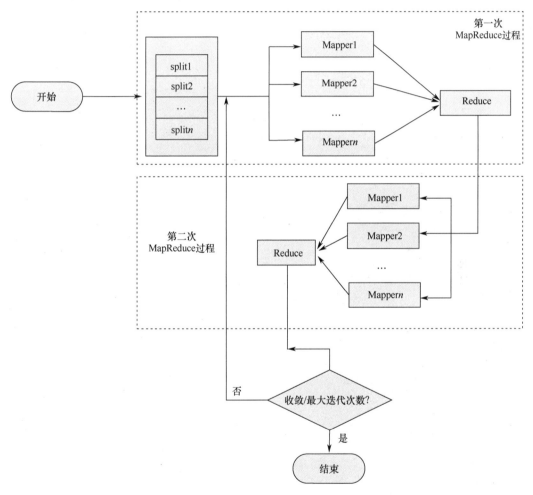

图 3.41　DGMM 算法流程图

在第一个 MapReduce 过程中，需要计算均值向量和混合因子。算法 3.4 给出了第一个 MapReduce 过程，算法 3.5 给出了第二个 MapReduce 过程。

算法 3.4　第一个 MapReduce 过程

输入：训练数据

输出：key 为分类数，value 是平均向量和混合因子

1. Map(<key,value>,< key',value'>)

2. //将数据初始化到数组中

3. data = value.toString().split(" ");

4. for i in K do // K 为混合因子

5. 　　probality = probality(data, i);

6. 　　//每个训练数据

7. 　　mean_weight = probality(data, i)*data;

8. 　　key.set(i);

9. 　　value.set(probality,mean_weight);

10. end for

11. Reduce(<key,value>,< key', value'>)

12. for v in value

13. 　　pro_total = pro_total + v.getProbality();

14. 　　weight = weight + v.getMean_weight();

15. end for

16. //计算新的平均向量

17. μ=pro_total / weight;

18. // total 是样本的总和，得到新的混合系数

19. α=weight / total;

20. key'.set(key);

21. value'.set(μ',α')。

算法 3.5　第二个 MapReduce 过程

输入：训练数据

输出：key'为分类数，value'为协方差矩阵

1. 　Map function

2. 　Map(<key,value>,< key', value'>)

3. 　//将数据初始化到数组中

4. 　data = value.toString().split(" ");

5. 　for i in K do // K 为混合因子

6. 　　//每个训练数据的后验概率

7. 　　probality = probality(data, i);

8. 　　tMatrix = probality*(data $-\mu'$)*(data $- \mu'$)T;

9. 　　key.set(i);

10. 　　value.set(tMatrix);

11. 　end for

12. 　Reduce function

13. Reduce(<key,value>,< key', value'>)
14. for *v* in value
15.   convMatrix = convMatrix + *v*.getTemMatrix();
16. end for
17. // total　是样本的总和
18. weight = α'*total;
19. //计算新的协方差矩阵
20. |Σ'= convMatrix/weight。
21. key'.set(key);
22. value'.set(Σ')。

基于 KDD CUP99 数据集进行了算法验证，图 3.42 给出了 C5.0 决策树算法、K-Means 算法和 DGMM 算法的耗时对比。从实验结果可以看出，DGMM 算法在检测效率上优于其他两种方法。此外，DGMM 算法消耗的时间更少，K-Means 算法和 C5.0 决策树算法的耗时增长速度明显大于 DGMM 算法。DGMM 算法的耗时几乎是其他两种方法的一半，表明所提出的算法能够有效减少消耗时间。

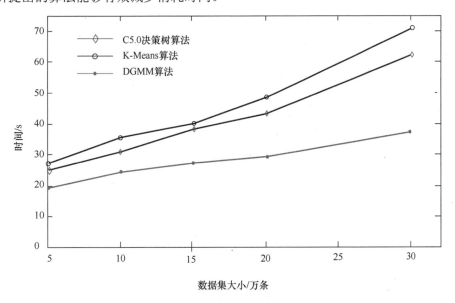

图 3.42　C5.0 决策树算法、K-Means 算法和 DGMM 算法的耗时对比

3．主成分分析法

主成分分析（PCA）是一种常用的特征提取方法，可以对高维数据进行降维，缩短模型的训练时间，因此被广泛应用在入侵检测领域。

1）基于 PCA 过滤和 PSOM 的入侵检测

De La Hoz E 等人使用 PCA 和 Fisher 判别比（FDR）进行特征选择和去噪，并用概率自组织映射（Probabilistic Self-Organizing Maps，PSOM）对特征空间进行建模，能有效区分正常和异常连接。基于 PCA 过滤和 PSOM 的异常检测流程如图 3.43 所示。

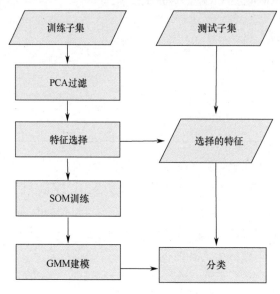

图 3.43　基于 PCA 过滤和 PSOM 的异常检测流程

PCA-FDR 特征选择方法的步骤如下：

- 从训练样本中减去均值：$Y = X - \bar{X}$。
- 计算主成分 u_i^{T}，其中 u_i^{T} 为协方差矩阵 $C=YY^{\mathrm{T}}$ 的特征向量：

其中，$X = \{x_1,\cdots,x_{N_t}\}$ 为训练样本，Y 为它们的偏移版本。通过将 X 投影到每个特征向量中，可以从 X 中导出一个新的训练数据集。

- 根据下式计算训练样本在特征向量上的投影 ψ_i：

$$\psi_i = u_i^{\mathrm{T}} \times X$$

- 基于 FDR 值，对特征向量进行排序，其中 FDR 为

$$\mathrm{FDR}=\sum_i^M \sum_{j\neq i}^M \frac{(\mu_i - \mu_j)^2}{\sigma_i^2 + \sigma_j^2}$$

- 从数据流形中减去训练样本在具有较低 FDR 值的特征向量的投影，如下式所示：

$$\hat{X}=X - \sum_{i=1}^r u_i\psi_i$$

De La Hoz E 等人基于 NSL-KDD 数据集进行了算法验证。NSL-KDD 分区的标准差通过 50 次执行计算得出。用于交叉验证的标准差使用合并的训练/测试数据集通过 10 折和每折 50 次计算得到，结果如表 3.29 所示。使用在训练阶段计算的激活概率，分别获得高达 97%、93% 和 90% 的灵敏度、特异性和准确率。在所提出的方法中，可以通过改变 SOM 单元的先验激活概率来修改分类能力，避免为新数据训练 SOM。也就是说，可以通

过调整检测阈值来提高准确率。

表 3.29　算法验证结果

方法	特征数/个	准确率/%	灵敏度/%	特异性/%
NSL-KDD 训练/测试分区				
PSOM+Relief	15	87.70±3.00	85.70±5.00	91.70±4.00
PSOM+CMI	15	87.70±2.00	85.70±4.00	93.70±5.00
PSOM+FDR	9	89.70±5.00	98.70±6.00	77.70±6.00
PSOM+PCA	15	90.70±5.00	97.70±5.00	80.70±8.00
PSOM+PCA+FDR	8	0.907±0.05	97.70±5.00	93.70±6.00
10 折交叉验证（合并数据集）				
PSOM+Relief	15	91.70±3.00	90.70±3.00	94.70±2.00
PSOM+CMI	15	90.70±2.00	90.70±4.00	93.70±3.00
PSOM+FDR	9	88.70±1.00	91.70±1.00	90.70±1.00
PSOM+PCA	15	92.70±1.00	88.70±3.00	94.70±2.00
PSOM+PCA+FDR	8	93.70±1.00	89.70±2.00	96.70±5.00

2）基于信息增益和 PCA 的入侵检测

Salo F 等人提出了一种结合信息增益（Information Gain，IG）和 PCA 的混合降维技术，并使用基于支持向量机、基于实例的学习算法（Instance-Based Learning Algorithms，IBLA）和多层感知机（Multilayer Perceptron，MLP）的集成分类器来构建入侵检测模型。图 3.44 给出了 IG-PCA-Ensemble 模型框架，其包括三个阶段：使用 IG 和 PCA 降维以确定相关特征，构建和训练基于 SVM、IBLA 和 MLP 算法的集成分类器，以及结合基础学习的概率分布，使用投票技术来进行攻击识别。Salo F 等人在对各种学习方法（包括 SVM、IBLA 和 MLP）进行广泛的实验后，选择了这个集成框架来检测入侵。在这种情况下，训练了六种不同的算法来区分正常流量和异常流量。SVM、IBLA 和 MLP 的集成在分类精度方面取得了最佳性能。

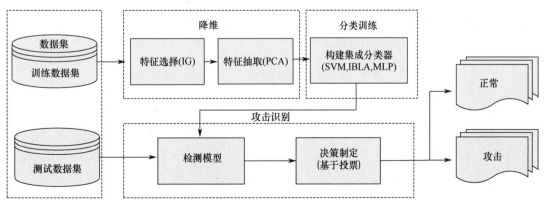

图 3.44　IG-PCA-Ensemble 模型框架

利用 ISCX 2012、NSL-KDD 和 Kyoto 2006+三类数据集进行了实验验证，结果分别如表 3.30、表 3.31 和表 3.32 所示。实验结果表明，所提出的混合降维方法明显优于单个算法的评估结果，能够有效识别正常流量和异常流量。

表 3.30　基于 ISCX 2012 数据集的所有降维阶段的最佳分类性能

（a）基于原始特征的分类结果

分类器	#PCA	准确率/%	检测率/%	误报率/%	精确率/%	F 值/%	训练时间/s	测试时间/s
SVM	*	87.02	87.00	9.10	90.10	87.10	3.18	25.61
IBLA	*	94.29	99.60	13.20	91.40	95.30	0	8.86
MLP	*	82.42	82.40	12.70	87.20	82.40	3.92	0.15
Ensemble	*	87.27	87.30	9.00	90.30	87.30	7.36	35.58

（b）基于使用 IG 特征选择的分类结果

分类器	#PCA	准确率/%	检测率/%	误报率/%	精确率/%	F 值/%	训练时间/s	测试时间/s
IG-SVM	*	88.93	88.90	7.80	91.30	88.90	2.58	22.93
IG-IBLA	*	96.94	99.50	6.70	95.40	97.50	0	6.30
IG-MLP	*	94.12	98.90	12.60	91.70	95.20	1.72	0
IG-Ensemble	*	97.17	99.40	6.00	95.90	97.60	4.32	29.83

（c）基于使用 IG+PCA 特征选择的分类结果

分类器	#PCA	准确率/%	检测率/%	误报率/%	精确率/%	F 值/%	训练时间/s	测试时间/s
IG-PCA-SVM	5	98.82	988	0.011	0.992	0.990	0.05	0.34
IG-PCA-IBLA	13	98.72	0.986	0.011	0.992	0.989	0	3.84
IG-PCA-MLP	12	98.66	0.987	0.014	0.987	0.987	2.57	0.14
IG-PCA-Ensemble	7	99.01	0.991	0.010	0.991	0.992	2.00	3.49

注：#表示可选，*表示未选择；Ensemble 表示 SVM、IBLA、MLP 三者集成。

表 3.31　基于 NSL-KDD 数据集的所有降维阶段的最佳分类性能

（a）基于原始特征的分类结果

分类器	#PCA	准确率/%	检测率/%	误报率/%	精确率/%	F 值/%	训练时间/s	测试时间/s
SVM	*	88.42	88.40	13.10	90.50	88.20	2.63	21.29
IBLA	*	83.97	84.00	18.20	87.50	83.40	0	61.15
MLP	*	90.50	90.50	10.80	91.90	90.40	6.58	0.22
Ensemble	*	89.13	89.10	12.30	90.90	88.90	9.19	82.64

（b）基于使用 IG 特征选择的分类结果（13 个特征）

分类器	#PCA	准确率/%	检测率/%	误报率/%	精确率/%	F 值/%	训练时间/s	测试时间/s
IG-SVM	*	95.33	90.50	5.20	95.60	94.80	0.51	4.10
IG-IBLA	*	88.80	88.00	12.70	90.60	88.60	0	30.48
IG-MLP	*	90.54	81.80	1.80	97.60	89.00	3.08	0.11
IG-Ensemble	*	91.35	91.30	09.80	92.50	91.20	3.62	35.74

（c）基于使用 IG+PCA 特征选择的分类结果

分类器	#PCA	准确率/%	检测率/%	误报率/%	精确率/%	F 值/%	训练时间/s	测试时间/s
IG-PCA-SVM	8	97.22	98.80	4.20	95.40	97.10	0.33	2.19
IG-PCA-IBLA	12	98.20	97.90	1.50	98.20	98.10	0	4.13
IG-PCA-MLP	12	96.89	95.40	1.80	97.90	96.60	1.05	0.12
IG-PCA-Ensemble	12	98.24	98.20	1.70	98.20	98.10	1.52	6.43

注：#表示可选，*表示未选择；Ensemble 表示 SVM、IBLA、MLP 三者集成。

表 3.32　基于 Kyoto 2006+数据集的所有降维阶段的最佳分类性能

（a）基于原始特征的分类结果

分类器	#PCA	准确率/%	检测率/%	误报率/%	精确率/%	F 值/%	训练时间/s	测试时间/s
SVM	*	84.82	84.40	12.20	84.40	84.00	3.45	21.80
IBLA	*	90.06	83.80	1.90	98.30	90.50	0	36.95
MLP	*	95.82	72.50	5.70	95.70	96.30	3.60	0.23
Ensemble	*	87.39	87.40	10.10	89.80	87.40	9.13	59.02

（b）基于使用 IG 特征选择的分类结果（13 个特征）

分类器	#PCA	准确率/%	检测率/%	误报率/%	精确率/%	F 值/%	训练时间/s	测试时间/s
IG-SVM	*	93.21	93.20	5.40	99.60	93.60	3.08	21.85
IG-IBLA	*	94.47	93.80	4.70	96.30	95.00	0	25.06
IG-MLP	*	96.31	97.90	5.70	95.60	96.80	2.50	0.15
IG-Ensemble	*	95.89	96.40	4.70	94.00	96.40	5.23	48.97

（c）基于使用 IG+PCA 特征选择的分类结果

分类器	#PCA	准确率/%	检测率/%	误报率/%	精确率/%	F 值/%	训练时间/s	测试时间/s
IG-PCA-SVM	17	94.99	98.50	9.50	93.00	95.70	0.24	2.06
IG-PCA-IBLA	10	93.92	90.50	1.70	98.60	94.40	0	4.11
IG-PCA-MLP	13	98.39	98.60	0.70	99.40	99.00	0.95	0.11
IG-PCA-Ensemble	12	98.95	99.80	2.10	98.40	99.10	1.38	7.07

注：#表示可选，*表示未选择；Ensemble 表示 SVM、IBLA、MLP 三者集成。

3.3.3.3 基于半监督机器学习的入侵检测

随着网络数据流量的增大，仅依赖专家知识进行人工标记很难得到大量准确标记的训练数据，造成训练数据集规模有限，使得模型无法准确检测出攻击。半监督机器学习方法将监督学习与无监督学习相结合，不过度依赖标签数据，同时也充分利用了已有数据的类别信息，因此被广泛用于入侵检测领域。

1. 基于半监督学习和信息增益率的入侵检测方案

现有未知攻击检测方法选取的特征不具有代表性，导致检测精度较低，许劼璠等人使用改进的 K-Means 半监督学习算法，实现对历史数据的自动标记，并获得了大量准确标记的训练数据，其引入信息增益的概念并用信息增益率来选取更具有代表性的特征，以提高模型对未知攻击的检测性能。

1）基于半监督学习的训练集生成

为了实现对历史数据的自动标记并获得更大规模且准确标记的训练数据集，许劼璠等人提出了基于半监督学习的历史网络流量数据标记，其标记过程如图 3.45 所示。

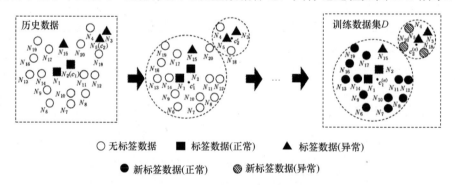

○ 无标签数据　　■ 标签数据(正常)　　▲ 标签数据(异常)

● 新标签数据(正常)　　◉ 新标签数据(异常)

图 3.45　基于半监督学习的历史网络流量数据标记过程

步骤 1：在已标记的正常数据和异常数据中分别随机选取一条数据作为簇的中心，图 3.45 中选取 N_2、N_5 作为已标记数据正常簇和已标记数据异常簇的簇心 c_1、c_2。

步骤 2：利用下式计算每条数据 N_i 分别与簇心 c_1、c_2 的距离相似度 $d(N_i, c_k)$，并将 $d(N_i, c_k)$ 值小的数据划分到一个簇内。

$$d(N_i, c_k) = \sqrt{\sum_{m=1}^{20} (N_{i,m} - c_{k,m})^2}$$

步骤 3：利用下式分别计算 2 个簇中所有点的质心并将其作为新的簇心 c_1'、c_2'。

$$c_1^{(n)} = \frac{\sum_{i=1}^{I'} N_i}{I'}$$

步骤 4：重复步骤 2、步骤 3 直至总的簇内离散度总和 J 达到最小时停止。其中，离散度总和为每条数据 N_i 到其对应簇心 c_k 的距离 $d(N_i, c_k)$ 的总和。

步骤 5：计算每类已标记数据在每个簇中出现的概率 $P_{l,k}$，并以 $P_{l,k}$ 最大时的 l 标记簇 k 的类别，最终得到训练数据集 D。

2）基于信息增益率的流量特征提取

为了在构造决策树的过程中选取更具代表性的特征，在该方案中引入信息增益的概念并用信息增益率来衡量给定的特征，以区分训练样例的能力。基于信息增益率的流量特征提取如图 3.46 所示。

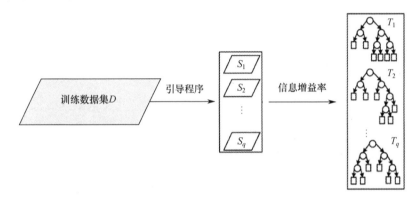

图 3.46　基于信息增益率的流量特征提取

生成每棵决策树 T_q 的具体步骤如下：

（1）选取信息增益率最大的流量特征作为决策树的根节点。

（2）找到选取的特征所对应数据集 S_q 中使该特征最快分裂到叶子节点的阈值，并对该节点进行分裂。

（3）在每个非叶子节点包括根节点选择特征前，以剩余特征作为当前节点的分裂特征集，选取信息增益率最大的流量特征作为根节点分裂的非叶子节点。

（4）重复（2）和（3）直至每个特征都对应有叶子节点为止，从而构建 Sq 对应的决策树 T_q。

3）基于加权多数算法（Weightied Maiority Algorithm，WMA）的攻击检测

该方案引入了加权多数算法给每棵决策树分配权值 W_q 对网络流量数据进行检测，并分析子数据集 S_q 较训练数据集 D 在通过 Bootrap 重采样算法去重后的集合规模，以及数据分布的变化程度。以子数据集 S_q 较训练数据集 D 的信息增益 $Gain(S_q, l)$ 衡量其对应生成的每棵决策树 T_q 对最终检测结果的影响程度。由于 l 只有 0、1 两类，根据对信息增益的描述，不存在由于特征属性值过多引起的过拟合问题。因此，采用信息增益 $Gain(S_q, l)$ 而不是信息增益率来衡量每棵决策树对最终检测结果的影响程度，如图 3.47 所示。

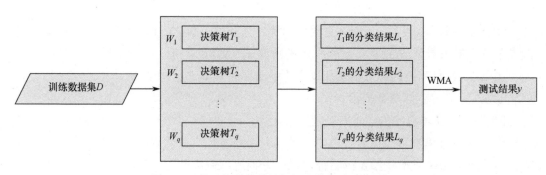

图 3.47 基于信息增益的加权多数算法攻击检测

采用密西西比州立大学关键基础设施保护中心提出的标准数据集来评估该方案的检测性能，实验结果如图 3.48 所示。实验结果表明，该方案在 NLS-KDD 数据集中的输气系统数据集和储水系统数据集上的准确率、检测率、误报率和漏报率分别达到了 92.81%、92.56%、2.72%、4.84% 和 91.08%、90.56%、1.81%、1.33%。该方法无法适用于对未知攻击的检测，尤其当特征数仅为各个系统的特有特征时，由于大部分数据信息丢失，数据集已经无法反映目标网络的底层数据流量特征，从而导致训练出的模型无法进行攻击检测。

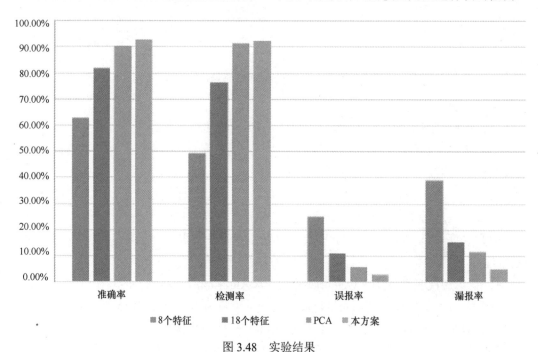

图 3.48 实验结果

2．用于入侵检测的新型多层半监督机器学习框架

针对网络流量在不同类别分布不一致的问题，Yao H P 等人提出了一种多层半监督机器学习（Multi-level Semi-supervised Machine Learning，MSML）的入侵检测模型框架。

Yao H P 等人使用一种层次化的半监督 K-Means 聚类算法来缓解类不平衡问题,通过一种区分测试集中已知和未知模式样本的方法来解决分布不同的问题。

　　数据生成过程的目的是生成 MSML 框架所需的训练集和测试集。由于 MSML 的半监督特性,训练集由标记样本和未标记样本组成。训练标注的数据是过去标注的,反映了历史已知网络流量的分布情况。训练未标记样本和测试样本均由网络流量生成器生成,反映了当前网络流量的分布情况。数据预处理模块被设计为在训练模型之前做一些必要的事情,如规范化和数据清洗。

　　MSML 由纯聚类提取、模式发现、细粒度分类和模型更新四个模块组成,如图 3.49 所示。纯聚类提取模块旨在找到大而纯的簇。在纯聚类提取模块中,定义了"纯聚类模式"的一个重要概念,并提出了一种分层半监督 K-Means 算法(HSK-Means),旨在找出所有纯聚类。在模式发现模块中,定义了"未知模式",并应用基于聚类的方法来发现这

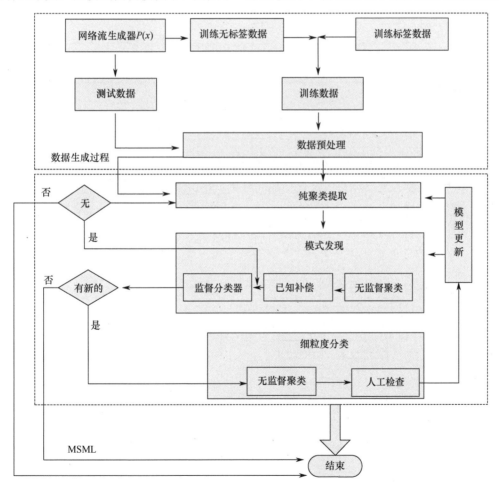

图 3.49　MSML 组成

些未知模式。细粒度分类模块实现对那些未知模式样本的细粒度分类。模型更新模块提供了一种重新训练的机制。对于任何一个测试样本,一旦被一个模块标记,将不再继续更新;所有的测试样本都将在纯聚类提取模块、模式发现模块和细粒度分类模块中进行标记。

基于 KDD CUP99 数据集来评估 MSML 框架,实验结果如表 3.33 所示,MSML 模型在 DoS 攻击、探测、R2L 攻击、U2R 攻击的检测方面均优于现有的入侵检测模型,而且整体准确率是最高的。

表 3.33　MSML 框架与其他模型检测率对比

方法	正常	DoS	探测	R2L	U2R	准确率/%
SVM+ELM+MK	98.1	99.5	87.2	21.93	31.39	95.79
NFC	98.2	99.5	84.1	14.1	31.5	—
SVM+BIRCH	99.3	99.5	97.5	19.7	28.8	95.7
MOGFIDS	98.4	97.2	88.6	15.8	11.0	93.2
关联规则	99.5	96.6	74.8	3.8	1.2	92.4
基线	99.4	97.2	81.4	3.3	13.2	92.5
MSML	86.2	99.8	98.4	90.6	72.5	96.6

3.3.4　基于深度学习的入侵检测技术

传统机器学习方法是较为浅层的学习方法,随着网络中数据量的增加、数据维度的进一步增大,这类方法往往难以达到预期的效果。在这样的背景下,深度学习应运而生,深度学习的理论和相关技术在机器学习应用领域得到了迅速的发展。近年来,深度学习促进了人工智能技术及相关产业的蓬勃发展。深度学习方法可分为生成式无监督学习、判别式有监督学习和混合深度学习三大类。基于深度学习的网络入侵检测系统的结构如图 3.50 所示。

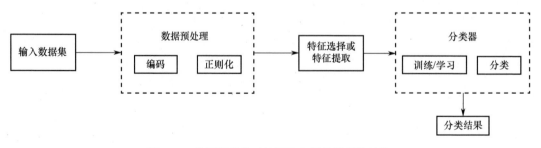

图 3.50　基于深度学习的网络入侵检测系统结构

随着深度学习技术的应用,入侵检测系统进入了一个新的发展阶段。深度学习可以用于入侵检测的特征处理过程和分类过程。面对海量高维度网络流量数据,与传统机器学习方法相比,深度学习方法具有更高的效率和检测准确率。

尽管深度学习方法相比于传统机器学习具有优势，但深度学习技术仍然没有在商用入侵检测系统中大规模应用。目前比较有代表性的应用产品有腾讯的 T-Sec 主机安全和东软的 NetEye 入侵检测系统。T-Sec 主机安全基于腾讯安全积累的海量威胁数据，利用机器学习和深度学习为用户提供资产管理、木马文件查杀、黑客入侵检测、漏洞风险预警等安全防护服务，可以对网络数据进行多维度分析。基于深度学习的入侵检测系统仍面临一些挑战：①训练耗时较长，深度学习模型通常都具有很多隐藏层，为保证模型的效果需要逐层训练，这导致训练速度较慢，所要求的计算量大，通常需要 GPU 并行来完成大规模的计算任务；②模型网络结构的选择及优化，深度神经网络的结构对最终的分类结果有很大影响，因此针对不同的检测任务，需要确定最优的网络结构；③实时检测问题，实时检测是 IDS 所追求的目标之一，然而网络中海量高维度数据的不断增加，给基于深度学习的入侵检测技术带来一定的挑战；④数据不平衡问题，网络中异常流量远少于正常流量，这导致训练出的模型具有明显的偏向性，在多数情况下会偏向于正常流量，从而严重影响检测准确率。

有学者尝试将新的深度学习方法应用于入侵检测领域。Javaid A 等人基于自学习（Self-taught Learning）方法构建入侵检测系统，自学习是一种深度学习方法，分为两个阶段。在第一个阶段，从大量的未标记数据中学习一个好的特征表示，称为无监督特征学习；在第二个阶段，将学习到的特征表示应用于标记数据，并用于分类任务。Cordero C G 等人使用复制神经网络（Replicator Neural Networks）检测大规模网络攻击，复制神经网络经过训练，可以将给定的输入复制为输出。在熵提取的过程中，首先将包聚合，然后将流分割成时间窗口，最后从流中选择特定的特征。未来深度学习理论的突破不仅会缓解当前方法面临的问题，还会在其他方面产生影响：①减少训练时长和计算量，以更低的开销将深度学习应用于工业界的产品和系统中；②模型参数的确定更便捷，可以学习不同任务的参数优化过程；③能高效处理海量高维度数据，实现实时检测；④在一些任务中，未标记数据和标记数据可能来自不同的分布，挖掘它们之间的相关性有助于了解数据的内在属性、特征之间的关系。

3.3.4.1　基于生成式无监督的入侵检测

生成式方法及由此产生的生成模型使用无标记数据，可用于模式分析或合成，也可以描述数据的联合分布统计。

1. 循环神经网络

循环神经网络（Recurrent Neural Network，RNN）是一类以序列数据为输入，在序列演进方向进行递归的神经网络，具有挖掘数据中的时序信息和语义信息的深度表达能力，被广泛用于序列相关的入侵检测问题中。

1）基于 PFCM 和循环神经网络的云环境入侵检测

Manickam M 等人基于 RNN 和可能性模糊 C 均值（Possibilistic Fuzzy C-Means，PFCM）聚类构建了云环境入侵检测系统，在该系统的聚类模块中，使用模糊 C 均值聚类将输入数据集聚类分组；在分类模块中，使用 RNN 进行入侵分类。IDS 整体框架如图 3.51 所示。

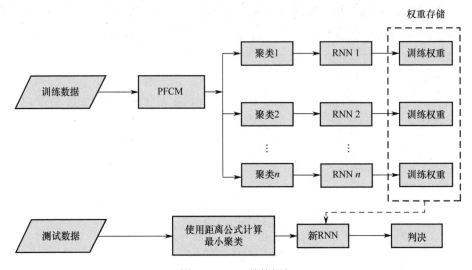

图 3.51　IDS 整体框架

PFCM 的每个输出集群都使用 N 个 RNN 分类器进行训练。该框架中，集群和神经网络的数量是相同的。RNN 模块旨在学习每个子集的模型。事实上，RNN 代表了一种具有生物学动机的传播评估，包括简单的处理单元和这些处理单元之间的关联关系。目前，使用反向传播技术训练的前馈神经网络已经被有效地用于预测入侵领域。该网络包含一个输入层、一个输出层，在输入层和输出层之间有一个或多个隐藏层，如图 3.52 所示。

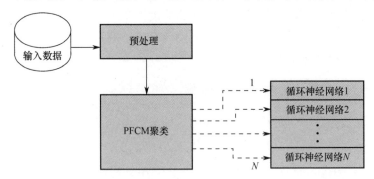

图 3.52　PFCM 处理流程

利用 KDD CUP99 数据集对本方法进行验证，图 3.53～图 3.55 分别给出了通过改变隐藏神经元大小得到的精度、召回率和 F 值。从图 3.53～图 3.55 中可以看出，普通、DoS、探测等高频攻击的精度、召回率、F 值都比较稳定。从图 3.53 中可以看出，使用 DoS 攻击获得了 97.6%的最大精度，其中使用普通攻击的最大精度为 93.4%，使用探测攻击的最大精度为 83.45%，使用 R2L 攻击的最大精度为 42%，使用 U2R 攻击的最大精度为 54.37%。从图 3.54 和图 3.55 中可以看出，基于不同隐藏神经元大小的召回率和 F 值随着采用的隐藏神经元数量的增加逐渐增大，最后达到最大值。

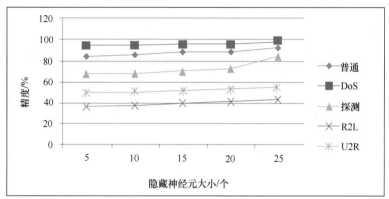

图 3.53　不同隐藏神经元大小的精度

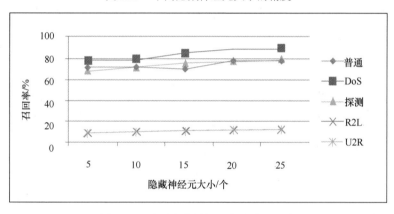

图 3.54　不同隐藏神经元大小的召回率

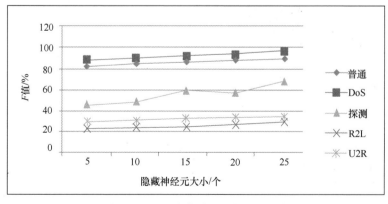

图 3.55　不同隐藏神经元大小的 F 值

2）一种使用双向长短期记忆递归神经网络的入侵检测深度学习方法

循环神经网络存在梯度消失的问题，难以长时间反映各输入之间的依赖关系。长短期记忆网络（Long Short-Term Memory Networks，LSTM）通过设计"门"结构实现信息的保留和选择功能。门控循环单元（Gated Recurrent Unit，GRU）是 LSTM 的一种变体，与 LSTM 网络相比，GRU 结构更加简单，而且效果也很好。由于 LSTM 和 GRU 能够较好地处理梯度消失问题，已被用于检测网络入侵行为。

使用单一的 RNN 层作为分类器难以在网络攻击检测中获得显著的性能提升，为了进一步提高性能，Hou H X 等人构建了一种基于分层 LSTM 的 IDS（HLSTM-IDS），结构如图 3.56 所示，该系统可以在复杂的网络流量序列上跨越多个层次的时间层次进行学习。

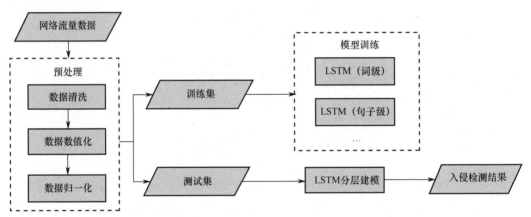

图 3.56 HLSTM-IDS 结构图

为了获得更好的攻击检测性能，Hou H X 等人提出的入侵检测系统中引入了 HLSTM，如图 3.57 所示。对于预处理后的数据，每条记录包含 121 个值，因此可以将其转换为 11

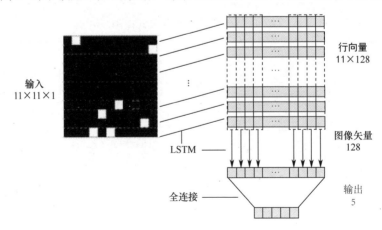

图 3.57 IDS 中 HLSTM 的架构

像素×11 像素的灰度图像。在基于 HLSTM 的入侵检测模型中，第一个 LSTM 层首先将形状为（11,1）的每一列像素编码为形状（128,1）的列向量。然后第二个 LSTM 层将这 11 个形状为（11,128）的列向量编码为代表整个图像的图像矢量。最后加入全连接层进行预测。

为了评估 HLSTM-IDS 的性能，在 NSL-KDD 数据集上进行了多分类实验。同时，为了证明该方法的优越性，和一些最新的基于深度学习的 IDS 进行了性能对比。HLSTM-IDS 方法和其他现有方法的准确性比较如表 3.34 所示。该方法在两个数据集中分别达到了 83.85%和 69.73%的准确率，优于现有检测方法中最好的分类器。在 NSL-KDD 数据集上的实验结果表明，该方法对各种网络攻击，特别是低频网络攻击具有较好的检测性能。

表 3.34　HLSTM-IDS 方法和其他现有方法的准确率比较

方法	KDDTest+ 数据集准确率/%	KDDTest-21 数据集准确率/%
Char-CNN	79.05	60.86
CNN-IDS	79.48	60.71
STL+SVM	80.48	—
RNN-IDS	81.29	64.67
Multi-CNN	81.33	64.81
DBN+MDPCA	82.08	66.18
HLSTM-IDS	83.85	69.73

3）使用带有门控循环单元的深度神经网络的入侵检测系统

为了解决流量样本的不平衡问题，同时考虑流量内的时序关系，Xu C 等人针对入侵行为存在时间相关的特点，用门控循环单元作为主要存储单元，并与多层感知器（MLP）结合以识别网络入侵，系统架构如图 3.58 所示。

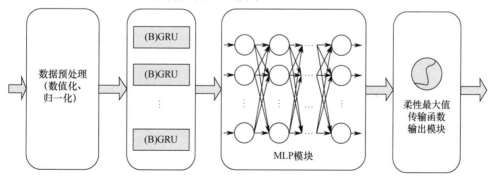

图 3.58　系统架构

该系统由预处理模块、GRU 模块、MLP 模块和输出模块组成。预处理模块在不改变数据维度的情况下将数据处理成适合输入神经网络的归一化值。GRU 模块由一个或多个 GRU（或双向 GRU）层组成，用于提取和存储特征，这是系统的核心。MLP 模块是一个 n 层感知器模型，从 GRU 模块的输出进行非线性映射，从而做出非线性分类决策。输出模块是一个 Softmax 分类器，它将分类概率归一化并作为最终结果输出。在这些模块中，GRU 模块和 MLP 模块对性能影响非常重要，这两个模块是两种不同类型的神经网络。GRU 有内存，但结构更复杂，计算量更大。MLP 结构简单，计算速度快，易于堆叠。两者结合构成深度网络，可以达到更优化的效果。

基于 KDD CUP99 数据集和 NSL-KDD 数据集对系统性能进行了测试，测试结果分别如表 3.35 和表 3.36 所示。测试结果表明，Xu C 等人提出的方法——BGRU+MLP 方法性能最好，GRU 性能较 LSTM 优一些。

表 3.35　基于 KDD CUP99 数据集的测试结果

系统	准确率 /%	检测率 /%	误报率 /%
BGRU+MLP	99.84	99.42	0.05
GRU+MLP	99.28	96.73	0.07
BLSTM+MLP	98.57	93.78	0.17
LSTM+MLP	98.51	94.77	0.53
GRU	92.28	71.77	0.13
LSTM	91.91	70.77	0.10
MLP	91.88	70.92	0.31

表 3.36　基于 NSL-KDD 数据集的测试结果

系统	准确率/%	检测率/%	误报率/%
BGRU+MLP	99.24	99.31	0.84
GRU+MLP	99.19	99.35	1.00
BLSTM+MLP	96.41	95.65	2.67
LSTM+MLP	95.22	93.97	3.24
GRU	94.94	94.76	4.84
LSTM	94.10	95.65	7.58
MLP	90.56	86.61	3.49

2. 自动编码器

自动编码器（Auto-Encoder，AE）对高维数据进行特征提取，在训练过程中通过尽可能让输出数据接近于输入数据来确定最优的网络结构，它具有强大的非线性泛化能力。随着入侵检测系统需要处理的复杂数据的迅速增长，对大规模数据的处理成为入侵检测系统面临的挑战之一，自动编码器被广泛地用于入侵检测中的降维任务。

1）基于堆叠非对称深度自动编码器的入侵检测

Shone N 等人在自动编码器的基础上，在输出端也使用了和编码层类似的函数，并提出了堆叠非对称深度自动编码器（NDAE），如图 3.59 所示。给定正确的学习结构，可以减少计算和时间开销，且对准确性和效率的影响最小。NDAE 可以用作分层无监督特征提取器，并可以很好地扩展以适应高维输入。它使用与典型自动编码器类似的训练策略来学习重要的特征。

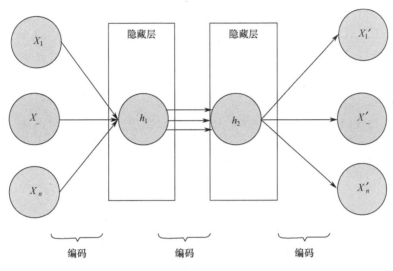

图 3.59　堆叠非对称深度自动编码器（NDAE）

为解决当前 NIDS 发现的问题，基于 NDAE 技术构建了新型深度学习分类模型——堆叠 NDAE 分类模型，如图 3.60 所示。该模型使用堆叠的两个 NDAE，并与随机森林（RF）算法相结合。每个 NDAE 有 3 个隐藏层，每个隐藏层使用与特征相同数量的神经元（由图 3.60 中的编号表示）。这些确切的参数是通过交叉验证许多组合（神经元和隐藏层的数量）来确定的，最后选取最有效的一组参数。堆叠 NDAE 分类模型允许在没有过度拟合风险的情况下进行性能评估。

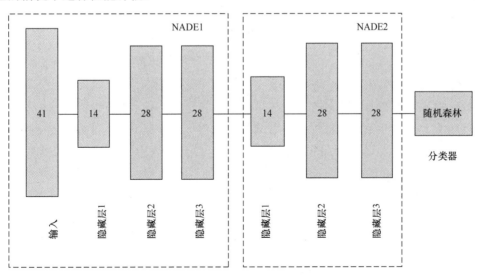

图 3.60　堆叠 NDAE 分类模型

利用 KDD CUP99 和 NSL-KDD 数据集对系统性能进行了评估，与已有的研究工作相比，堆叠 NDAE 显著提升了检测性能。

2）基于随机森林算法的自动编码器入侵检测系统

Li X K 等人提出了一种基于随机森林算法的自动编码器入侵检测系统（AE-IDS），AE-IDS 使用浅层自动编码器神经网络，降低了计算复杂度，大大缩短了检测时间，有效提高了检测精度。

AE-IDS 是一个使用自动编码器神经网络的 IDS，它旨在有效检测网络流量中的异常。由于 AE-IDS 被设计为轻量级的实时入侵检测系统，它可以尽可能少地消耗存储和计算资源。AE-IDS 架构如图 3.61 所示，它由数据预处理、特征选择、特征分组和异常检测四个主要模块组成。这四个模块紧密相连，上一个模块的结果会影响下一个模块的结果。

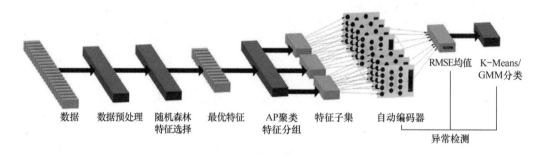

图 3.61　AE-IDS 架构

数据预处理：首先将数据集分为稀疏矩阵和稠密矩阵。每个矩阵按比例分为训练集和测试集。针对原始样本中的实际值和无穷大值需要用合适的值代替，对两个矩阵进行 L2 归一化。

特征选择：采用随机森林算法从稀疏矩阵和稠密矩阵中选择最显著的特征，从而大大降低了数据的方差，提高了特征选择的发生率。同时，利用随机森林算法的带外数据对随机森林算法训练的模型进行测试，它可以验证随机森林特征选择的准确性。

特征分组：根据相似度对选出的最佳特征进行特征分组。首先，提取一些正常的数据特征并对其特征值进行平均化。其次，AP 聚类算法用于对平均特征进行分组并获得几个特征子集。在每个特征子集中，AP 聚类算法使得每个特征子集尽可能包含相同数量级的特征。采用相同数量级特征的优势包括两点：首先，它增加了每个组中数据特征在数量级上的可比性；其次，可以观察到这些子集中异常流的变化。

异常检测：异常检测模块由自动编码器和 K-Means/GMM 组合而成。首先经过特征分组后，得到了几个特征子集。然后用普通的网络数据来训练自动编码器。部署 AE-IDS 时，自动编码器会处理新的输入流量并计算 RMSE。RMSE 值是判断网络流量正常与否的标准。

AE-IDS 工作流程如图 3.62 所示。

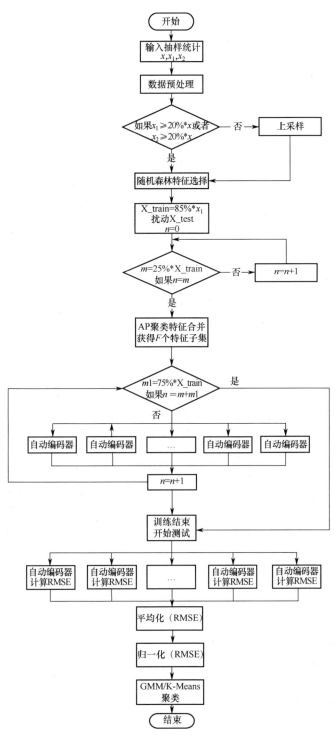

图 3.62　AE-IDS 工作流程

步骤 1：输入抽样统计数据，其中 x 为输入的原始数据，x_1 为抽样的正常数据，x_2 为抽样的异常数据。

步骤 2：对数据进行清洗，均一化等预处理，如果 x_1 数据量大于整个数据的 20%或者 x_2 数据量大于整个数据的 20%，则进行步骤 3 处理，否则进行上采样后，再进行步骤 3 处理。

步骤 3：采用随机森林进行特征选择，选择 x_1 的 85%数据作为训练集，x_1 剩余的 15%数据和 100%的 x_2 数据作为测试集，利用 AP 聚类算法对 25%的训练集进行特征分组，重复步骤 3 直到满足停止条件。

步骤 4：基于三层神经网络构建一个自动编码器，其中神经网络第一层的节点数和最后一层的节点数相同。

步骤 5：将每一个特征组放入对应的自动编码器中，自动编码器的数量与特征组的数量相同，计算 RMSE 的平均分数作为输出。

步骤 6：归一化 RMSE，基于 GMM/K-Means 对 RMSE 进行聚类。

3）基于正则化对抗式变分自动编码器的入侵检测模型

为了提高对未知攻击和低频攻击的检测能力，Yang Y Q 等人构建了一种基于正则化对抗式变分自动编码器（SAVAER）的入侵检测模型，该模型包括数据预处理、训练 SAVAER、数据增强和攻击检测四个阶段，如图 3.63 所示。

数据预处理：SAVAER-DNN 仅接受数值用于训练和测试，因此使用 one-hot 编码将 NSL-KDD 和 UNSW-NB15 数据集上的所有符号特征值转换为数值特征值。例如，NSL-KDD 数据集包含三个符号特征，包括 protocol_type（如 tcp、udp、icmp）、service（如 ftp_data、ssh、http 等）和 ag（如 SF、S0、SH 等）。数据传输后，所有符号属性都转换为数值。数据缩放（也称为数据归一化）用于对数据特征的范围进行归一化，这可以加速机器学习算法的梯度下降以找到最优解。在该阶段使用最大/最小归一化方法来缩放特征值。所有特征值都根据下式，在特定的[0, 1]范围内进行了归一化。

$$x' = \frac{x - x_{\min}}{x_{\max} - x_{\min}} \tag{3-10}$$

式中，x 是原始值，x' 是归一化值。

训练 SAVAER：在训练阶段，使用标签调整方法在原始训练数据集上训练 SAVAER 模型。对于每个小批量训练数据，SAVAER 的训练步骤如下：①训练 VAE 以最小化重建数据 $\hat{x}$ 与原始输入数据 x 之间的差异，即最小化二元交叉熵损失；②训练判别器，从真实数据分布 $q(z)$ 和多元高斯先验 $p(z)$ 中区分假样本和真实样本 z 的差异，即最小化 WGAN-GP 损失；③通过生成最相似的样本 z 训练生成器（编码器）来欺骗参数固定的鉴别器。训练过程是 VAE、判别器和生成器的迭代训练。

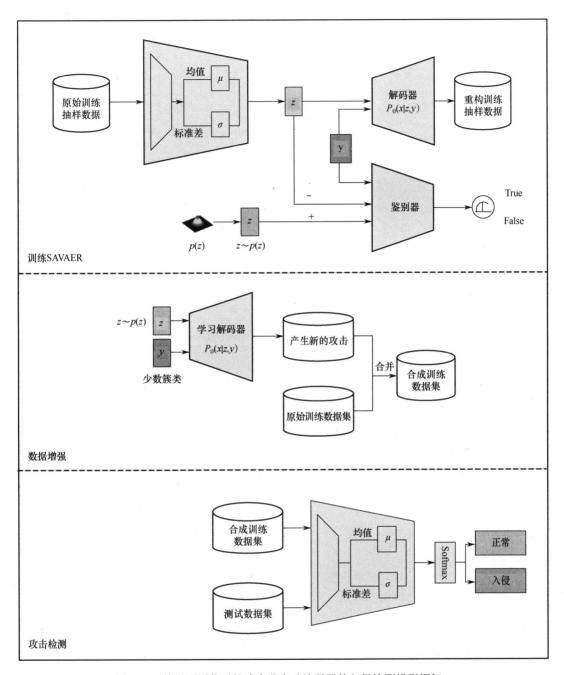

图 3.63 基于正则化对抗式变分自动编码器的入侵检测模型框架

数据增强：在数据增强阶段，使用经过训练的解码器生成新的攻击样本，以提高分类器对未知攻击和少数攻击的检测率。现在可以从多元高斯分布 $p(z)$ 中对潜在变量 z_{new} 进行采样，将其与指定的少数类标签 y_{new} 连接起来，并将它们输入解码器以生成新的攻击 x_{new}。将新生成的样本 (x_{new}, y_{new}) 送入训练好的 SAVAER，根据式（3-11）计算新生成

的样本的重构误差 $L(x_{new}, y_{new})$。为了保证新生成的样本具有相同的作为原始样本的空间分布，根据式（3-12）过滤新生成的攻击样本(x_{new}, y_{new})，以消除与原始样本分布有显著差异的样本。最后，将新生成的与原始数据分布一致的攻击样本合并到原始训练数据集中，平衡训练数据集。

$$L(x_i, y_i) = -\sum_{k=1}^{d} [x_{(i,k)}\log \hat{x}_{i,k} + (1 - x_{(i,k)})\log(1 - \hat{x}_{i,k})] \tag{3-11}$$

攻击检测：在攻击检测阶段，使用训练好的 SAVAER 编码器来构造一个 DNN 分类器，也就是说，在编码器的最后一层添加了一个 Softmax 分类器。训练好的 SAVAER 编码器的权重用于初始化 DNN 隐藏层的权重。使用合成训练数据集来训练 DNN 分类器。首先冻结 DNN 分类器的隐藏层权重，通过反向传播更新输出层；然后解冻所有隐藏层，使用合成训练数据集微调 DNN 分类器。

算法 3.6 给出了 SAVAER 的详细处理流程。

算法 3.6 SAVAER 算法

输入：训练数据 $S=(x,y)$、潜在变量 z、比例因子 k

输出：最终的攻击识别结果

1. 数据预处理：通过 one-hot 编码和最大最小归一化方法将每个特征缩放到给定范围 [0,1]；
2. 使用标签调整方法在 S 上训练 SAVAER，将多元高斯分布作为先验 $p(z)$；
3. 在 SAVAER 中计算 $D(E(\cdot))\leftarrow$VAE；
4. 在 SAVAER 中计算 Dis$(\cdot)\leftarrow$鉴别器；
5. 在 SAVAER 中计算 $E(\cdot)\leftarrow$生成器（编码器）；
6. 对每类 j，根据下式计算最大类重建损失 max$L$；L_j
maxL_j=$k*$max$\{L(x_i,y_i)\}$，对每一个 $y_i\in$类 j，其中 k 是比例因子，通常将 k 设置为 1.0；
7. 产生新的攻击样本：
8. $z_{new}\leftarrow$多元高斯分布 $p(z)$；
9. $y_{new}\leftarrow$少数类标签；
10. $x_{new}\leftarrow D(z_{new}, y_{new})$；
11. 根据下式，将新生成的样本(x_{new}, y_{new})合并到原始训练数据集中；

$$S = \begin{cases} S\cup\{x_{new}, y_{new}\}, & \text{如果}y_{new}\in\text{类}j\text{且}L(x_{new}, y_{new})\leqslant\max L_j \\ S, & \text{其他} \end{cases} \tag{3-12}$$

12. 在合成训练数据集上训练 DNN 分类器；
13. DNN$\leftarrow E(\cdot)$，使用 SAVAER 编码器的权重来初始化 DNN 的隐藏层的权重；
14. 冻结 DNN 的隐藏层，并使用反向传播算法更新 DNN 输出层的权重；
15. 解冻 DNN 的隐藏层，并使用合成训练数据集微调 DNN 分类器；
16. 返回分类结果。

在 NSL-KDD 和 UNSW-NB15 数据集上对算法进行了评估，实验结果分别如图 3.64 和图 3.65 所示。实验结果表明，该模型表现出了良好的检测性能。

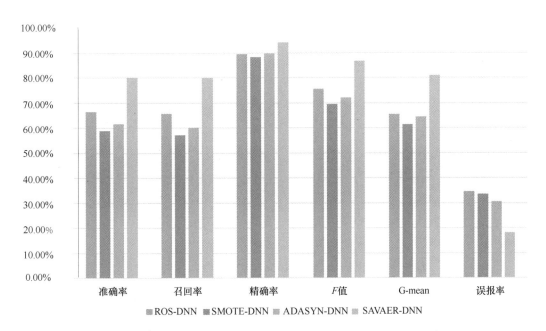

图 3.64　NSL-KDD（KDDTest-21）数据集上不同数据增强方法的整体性能比较

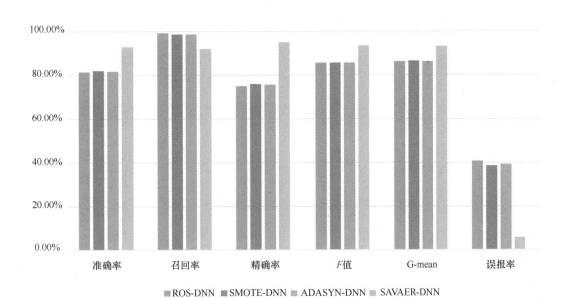

图 3.65　UNSW-NB15 数据集上不同数据增强方法的整体性能比较

3. 深度玻尔兹曼机

深度玻尔兹曼机（Deep Boltzmann Machine，DBM）是一种以受限玻尔兹曼机

（Restricted Boltzmann Machine，RBM）为基础的深度学习模型，由多层 RBM 叠加而成。RBM 能从原始数据中学习特征的深层次信息，因此在入侵检测任务中被广泛应用。

随着攻击技术和方式的变化，以前获得的有关如何区别正常流量的信息可能不再有效，因此需要一个自学习系统，以便动态地构造和发展有关异常行为的知识。Fiore U 等人使用了判别受限玻尔兹曼机模型，该模型可以组合生成模型，捕获正常流量的固有属性并且分类准确性较高，通过将训练数据与测试网络场景分离，以评估神经网络的泛化能力。实验证实，当在与获取训练数据的网络截然不同的网络中测试分类器时，其性能会受到影响。这表明需要对异常流量的性质，以及与正常流量的内在差异做进一步调查。Aldwairi T 等人尝试使用受限玻尔兹曼机来区分正常和异常的 Netflow 流量，在信息安全中心（ISCX）数据集上进行评估，结果表明 RBM 可以对正常和异常的 Netflow 流量进行分类，但存在的不足是他们只对两层 RBM 进行了研究。

Elsaeidy A 等人对多层 RBM 进行了研究，使用经过训练的深度玻尔兹曼机模型从网络流量中提取高层特征，然后结合前馈神经网络（Feed-Forward Neural Network，FFNN）、随机森林（Random Forest，RF）等模型，利用提取到的特征来检测不同类型的 DDoS 攻击。

3.3.4.2　基于判别式有监督方法的入侵检测

判别式有监督方法及由此产生的判别方法旨在通过表征以可见数据为条件的类的后验分布来直接提供用于模式分类的判别能力，可区分部分带标记数据的模式分类数据。卷积神经网络（Convolutional Neural Networks，CNN）是典型的判别式有监督方法，它由输入层、卷积层、池化层、完全连接层和输出层组成，具有准确且高效地提取特征的能力，且不同结构的 CNN 具有不同数量的卷积层和池化层。在入侵检测领域应用 CNN 时，主要通过将流量分类问题转换为图片分类问题，即首先将流量数据进行图片化，然后得到灰度图，同时利用 CNN 还可以提取网络流量的空间特征。

1. 基于特征缩减和卷积神经网络的入侵检测模型

Xiao Y H 等人首先应用数据预处理方法来消除网络流量数据中的冗余和不相关特征，然后将流量转换为二维矩阵形式，最后使用 CNN 提取特征，解决了传统机器学习模型无法确定数据特征之间关系的问题。基于特征缩减和卷积神经网络的入侵检测模型框架如图 3.66 所示。

该模型由以下三步组成。

步骤 1：数据预处理和数据类型转换。将 KDD 数据集中的符号特征属性进行数字化和归一化处理，得到标准化的数据集。标准化数据集降维后，将每个网络数据集转换为二维数据集，以符合 CNN 的输入数据形式。然后使用 pandas 数据读取工具将数据读入模型。

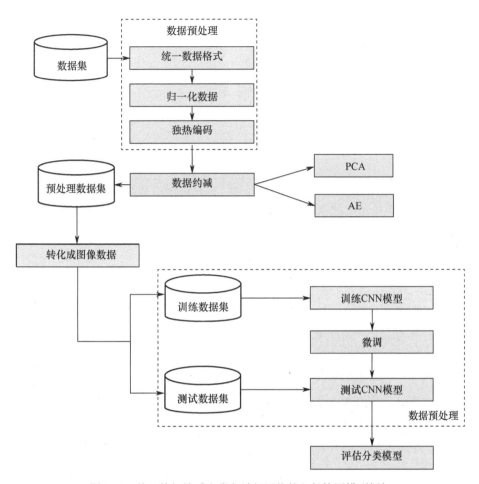

图 3.66　基于特征缩减和卷积神经网络的入侵检测模型框架

步骤 2：CNN 入侵检测模型的具体结构。用 CNN 训练转换后的数据集，得到最优特征。使用 Softmax 分类器识别数据集中的五种攻击类型，包括 DoS 攻击、探测攻击、R2L 攻击、U2R 攻击和普通攻击。

步骤 3：模型训练和反向微调提高模型的性能。在 CNN 模型中，利用反向传播（BP）算法对网络模型的参数进行微调。确定网络模型的最优参数后，通过测试数据集的分类结果来评价模型的性能。

基于 KDD CUP99 数据集对该模型进行了测试，实验结果如表 3.37 所示。可以看出 CNN-IDS 模型通过降维可以有效地检测网络入侵数据。准确率、检测率和误报率分别可以达到 94.0%、93.0% 和 0.5%。而且使用 PCA 和使用 AE 的降维检测性能仅略有不同。在列出的数据集中，AE（100）检测的最高准确率达到 94.0%，PCA（100）的准确率为 93.0%。

表 3.37　基于特征缩减和卷积神经网络的入侵检测系统的检测性能

性能	准确率/%	检测率/%	误报率/%
PCA（100）	93.0	91.6	0.6
PCA（121）	92.6	91.0	1.5
AE（64）	92.7	92.8	2.7
AE（81）	93.3	92.4	0.8
AE（100）	94.0	93.0	0.5
AE（121）	92.2	91.7	2.4

2．一种使用卷积神经网络的大规模网络入侵检测模型

Wu K H 等人利用 CNN 从原始数据集中自动提取流量特征，并根据其个数设定每类的成本函数权重系数，来解决数据集不平衡的问题。

基于 CNN 的新型入侵检测模型包括四个步骤。

步骤 1：数据预处理。此步骤为调整初始数据格式并规范化数据值。为了提高 CNN 模型的性能，需要将归一化的数据转换为图像数据格式。

步骤 2：培训。进行训练以通过不断调整参数来提高 CNN 模型的性能。此外，在训练过程中修改了一些参数，从而使模型获得了更好的性能。

步骤 3：测试。通过第 2 步对 CNN 模型进行训练后，使用测试数据检查 CNN 模型的准确率。例如，如果准确率可以满足训练要求，则停止训练；否则，回到第 2 步。

步骤 4：评估。此步骤用于评估训练后的模型性能。通常，评估指标包括准确率、检测率和误报率。

图 3.67 给出了基于 CNN 算法和 CNN 模型的入侵检测的四个步骤。

图 3.68 给出了卷积神经网络的架构。该架构包括五个基本组件：输入层、卷积层、池化层、全连接层和输出层。一个实际的卷积神经网络模型可能包括几个卷积层和池化层。每个组件的详细介绍如下。

模型输入样本 x_i 为 11×11 维图像，图像数据输入第一个卷积层。卷积层是 CNN 架构的核心，由于引入了局部感知概念，所有神经元可以共享同一个卷积核，卷积核的数量决定了权重的数量。因此大大减少了权重的数量，提高了计算效率。卷积函数如下：

$$h_j = f\left(h_{j-1} \otimes w_j + b_j\right)$$

式中，$\otimes$ 为卷积函数，$f(x)$ 为激活函数。

池化层在卷积层之后工作，它可以减小特征图像的大小，避免过拟合。h_j 的定义为

$$h_j = \mathrm{pool}\left(h_{j-1}\right)$$

经过几个卷积层和池化层后，h_j 必须重新整形为向量。然后可以通过对向量数据进行分类的全连接层来实现输出 y_i。得到 y_i 后，需要通过损失函数计算 y_i 与期望值的误差。

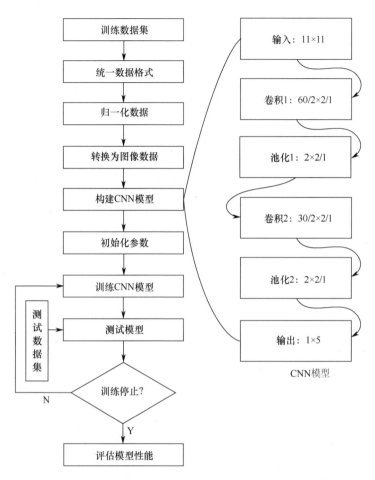

图 3.67　基于 CNN 算法和 CNN 模型的入侵检测的四个步骤

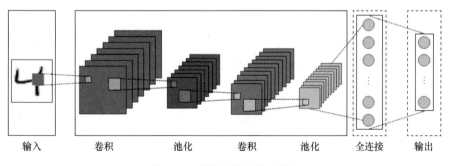

图 3.68　卷积神经网络的架构

　　Wu K H 等人基于 NSL-KDD 数据集，选取准确率、检测率和误报率三个指标对模型进行了性能测试。实验的训练数据集是 KDDTrain+，测试数据集是 KDDTest+ 和 KDDTest-21。此外，使用 200 次迭代和 50 个批量大小来训练入侵检测模型，CNN 卷积池层的数量设置为 1 和 2。通过与机器学习算法，如 J48、朴素贝叶斯、NB 树、随机森林、支持向量机，以及深度学习算法，如 RNN 进行了对比测试，在准确率方面如图 3.69 所示，RNN 的性能要优于 CNN，深度学习算法性能要优于机器学习算法。

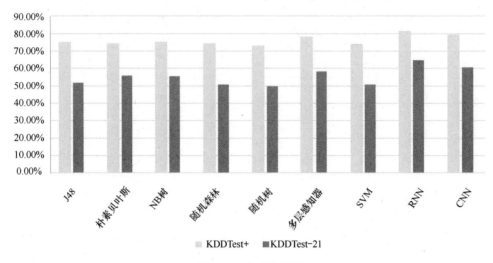

图 3.69　准确率比较

在检测率和误报率方面，比较了 RNN 算法与 CNN 算法的检测性能，如图 3.70、图 3.71 所示。

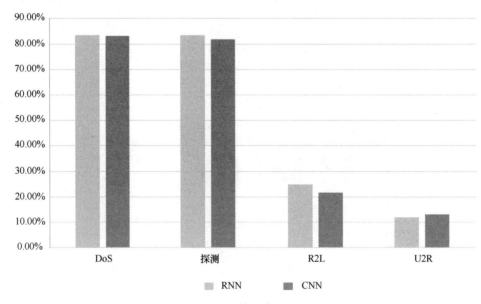

图 3.70　检测率比较

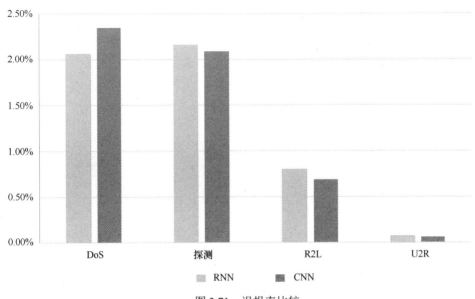

图 3.71　误报率比较

实验结果表明，Wu K H 等人所提出的 CNN 入侵检测模型比传统的入侵检测方法表现更好。与 RNN 模型相比，CNN 模型的准确率略低，但误报率更低，适用于大规模网络入侵检测。

3. 基于遗传算法调整 CNN 的多类网络攻击分类器

Blanco R 等人使用遗传算法（Genetic Algorithm，GA）解决 CNN 输入中的特征布局问题，通过优化 CNN 分类器，以找到输入特征的更好布局，改善多分类器的性能。

GA 是一种启发式方法，用于解决复杂的优化问题，基于对现有解决方案的修改和评估其适应度以选择最佳解决方案（适者生存）；适应度函数中具有较低值的解决方案。

为了选择具有更好分类结果的输入配置，Blanco R 等人选择了一个与 Cohen's Kappa 度量相关的适应度函数，其最大值为 1。之所以选择 Kappa 度量而不是准确度，是因为它考虑了不同训练数据集中的类实例的不平衡性。遗传算法选择的适应度函数为

$$\text{Fitness} = 1 - K \tag{3-13}$$

Blanco R 等人采用了一个随机变异算法，该算法由选择算子、变异算子和交叉算子组成。选择算子是在输入特征中选择好的特征作为父代将基因传给下一代。变异算子是从输入特征中根据已知的变异率，随机选择某个特征。交叉算子是首先随机产生两个父代，然后随机产生交叉点，再将父代进行交换，最后通过变异算子对孩子进行变异。

基于 UNSW 和 NSL-KDD 数据集，Blanco R 等人使用遗传算法进行了一组实验来优化 CNN 的输入布局。每个实验都使用图 3.72 中的 CNN。首先，作为优化的参考，Blanco R 等人考虑在 UNSW 数据集出现的特征布局中，添加两个额外的零来填充 5×5 输入矩阵。

考虑两组输入：标准化和非标准化数据集。遗传算法使用基于 Kappa 的适应度函数，如式（3-13）所示。该遗传算法使用 500 个解决方案来评估 100 代，并在每一代中使用 10 倍交叉验证，适应度函数选择平均值 K。最好的解决方案是用更复杂的 CNN 结构训练，且隐藏层有 256 个神经元,该方案已经用整个非平衡 TCP 数据集进行了 10 倍的交叉验证和测试。

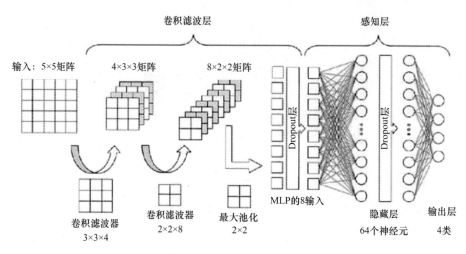

图 3.72　CNN+MLP 架构

3.3.4.3　基于混合式深度网络的入侵检测

混合式深度网络结合了生成式无监督方法和判别式有监督方法,主要有深度神经网络（Deep Neural Network，DNN）和生成对抗网络（Generative Adversarial Networks，GAN）。DNN 是一种具有多个隐含层的多层感知器，是一种混合结构，其权值是完全连通的。GAN 是一种混合深层架构，包含两个神经网络，即生成器和判别器。根据提供的输入样本，生成器尝试根据理想的数据分布生成伪造的数据，这些数据会和原始数据一起输入判别器中，判别器会学习区别原始数据和由生成器构造的样本，并反馈到生成器，这个学习过程被称为生成器和判别器之间的博弈。通常情况下，网络中的异常流量远少于正常流量，GAN 能生成新数据，因此能用来解决入侵检测中数据类别不平衡的问题。

1. 在基于主机的入侵检测中使用生成对抗网络生成异常数据

Salem M 等人首先将数据转换成图像，然后利用 Cycle-GAN 生成新的数据，并将生成的数据融入原始数据集中，最后将这些数据用于训练模型来检测异常。异常生成和分类系统组成如图 3.73 所示。

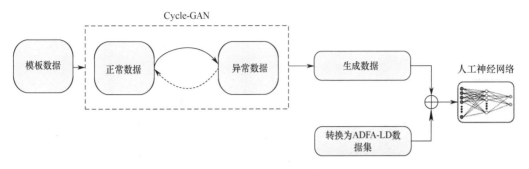

图 3.73　异常生成和分类系统组成

首先，将来自 ADFA-LD 数据集的基于主机的一维入侵数据划分为训练集和测试集，并转换为二维图像。为了生成异常数据，我们的目标是将正常数据转换为异常数据，因此，训练集中的一部分正常实例被提取并命名为"模板数据"，我们将其用作经历正常到异常转换的参考。Cycle-GAN 使用正常数据作为一种分布、异常数据作为另一种分布进行训练。首先，Cycle-GAN 通过学习将正常数据转换为异常数据，然后将模板数据馈送到函数 G，从而生成异常数据。将生成的异常数据附加到不平衡的训练数据中，从而在数据集的正常类和异常类之间建立平衡。最后平衡数据集被用于训练多层感知器（MLP），并使用测试集对分类进行评估。

实验结果表明，分类结果得到了改善，ROC 曲线下的面积从 0.55 上升到 0.71，异常检测率从 17.07%上升到 80.49%。与一种常用的过采样方法相比，分类结果得到显著改善，展现了 GAN 强大的异常数据生成能力。

2. 基于 GAN 的入侵检测框架

基于机器学习的 IDS 在面对对抗性攻击时健壮性容易受到影响，为了解决这一问题，Lin Z 等人提出了一种基于 GAN 的入侵检测框架（IDSGAN），如图 3.74 所示。在 IDSGAN 中，生成器修改了有限的特征来生成对抗性的恶意流量记录。通过限制对有限的非功能性特征的修改，可以生成有效的对抗性攻击来逃避现实中 IDS 的检测。判别器被训练来学习黑盒 IDS，并将学习结果反馈给生成器。黑盒 IDS 是通过机器学习算法实现的。IDSGAN 首先利用生成器将原始恶意流量转换为对抗性恶意流量，然后判别器对流量样本进行分类，并模拟黑盒 IDS 对流量进行检测。

生成器：作为模型的关键部分，生成器的作用是生成对抗性恶意流量，以规避 IDS 检测。生成器一般具有 5 个线性层的神经网络结构。ReLU 非线性函数 $F=\max(0, x)$ 用于激活前 4 个线性层的输出。为了使对抗样本与原始样本向量 M 共享相同的维度，输出层有 m 个单元。

判别器：在不了解黑盒 IDS 模型的情况下，判别器用于根据黑盒 IDS 模型检测到的样本及其结果来学习和模仿黑盒 IDS。判别器作为一种模仿的 IDS 模型，帮助优化生成器，根据判别器的检测结果计算损失，并将梯度反向传播到生成器。通过对抗样本攻击判别器，并通过判别器的损失更新参数，帮助生成器学习更好的规避策略来调整原始恶意记录。判别器是一个多层神经网络，用于对恶意流量记录和正常流量记录进行分类。在对判别器的训练中，正常流量记录和对抗性恶意流量记录首先被黑盒 IDS 进行分类，然后，判别器对黑盒 IDS 进行学习，将与判别器共享的数据集作为训练集，其中的分类标签是通过黑盒 IDS 进行标注。

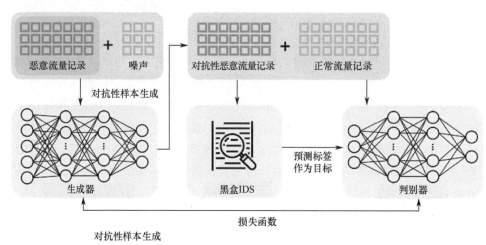

图 3.74   IDSGAN

训练算法：在生成器的训练中，判别器对对抗样本的检测结果为生成器提供了梯度信息。生成器的损失函数定义如下：

$$L_G = \mathbb{E}_{M \in S_{\text{attack}}, N} D\big(G(M, N)\big) \tag{3-14}$$

式中，S_{attack} 表示原始的恶意流量记录；N 表示对抗生成的噪声；G 和 D 分别表示生成器和判别器。为了训练和优化生成器以欺骗黑盒 IDS，需要最小化 L_G。

判别器的训练集包括对抗性恶意流量记录和正常流量记录。为了学习黑盒 IDS，判别器得到由判别器的输出标签计算的损失和从黑盒 IDS 获得的预测标签。因此，判别器优化的损失函数为

$$L_D = \mathbb{E}_{s \in B_{\text{normal}}} D(s) - \mathbb{E}_{s \in B_{\text{attack}}} D(s) \tag{3-15}$$

式中，s 表示判别器的训练集；B_{normal} 和 B_{attack} 分别表示正常流量记录和以黑盒 IDS 的预测标签作为对抗性恶意流量记录。基于利用 Wasserstein GAN，RMSProp 作为 IDSGAN 的优化器来优化模型中的参数，一般 IDSGAN 训练算法如算法 3.7 所示。

算法 3.7   一般 IDSGAN 训练算法

输入：
原始正常流量记录和恶意流量记录 S_{normal}、S_{attack}；

对抗生成的噪声 N；

预训练的黑盒 IDS B。

输出：

生成器 G 和判别器 D 的优化。

1: 初始化生成器 G、判别器 D；

2: for 训练迭代次数 do；

3:　　for G-steps do

4:　　　G 基于 S_{attack} 生成对抗性恶意跟踪示例；

5:　　　根据式（3-15）更新 G 的参数；

6:　　end for

7:　　for D-steps do

8:　　　B 对包含 S_{normal} 和 $G(S_{attack}, N)$ 的训练集进行分类，得到预测标签；

9:　　　D 分类训练集；

10:　　　根据式（3-15）更新 D 的参数；

11:　　end for

12: end for

Lin Z 等人基于 NSL-KDD 数据集，对模型进行了实验验证。实验中仅对攻击流量的部分非功能性特征进行了修改，从而保证了入侵的有效性。

3. 基于 GAN 的对抗式机器学习攻击

Usama M 等人提出了一种基于 GAN 的对抗式机器学习攻击，该攻击可以成功规避基于机器学习的 IDS。GAN 由两个神经网络组成，即一个生成器 G 和一个鉴别器 D。给定一个输入样本 $X = \{x_1, x_2, \cdots, x_n\}$，$G$ 尝试生成伪造样本，理想情况下是从基础数据分布 $p(x)$ 中生成伪造样本，从而欺骗 D 接受它们作为来自 X 的原始样本。同时，D 学会区分来自 X 的合法样本和来自 G 的伪造样本。这个学习过程被表述为 G 和 D 之间的最小一最大博弈。描述这种对抗性博弈的优化函数如下：

$$\min_G \max_D \mathbb{E}_{p(x)} \log D(x) + \mathbb{E}_{p(x)} \log\left(1 - D\big(G(z)\big)\right)$$

其中，$p(x)$ 是潜在随机变量 x 的分布，通常定义为已知且简单的分布，如 $N(0,1)$ 或 $U(a,b)$。生成器 G 和判别器 D 是通过采取交替梯度步骤来执行训练的，以确保 G 可以学会欺骗 D 并且 D 可以学会检测假冒样本。

图 3.75 给出了逃避基于机器学习/深度学习入侵检测的对抗性样本生成系统整体架构。Usama M 等人所提出的 GAN 框架由三个组件组成，即生成器 G、判别器 D 和基于 ML/DL 模型的入侵检测系统的分类器 f。输入 $x_i \in X$ 分为两部分，即功能属性和非功能属性。这种划分是基于对网络流量的功能行为的属性贡献来执行的。G 将数据的非功能属性作为输入，并生成输入的非功能属性大小的扰动。然后连接原始流量 x 和生成的 δ 功能部分，该连接可表示为 $x\|G(x)$。连接的样本被反馈到 D，D 负责在原始样本和伪造样本

之间进行分类。

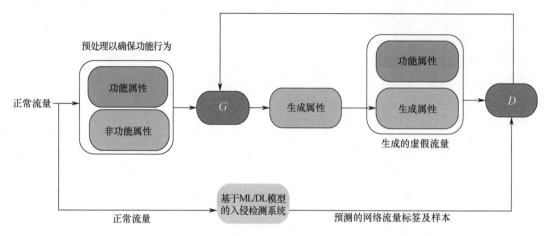

图 3.75　逃避基于机器学习/深度学习入侵检测的对抗性样本生成系统整体架构

对抗性训练是一种在训练数据中注入对抗性样本以确保 ML/DL 模型学习可能的对抗性扰动的方法。这种训练 ML/DL 模型的新方法将通过对干净样本和对抗性样本进行训练来提高 ML/DL 模型的鲁棒性和泛化性。对抗性训练方法的一个缺点是,它仅针对其训练过的对抗性样本提供鲁棒性,并且基于 ML/DL 模型的入侵检测系统仍将被未知的对抗性扰动规避。为了克服这个缺点,Usama M 等人提出了一种基于 GAN 的防御框架(见图 3.76),用于在黑盒 IDS 中对 ML/DL 模型进行对抗性训练,以防御对抗性 ML/DL 攻击。

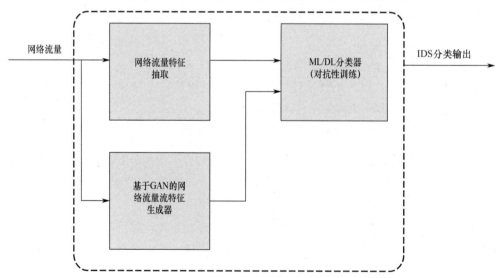

图 3.76　基于 GAN 的防御框架

图 3.77 比较了不同 ML/DL 技术在对抗性 ML 攻击前、攻击后、对抗性训练后和基于 GAN 的对抗性训练后的准确率。从图 3.77 中可以看出,基于 GAN 的防御提高了 IDS

面对对抗性扰动的鲁棒性。

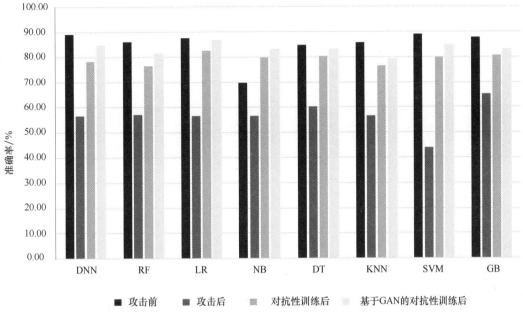

图 3.77　不同 ML/DL 技术在对抗性 ML 攻击前、攻击后、对抗性训练后和基于 GAN 的对抗性训练后的准确率

3.3.5　基于强化学习的入侵检测技术

强化学习（Reinforcement Learning，RL）是用于描述和解决代理在与动态环境的交互过程中通过对策略的学习，达到回报最大化或达到特定目标的问题。不同于监督学习，强化学习不需要明确的指导信号，并且可以为复杂的随机任务自动构建顺序最优策略。目前，强化学习已经被广泛用于机器人控制、工业制造、游戏博弈等领域。强化学习是一个通用的框架，奖励机制灵活，一旦完成训练，产生的策略功能通常是一个简单、快速的神经网络，使用简单的奖励机制，可以快速对网络状态的变化做出响应，适合用于在线训练。

3.3.5.1　基于强化学习的入侵检测

1．基于强化学习的主机入侵检测方法

Xu X 等人将入侵检测问题转换为预测马尔可夫奖励过程的价值函数，使用线性基函数的时间差异（TD）算法来进行值预测，从而准确地预测主机过程的异常时间行为。

图 3.78 给出了基于强化学习的入侵检测框架。在该框架中，有两个独立的过程，分

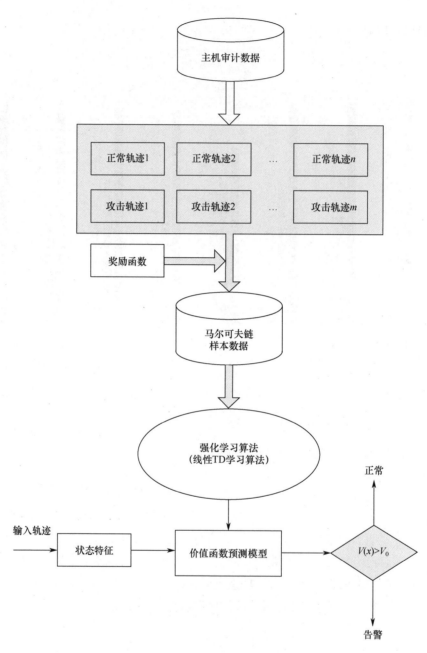

图 3.78　基于强化学习的入侵检测框架

别是强化学习预测模型训练过程和在线检测过程。在模型训练过程中，首先，来自主机的审计数据分为两类轨迹，即正常轨迹和攻击轨迹。然后，引入了奖励函数及某种状态特征提取方法，以便将跟踪数据转换为底层马尔可夫链的样本数据。采用线性 TD 学习算法对马尔可夫链进行学习预测，预测马尔可夫链的值函数。学习预测完成后，构建价值函数预测模型，用于实现在线检测。在在线检测过程中，首先从输入轨迹数据中提取状态特征，并使用价值函数预测模型计算状态的价值函数。然后通过状态值函数和预先选择或优化的阈值 V_0 来确定轨迹的正常或异常。

基于强化学习的入侵检测方案的线性 TD 学习算法如算法 3.8 所示。

算法 3.8　基于强化学习的入侵检测方案的线性 TD 学习算法

输入：从主机审计数据生成的马尔可夫链的训练样本数据、训练的停止标准和状态特征的线性基函数。

- 初始化价值函数预测的权重；
- 当不满足停止条件，执行：

　　循环每一条轨迹数据

　　(a) 对于每一条轨迹数据，初始化其状态，设置时间步长 $t=0$；

　　(b) 对于当前状态 s_t，计算预测值函数 $V(s_t)$；

$$V(s_t) = E\{\sum_{i=0}^{\infty} \gamma_{r_i}^i \mid x_0 = s_t\} \tag{3-16}$$

　　其中，$0 < \gamma \leqslant 1$ 表示折扣因子

　　(c) 观察从 s_t 到下一个状态 s_{t+1} 的状态转移，得到当前的奖励；

　　(d) 使用式（3-17）计算时间差 δ_t；

$$\delta_t = r_t + \gamma \tilde{V}_t(s_{t+1}) - \tilde{V}_t(s_t) \tag{3-17}$$

其中，$\tilde{V}(s)$ 表示 $V(s)$ 的估计值，r_t 表示从状态 s_t 到 s_{t+1} 收到的奖励。

　　(e) 使用式（3-18）和式（3-19）更新权重 $W_{(t+1)}$：

$$W_{(t+1)} = W_t + \alpha_t (r_t + \gamma \, \boldsymbol{\phi}^{\mathrm{T}}(s_{t+1}) W_t - \boldsymbol{\phi}^{\mathrm{T}}(s_t) W_t) \vec{z}_{t+1} \tag{3-18}$$

$$\vec{z}_{t+1} = \gamma \lambda \vec{z}_t + \phi(x_t) \tag{3-19}$$

其中，α_t 表示学习因子，$\boldsymbol{\phi}(x) = (\phi_1(x), \phi_2(x), \cdots, \phi_n(x))^{\mathrm{T}}$ 表示线性基函数，$\vec{z}_t$ 为资格迹向量 $\vec{z}_t = (z_{1t}, \vec{z}_{2t}, \cdots, \vec{z}_{nt})^{\mathrm{T}}$。

　　(f) 若 s_{t+1} 为吸收态，返回(a)；

否则

$t=t+1$，返回(b)。

2．用于入侵检测的基于学习自动机的 SVM

Di C 等人使用自动学习机方法，通过与随机环境的交互，能够从一组动作中选出最佳动作，从而解决降维问题。基于学习自动机的 SVM 的核心过程可以概括为——去除冗余特征。在迭代过程开始之前，首先，将随机选择训练子集 T_r 和验证子集 Val r 次。其次，将训练 SVM 模型，并使用这些子集对训练后的模型进行 r 次测试。再次，将阈值 T_1 初始化为平均精度，其中，$T_1 = \sum_{i=1}^{r} \text{accurac } y_i$。每个时刻 t，根据概率分布 $P(t)$ 选择一个动作 $\alpha(t) = \alpha_i$。最后，从随机选择的训练子集和验证子集中临时移除对应于动作 α_i 的特征。处理后的训练子集和验证子集用于训练 SVM 模型，并根据分类精度评估训练模型的性能。

如果准确率高于初始化阈值 T_1，则表明移除的特征在入侵检测中可能是冗余的，在这种情况下，随机环境将反馈给学习自动机奖励。每当学习自动机获得反馈奖励时，将使用以下公式更新动作概率向量 $\boldsymbol{P}$，这意味着动作 α_i 对应的概率 p_i 将增加，同时其他动作的概率也会增加。

$$p_j(t) = \max\left\{p_i(t) - \varDelta, 0\right\}, \forall j \neq i$$
$$p_i(t) = \min\left\{1 - p_i(t), 1\right\}$$

通过这种方式，冗余特征的概率将高于必要特征的概率。因此，冗余特征更有可能被选中，并在下一次迭代过程中获得更多机会被随机环境评估。每当一个动作的概率 α_m 高于阈值 T_2 时，相应的特征就被认为是足够冗余的。在从训练数据中去除相应的特征并重新初始化相关向量后，将一一找出冗余特征，直到没有特征可以被去除。

Di C 等人基于 KDD CUP99 数据，从分类准确率和训练时间两个方面评估了所提出的 LA-SVM 方案的性能，与传统的 SVM（准确率为 86.13%）相比，所提方案实现了更高的准确率（达到 96.13%），能够有效识别拒绝服务攻击。

3．用于入侵检测的多智能体强化学习

为了检测复杂的分布式攻击，Servin A 等人提出了一种分布式传感器和决策代理的体系架构，如图 3.79 所示。该架构由拥塞传感器代理（CSA）、延迟传感器代理（DSA）、流量传感器代理（FSA）和决策代理（DA）的单个单元组成。该架构学习如何使用强化学习来识别网络的正常状态和异常状态。传感器代理使用瓦片编码作为函数逼近技术提取网络状态信息，并以动作的形式将通信信号发送给决策代理。通过在线过程，传感器代理和决策代理学习通信动作的语义。

CSA 分析网络中特定节点的链接信息，具体地说，此代理以每秒字节数为单位对链路利用率、数据包中的队列大小及队列丢弃的数据包数（丢包率）进行采样。这三个指标（链路利用率、队列大小和丢包率）就是我们所说的特征域。为了根据这些特征获得网络的状态表示，我们使用瓦片编码。

DSA 监视节点之间的 TCP 连接，通过分析攻击路径中连接的 TCP 信息发现其中的变化。该代理具有与 CSA 相同的内部结构，但其特征域不同。TCP 连接分析的特征是接收到的平均 ACK 数据包数、平均窗口大小和平均往返时间（RTT）。

FSA 的内部结构与其他传感器代理不同，该代理由两个逻辑子代理组成——流监视器（FM）和流聚合器（FA）。FM 分析通过 FSA 的流量，其特征域由协议号、端口号和流量的平均包大小组成。基于这些信息，FM 了解哪些流量是正常流量，哪些流量可能导致攻击。FA 通过利用 FM 报告的信号来维护一张流表，基于维护的流表来聚合流信息。FA 的特征域非常简单，它是 FM 报告的攻击流的数量。

DA 尝试对单元环境的本地状态进行建模，决定对单元外或单元内环境中的更高级别代理执行哪个信号动作来触发最终动作（在 Servin A 等人的案例研究中，它会向网络运营商触发警报）。

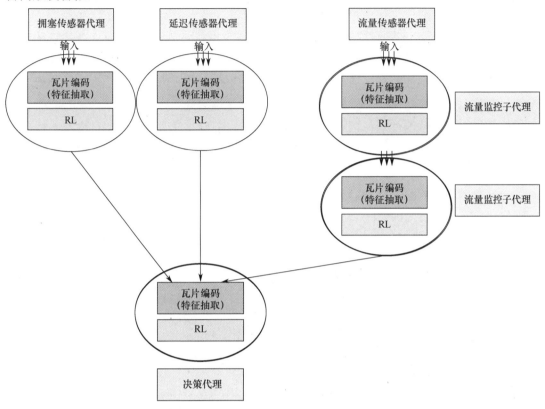

图 3.79　分布式传感器和决策代理的体系结构

为了确定代理架构及 Servin A 等人所提出的学习过程是否能够检测网络的异常状态，需要进行一系列测试。通过测试发现，即使在某些传感器信息丢失或受损的情况下，该系统也具有很高的可靠性。

此外，Malialis K 研究了分布式强化学习对入侵响应的适用性，但是系统无法仅通过考虑流量来区分合法流量和攻击流量。

3.3.5.2　基于深度强化学习的入侵检测

深度学习的兴起也推动了强化学习的进步，形成了深度强化学习（Deep Reinforcement Learning，DRL），DRL 框架原理图如图 3.80 所示。

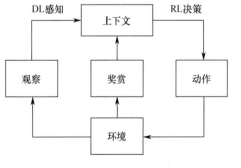

图 3.80　DRL 框架原理图

Caminero G 等人提出一种基于神经网络的强化学习对抗性环境算法，首次将对抗强化学习应用于入侵检测，并将环境行为融入改进的强化学习算法的学习过程中。该算法集成了强化和监督框架，产生的环境能够与通过网络特征和相关入侵标签形成的预先记录的样本数据集进行交互，并且选择具有优化策略的样本以实现最佳分类效果。

如表 3.38 所示，基于强化学习的入侵检测研究才刚刚起步。一方面，深度强化学习结合了深度学习的感知能力和强化学习的决策能力，能够通过端对端的学习方式来实现从原始输入到输出的控制。随着深度学习领域的不断发展，深度强化学习方法会朝着模块复杂化、结构多样化的方向发展。基于深度强化学习的入侵检测方法能够具有类似高度非线性模型的预测性能，预测耗费时间更少，且能够处理高度不平衡的数据，因此非常具有发展前景。另一方面，深度强化学习自身也存在采样效率较低、奖励函数设置困难、目标局部最优等问题。尤其是在入侵检测场景中，当前的强化学习技术难以检测新的和复杂的分布式攻击行为，且模型检测的性能不佳。因此，基于强化学习的入侵检测研究仍有待进一步的探索。

表 3.38 基于强化学习和深度强化学习的入侵检测解决问题对比

类型	技术	解决的问题	存在的缺陷
强化学习	马尔可夫奖励过程模型	已有方法对于攻击检测的准确率和计算效率较低	模型评估指标较单一，只有误报率和训练时间
	自动学习机	入侵检测数据集中存在冗余特征	模型评估指标较单一，只有准确率和测试时间
	Servin A 等人提出的分布式强化学习	已有技术难以检测新的和复杂的分布式攻击	精准率处于 37%～92%，有待提升
	Malialis K 提出的分布式强化学习	攻击的分布式性质还未得到较好的解决	无法仅通过考虑流量来区分正常流量和攻击流量
深度强化学习	深度强化学习	强化学习中存在一些难以解决的决策问题	训练时间非常长，且准确率较低，为 80.16%

3.4 APT 攻击检测技术

3.4.1 APT 攻击行为特征分析

1．APT 攻击概述

APT 攻击将多种新型攻击技术和方法灵活组合使用，能够轻易突破基于特征签名的安全机制的防线，长期对特定目标进行渗透，并且长期潜伏。此外，攻击具有严密的组织、大量资金支持、高端网络攻击人才和管理人才。根据定义，APT 应具备以下方面的内容。

1）　高级（Advanced）

传统网络攻击对某系统漏洞进行利用，采用某种特殊的入侵手段和技术进行入侵攻击，并且攻击范围小，比较容易检测和防护。APT 攻击则攻击性更加强大，潜伏性好，隐蔽性强。APT 攻击综合利用多种攻击手段，还有许多创新性的技术，大量利用针对目标网络公共基础设施或企业网络的 0-day 漏洞，结合社会工程学手段，动态调整攻击策略，控制攻击进程，且可以快速渗透、长期潜伏。一旦发动攻击，会对目标系统造成毁灭性的打击。

2）持续性（Persistent）

最早期的网络攻击是黑客个人行为，主要目的是展示技术或传播蠕虫，这些攻击行为威胁安全并且损人不利己，单纯对网络进行破坏，不以获取个人利益为目的。后来黑客采用木马后门等通过大规模攻击的方式对网络进行破坏，盗取用户账号及价值数据，并且从中获取经济利益，属于计算机犯罪。随着技术的发展，黑客攻击出现了有组织、有目的的以窃密为主的网络攻击活动。2010 年，震网病毒的出现标志着 APT 登上了历史舞台。震网病毒以长期攻击为主，不急于获取短期的收益和回报；在初期会进行长期的潜伏，时间长达 2~5 年，在潜伏期没有任何破坏操作；当收到攻击指令以后，则会对目标设施实施破坏性的攻击。震网病毒的攻击指令具有明晰的作战使命，能实现对特定公共基础设施网络长期的监控、渗透和潜伏，在接收到作战指令后或达到攻击触发条件时，发挥作战效能，进行毁灭性攻击。持续性特指潜伏周期和攻击周期时间长。

3）威胁（Threat）

服务器被拒绝服务、登录密码被破解、Web 页面遭遇篡改、操作系统被远程控制等传统网络攻击威胁效果明显，这些网络攻击的目的主要是以获利为主。相对于传统网络攻击，APT 攻击更具威胁性，其主要针对目标军事信息设施、公共基础设施网络，而且 APT 攻击会造成毁灭性的后果，对社会造成一定的恐慌，可能导致交通瘫痪、金融网网络业务中断、电力输电业务终止、核设施设备工作异常等。因此，APT 攻击目标明确、攻击效果明显，对目标的危险系数更大、威胁程度更高。

APT 攻击与传统网络攻击的差异如表 3.39 所示。

表 3.39　APT 攻击与传统网络攻击的差异

攻击类型	APT 攻击	传统网络攻击
时间	时间较长，持续时间有可能长达几年	长短不一定，相比 APT 攻击时间较短
动机	目标明确，包含国家机密、商业机密等特定机密信息	动机不明，以获取实际利益为主，窃取个人资料或价值账号
攻击者	有组织、有计划、有大量资金帮助，由大量具备高级网络攻防能力的黑客团队协作	个人或者小黑客组织

攻击类型	APT 攻击	传统网络攻击
攻击目标	有针对性，攻击范围小，以政府网站、军事及公共基础设施网络等为攻击目标	针对性较弱，攻击范围较广，一般以获取大量有价值的数据为主
攻击方法	长期性、持续性、多样性，经常是基于 0-day 漏洞的攻击，以确保达成攻击目的	多为速战速决，利用多种常见漏洞，以大量、快速、有效的单一手法入侵

2. 主要 APT 攻击事件

近年来比较典型的 APT 攻击事件如表 3.40 所示。

表 3.40　近年来比较典型的 APT 攻击事件

序号	APT 组织	存在时间/发布时间	实施者	利用漏洞	攻击手法	攻击领域	最近活动时间
1	毒云藤（APT-C-01）	2007/2018	未知	CVE-2017-8759 漏洞	钓鱼攻击	中国政府机构网站、国防军工、科研单位等多个领域	2021.05
2	海莲花（APT-C-00）	2012/2018	越南	微软 Office 漏洞、MikroTik 路由器漏洞、永恒之蓝漏洞	鱼叉攻击、水坑攻击	中国海事及航运部门网站、科研单位	2021.04
3	蔓灵花（APT-C-08）	2013/2016	印度	Windows 内核提权 0-day 漏洞（CVE-2021-1732）	漏洞攻击、鱼叉攻击	中国及巴基斯坦政府、电力、工业相关单位	2020.11
4	Darkhotel（APT-C-06）	2010/2014	韩国	IE 浏览器 0-day 漏洞（CVE-2021-34448）	鱼叉攻击、漏洞攻击	针对中国、日本、俄罗斯、朝鲜半岛的国防工业机构、电子行业机构等重要机构	2021.04
5	Lazarus（APT-C-26）	2007/2018	朝鲜	谷歌浏览器（CVE-2021-21148）、IE 浏览器（CVE-2021-26411）	社会工程学攻击	韩国、美国、中国、印度的金融机构	2021.01
6	芜琼洞（APT-C-59）	2020/2021	未知	IE 浏览器 0-day 漏洞（CVE-2021-26411）	水坑攻击、钓鱼攻击、漏洞攻击	中国外交、媒体等领域	2021.01

续表

序号	APT 组织	存在时间/ 发布时间	实施者	利用漏洞	攻击手法	攻击领域	最近活动 时间
7	潜行者 （APT-C-30）	2009/2018	东南亚	杀毒软件漏洞	漏洞攻击	中国及东南亚 国家政府机构、国 防部门、情报机构	2021.01
8	伪猎者 （APT-C-60）	2018/2021	未知	未知	鱼叉攻击	以中国人力资 源咨询和贸易相 关单位为主	2021.01
9	蓝宝菇 （APT-C-12）	2011/2018	中国 台湾	未知	鱼叉攻击	中国政府、军工 单位、科研单位、 金融机构等重点 单位和部门	2018.04
10	Turla （APT-C-29）	2007/2014	俄罗斯	未知	水坑攻击、 漏洞攻击	欧洲及中国的 外交、政治、私企	2021.06

从这些网络安全事件可以看出，APT 攻击已经成为当前网络安全面临的极大挑战。如果说网络安全的漏洞是伴随系统不断发展的客观存在，那么 APT 攻击则是利用这些漏洞，甚至是不为人知的缺陷发起的拥有巨大威胁的攻击。APT 攻击作为一种行之有效的手段不断在各类对抗中出现，随着 APT 攻击对抗烈度的增加，跨平台的攻击将会成为主流，而不再聚焦于单一 Windows 平台，包括移动设备、智能硬件、工业控制系统、智能汽车、卫星等在内的多种平台都会成为攻击者的目标或跳板。面对国家之间的网络对抗和日益复杂的攻击事件，单一的安全防护设备难以有效地针对攻击进行检测与响应，只有通过协同纵深的防御体系，才能应对日益变化的高级威胁。

3．APT 攻击流程

APT 攻击的生命周期包含情报收集、突破防线、幕后通信、横向渗透、数据挖掘和资料外传六个阶段，如图 3.81 所示。

1）情报收集

攻击者根据公开的数据源（LinkedIn、Facebook 等）锁定特定人员，针对其生活、网络行为习惯等开发定制化攻击方案。攻击者通过搜索引擎，配合爬虫等工具，在网上（包括社交网站、博客、公司网站等）搜索需要的信息，此外，还会通过一些特殊渠道收集相关信息（如公司通讯录等）。

2）突破防线

攻击者明确攻击目标后，将会通过各种渗透方法，包括电子邮件、即时通信、网站

挂马等进行突破。一般采用社会工程学手段迷惑企业员工误操作下载或运行包含 0-day
漏洞的可以逃避安全检测的恶意软件，建立后门突破防线。

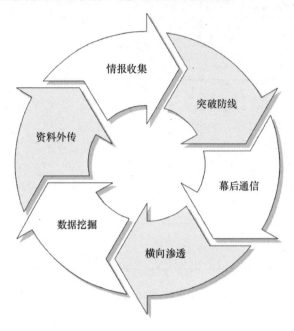

图 3.81　APT 攻击生命周期的六个阶段

3）幕后通信

在感染或控制一定数量的计算机之后，攻击者将采用各种规避措施隐藏自身痕迹、
建立通信通道并长期潜伏。例如，通过 VPN 方式采用加密信道传输指令与数据，通过
HTTPS 协议来突破防火墙的封锁；命令控制（Command & Control，C&C）服务器会采
用动态迁移方式来规避企业的封锁。此外，攻击者定期对程序进行检查，当程序被安全
软件检测到时进行版本更新，降低被 IDS/IPS 发现的概率。

4）横向渗透

攻击者侵入目标内部网络之后，将采取一切手段利用系统漏洞对企业内部网络进行
横向渗透，提高自己的内部执行权限。企业内部部署漏洞防御补丁和外网补丁部署存在
时差，甚至出于稳定性考虑不部署漏洞补丁，这使得攻击者利用系统漏洞进行横向渗透
成为可能。此外，由于企业内部网的审计策略不能及时更新，攻击者入侵产生的报错信
息也容易被忽略。

5）数据挖掘

在攻击者横向渗透企业内部网络后，将采用端口扫描方式获取有价值的服务器或设
备；通过列表命令，获取计算机上的文档列表或程序列表。一旦攻击者获取相关信息，
其将通过建立的 C&C 服务器下发资料挖掘指令。

6）资料外传

攻击者将挖掘到的有用信息进行整理、压缩、加密，存储在内部暂存服务器，积累到一定数量后，采用标准协议（HTTP/HTTPS、SMTP 等）进行外传；在判断为价值信息后，攻击者也可能回传破坏命令进行内部破坏。

4．APT 检测策略

APT 攻击行为的检测远比常规攻击检测复杂和耗时，需要构建多维度的安全模型以提高检测效率，常见方案包括沙箱类、主机保护类、网络入侵检测类、全流量审计类、攻击溯源类和大数据分析检测类。

1）沙箱类

由于 APT 攻击组织多采用系统或软件 0-day 漏洞对目标进行攻击，因此仅基于已知漏洞的特征匹配和检测技术，很难有效检测和拦截 APT 攻击。沙箱原理是构建用于模拟真实网络或计算平台的虚拟机或沙箱，在将实时流量、未知代码引入后，对其进行分析和"爆破"，即对沙箱的文件系统、注册表、进程及 I/O 等敏感区域进行重点监测，从而判断未知流量或代码是否属于恶意、具有破坏性。沙箱方案在检测未知代码方面表现出一定的初期优势，但由于模拟的对象容器越来越复杂，沙箱的实现成本也越来越高，加之许多恶意代码已经具有某种程度上的反沙箱能力，导致拟真度差的沙箱无法触发恶意代码，造成漏报。

2）主机保护类

主机保护类聚焦 APT 攻击杀伤链中的入侵和利用两个阶段，由于任何以窃取或控制目标网络信息系统的攻击都必须突破该目标网络中的计算机和服务器，并在上面执行恶意代码，因而即使攻击穿透了防火墙、安全网关等网络级安全设备，只要终端的安全防护措施到位，也能够对 APT 攻击形成有效防御。

3）网络入侵检测类

网络入侵检测类在网络边界处以旁路方式部署流量采集和分析设备，用于检测 APT 攻击常用的协议、攻击信道和控制信道建立情况。研究人员在对许多 APT 恶意代码进行研究后发现，尽管攻击在发起过程中使用的恶意代码种类多、更新快、功能各异，但在入侵成功后试图构建控制信道的传输模式往往有迹可循。很多做入侵检测网关的厂商就是从这个角度入手来制订 APT 攻击防御方案的。

4）全流量审计类

考虑到大多 APT 攻击事件都会通过网络协议加密传输目标主机的核心数据，因而对所有网络中的流量进行还原和深度检测是识别攻击行为的有效途径。具体方法是对链路中传输的所有流量进行跟踪和存储，并使用分布式、并行分析引擎对其进行协议解析、内容重组和还原，以判断其中是否存在攻击流量。全流量审计虽然需要耗费大量的存储和计算资源，但由于网络中发生的所有行为都被完整记录，因而具备较强的可追溯能力和关联分析能力，且在计算、存储能力不断增强的趋势下，全流量审计的成本预期将进一步降低。

5）攻击溯源类

在攻击发生前和发生时，网络中部署的各类网络设备、安全设备、操作系统和应用程序往往都会产生大量的记录和日志，其中一些与攻击直接相关，另一些只是攻击所导致各类影响的表现。如果能够将其中与攻击关联紧密的直接安全事件抽取出来，并按照时间先后和空间的扩张顺序排列整编，就能构建攻击全过程的完整证据链。APT 攻击往往采用僵尸网络作为攻击跳板，而僵尸网络拓展时往往采用相同的漏洞，因此可以选择使用相同的漏洞反向回溯攻击僵尸网络，逐步溯源攻击路径并收集 APT 攻击信息和证据，也为下一步的攻击检测和防护做准备。

6）大数据分析检测类

按照杀伤链理论，APT 攻击过程对于路径和时序的要求往往很严格，任何一个步骤的破坏都会导致后续环节无法实施。APT 攻击通常具有很长的潜伏期和持续性，因此对抗和检测也需要在一个很长的时间窗口内来进行。大数据分析检测类方案并不重点检测APT 攻击入侵中的某个环节，而是从整个 APT 攻击过程生命周期的角度进行分析。该类方案是一种网络取证思路，它全面采集各网络设备的原始流量及各终端和服务器上的日志，然后进行集中的海量数据存储和深入分析，因而可以在发现 APT 攻击的蛛丝马迹后，通过全面分析这些海量数据来还原整个 APT 攻击场景。

纵观上述主流 APT 攻击检测方案可以发现，目前 APT 攻击检测方法都有一定的适用范围，也都具有一定的局限性。主要表现为：当前 APT 攻击检测方案只能针对杀伤链中七个环节中的一个或多个环节进行检阅，从而导致漏报；检测方案都只针对 APT 的存在与否给出告警，不能对如何防止 APT 攻击进一步渗透给出防御建议。因而，在攻击愈演愈烈的趋势下，较理想的 APT 攻击检测与防御机制应能覆盖 APT 攻击的完整生命周期，并且能够结合历史经验、环境认知和大数据分析，给出具有针对性的 APT 攻击防御建议。各 APT 安全厂商也已经注意到这个问题，开始通过合作或完善自身技术的方法来改进自己的 APT 攻击检测和防御方案，以弥补其不足。

3.4.2　基于全生命周期的 APT 攻击检测技术

1. 检测框架

针对上述局限性，本节提出一种基于 APT 全生命周期的检测方案，该方案可以覆盖APT 攻击的所有阶段。该方案从漏洞利用渗透进入、命令控制通信、内网扩散提权、数据隐蔽窃取等多个维度对 APT 攻击进行检测，覆盖 APT 攻击的全生命周期，减少了漏报或误报。APT 检测方案框架结构如图 3.82 所示。

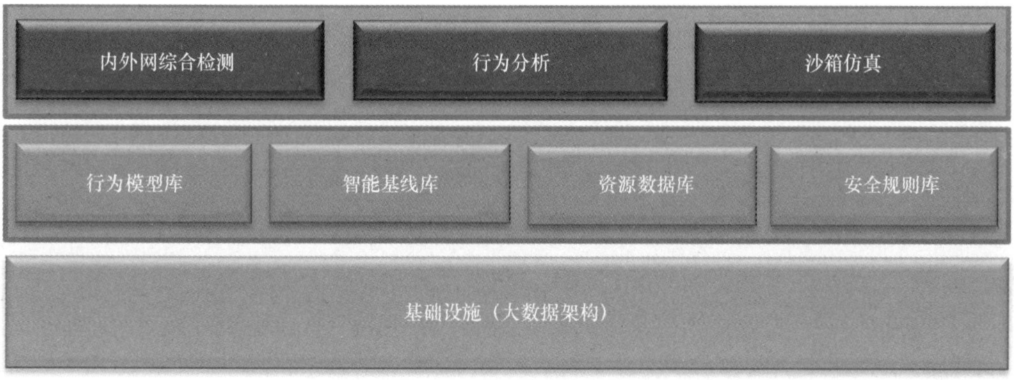

内外网综合检测	行为分析	沙箱仿真
行为模型库	智能基线库	资源数据库	安全规则库

基础设施（大数据架构）

图 3.82　APT 检测方案框架结构

本方案以大数据架构（Akka 大数据处理）为基础，通过相关算法建立专家知识库，包括网络行为模型库、智能基线数据库、安全规则库及相关资源数据库；结合全域流量检测算法、基于数据挖掘的行为分析方法及动态沙箱仿真技术，实现对已知威胁的检测、对未知恶意行为的检测及识别已经渗透的恶意代码，综合各个层面进行检测，防止漏报。

APT 检测方案系统部署如图 3.83 所示。

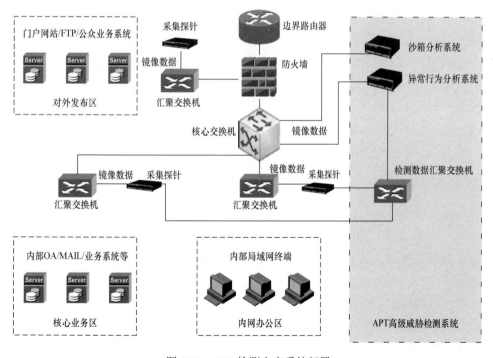

图 3.83　APT 检测方案系统部署

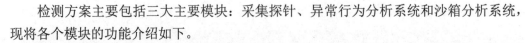

检测方案主要包括三大主要模块：采集探针、异常行为分析系统和沙箱分析系统，现将各个模块的功能介绍如下。

1）采集探针

针对 APT 攻击除外网渗透外，还在内网横向移动渗透及窃取重要秘密信息等特点，在整个网络的不同功能区都部署采集探针，对整个网络的数据流量进行镜像。采集探针的主要功能如下。

（1）高速采集：采用 DPDK 采集引擎，多网卡流量采集，其中，DPDK 是 Intel X86 平台报文快速处理的库和驱动的集合，大多数情况下运行在 Linux 的用户态空间。

（2）协议识别：协议识别包括深度包检测和深度流量分析（Deep Flow Inspection，DFI）协议识别两个方向。

（3）协议内容还原：包含 HTTP/邮件/FTP 协议文件还原和 SSL/RDP/Telnet 协议内容还原。

（4）流量统计：进行 IP/协议流量统计。

2）异常行为分析系统

异常行为分析系统具备两方面的检测功能，即针对已知威胁的检测和未知威胁的检测。

（1）静态检测——已知威胁的检测：静态检测支持 Snort 规则的入侵检测引擎和支撑病毒库对比测试。

（2）异常行为挖掘——未知威胁的检测：异常行为挖掘子系统数据处理采用 Akka 大数据处理框架结构，实现对日志/报警数据的处理；支持的数据挖掘算法包括木马随机域名 DGA 的检测、木马 DNS 隐蔽通道检测和暴力破解检测。

3）沙箱分析系统

沙箱分析系统支持基于指令监控的漏洞检测和行为分析功能。

（1）基于指令监控的漏洞检测：包括 ROP 漏洞利用检测和 HeapSpray 漏洞利用检测。

（2）行为分析：支持虚拟机逃逸行为分析和自动模拟点击。

2．检测特点

该方案以行为分析为核心，利用仿真分析和基于数据挖掘的行为建模分析手段，对特种木马、0-day 漏洞、APT 攻击等未知威胁活动进行实时检测。该方案系统部署于网络边界和内网核心区域，通过高速数据采集和深度还原技术，对全网络流量进行还原分析和海量数据存储，对网络威胁活动进行全面监控。系统以旁路方式接入被监测网络，不改变用户原有网络拓扑结构。

1）内外网综合检测——全生命周期监控

当前大多数的 APT 检测防护是基于网络边界进行流量分析和恶意代码分析，用户也部署了大量的安全设备和产品在边界出入口；但是当各种 0-day 漏洞、APT 攻击突破这些外部防线后，黑客在内网中"一马平川"，所以内网的威胁防护变得刻不容缓。

APT 攻击最终的目标是数据窃取，而核心数据往往在内部核心服务器和设备上面。所以本方案在实现对于网络边界的异常流量分析和可疑样本分析外，还重点对内网资产和数据进行智能识别和行为分析，通过内外网的综合监测实现对 APT 攻击的全生命周期（包括漏洞利用渗透进入、命令控制通信、内网扩散提权、数据隐蔽窃取）的监测和预警。

2）未知威胁行为分析技术——利用数据挖掘进行行为分析

通过已知威胁的行为建模，利用行为分析的方法识别已知威胁；同时，通过异常分析技术、行为建模技术、流量建模、智能基线等技术识别未知威胁，异常的协议攻击行为、网络访问和网络操作行为，以及未知流量的威胁分析等。

3）沙箱动态仿真分析——未知漏洞攻击检测

本方案采用函数调用指令监控的技术方法，通过对可疑样本的模拟触发，诱发恶意样本的全部行为，包括进程、注册表、文件、内存、网络、服务等行为，最后利用智能评分模型对样本的仿真行为进行综合量定，识别传统杀毒软件无法检测的未知恶意样本。同时，系统支持漏洞利用检测，能够对各种 1-day 和 0-day 漏洞、ShellCode、未知木马等进行有效检测和分析。

3.4.3　基于异常行为分析的 APT 攻击检测方法

网络异常行为检测是指将网络用户的正常网络行为或系统的资源使用状况与检测对象的行为进行对比，通过对比结果来判断是否发生网络异常。网络异常行为检测具有较强的通用性，通过正常用户行为模型就可以检测，对系统的依赖性较小。数据挖掘即从数据中挖掘知识，对比分析数据中的正常与异常。分类与聚类算法是数据挖掘中的经典算法，主要用于攻击的判别；关联规则分析技术则用于多阶段网络攻击或复制网络攻击的检测。本节提出 APT 攻击检测方案中的异常行为分析子系统采用了数据挖掘的方法进行异常行为检测。

3.4.3.1　基于无监督聚类的异常检测算法

异常检测需要提供大量的正常用户行为数据作为训练样本。在实际训练中会产生两个问题：①训练样本在通常情况下没有现成的标记数据，只能采用手动的方式对数据进行标记；当产生新型入侵需要重新训练的时候，又需要重新标记，不能快速适应瞬息万变的网络入侵。②如果手动标记有误，将严重影响最终生成的异常检测模型的准确性。基于上述原因考虑，针对异常行为的分析，在一定条件下可以考虑采用基于无监督聚类的异常检测算法。

1. 相关定义

定义矩阵 $\{x_{ij}\}_{m \times d}$ 为聚类数据的数据结构，类型包括区间标度型、二元型、类属型、序数型和比例标度型等，其中，第 i 行表示集合中的第 i 个样本数据 x_i，第 j 列元素表示样本数据的第 j 个特征。数值变量相似度用距离表示，$\mathrm{dist}(x_1, x_2)$ 表示任意两点 x_1 和 x_2 之间的距离，其值越大表示两点的相似度越低。

Minkowski 距离计算如下：

$$\mathrm{dist}_M(x_1, x_2) = \left(\sum_{j=1}^{d} |x_{1j} - x_{2j}|^p\right)^{\frac{1}{p}} \tag{3-20}$$

其中，p 为一个常数。

当 $p=1$ 时，就是 Manhattan 距离：

$$\mathrm{dist}_{cb}(x_1, x_2) = \sum_{j=1}^{d} |x_{1j} - x_{2j}| \tag{3-21}$$

当 $p=2$ 时，就是欧氏距离：

$$\mathrm{dist}_e(x_1, x_2) = \sqrt{\sum_{j=1}^{d} \left(x_{1j} - x_{2j}\right)^2} \tag{3-22}$$

定义 3.4：对象间相似度为一个 $n \times n$ 矩阵，表示 n 个对象间的相似性。

$$\boldsymbol{D} = \begin{bmatrix} 0 & & & \\ d(2,1) & 0 & & \\ d(3,1) & d(3,2) & 0 & \\ \vdots & \vdots & \vdots & \\ d(n,1) & d(n,2) & \cdots & 0 \end{bmatrix} \tag{3-23}$$

定义 3.5：设 C_k 类由 C_i 类和 C_j 类合并而成，样本数分别为 n_k、n_i 和 n_j，且 $n_k = n_i + n_j$，则各类均值 $\overline{x_k}$ 和 $\overline{x_i}$、$\overline{x_j}$ 的关系如下：

$$\overline{x_k} = \frac{1}{n_k}(n_i \overline{x_i} + n_j \overline{x_j}) \tag{3-24}$$

设任意一类 $C_r(r \neq i, j)$ 的均值 $\overline{x_r}$ 与新类的距离为

$$D_{rk} = d(\overline{x_r}, \overline{x_k}) \tag{3-25}$$

则由欧氏距离公式得：

$$\begin{aligned} D_{rk}^2 &= (\overline{x_r} - \overline{x_k})^T (\overline{x_r} - \overline{x_k}) \\ &= \left[\frac{n_i}{n_k}(\overline{x_r} - \overline{x_i}) + \frac{n_j}{n_k}(\overline{x_r} - \overline{x_j})\right]^T \left[\frac{n_i}{n_k}(\overline{x_r} - \overline{x_i}) + \frac{n_j}{n_k}(\overline{x_r} - \overline{x_j})\right] \\ &= \frac{n_i}{n_k}D_{ir}^2 + \frac{n_j}{n_k}D_{jr}^2 + \frac{n_i}{n_k}\frac{n_j}{n_k}D_{ij}^2 (r \neq i, j) \end{aligned} \tag{3-26}$$

本节算法中类的聚合采用式（3-26），距离采用欧氏距离公式即式（3-22）。

2．聚类算法

在聚类前，对样本数据进行归类，由上述假设和定义对数据进行标记。基于无监督聚类的异常检测算法描述如下。

（1）初始值：$\mathrm{Num\_cluster} = \mathrm{Num\_sample}$，$C_i = \{x_i\}$，且 $s = 0$，$c = 0$。

（2）计算相似度矩阵 $\boldsymbol{D}^{(s)}$ 中的每一个 $d(C_i, C_j)$

if($d(C_i, C_j) = \min \mathrm{dist} = \min d_{x_i x_j}$)

then 聚合 C_i，C_j，$c++$，其他类 C_τ 设置为第 $c+1$ 个类；

int $k = 0$，$i' = 0$，$l = 0$，$t = 0$

　　while ($i' = c + 1$)

{if($NC_{i'} < \eta \times N$)

then $C_{i'} \subset P\_\mathrm{Intrusion}$，$P\_C_k = C_{i'}$，$k++$，$i'++$}；

　　while ($\sum\limits_{r=0}^{t} NC_r > \eta \times N$)

{if $d_l > d_{i' \neq l}$ ($l \leqslant l' \leqslant i'$)，

　　then $P\_C_l \subset \mathrm{Intrusion}$，$d_l$ 丢弃，

$C_t = P\_C_l$，$l++$，$t++$}；

　　$s++$；

（3）重新计算 $\mathrm{Num\_cluster}$，如果 $\mathrm{Num\_cluster} > 1$，则重复步骤（2）和步骤（3）。

其中 $\mathrm{Num\_cluster}$ 为聚类数，$\mathrm{Num\_sample}$ 为样本数，C_τ 满足 $d(C_\tau, C_{\tau'}) > \min \mathrm{dist}$，$d_l$ 由式（3-27）、式（3-28）计算可得。

$$d_l = \sum_{l' \neq l} d(O_l, O_{l'}) \tag{3-27}$$

$$d(O_m, O_{m'}) = d(P\_C_m, P\_C_{m'}) \tag{3-28}$$

P_C_m 的质心为 O_m，C_i 为第 i 个类，NC_i 为 C_i 的数量；设置比例系数 η 来标定异常类，数量小于 $\eta \times N$ 的类判定为异常类，其中 η 为经验值，通常取 0~0.5 之间的一个常数，本系统初始值 $\eta = 0.01$。

3.4.3.2　基于动态安全基线的行为分析

信息系统安全基线作为信息系统的最小安全保证，描述了该系统满足安全要求的基本条件。安全基线体现了信息系统在安全付出成本和所能承受的安全风险之间的合理平衡线；低于安全基线不能满足系统安全的需求，由此可能带来较大的安全风险；而超标准安全需求的实现将带来超额安全成本。在安全基线的涵盖范围方面，可以按照信息系

统的构成进行细化，如网络设备安全基线、操作系统安全基线、数据库安全基线、中间件安全基线、应用软件安全基线等。构造安全基线是解决系统安全问题的先决条件和首要步骤。本节采用动态安全基线的方法对网络流量和用户行为进行分析，作为聚类分析算法的补充。

构造整个检测网络的流量动态安全基线和访问行为动态基线，作为异常行为检测的重要手段之一。

1．流量动态安全基线

流量动态安全基线计算每天相同时间段的正常流量的平均值，并根据不同的业务操作将全天划分成多个时段，每个时段不同的流量平均值组成了流量动态基线；流量动态基线是一项重要的网络流量指标，反映了正常网络状态下的流量变化趋势。当网络中存在异常流量时，将体现在网络流量的突然变化上。

2．访问行为动态基线

访问行为动态基线是指根据用户身份信息，如内外网用户、操作权限、隐私保护级别等，系统的管理制度，用户的访问方式、方法、登录时间、地点，访问网络不同时间段的不同网络流量情况，占用系统资源的比例等，综合生成访问用户行为动态基线，用户行为动态基线与系统所承载的业务及应用的关联度较大。访问行为动态基线需要根据用户身份、系统状态等选择不同配置参数、系统状态进行建立，其建立分析方法与流量动态基线分析方法基本类似。

3．动态基线分析流程

动态基线分析流程如图 3.84 所示。

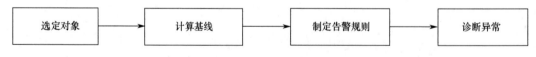

图 3.84　动态基线分析流程

1）选定对象

动态基线的对象选择必须满足以下条件：

（1）网络流量具有规律性，可以是用户重点关注的关键业务应用、重点路由器出口链路、重要部门的子网段等。

（2）网络监测重点的用户群体，如具有较高权限的用户、重点业务部门的用户等。

2）计算基线

网络流量及用户的操作行为等通常以天为单位，呈现周期性的变化。设 y 为当日正常流量，b_1 为未更新的此时段历史基线值，则新基线计算如下：

$$b = a \times y + (1-a) \times b_1, \quad 0 < a < 1 \tag{3-29}$$

其中，a 表示新基线此刻的权重，b_1 表示历史加权平均值。计算基线的前提是确定 y 正常流量，如果不是则不进行基线更新。基线的准确率随统计时间而变化，刚刚建立的基线值 b 不具备代表性，有可能产生误判；因此建立基线时要动态收集一段时间内网络的正常流量，再根据式（3-30）建立准备的基线值 b。

$$S_t = \sqrt{\frac{1}{n-1} \sum_{i=0}^{n-1} (y_{t-i} - b)^2} \tag{3-30}$$

其中，$y_1, y_2, y_3, \cdots, y_t$ 表示 t 天内相同时刻的历史流量样本数据，S_t 表示下一时刻实际流量值为 y_{t+1} 与基线的偏离度。

　　3）制定告警规则

网络流量随着时间的变化会产生波峰与波谷，对此，告警分级制规定单一告警状态都有取值范围，只要在范围内，就符合相应的等级。与单纯用动态基线值 b 来判断流量是否异常相比，告警分级制可以提高准确率，降低误报率。网络流量分级告警动态临界区域范围定义如下：

- $|y_{t+1} - b| \leqslant S_t$，网络流量正常，下一时间流量偏差在可接受范围；
- $S_t < |y_{t+1} - b| \leqslant 2S_t$，初级告警，下一时间流量偏差较小；
- $2S_t < |y_{t+1} - b| \leqslant 3S_t$，中级告警，下一时间流量偏差较大；
- $3S_t < |y_{t+1} - b|$，高级告警，下一时间流量偏差很大。

　　4）诊断异常

当出现告警时，需要诊断异常，其步骤如下。

（1）确定流量偏离值：流量偏离值指异常流量值与基线值的距离，设 f 为异常流量偏离值，则

$$f = |y - b| \tag{3-31}$$

f 越大表明受影响主机的数量越多。

（2）排列主机名单：根据出现异常流量时刻各个主机流量贡献值大小进行递减排序。

（3）找出异常主机群：根据主机排名，将前 n 个主机贡献流量值进行叠加，直至 n 最小时，流量和超过偏离值 f，则找到了产生异常流量的主机群。

3.4.4　结合沙箱技术的 APT 攻击检测方法

沙箱是一种虚拟环境，可以按照事先设定的安全策略限制程序行为。沙箱也是一种保护机制，保护系统敏感资源不被恶意代码访问。目前，业界认为沙箱检测技术是应对 0-day 漏洞攻击的有效方式之一，而 0-day 漏洞攻击是 APT 攻击的主要特征，用沙箱接管函数调用接口或函数行为，将程序生产和修改的文件用重定向技术定向到沙箱自身的文

件中进行观察，在判定可疑病毒或攻击行为后，采用"回滚"机制复原系统。最终对沙箱监测到的被检测应用程序的行为和网络通信行为等结果进行分析，判定是否为病毒或 0-day 漏洞攻击。本节提出 APT 检测方案中的沙箱分析子系统采用的是基于 Hypervisor 仿真技术的沙箱。

1. Hypervisor 仿真技术

Hypervisor 也称虚拟机监视器（Virtual Machine Monitor，VMM），其运行在虚拟化环境中底层物理服务器和虚拟机操作系统间的中间层，由运行在物理服务器上的软件构成。它允许多个虚拟机、操作系统和应用程序在同一物理服务器上运行。

平台虚拟化是指隐藏底层物理服务器的实现细节，从而让多个虚拟机、操作系统和应用服务可以透明地使用和共享底层向上提供的资源。Hypervisor 就是提供平台虚拟化功能的软件，称为虚拟机管理程序或 VMM；而 Guest 操作系统称为虚拟机（Virtual Machine，VM），平台虚拟化主要针对 VM 进行硬件虚拟化，图 3.85 为常用硬件虚拟化的简单分层架构。Hypervisor 是提供底层机器虚拟化的中间软件层，将对机器的底层资源的访问虚拟化为虚拟机操作系统。

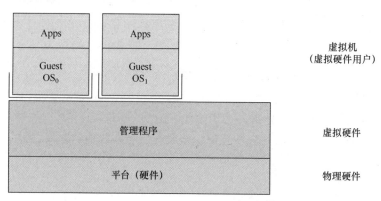

图 3.85　常用硬件虚拟化的简单分层架构

Hypervisor 有两种运行方式，一种是直接运行在物理服务器硬件之上，其典型代表是 KVM（Kernel-based Virtual Machine），它本身是一个基于操作系统的 Hypervisor；另一种是运行在另一个操作系统中，即运行在宿主机之内，其典型代表是 QEMU 和 WINE。

Hypervisor 是一种分层应用程序，用来实现从其 Guest 操作系统抽象机器硬件的功能。单个操作系统遇到的仅仅是一个 VM 而不是真实的物理硬件机器。Hypervisor 中的最小资源映射如图 3.86 所示。

Hypervisor 在较高级别上，启动 Guest 操作系统需要的最小设施资源，包括一个用于驱动 Guest 操作系统的内核镜像和相关的配置。此外，还需要一组 Guest 操作系统工具启动和管理 Guest 操作系统。

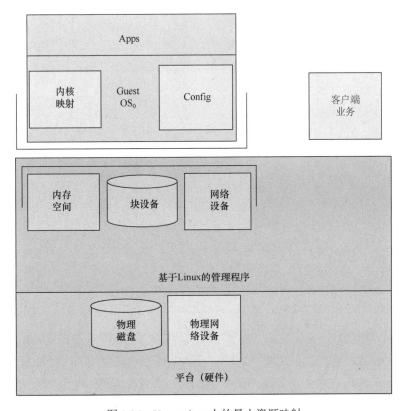

图 3.86　Hypervisor 中的最小资源映射

　　简化版本的 Hypervisor 架构能够支持 Guest 操作系统和宿主机操作系统同时运行，简化的基于 Linux 的 Hypervisor 如图 3.87 所示。

　　沙箱分析子系统部署基于 Hypervisor 类型 2 的 QEMU 1.0 版本。QEMU 1.0 作为完整的机器仿真器可实现沙箱的基本功能，通过模拟完整的硬件环境来虚拟化 Guest 平台。

　　QEMU 有用户仿真和系统仿真两类操作模式。本书主要采用 QEMU 系统仿真模式，其可以提供各种外设。可提供的外部设备包括硬件图形显示仿真器（支持多种分辨率）及相关驱动、鼠标和键盘等输入设备、硬盘和 CD-ROM 等 IDE 设备等。

2．沙箱逃逸

　　随着 APT 攻击案例的增多，针对 APT 攻击的防护手段也不断更新。黑客为了应对 APT 攻击防护采用的沙箱技术，对攻击代码增加了用于自我防护的检测机制，攻击代码可以通过判断当前运行系统的内存、程序、注册表、文件系统的典型特征，以及鼠标和键盘的活动情况等判断是否处于沙箱环境，如果处于沙箱环境则采取相应手段进行规避，该策略称为沙箱逃逸技术。

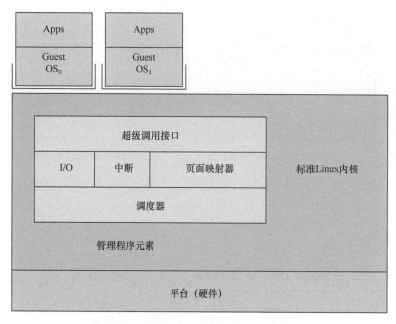

图 3.87　简化的基于 Linux 的 Hypervisor

为了防止加载沙箱逃逸技术的 APT 攻击通过该机制绕过检测手段使之无效化，必须通过对主要沙箱逃逸技术的分析，归纳得出反制该方法的有效途径。常见的沙箱逃逸技术有：人机交互、特殊配置、特殊环境及虚拟机典型特征匹配。高级的攻击手段中，APT 攻击采用注入其他程序的手段来实现逃避沙箱检测，如 Iexplore.exe、Rundll32.exe 或创建恶意子进程迷惑沙箱检测。

1）人机交互

一般情况下，沙箱环境中不会存在鼠标移动或键盘敲击，以及对话框的弹出关闭等，APT 攻击通过判断运行系统环境中是否存在鼠标的点击活动、键盘的敲击及对话框的互动来判定是否处于沙箱环境。APT 攻击在判定自身处于沙箱环境时，会一直处于潜伏状态，直至判定脱离沙箱环境，才会引发触发条件，进行相应的攻击。

2）特殊配置

高级网络黑客通过分析沙箱系统的配置特征，通过配置参数的判定来实现沙箱逃避，如睡眠唤醒、时间触发和执行路径等。

（1）睡眠唤醒。

目前已检测到，APT 攻击 Trojan Nap 能够延长睡眠时钟，待沙箱检测完成后，再触发恶意代码。通过超时变量参数 0x0927C0（600 秒，10 分钟）调用 SleepEx()使得恶意代码触发事件延后 10 分钟，因为多数沙箱检测文件样本的时间小于 10 分钟。

（2）时间触发。

恶意代码通过获取系统当前时间，如果当前时间没有达到代码触发事件，则进行潜伏。例如，Trojan Hastati 调用 GetLocalTime( )接口函数获取系统当前时间，如果判定当前时间不满足触发事件则休眠一段时间，再判定系统时间，再休眠，直至恶意代码被触发。

（3）执行路径。

恶意代码通过在 Windows 应用窗口中调用 GetCommadLineA( )检索当前命令字符串，当当前命令字符串出现反斜杠时，判定程序在根目录下执行，则进行潜伏，逃避沙箱检测。

3）特殊环境

通常 APT 攻击在特定应用程序版本或特定版本的操作系统中通过特定的漏洞进行攻击，但是目前沙箱系统都有预先设定环境，不满足触发条件，如没有特定版本软件等，则进行潜伏。

4）虚拟机典型特征匹配

APT 攻击通过检测虚拟机经典特征匹配，如从操作系统注册表键值中获取全部磁盘名称，如果获取的磁盘名称存在于系统磁盘名称中，则判定处于沙箱环境，进行潜伏。

针对上述沙箱逃逸技术，在构建基于全生命周期的 APT 检测方法时，通过以下处理增强所构建沙箱检测环境的反逃逸能力：

- 通过程序模拟鼠标点击活动，反制针对鼠标点击的检测。
- 通过桌面模拟程序，对弹出的对话框进行互动操作，反制针对对话框的检测。
- 通过延长沙箱检测时间，以及定时改变系统时间的方式，来应对针对系统时间设定的检测。
- 通过构建沙箱系统配置的多样性及改变系统磁盘名称等方式，来应对针对虚拟机经典特征的匹配。

3.4.5　基于知识图谱的 APT 攻击检测

3.4.5.1　APT 攻击威胁知识图谱构建

知识图谱主要用于描述各种实体和概念，以及它们之间的强关系。网络安全领域知识图谱构建的关键包括两个方面：一是对信息领域知识实体类型的划分，二是实体语义关系的定义。

基于网络安全领域知识图谱构建的两个关键要素，本节构建了威胁元语言模型来对威胁知识的结构化进行描述，包括威胁实体划分、属性的定义及知识关系的定义。依据 STIX2.0 及领域专家知识，利用威胁元语言模型，规范了安全事件分析、APT 追踪溯源等实际业务场景所需的数据表示和语义关系。

在基于威胁元语言模型的威胁知识图谱中，威胁实体构建和威胁实体关系构建是两个最为关键的步骤。

1. 威胁实体构建

威胁实体的构建主要参照 STIX 2.0 中的十二个对象域的划分，以及当前世界范围内对安全元素描述使用较为广泛的标准，并定义了十一个实体类型，分别如下。

- 攻击模式：攻击发起者使用的策略、技术和程序。可参考通用攻击模式枚举和分类（CAPEC）、MITRE 公司的 PRE-ATT&CK、ATT&CK、Kill Chain 对攻击模式的分类。
- 恶意代码：进行恶意活动的软件或代码片段。可参考恶意软件属性枚举和描述（MACE）对恶意代码的分类。
- 隐患：黑客可利用的不安全配置和软件漏洞。可参考常见漏洞和披露（CVE）、通用配置枚举（CCE）中对隐患的分类。
- 目标客体：攻击目标资产。可参考通用平台枚举（CPE）中对目标客体的分类。
- 威胁主体：攻击发起者，可以是个人、团体和组织。可参考威胁代理风险评估（TARA）中的威胁代理库。
- 案例：针对具体目标的一系列恶意行为或攻击。
- 意图危害：针对特定目标的攻击意图及相关危害描述。
- 风险：威胁和隐患映射而成的原子级的安全指标。
- 合规：安全指标映射的外部安全标准。
- 防御手段：针对攻击的防护和响应手段。
- 事件：当前安全状态描述。

表 3.41～表 3.48 给出了威胁主体、目标客体、风险等八个实体的设计示例。

表 3.41　威胁主体

身份	竞争对手
	犯罪分子
	内鬼
	恐怖分子
	间谍
	激进主义者
	犯罪组织
	黑客
	内部误用者
	自我炒作者
	无政府主义者
角色	代理
	负责人
	恶意软件作者

续表

角色	赞助者
	独行侠
	基础设施架构师
	基础设施运营商
技术水平	小白
	初级
	中级
	先进
	专家
	革新
资源水平	个人
	团队
	组织
	政府
	其他
动机	个人满足
	报复
	破坏
	意外
	被迫
	炫耀
	意识形态
	搏出名
	个人获利
	组织获利
	未知

表 3.42　目标客体

地理信息	国家
	省/州
	城市
行业（STIX 2.0）	农业
	航空航天
	汽车
	通信
	建筑
	国防
	教育

续表

行业（STIX 2.0）	能源
	娱乐
	金融服务
	政府
	医疗卫生
	酒店休闲
	制造业
	保险
	基础设施
	公共事业
	科技
	其他
关联视图	关键信息基础设施
	等级保护 2.0
	ISO 27003
	其他标准
资产属性	硬件/软件/服务
	厂商
	版本号

表 3.43　风险

CWE	输入验证和表示
	意外的入口点
	使用不适合的 API
	…
CVE	CVE-2017-0143
	CVE-2011-2085
	…
CNNVD	CNNVD-201306-011
	CNNVD-201306-012
	…

表 3.44　攻击模式

攻击机制	利用测试 API
	跨站表示
	恶意软件下载
	XML 客户端攻击
	…

	SSH 远程登录
	僵尸网络肉鸡活动
攻击热点	Struts2 漏洞扫描
	比特币挖矿
	…

表 3.45　恶意代码

	Accept-socket-connection
	Create-file
	Create-process
恶意动作	Connect-to-url
	Free-library
	Kill-thread
	…

表 3.46　事件

	非法内容
	恶意代码
	信息收集
	入侵尝试
事件类型	入侵
	可用性破坏
	欺骗
	其他分类

表 3.47　防御手段

	入侵防护系统
设备	沙箱
	…
	360
厂商	腾讯
	…
版本	V1.0
	…
	IPS：8863 条
规则	绿盟沙箱：110 个恶意动作
	沙箱：49 个恶意动作

表 3.48　合规

安全标准	关键信息基础设施
	等级保护
安全域	关键信息基础设施：5 个
	等级保护：8 个
安全条例	关键信息基础设施：27 条
	等级保护：15 条

实体的定义和实例化只将描述安全状况的信息形成孤立的图节点，并没有建立相应的关联关系，也无法进行图的推理、计算和搜索。

2．威胁实体关系构建

国际漏洞库（NVD）以 CAPEC_ID（攻击模式）、CVE_ID（漏洞）、CWE_ID（隐患）、CPE_ID（目标客体）的映射关系构建了一套可用于自动化关联分析推理安全状况的知识图谱。

STIX 2.0 定义了七类关系：targets、uses、indicates、mitigates、attributed-to、variant-of、impersonates，实现了对十二个对象域的连通。STIX 2.0 对象关系总览如图 3.88 所示。

本书参考 STIX 2.0 的情报关联和国际漏洞库，以本体属性的映射建立威胁知识图谱的关系边，形成如图 3.89 所示的威胁知识图谱结构。

威胁知识图谱将整个攻击过程分解为原子级别的本体及通过本体中的编号属性进行关联边的建立，从而描述整个攻击流程的逻辑关系。

以 NSA 网络武器库中的永恒之蓝漏洞为例，该示例中包括威胁主体：NSA；攻击工具：metasploit；攻击模式：永恒之蓝漏洞攻击；脆弱：CVE-2017-0143；防护手段：端口关闭、流量丢弃；目标客体：Windows 7 操作系统。

实际业务场景图谱示例如图 3.90 所示。针对 SMB 远程执行代码漏洞（CVE-2017-0143）通过建立的知识图谱语义关系（weakness_of 和 defensed_by）及实际业务场景下的资产信息（服务器、防火墙、路由器），输出影响的资产（服务器）及提出相关处置建议（关闭 445 端口、流量丢弃），不仅可以实现态势信息的获取，还可以进一步推理其影响范围和可采取的防御措施。

3．威胁知识图谱更新

威胁知识图谱需要持续从外部抽取实体和关系，完善知识图谱描述内容和语义关系。知识抽取是指从结构化、半结构化、非结构化数据中抽取元数据，与知识图谱各实体类型进行关联，包括实体知识抽取和关系抽取。

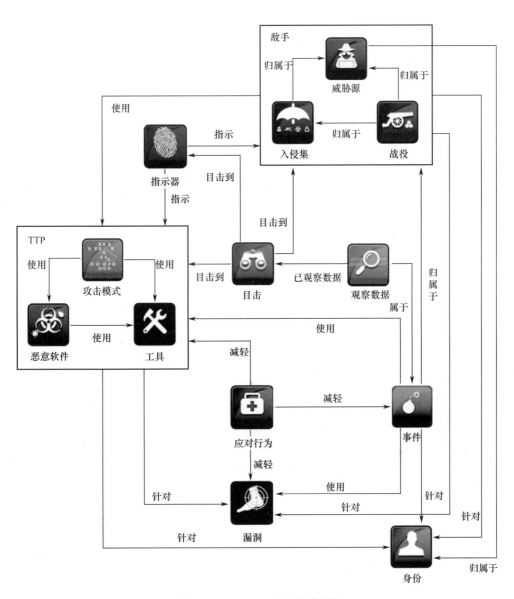

图 3.88　STIX 2.0 对象关系总览

　　结构化数据：指用关系模型存储和管理数据，数据按表和字段进行存储，字段之间相互独立，其中存储于数据库中的漏洞、样本、资产、补丁等数据均属于结构化数据范畴。

　　半结构化数据：结构化数据的一种形式，它并不符合关系型数据库或其他以数据表的形式关联起来的数据模型结构，但包含相关标记，用来分隔语义元素及对记录和字段进行分层，常见的半结构化数据有网页、XML 和 JSON。

　　非结构化数据：指数据结构不规则或不完整，没有预定义的数据模型，不方便用数据库关系模型来表现的数据，包括所有格式的文档、图像、视频信息等。

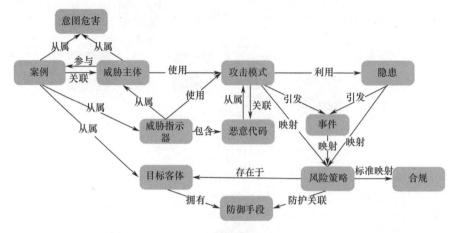

图 3.89　威胁知识图谱结构

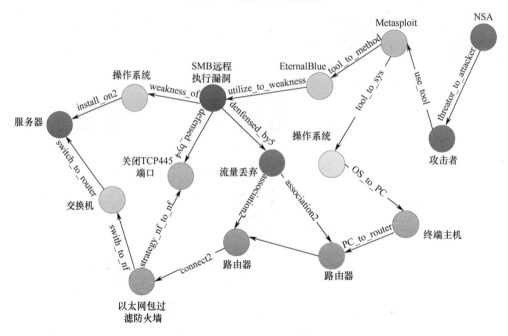

图 3.90　实际业务场景图谱示例

实体知识抽取数据来源如下。

（1）威胁主体：Symantec、Virus Total、ThreatConnect。

（2）隐患：CNVD（国家信息安全漏洞共享平台）、CNNVD（中国国家漏洞库）、Secunia（丹麦漏洞机构）、SecurityFocus（Symantec 公司）、CVE 等。

（3）攻击模式：STIX 2.0:Tool、STIX 2.0:Malware、STIX 2.0:Attack Pattern、CAPEC、MAEC。

（4）资产：OpenIOC、STIX 2.0:Observed Data、STIX 1.2:Exploit Target、Cybox。

关系抽取数据来源包括 APT 报告、开源情报库（如 IMB X-force、Alientvault 等）、安全博客等。

不同来源的数据需要经过知识消歧融合，就是对描述同类知识的数据进行消重处理，同时补充缺失的属性信息，以保证威胁知识图谱的时效性和准确性。

3.4.5.2　基于 APT 知识库的特征融合理解

特征融合理解一方面是基于攻击基因对各类告警日志进行统一理解，另一方面是利用威胁知识图谱进行上下文复合语义扩充，通过这两个方面形成 APT 组织威胁事件的复合攻击基因。

1．基于攻击基因的特征融合态势理解方法

现实情况中各类攻击告警的日志数量庞大，难以直接对日志告警进行分析，而传统的日志告警缺乏规范的分类信息，一方面给攻击行为的抽象分析带来困难；另一方面当管理平台接入多个厂商的告警时，容易遇到同一攻击重复告警的问题。因此，基于通用攻击基因对各类告警日志进行规范化处理，能够对海量攻击告警进行压缩，对不同厂商、不同设备的攻击告警进行攻击基因归并，并进行统一理解，同时对告警日志进行信息扩维操作，解析为抽象级别更高的攻击事件，支撑后续的推理引擎的深度分析。

攻击基因库主要描述攻击手段，作为理解不同告警日志的核心，最关键的要求就是其设计的规范性和通用性。如果设计粒度过粗，则覆盖范围过广，无法作为识别攻击者的攻击基因使用；如果设计粒度过细，则难以达到其通用性要求。因此，参考 CAPEC 的攻击机制视图，将攻击基因的层级分为 Meta（元）级和 Standard（标准）级和 Detail（细节）级，以支撑不同粒度的观测要求。除了基础的层级设计，关于攻击基因的字段描述也需要规范，如针对的平台、造成的具体危害，否则无法支撑后续的危害推理。

考虑到网络攻击具有一定的流行趋势，为了保持对热门攻击手段的追踪，攻击基因库参考威胁情报的设计，在攻击机制的基础上新增热点攻击类型。攻击机制表示某一类原理相同的攻击手段，热点攻击则表示对近期流行攻击的特别关注，同时也属于某个攻击机制。这样设计便于后续从攻击者的惯用攻击机制和使用的热点攻击这两个维度对攻击者的攻击基因进行比对，从而能够对海量攻击告警进行融合。具体实现思路如下所述。

通用攻击基因主要由威胁知识图谱的攻击模式库组成。攻击模式库是对攻击手段和攻击机制进行描述和概括，关键的意义在于其通用性和规范性，能够打破多种设备的沟通壁垒，对告警信息进行一定程度的抽象和信息扩维，以及支撑后续的日志压缩、事件理解和优先级划分，是后续攻击者画像和攻击基因的关键组成部分。

攻击模式库的构建可参考 CAPEC（通用攻击模式枚举和分类）的攻击机制视图框架

进行。在对目前已有的多个攻击建模框架进行调研后发现，CAPEC 对整个威胁建模框架体系中的攻击模式枚举和分类是较为合理的，因为 CAPEC 对于攻击模式的枚举不局限于 Web 应用攻击，对于后续威胁建模体系扩充有很好的可扩展性，同时 CAPEC 作为威胁情报 STIX 中攻击模式的补充，构建的攻击模式库如果与 CAPEC 保持一定的兼容性，就能够对外部知识进行知识抽取和消费，保证一定的通用性。CAPEC 的攻击机制视图按照攻击手段的原理自上而下划分了三个级别，能够用于后续的观测粒度调整。

CAPEC 也存在一些不足，而构建攻击模式库需要对这些不足进行完善。CAPEC 对于攻击模式的枚举和描述过于学术化，很多过细的攻击模式难以落地。另外，对于攻击模式部分的描述信息也比较粗，如严重程度只有三级划分，缺乏具体的攻击危害描述。因此，攻击模式库的构建需要：

（1）根据实际情况，在 CAPEC 已有的框架基础上对攻击手段进行扩充。

（2）根据实际情况，对攻击模式的描述字段进行信息丰富。

（3）在实际的攻防场景下进行检验，不断完善。

攻击模式库的构建需要建立在真实的攻防场景下，要能够对真实的攻击进行描述，因此应通过不断对真实场景进行仿真模拟，以及参考公开的 APT 报告和内部应急响应报告，不断扩充攻击模式字典和信息维度，逐步完善攻击模式库。最终基于通用攻击基因的事件理解引擎能够对接收到的传统日志告警进行信息扩维操作，在原先的基础上增加针对的平台、造成的危害、所处攻击链阶段及严重程度等信息，能够对收集的日志进行攻击阶段汇总，还能够从告警的攻击目标厂商和产品结合已有资产列表进行攻击意图推断。

2．基于 APT 知识库的复合攻击基因扩充

复合攻击基因扩充主要利用威胁知识图谱构建的各个本体之间的多种关系对威胁事件进行补充。复合攻击基因包括威胁主体特征、攻击基因、恶意代码模式和目标客体特征，将事件关联的复合攻击基因进行信息扩维操作，能够实现对攻击事件进行整体评估，从而发现高置信度的攻击事件，提升攻击画像的精度，支撑攻击溯源。

威胁知识图谱中包括威胁主体、攻击基因、恶意代码模式和目标客体四个实体及关联的关系。将攻击事件的攻击 IP 放到威胁知识图谱中查找是否存在对应的威胁主体，或是否曾经攻击某个资产；将攻击事件的目标 IP 放到威胁知识图谱中查找对应的客体和资产信息，包括行业特征和脆弱性特征信息；将攻击事件的攻击基因放到威胁知识图谱中查找相似的曾经使用的攻击基因，包括攻击基因相关的攻击组织特征、CVE 特征，进一步关联对应的 CPE 特征，以及与该攻击基因相关的前后置攻击基因的特征等。恶意代码模式的威胁知识图谱查找则需要更深层次的比对，从能力的相似、行为的相似到具体动作的相似。由于威胁知识图谱中每个实体之间都存在多种关系，因此威胁图谱的知识查

询需要预设查询的度数，一方面达到信息扩充的目的，另一方面避免冗余信息造成计算负担。

将攻击事件的固有属性经过威胁知识图谱的信息扩充后，组成该攻击事件的复合攻击基因，用于后续的攻击基因比对，支撑攻击溯源和攻击者画像。具体实现步骤如下。

首先，在威胁知识图谱中抽取威胁入侵事件的攻击主体特征，主要包括攻击入侵的 IP 及其他特征标签，将主体特征标签作为知识图谱的搜索词，并且设定搜索边权重及相关搜索深度，提取权重阈值内的相关节点及其属性作为威胁事件的主体特征进行保存。威胁主体特征一般包括攻击主体的地域信息、所属威胁组织相关信息、常用攻击模式、攻击黑历史信息、威胁程度信息等。

其次，抽取威胁入侵事件的攻击模式特征，主要包括威胁事件的攻击模式或采用恶意代码的 MD5、SHA1 信息等；将攻击模式特征作为知识图谱搜索词，并且设定边权重和搜索深度，提取搜索词相关节点及其属性作为威胁事件攻击模式特征进行保存。攻击模式相关特征包括攻击模式相关的攻击组织特征、CVE 特征、进一步关联对应的 CPE 特征，以及与该攻击模式相关的前后置攻击模式的特征等。同时，抽取威胁事件的目标客体特征，主要包括被攻击客体的 IP，以及其他相关的资产标签特征；基于这些特征进行知识图谱的搜索，提取目标客体相关的节点及其属性作为目标客体扩充的特征进行保存。目标客体特征主要包括目标客体的行业特征、地域特征、资产脆弱性特征等。

如果攻击事件中存在恶意样本投递，还需要从威胁知识图谱中获取关联的恶意代码基因。恶意代码基因的核心是对恶意样本的动态行为进行描述和抽象概括。因为恶意样本的动作行为离不开具体的样本实例，所以恶意代码基因库也会包括对恶意样本本身及对应静态信息的描述。恶意代码基因库的关键意义在于对恶意样本动态行为的规范化、结构化描述，包括其执行的动作和所使用的参数，以及对应的行为目的和具备的能力。使用恶意代码基因库对恶意样本的活动进行规范描述后，能够综合多个分析报告进行样本的恶意性判定和软件基因同源分析，辅助后续的攻击溯源和复合攻击基因判定。

恶意代码基因库主要参照 MAEC（恶意软件属性枚举和特性描述）的框架结构进行构建。在目前对于恶意代码的描述框架中，MAEC 是比较符合需求的描述较为完整的框架体系。如果恶意代码基因库与 MAEC 框架保持一定的兼容性，那么将能够对外部目前已有的 MAEC 恶意样本分析报告进行知识抽取，丰富已有的训练集。

参考 MAEC 的恶意代码行为分级，恶意代码基因库的动态行为描述也分为三个级别，自底向上分别是具体动作、行为和能力，其中具体动作对应函数级别的 API 调用，来自底层的规则日志；行为代表一定目的的动作的合集；能力则是更高级别行为的抽象，能够覆盖一系列的行为。MAEC 也存在一定的不足。MAEC 的设计目的是用于输出恶意样本的分析报告，以报告为中心，而恶意代码基因库以行为为中心，在结构上需要对应的设计调整。MAEC 对于动作行为的描述也比较简单，缺乏细致的信息。在实际情况下，比如同样一个病毒，在 Windows 7 操作系统上的行为和在 Windows XP 上的行为不会完全一样，因为不同的系统在具体的利用方法上存在差异。如果一个病毒具备一定的抗沙箱能力，那么它在不同的沙箱上分析，得到的行为也会不同。因此，具体的动作行为上需要增加运行环境的描述。最关键的问题是 MAEC 的行为缺乏各个层级的推理路径，还需要利用专家规则进行补充。因此，恶意代码基因库的构建需要：

（1）根据应用场景设计调整对应的模型结构。

（2）根据实际的沙箱分析报告，扩展动作字典和动作描述字段。

（3）利用外部知识和专家规则，对恶意代码基因库的行为推理进行补充。

（4）使用新的样本和接入新的沙箱分析报告进行测试，不断完善恶意代码基因库。

最后，将威胁知识图谱中关联的威胁主体特征、攻击基因、恶意代码基因和目标客体特征抽取出来，组成攻击事件复合攻击基因，支撑后续的攻击者画像和攻击溯源。

3.4.5.3　基于威胁知识图谱的 APT 攻击组织同源分析

在威胁知识图谱和特征融合理解的基础上，本节基于海量多源异构日志进行整合、归并，并结合攻击模式生成具有统一范式化结构的安全基础事件；基于攻击链模型（Kill Chain Model）将事件整合成攻击链，并基于威胁知识图谱抽取攻击链相关的威胁上下文语义，组成包含复合语义的扩展攻击链；结合攻击链及相关的威胁上下文语义，利用攻击链同源关联模型和算法，对周期内的攻击链进行聚类和评估修正，最终在海量威胁告警日志中实现同一攻击组织的同源分析及攻击组织攻击场景还原。

1. 海量多源异构日志的快速理解能力

基于 Kafka 和 Spark Streaming 架构的日志解析和理解引擎能够对海量多源异构日志进行快速解析，并按照既定的攻击模式和安全事件结构，将事件快速理解成为范式化的安全基础事件，并批量导入分布式数据库中。

2. 攻击链推理及上下文语义扩充能力

基于态势感知架构和攻击链模型的推理引擎，结合 Spark Streaming 和攻击链的逻辑，实现将针对同一目标资产的安全基础事件快速整合生成攻击链，基于威胁知识图谱将攻击链相关事件的威胁上下文语义抽取并关联到攻击链，生成包含复合威胁语义的扩展攻击链。

3. 基于攻击链上下文语义的攻击组织同源分析和推理算法

基于攻击链上下文语义的攻击组织同源分析和推理算法，结合基于推理引擎生成的扩展攻击链，针对攻击链上下文语义建立特征工程，生成威胁特征向量，针对威胁特征向量进行关联及聚类，实现对攻击链的同源关联及分析。

4．基于动态 BP 神经网络的 APT 攻击同源性分析模型

在同源性分析中，我们将具有同源性的一对 APT 攻击事件的特征相似向量作为输入，把它们的同源性度量值作为期望输出，通过训练不断调整各个特征对同源性分析结果的影响权值，从而实现从 APT 攻击特征向量到同源性分析结果的合理映射。我们建立了一个有效的基于动态 BP 神经网络的 APT 攻击同源性分析模型，如图 3.91 所示。

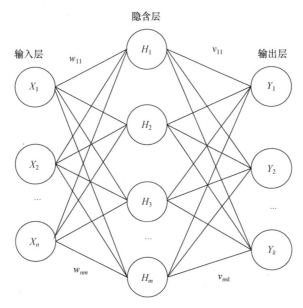

图 3.91　基于动态 BP 神经网络的 APT 攻击同源性分析模型

动态 BP 神经网络采用以下方法来动态调整学习效率：在每次迭代中，当计算出神经网络的输出误差之后，要用本次计算出的神经网络的输出误差与上次迭代时计算出的神经网络的输出误差进行比较，若它们的比值大于某个正常数 b（b 通常是一个略大于 1 的数），则将当前的学习效率值适当减小；否则，将当前的学习效率值适当增大。减小学习效率值的方法一般是给当前的学习效率值乘一个小于 1 的正数，增大学习效率值的方法一般是给当前的学习效率值乘一个略大于 1 的正数。这样，由于在学习过程中不断根据当前输出误差的变化情况来实时地调整学习效率，神经网络的学习过程的收敛速度就大大加快了。

利用上述改进的动态 BP 神经网络，以及已有的训练样本数据，选取样本集中的两个样本，通过计算两个样本各个特征之间的相似度，得到一个输入向量 $\boldsymbol{X} = \{x_1, x_2, \cdots, x_n\}$。将该向量输入动态 BP 神经网络，计算输出层节点和隐含层节点及隐含层节点和输入层节点之间的连接权值并进行修正，在修正过程中，计算 $\delta(t)/\delta(t-1)$ 的值，及时调整学习效率 α。不断选取样本集中的一对样本，并重复上述训练过程。最后，计算神经网络的输出误差 $E=\dfrac{1}{K}\sum\limits_{i=1}^{K}E_i$，其中，$E_i$ 是训练集中第 i 个训练样例的输出误差，K 是训练集中训练样例的个数。若 $E\leqslant E\delta$（神经网络的平均误差容限），或学习过程达到了指定的迭代次数，则学习过程结束。

利用已经训练完毕的神经网络对 APT 攻击进行同源性分析。将两个样本基于 n 个特征的相似度组成的 n 元组 $\boldsymbol{X}=(X_1, X_2, \cdots, X_n)$ 作为神经网络的输入向量，输入神经网络中，得到一个输出值 $y\in(0,1)$，y 值越大，则两个输入样本具有同源性的可能性就越大。

本章参考文献

[1] 王新良. 僵尸网络异常流量分析与检测[D]. 北京：北京邮电大学，2011.

[2] ZEIDANLOO H R, MANAF A A. Botnet command and control mechanisms[C]. Dubai, UAE：Second International Conference on Computer and Electrical Engineering, 2009.

[3] GU G F, ZHANG J J, LEE W K. BotSniffer: Detecting botnet command and control channels in network traffic[C]. San Diego, California: Proceedings of the Network and Distributed System Security Symposium, 2008.

[4] 邓国强，李芝棠，李冬，等. 基于邮件行为异常的垃圾邮件客户端检测[J]. 广西大学学报，2011，36（z1）：100-104.

[5] NARANG P, RAY S, HOTA C, et al. PeerShark: Detecting peer-to-peer botnets by tracking conversations[C]. San Jose: IEEE Security and Privacy Workshops, 2014.

[6] 张维维，龚俭，刘尚东，等. 面向主干网的 DNS 流量监测[J]. 软件学报，2017，28（9）：2370-2387.

[7] 陈兴蜀，陈敬涵，邵国林，等. 基于会话流聚合的隐蔽性通信行为检测方法[J]. 电子科技大学学报，2019，48（3）：388-396.

[8] KIRUBAVATHI G，ANITHA R. Botnet Detection via Mining of Traffic Flow Characteristics[J]. Computers & Electrical Engineering, 2016, 50: 91-101.

[9] MAI L, PARK M. A Comparison of Clustering Glgorithms for Botnet Detection Based on Network Flow[C]. Vienna, Austria: IEEE 8th International Conference on Ubiquitous and Future Networks (ICUFN), 2016.

[10] STEVANOVIC M, PEDERSEN J M. An Efficient Flow-Based Botnet Detection Using Supervised Machine Learning[C]. Honolulu, Hi: International Conference on Computing, Networking and Communications (ICNC), 2014.

[11] SHOCH J, HUPP J. The "Worm" Programs—Early Experiments With a Distributed Computation[J].

Communication of the ACM, 1982,22(3):172-180.

[12] WANG Y N, WEN S, XIANG Y, et al. Modeling the Propagation of Worms in Networks: a Survey[J]. IEEE Communications Surveys & Turorials, 2014, 16(2):942-960.

[13] THOMMES R W, COATES M J. Modeling Virus Propagation in Peer-to-Peer Networks[C]. Thailand: IEEE Information, Communications and Signal Processing, 2005.

[14] PING Y, LIU S. SEIR Epidemic Model with Delay[J]. Journal of the Australian Mathematical Society, Series B-Applied Mathematics, 2006, 48(1):119-134.

[15] BIMAL K M, DINESH K S. SEIRS Epidemic Model with Delay for Transmission of Malicious Objects in Computer Network[J]. Applied Mathematics and Computation, 2007, 188(2): 1476-1482.

[16] CLIFF C Z, GONG W, TOWSLEY D. Code Red Worm Propagation Modeling and Analysis[C]. Wshington DC: Proceedings of 9th ACM Conference on Computer and Communication & Security, 2002.

[17] WANG F, ZHANG Y, WANG C, et al. Stability Analysis of an e-SEIAR Model with Point-to-Group Worm Propagation[J]. Communications in Nonlinear Science and Numerical Simulation, 2015, 20(3): 897-904.

[18] MISHRA B K, SRIVASTAVA S K, MISHRA B K. A Quarantine Model on the Spreading Behavior of Worms in Wireless Sensor Network[J]. Transaction on IoT and Cloud Computing, 2014, 2(1): 1-12.

[19] MISHRA B K, KESHRI N. Mathematical Model on the Transmission of Worms in Wireless Sensor Network[J]. Applied Mathematical Modelling, 2013, 37(6): 4103-4111.

[20] WANG J, LIU Y H, DENG K. Modelling and Simulating Worm Propagation in Static and Dynamic Traffic[J]. IET Intelligent Transport Systems, 2014, 8(2):155-163.

[21] ZHUANG K C, ZHANG H, ZHANG K. Simulation-Based Analysis of Worm Propagation in Wireless Sensor Networks[C]. Nanjing: Multimedia Information Networking and Security (MINES), 2012.

[22] MORENNO Y, PASTOR-SATORRAS R, VESPIGNANI A. Epidemic Outbreaks in Complex Heterogeneous Networks[J]. The European Physical Journal B-Condensed Matter and Complex Systems, 2002, 26(4): 521-529.

[23] DENG C, LIU Q. A Computer Virus Spreading Model With Nonlinear Infectivity on Scale-Free Network[C]. Chongqing: International Conference on Information Sciences, Machinery, Materials and Energy, 2015.

[24] YANG M, CHEN G, FU X. A Modified SIS Model with an Infective Medium on Complex Networks and Its Global Stability[J]. Physica A: Statistical Mechanics and Its Applications, 2011, 390(12): 2408-2413.

[25] SHI H, DUAN Z, CHEN G. An SIS Model with Infective Medium on Complex Networks[J]. Physica A: Statistical Mechanics and Its Applications, 2008, 387(8): 2133-2144.

[26] CHEN Z S. Modeling and Defending Against Internet Worm Attacks[D]. Fort Wayne: Purdue University Fort Wayne, 2007.

[27] 刘波，王怀民，肖枫涛，等. 面向异构网络环境的蠕虫传播模型 Enhanced-AAWP[J]. 通信学报，2011，32（12）：103-113.

[28] SEHGAL V K. Stochastic Modeling of Worm Propagation in Trusted Networks[C]. Lasvegas：Proceedings of the 2006 International Conference on Security and Management, 2006.

[29] KONDAKCI S. Epidemic state analysis of computers under malware attacks[J]. Simulation Modelling Practice and Theory, 2008,16(5): 571-584.

[30] 周翰逊，郭薇，刘建. 基于马尔可夫链的网络蠕虫传播模型[J]. 通信学报，2015，36（5）：1-8.

[31] ARIU D, TRONCI R, GIACINTO G. HMMPayl: An Intrusion Detection System Based on Hidden Markov Models[J]. Computers & Security, 2011, 30(4): 221-241.

[32] XIAO L, WANG H. Network Intrusion Detection Based on Hidden Markov Model and Conditional Entropy[J]. Information Sciences, 2019: 509-519.

[33] SALEH A I, TALAAT F M, LABIB L M. A Hybrid Intrusion Detection System (HIDS) Based on Prioritized K-Nearest Neighbors and Optimized SVM Classifiers[J]. Artificial Intelligence Review, 2019, 51(3): 403-443.

[34] CHEN S, PENG M, XIONG H, et al. SVM Intrusion Detection Model Based on Compressed Sampling[J]. Journal of Electrical and Computer Engineering, 2016, 2016:1-6.

[35] 戚名钰，刘铭，傅彦铭. 基于 PCA 的 SVM 网络入侵检测研究[J]. 信息网络安全，2015（2）：15-18.

[36] TENG L, TENG S, TANG F, et al. A Collaborative and Adaptive Intrusion Detection Based on SVMs and Decision Trees[C]. Shenzhen: IEEE International Conference on Data Mining Workshop (ICDM), 2014.

[37] SAHU S K, KATIYAR A, KUMARI K M, et al. An SVM-Based Ensemble Approach for Intrusion Detection[J]. International Journal of Information Technology and Web Engineering, 2019, 14(1): 66-84.

[38] AUNG Y Y, MIN M M. Hybrid Intrusion Detection System Using K-Means and Classification and Regression Trees Algorithms[C]. Kunming: IEEE International Conference on Software Engineering Research, Management and Application, 2018.

[39] AL-YASEEN W L, OTHMAN Z A, et al. Multi-level Hybrid Support Vector Machine and Extreme Learning Machine Based on Modified K-Means for Intrusion Detection System[J]. Expert Systems with Applications, 2017, 67(C):296-303.

[40] CHAPANERI R, SHAH S. Multi-level Gaussian mixture modeling for detection of malicious network traffic[J]. Journal of Supercomputing, 2021, 77(5): 4618-4638.

[41] WANG Z J, ZHU Y Q. Intrusion Detection System Based on Gaussian Mixture Model Using Hadoop Framework[C]. Hamamatsu: International Conference on Applied Computing and Information Technology (ACIT/CSII/BCD), 2017.

[42] DE LA HOZ E, DE LA HOZ E, ORITZ A, et al. PCA Filtering and Probabilistic SOM for Network Intrusion Detection[J]. Neurocomputing, 2015, 164: 71-81.

[43] SALO F, NASSIF A B, ESSEX A. Dimensionality Reduction with IG-PCA and Ensemble Classifier for Network Intrusion Detection[J]. Computer Networks, 2019, 148: 164-175.

[44] 许勐璠, 李兴华, 刘海, 等. 基于半监督学习和信息增益率的入侵检测方案[J]. 计算机研究与发展, 2017, 54（10）: 2255-2267.

[45] YAO H P, FU D Y, ZHANG P Y, et al. MSML: A Novel Multilevel Semi-Supervised Machine Learning Framework for Intrusion Detection System[J]. IEEE Internet of Things Journal, 2019, 6(2):1949-1959.

[46] JAVAID A, NIYAZ Q, SUN W, et al. A Deep Learning Approach for Network Intrusion Detection System[J]. EAI Endorsed Transactions on Security and Safety, 2016, 3(9):21-26.

[47] CORDERO C G, HAUKE S, MUHLHAUSER M, et al. Analyzing Flow-Based Anomaly Intrusion Detection Using Replicator Neural Networks[C]. Auckland: Proceedings of the 2016 14th Annual Conference on Privacy, Security and Trust , 2016.

[48] MANICKAM M, RAMARAJ N, CHELLAPPAN C. A Combined PFCM and Recurrent Neural Network-based Intrusion Detection System for Cloud Environment[J]. International Journal of Business Intelligence and Data Mining, 2019, 14(4): 504.

[49] HOU H X, XU Y Y, CHEN M H, et al. Hierarchical Long Short-Term Memory Network for Cyberattack Detection[J]. IEEE Access, 2020, 8:90907-90913.

[50] XU C, SHEN J, DU X, et al. An Intrusion Detection System Using a Deep Neural Network With Gated Recurrent Units[J]. IEEE Access, 2018, 6:48697-48707.

[51] SHONE N, NGOC T N, PHAI V D, et al. A Deep Learning Approach to Network Intrusion Detection[J]. IEEE Transactions on Emerging Topics in Computational Intelligence, 2018, 2(1):41-50.

[52] LI X K, CHEN W, ZHANG Q R, et al. Building AutoEncoder Intrusion Detection System based on Random Forest Feature Selection[J]. Computers & Security, 2020, 95:101851.

[53] YANG Y Q, ZHENG K F, WU B, et al. Network Intrusion Detection Based on Supervised Adversarial Variational Auto-Encoder With Regularization [J]. IEEE Access, 2020, 8:42169-42184.

[54] FIORE U, PALMIERI F, CASTIGLIONE A, et al. Network Anomaly Detection with the Restricted Boltzmann Machine[J]. Neurocomputing, 2013, 122:13-23.

[55] ALDWAIRI T, PERERA D, NOVOTNY M A. An Evaluation of the Performance of Restricted Boltzmann Machines as a Model for Anomaly Network Intrusion Detection[J]. Computer Networks, 2018, 144:111-119.

[56] ELSAEIDY A, MUNASINGHE K S, SHARMA D, et al. Intrusion Detection in Smart Cities Using Restricted Boltzmann Machines[J]. Journal of Network and Computer Applications, 2019, 135:76-83.

[57] XIAO Y H, XING C, ZHANG T N, et al. An Intrusion Detection Model Based on Feature Reduction and Convolutional Neural Networks[J]. IEEE Access, 2019, 7:42210-42219.

[58] WU K H, CHEN Z G, LI W. A Novel Intrusion Detection Model for a Massive Network Using

Convolutional Neural Networks[J]. IEEE Access, 2018, 6:50850-50859.

[59] BLANCO R, MALAGON P, CILLA J J, et al. Multiclass Network Attack Classifier Using CNN Tuned with Genetic Algorithms[C]. Platja d'Aro: IEEE, 2018 28th International Symposium on Power and Timing Modeling, Opeimization and Simulation(PATMOS), 2018.

[60] SALEM M, TAHRI S, YUAN J S. Anomaly Generation Using Generative Adversarial Networks in Host-Based Intrusion Detection[C]. New York: Proceedings of the 2018 9th IEEE Annual Ubiquitous Computing, Electronics & Mobile Communication Conference (UEMCON), 2018.

[61] LIN Z, SHI Y, XUE Z. IDSGAN: Generative Adversarial Networks for Attack Generation against Intrusion Detection [J/OL]. ArXiv Preprint 1809.02077, 2018.

[62] USAMA M, ASIM M, LATIF S, et al. Generative Adversarial Networks For Launching and Thwarting Adversarial Attacks on Network Intrusion Detec-tion Systems[C]. Tangier: IEEE, 2019.

[63] XU X, XIE T. A Reinforcement Learning Approach for Host-Based Intrusion Detection Using Sequencesof System Calls[M]. Berlin, Heidelberg: Lecture Notes in Computer Science Springer, 2005.

[64] DI C, SU Y, HAN Z R, et al. Learning Automata Based SVM for Intrusion Detection[M]. Singapore : Lecture Notes in Electrical Engineering, 2018.

[65] SERVIN A, KUDENKO D. Multi-Agent Reinforcement Learning for Intrusion Detection: A Case Study and Evaluation[M]. Berlin, Heidelberg: Multiagent System Technologies Springer, 2008.

[66] MALIALIS K. Distributed Reinforcement Learning for Network Intrusion Response[M]. Heslington: University of York, 2014.

[67] CAMINERO G, LOPEZ-MARTIN M, CARRO B. Adversarial Environment Reinforcement Learning Algorithm for Intrusion Detection[J]. Computer Networks, 2019, 159: 96-109.

第 4 章　网络空间安全态势感知与适时预警技术

4.1　网络空间安全态势感知与适时预警机理

　　网络空间安全态势感知是一种由内外部多维数据驱动的综合性的安全管理与运营体系。从技术角度看，态势感知体系是一个庞大而复杂的多技术紧密耦合系统，涵盖从数据采集、信息处理、信息融合、知识生成到共识形成的完整"从数据到决策"的链路，网络空间安全态势需要对相关的所有安全要素进行收集并处理，结合大数据平台进行智能化关联分析，以实现对网络空间安全态势的全面感知、主动防护、风险预测和联动响应。

　　本章从态势感知的结构、功能和过程机理出发，将态势感知依据"态""势"与"感知"进行区别分析，"态"侧重于表达网络空间的静态特征，"势"侧重于表达网络空间的动态特征，"感知"侧重于表达网络空间静态和动态特征向认知主体呈现的过程。

4.1.1　"态"的概念原理和"势"的融合途径

1. 网络空间"态"的定义

　　状态是物体中宏观性质的综合表现，是一个实例（某种抽象），系统在某一时刻只能有一种状态（属性）。能描述系统状态的物理量叫作状态函数，压强、温度、体积、物质的量等都是状态函数。状态函数将物体的状态映射至一个特定的变量。我们一般会选择某个状态函数作为系统的状态变量，这样系统的状态变量就有了明确的现实意义，且比较容易观察和理解。

- 网络空间的"态"具有区分性。网络空间的外在表现和内在特点的不同情况之间是存在差异的，从而可区分开，否则我们既无法确定系统状态的存在，也无法识别系统状态的变化。网络空间资源的状态，是在一定时间点或时间窗口内，对网络空间单个或多个资源的运行、效用、可靠、安全等性质的一种形式刻画，区分性是网络空间状态的构建前提。

- 网络空间的"态"具有稳定性。一般情况下,网络空间的"态"不是恒定不变的,而是随时演化的。我们通常较少关注与时间演化无关的网络空间"稳态",而更多研究在一定时间和空间条件下网络空间具备的"准稳态",这种稳定性是相对的,取决于所给定的时间跨度、空间广度、对象颗粒度和描绘精度。稳定性是网络空间状态划分的必要保证。

- 网络空间的"态"具有运动性。任何系统都时刻在持续运动中,其运行情况是一个变量,网络空间受外在输入影响,产生内在变化,进入新的状态,这些状态通常是有穷的,所有可达的状态全体构成了状态空间,网络空间在某一特定时刻必定处于其中之一的状态。

- 网络空间的"态"具有组合性。系统的显著特征就是在结构上由子系统构成,在功能上整体大于局部。网络空间的宏观状态可以由子系统,以及子系统的微观状态构成,这种构成是可以选择定义的,即某些微观状态对全局状态具有更大的影响,其状态的变化能够成为全局状态变化的前提条件。

- 网络空间的"态"具有关联性。网络空间状态的变化不是随机的,而是受当前状态、外部激励和内部运行所驱动,服从于一定的转移函数。这一性质可直观理解为路径化特征,即系统位于某一状态时,其前序和后序状态都不是状态空间整体,而是其子集。同理,当系统组合时,组合系统的传递函数等于各子系统的传递函数的笛卡儿积。

在理解网络空间的状态时,一个重要的问题是明确动作和状态间的区别,应避免把某个"动作"当作一种"状态"来处理。动作是系统的外在表现,是系统因为具有某种状态而产生的输出,不能把系统能够执行某种动作就当作系统具备特定的状态,因为动作是状态的衍生物,可能有不止一个状态能够导致动作的产生,通过系统内部结构和特征来定义状态,比通过系统外在功能和行为来定义状态更为准确。

2. 网络空间"态"的认知

在对状态空间进行了准确、规范的定义后,需要确定系统在每一特定时刻与具体状态的映射关系,从而为趋势的推导和预测奠定基础。状态的认知在结构层面是层次化认知,在决策层面是综合化认知,在数值层面是属性化认知,通过不同的认知方法和策略,达到对网络空间系统状态更全面、更精确、更深刻的洞察。

1)状态的层次化认知

网络空间状态与传统的陆、海、空、天等物理空间相互交织,形成虚拟与现实交织的人类生产生活的新空间。网络空间状态通常可以从物理域、逻辑域和认知域三个维度来描绘。物理域包括由网络终端、链路、节点等组成的网络物理实体和电磁信号,逻辑域构建了由协议、软件、数据等组成的信息活动域，认知域包括网络用户相互交流产生的知识、思想、情感和信念。网络空间状态的层次化认知始于网络空间的物理基础设施"底座"，与网络空间对象的逻辑功能和认知含义一并构成资源的状态特征。

2）状态的综合化认知

通常意义上认为，安全是"客观上不存在威胁、主观上未感受到风险的情形及维持这种情形的能力"，因而网络空间的状态不仅与网络设备、数据资产、关键服务资源的运行等客观因素有关，还与企业或组织的安全愿景、运行目标和保障策略等主观因素相关。在确定网络空间系统的状态归属后，通过将该状态所对应的主观判断加以融合，形成对系统状态的综合认知。

3）状态的属性化认知

对网络空间"态"的数值化认知可以通过对前述网络空间资源属性的测量得到。将网络空间资源属性按测量手段的层次进行域级划分，作为网络空间资源属性的排他性标签，属性可以依附于资源本体，也可以依附于资源间的连接。典型网络空间资源物理域属性如表 4.1 所示，可以将这些域中资源属性的一个或多个作为系统整体状态的代表。

表 4.1　典型网络空间资源物理域属性

序号	属性名	父属性	类型	示例值
1	GPS 坐标	—	array	[−5.0,75.0,23.0]
2	GPS 经度	GPS 坐标	float	−75.0
3	GPS 纬度	GPS 坐标	float	75.0
4	GPS 高程	GPS 坐标	float	23.0
5	城区	—	string	和平区
6	城市	—	string	天津
7	省份	—	string	天津
8	国家	—	string	中国
9	大洲	—	string	亚洲
10	尺寸	—	array	[−75.0,75.0,23.0]
11	长度	尺寸	float	−75.0
12	宽度	尺寸	float	75.0
13	高度	尺寸	float	23.0
14	质量	—	float	2.2
15	功率	—	float	250
16	厂家	—	string	思科
17	出厂日期	—	Date	2022-08-10
18	设备类别	—	string	路由器
19	型号	—	string	SF90-24

续表

序号	属性名	父属性	类型	示例值
20	版本	—	string	V9.0.3
21	端口数	—	int	24
22	占用端口数	—	int	4
23	连接介质	—	string	光纤
24	介质型号	—	string	博通
25	介质速率	—	string	1000Mbps
26	…	…	…	…

典型网络空间资源逻辑域属性如表 4.2 所示。

表 4.2　典型网络空间资源逻辑域属性

序号	属性名	父属性	类型	示例值
1	IP 地址 BIN	IP 地址	string	1100101…
2	IP 地址 DEC	IP 地址	string	45230230022130
3	IP 地址点分	IP 地址	string	10.23.2.3
4	IP 地址	—	array	[10.23.2.3,null,null]
5	AS 域号	—	string	AS2313
6	AS 名	—	string	Chinanet-backbone
7	运营商	—	string	中国电信
8	网关	—	string	10.23.2.1
9	端口列表	—	array	[110,445,3306…]
10	端口信息	—	array	[110, 'smtp']
11	主机名	—	string	Guest-2
12	操作系统	—	enum	Windows
13	OS 版本	—	enum	Win10 Enterprise
14	资源类别	—	enum	实体资源
15	服务类别	—	enum	ftp
16	域名	—	string	www.6to23.com
17	别名	—	string	www.xxx.com
18	连接类型	—	string	分组连接
19	网段数量	—	int	8
20	连接速率	—	string	100Mbps
21	…	…	…	…

典型网络空间资源认知域属性如表 4.3 所示。

表 4.3　典型网络空间资源认知域属性

序号	属性名	父属性	类型	示例值
1	管理组织	—	string	天津电信
2	管理者	—	string	张三
3	管理者邮箱	管理者	string	zhangsan@163.com
4	管理者 QQ 号	管理者	string	12345678
5	管理者电话	管理者	string	13988888888
6	责任者	—	string	中国电信
7	服务类型	—	string	图片缓存服务器
8	服务对象	—	string	10.23.3.2
9	服务主体	—	string	新浪微博
10	部署区域	—	string	数据服务器区
11	调用方式	—	string	HTTP 1.1
12	内容格式	—	enum	图片
13	内容语义	—	string	用户头像
14	重要程度	—	enum	中
15	依赖资源	—	string	ID209,ID308
16	活跃时间	—	array	[0,24]
17	连接类型	—	string	内部连接
18	连接方式	—	string	远程调用
19	…	…	…	…

3．网络空间"势"的构成

"势"与系统的状态密切相关，如果无法认知和列举系统内的各个状态，就无法计算和描述系统在过去的变化和未来的走向趋势。网络空间"势"是在一定的时间区间内，通过对数据的融合、挖掘、关联分析来理解、认知网络系统的运行情况、安全风险、对抗形势、威胁走向，表达和预测状态发展的"趋势"。在状态演化的基础上分析其发展趋势，对于辨识系统可能面临的风险威胁至关重要，特别是系统在状态空间中按照不同路径的演化进度、速度和程度等核心变量，是进行网络空间适时监测预警的前提条件。

网络空间因"态"得"势"可以从多个维度和角度进行理解，从不同主体状态的变化情况中能够获取大量的有效信息，因而趋势也至少包含时间的趋势、空间的趋势等，进而能够为推导出攻击的趋势和行为的趋势提供有效助力。

- 状态的主体维度趋势。以单一目标主体的属性特征为观测基点，考察主体的安全状态与各构成属性之间的变化关系，即各个分散的状态属性在取值上是如何变化的，不同的状态属性之间如何相互依赖，并影响系统的整体安全状态。对状态的主体维度趋势的研究是理解不同主体状态在时间和空间维度上发展趋势的首要前提。

- 状态的时间维度趋势。以单一或多个对象为观测基点，考察其状态变化与时间维度的耦合特征，如状态变化是越来越频繁、越来越稀疏，或状态变化呈现一定的周期特点，以及状态变化总是在特定的时刻出现，状态变化是否与某些系统动作同步等。状态的时间维度趋势认知有利于对未来状态的时间变化特征做出预测。
- 状态的空间维度趋势。以一定的时间窗口或时间跨度为观测基点，考察系统中各主体状态与空间维度的耦合特征，如非正常的状态（一般是受到了某种攻击）在系统相邻节点间的传播方式，用于系统修复的正常状态在系统视图内的实施效果，以及系统内数据指令的上传下达是否与预期相符等。
- 状态的行为维度趋势。以状态的主体、时间及空间维度作为依据，从攻击或防御者行为的角度归纳系统的发展趋势。在攻击发展方面，判断攻击导致的影响规模、范围、程度和速度等，还原攻击路径，判断攻击意图；在防御实施方面，检验防御手段的实施强度、覆盖面、成本和收益等，评估防御效能，筹划下一步行动。

4．网络空间"势"的表征与计算

随着网络空间系统的规模逐渐增大、功能越来越全面，相应的配套安全防护措施也日益完善，但综合来看这使得网络空间的复杂度不断提升，局部攻击甚至能引发大范围的损失。对网络空间状态运行趋势的实时监测和准确评估其健康状态，对于网络空间系统的安全运行具有重大的现实意义。

网络空间系统是不断变化的，所以对系统状态的运行进行评估，除考虑当前安全状态的优劣外，更重要的是对其未来发展变化趋势进行评估。在状态空间中，辨识关键性状态及与主体属性对应属性指标的变化趋势就可反映系统健康水平的发展，进而实现系统运行状态的智能化监测与预警，最终不再依赖人工分析，达到自动辨识系统健康水平的趋势变化，即辨识系统运行究竟是在变"好"还是在变"差"的目的。

假设系统在时刻 t_1、t_2、t_3 和 t_4 的运行点分别位于图 4.1 中所示的 A 点、B 点、C 点和 D 点。可以看出，在这四个时刻下系统的运行状态均为"安全状态"。对比 A 点与 B 点可知，虽然均处于安全水平，但 B 点距"不安全状态"边界比 A 点更近，说明 B 点对应的系统运行状态比 A 点差。然而，评价此刻系统的健康状况，不能仅仅依靠距离不安全域的远近这一指标，还应考虑系统运行状态发展趋势的方向和速率。对比 A、C 两点可知，虽然它们与"不安全状态"边界之间的距离相同，但系统状态发展的趋势方向不同，C 点的趋势是向"不安全状态"逼近，而 A 点的趋势方向是远离"不安全状态"，A 点对应的系统状态比 C 点好；C、D 两点同处于一个安全距离，且运行点的趋势方向都是趋向"不安全状态"，但 C 点比 D 点更快地向"不安全状态"移动，因此对应的系统状态比 D 点差。

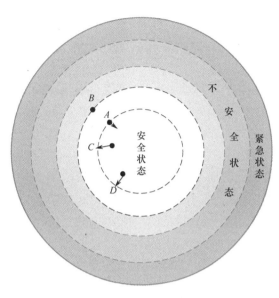

图 4.1　基于状态的系统运行趋势示意图

由图 4.1 可知，单一主体系统运行状态的评估结果应包含三个因素：系统当前运行点距"不安全状态"边界的绝对距离，系统运行状态的趋势方向和移动速率。可首先通过系统运行中的众多状态监测量，辨识系统运行点距不安全状态的绝对距离，即综合评价值，然后通过对其进行趋势分析来辨识系统运行状态的趋势；由多个主体系统构成的复杂系统评估更为复杂，需在对每一组成部分状态发展趋势进行判断的基础上，形成对整体系统状态发展的判断。对趋势进行判断计算的主要方法包括基于累积效果和阈值的趋势提取、趋势基元定义、趋势形状识别、趋势走向合并和趋势结果解释等。较为直观的趋势计算策略如下。

- 以小见大：从局域的趋势预测整个区域的趋势，或从基础设施的不安全状态推测上层数据和应用服务的不安全状态等。
- 以此知彼：从一个网络域的趋势预测另一个组成、结构和功能都类似的网络域的趋势。
- 以旧知新：攻击总会不断重复自身，可以从已有的信息中推断出新的信息，从而能够以历史上状态的发展走向规律来判定未来状态的演化路径。

5. 网络空间"势"的优化

网络空间状态趋势的感知是一个循环递进的过程，受采集条件、小样本、数据稀疏、观测时间长度等制约性因素的影响，所预测的网络空间状态趋势可能不准确，甚至产生重大误差。在此类情况下，为了提升未来网络安全状态预测的精确度和置信度，需要持续对预测算法和模型基于历史数据和经验进行修正和优化，将新的数据反馈给状态趋势建模，使企业或组织能够建立更加具有针对性和准确度的状态预测模型。

4.1.2 网络空间"感知"的交互方法

交互是一门特别关注人与人之间、人与对象之间及对象与对象之间行为模式和关系的领域，通过探索和研究不同场景下、不同主体间、不同手段和需求驱使下的互动行为，使这种对话过程能够保持高效、新颖、安全和富有活力。网络空间中的交互通常指通过非网络空间影响网络空间运行，或通过网络空间影响非网络空间运行，这种影响一般通过界面（Interface）来实现。界面是空间与空间的接触点，是跨空间感知、组织和行动的前提条件。与网络空间相关联的每一种界面（如传感器、智能终端），都是把物理空间引向到达网络空间的窗口和通道，或使网络空间能够真实、准确地与客观世界互动。界面的存在为能量、信息和注意力进入和退出网络空间提供了可能。

网络空间中的交互融合了网络、信息工程、信息安全、心理学、认知学、行为学、生物学、经济学、管理学、社会学等多个学科。如何使通常认为需要由人工参与发挥主观能动性的思考、反应或决策能力的网络安全关键操作、决策等行为能够由计算机代替；如何将网络空间中的状态、事件、发展和趋势真实、直观地呈现；如何跨越网络空间的时空，与具有决策能力的人类高效对话，使得人机智能的融合更加安全和高效；如何通过众包、元认知、游戏化等机制提升大众个体的安全意识，降低基于社会工程学的入侵成功概率，这些都是网络空间安全认知关注的领域和亟待解决的困难问题。

网络空间状态和趋势的感知是网络空间"人-机"交互的主要目的之一，人机对话从人的触觉、听觉和视觉等感官系统出发，结合计算机技术，发展针对不同感官的不同类型的多样化人机交互方式。其本质是以人为中心，提高人机交互的速度、精度和准确度，获得更好的安全管理和威胁处置效率。

1. 网络空间"感知"的手段

尽管跨越数字与物理空间，人类实现对虚拟空间感知的方式包括视觉、听觉、触觉等多样化的通道可能性，但目前已知的对人类认知最有效的方式就是通过视觉感知。视觉是人类获取信息的最重要通道，超过 50%的人脑功能用于视觉的感知，包括解码可视信息、处理高层次可视信息和思考可视符号。人眼是一个高带宽的海量视觉输入并行感知器，可识别 1000 万种颜色，最高带宽为 100Mbps，具有很强的模式匹配能力，天生就对图像化的信息敏感。

可视化不仅是生成图形图像的过程，同时也是认知的过程，其终极目的是对事物规律的洞悉，而非所绘制的可视化结果本身。人的创造力不仅取决于逻辑思维，还取决于形象思维，可视化能够在逻辑思维的基础上进一步激发人的形象思维和空间想象能力，进而指导人类的发现、决策、解释、分析、探索和学习过程。

现代数据可视化技术综合运用计算机图形学、图像处理、人机交互等技术，将采集或模拟的数据变换为可识别的图形符号、图像、视频或动画，并以此呈现出对用户有价值的信息。用户借助可视化手段和工具获取知识，并进一步提升为对目标对象态势的深刻洞察。网络安全可视化是一个新兴的交叉研究领域，它通过提供交互式可视化工具，提升网络安全分析人员感知、分析和理解网络安全问题的能力。目前，该领域的研究成果已经在网络监控、异常检测、关联分析和态势感知等方面取得了重要进展。网络安全可视化的适用领域如表 4.4 所示。

表 4.4　网络安全可视化的适用领域

网络安全问题		网络安全可视化采用的主要图形分类									网络安全可视化的技术分类							
		节点连接图	网格矩阵图	柱状图	雷达图	平行坐标图	树图	散点图	地图	热力图	综合分析	数据挖掘	多视图协同	多源数据协同	网络处理	大数据处理	实时分析	三维图形分析
网络安全问题分类	网络监控	高	高	高	中	较高	中	低	中	中	高	低	高	中	中	较低	较低	高
	异常检测	高	高	高	高	中	较低	较低	中	中	高	较高	高	中	低	较低	较低	中
	特征分析	高	高	高	较高	较高	中	较高	低	较低	高	较高	较高	低	低	低	低	中
	关联分析	较低	低	较低	中	低	—	低	低	低	中	低	低	低	—	低	低	—
	态势感知	低	较低	较高	较低	低	低	—	低	低	较高	低	较高	较低	低	低	低	低
代表性网络安全问题	端口扫描	较高	较高	较高	较低	较低	—	低	—	低	高	低	中	较低	—	低	低	较低
	DDoS 分析	较高	较低	较高	较低	较低	低	低	低	低	高	低	较低	较低	低	—	低	较低
	僵尸网络分析	较低	较低	较低	低	较低	低	低	低	低	较高	低	较低	较低	低	—	—	低
	病毒分析	较低	低	低	低	低	较低	低	—	低	较低	低	较低	低	—	—	—	—
	蠕虫分析	低	较低	较低	—	较低	低	低	低	低	较高	低	较低	低	—	—	低	低
	路由分析	中	中	中	—	低	低	低	较高	低	较高	低	较低	低	较低	—	低	低
	漏洞分析	较低	低	较低	低	低	较低	低	低	低	较高	低	较低	低	—	—	低	低
	邮件分析	低	低	低	低	—	低	低	—	低	低	低	低	低	—	低	—	—

由于大数据技术的推动，网络安全态势感知过程的任意部分几乎都可以进行可视化。但是如何快速、准确、完整、有效地将态势传达给安全决策者是非常具有挑战性的问题。相对于地理空间和物理实体的可视化，态势感知的可视化挑战主要在于对抽象概念要素的处理，即数据信息的可视化。虽然对原始数据或海量数据进行可视化的技术很多，但仍难以解决如何表示态势及如何呈现当前状态和未来趋势以更好地辅助决策等问题。

- 可视化网络监控：从各种网络监控设备获取的数据中了解网络运行状态是管理员关注的最基本问题，也是网络优化、异常检测、态势生成的基础。可视化网络监控主要研究按照时间顺序，将主机和端口等监控对象、流量和事件等监控内容使用图形的方式表达，使管理人员快速了解网络安全状态。

- 可视化异常监测：网络异常包括的范围较广，如流量突变、资源越权访问、可疑主机操作等。有些异常来自攻击，有些异常则由普通网络故障或用户操作不当导致。可视化异常监测帮助分析人员从"正常状态"中快速地发现"异常情况"，准确定位异常位置，而不仅仅是给出异常检测结果。

- 可视化特征分析：特征分析与异常检测相辅相成。一方面，需要对检测到的网络异常分析其攻击特征；另一方面，特征分析也可以帮助管理者更好地进行异常检测。网络安全特征分析的对象主要包括流量、行为和事件，需对其中蕴含的特征进行快速发现和模式匹配。

- 可视化关联分析：复杂的网络攻击如 APT 等具有多步性和协作性的特点，利用多种手段复合以提升攻击成功率。将监测到的安全事件有序地组织起来，建立起基于上下文和时空维度的可视化分析手段，能够更好地辨识出复杂网络攻击，及早进行防护响应。

在大规模网络环境中，分析人员往往倾向于首先掌握宏观的网络安全态势，了解网络整体的运行状态和变化趋势，再针对局部和细节区域进行观察和处置。通过可视化方法描绘大规模网络状态和海量事件的高层次视图，能够帮助管理和运维人员更快感知全局态势，缩短决策时间，实现运维协同。

2. 网络空间"感知"的挑战

在日趋复杂的安全威胁场景中，网络空间态势必须具备能够同时处理两种极端情况的态势感知能力，一是微观感知能力，即通过二进制分析、协议分析、漏洞研究、沙箱技术等，从细微、局部、短期的角度分析黑客攻击的特征，从底层、具体的技术角度辅助确定黑客攻击技术的特性；二是宏观感知能力，如通过大数据分析、机器学习、人工智能、威胁建模的综合分析，对广泛、大规模分析事件进行聚合、归并，对不同的黑客攻击事件进行"亲缘性"鉴定，最终辅助确定黑客的组织背景，甚至政治、经济意图等，支撑追踪溯源或全域告警等任务实施。

基于可视化的原则机理，从时空两个维度进行态势的呈现比单纯地通过地理空间进行展示要难得多。对于任何一种类型的可视化技术，整个过程可看见、数据可追溯和可比对参照都非常重要。当前网络空间安全状态与趋势感知面临的问题包括：

- 如何有效地实时显示处理大规模网络数据。网络中庞大的数据流量、数据的实时预处理分析及系统对交互设计的快速响应等都对如何实时显示和处理大规模网络数据提出了高要求。

- 如何以人机结合的方式实现自动报警和防御。从降低网络分析人员的认知负担考虑，安全可视化工具应该具备自动识别网络异常并报警、当确认异常事件后能对其进行防范抵御的能力，使人与机器在执行监测预警和态势感知任务中能够得到最佳的分工。

- 如何用一整套理论指导网络安全可视化研究。由于网络安全信息可视化缺少数学模型、可视化方法研究主观性强、难以进行有效验证和评估等，网络安全信息可视化相关基础理论研究迫在眉睫。

- 如何使用新型呈现与交互机制来提升感知效率水平。在"沉浸式"与"元宇宙"成为网络空间发展最新热门词汇的当前，新理论、新技术未来也势必将在网络安全感知中发挥更独特、更高效和更加显著的决定性作用。

3．网络空间"感知"的方法

网络空间态势的感知途径是在网络空间与测量空间、测量空间与认知空间之间建立形象的、直观的联系，通过标准化方法、可视化方法和人机交互方法等，在网络空间感知对象、感知工具和感知主体间形成高效的信息传递链条，提升一致性和关注指标的呈现能力，减少矛盾和误解。网络空间态势的具体感知方法涵盖对时间、空间、状态、趋势和异常等方面的感知，同时在每个方面都具有不同的倾向性和侧重点。

- 对时间的感知。在这种倾向下，网络空间感知突出的是安全状态改变和事件发生的时间维度分布。网络空间依存于时间，网络空间中能量的转换、信息的生成、传输和理解都需要时间，时间给予网络空间以连续存在的条件，感知的对象包括但不限于事件发生的连续时间、离散时间、相对时间、虚拟时间和关联时间性质等。

- 对空间的感知。在这种倾向下，网络空间感知突出的是安全状态改变和事件发生的空间维度分布，即在对网络空间组成、结构、形态、层次、路径等空间属性直观理解的基础上，在原始空间中叠加系统运行状态、趋势和其他感兴趣的指标后构成的复合空间。在这种复合空间呈现中，原始网络空间与安全态势空间在用户的关注点、关注区域和关注性质上达到了统一，能够满足用户的网络空间直观探索需求。

- 对状态的感知。在这种倾向下，网络空间感知突出的是系统整体及各组成部分的状态，包括个别状态的设置、状态空间中的迁移函数、状态间的相互影响、非预期的状态变化及状态回复到安全状态的稳态操作方法等。

- 对趋势的感知。在这种倾向下，网络空间感知突出的是攻击方或防御方的力量对比与局势发展情况。例如，在攻击前，需要基于正常业务情况与威胁的流量行为模式进行建模。从而能够在事前同时对正常及恶意的流量进行行为态势的感知与了解，建立正反行为的模型基线，从而为攻击检测做准备；在攻击时，通过对网络中流量行为的监控，和攻击前建立的模型进行对比分析，从正反行为两个角度发现攻击行为，提升检测精度，减少误报率；在攻击后，需要还原整个攻击流程，即通过攻击前的建模情况，发现异常流量，进一步再通过该流量在事中的行为进行追溯定位还原整个攻击流程。

- 对异常的感知。在这种倾向下，网络空间感知突出的是与正常运行的状态"基线"相背离的状态变化、资源属性和演化趋势。以流量为例，一种建模方式是通过对正常的流量进行收集和分析建立正常的企业网络流量模型，然后在实际流量中识别与之不相符的流量。另一种是基于对恶意、攻击流量的积累，建立攻击流量的模型，通过在实际流量中寻找符合这类行为模式的流量，发现正在进行的攻击。

通过对网络空间各类要素状态、属性、运动和发展等过程中产生的各类信息进行基于感知的发现、跟踪、记录和预测，企业可以归纳网络空间要素的变化情况、趋势和规律，区分正常和异常状态，对风险进行精确判断，形成全局安全态势，根据自身受到攻击的新信息，进一步完善自身在事前的攻击模型建模，进一步优化自身的安全能力。

4. 网络空间"感知"的关键原则

注意力机制（Attention Mechanism）是人观察和认识世界的一项重要机制，是聚焦于重点的能力。注意力机制研究起源于 19 世纪的实验心理学，20 世纪中期发展起来的认知心理学和神经生理学进一步推动了注意力机制研究。但是长期以来，注意力只是被视为个人在觉察、理解外部刺激的过程中生理和心理表现出的一种官能，重点表现在视觉、听觉等感官上。

注意力资源有限，需要分配。必须注意两个问题：①注意力超限问题。复杂动态环境中，信息过载、任务复杂、多重任务都会导致超过注意力限度，从而导致人面临信息过载的问题。②注意力不足问题。注意力不足会导致形成的态势感知存在偏差，进一步导致错误决策和行动。网络空间态势感知的关键不是能采集什么数据就显示什么数据，也不是能分析什么就给用户呈现什么，而是用户关心什么或关注什么就能给用户提供什么。海量的网络空间数据很容易导致信息过载，快速的网络对抗节奏要求高效感知，复杂的作战体系加大了认知难度。

网络空间"感知"的关键原则需要从理论上厘清态势感知与决策过程中进行信息选择和呈现的机理，为有效适配用户的"注意力""精力""倾向""喜好"、设计智能认知模型与算法、提升态势感知能力奠定基础。

注意力机制作用在从态势感知到决策和行动的各个阶段，网络空间感知交互与注意力机制的关系如图 4.2 所示。例如，作用在态势觉察阶段时，在心智模型的指导下，如图 4.3 所示，注意力被集中到环境的关键要素上，用来对同时觉察多个要素加以限制，以形成第一层态势觉察。对没有经验的决策者而言，或处于不熟悉的新环境、新态势下时，注意力是制约人实现态势感知和决策的主要因素。在缺乏历史数据和专家知识库时，要靠注意力机制来实现感知效果的聚焦。

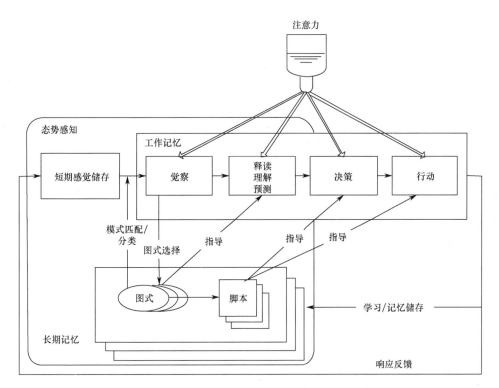

图 4.2　网络空间感知交互与注意力机制的关系

心智模型（MM）体现用户的心理个性，而态势感知模型体现用户的认知共性。例如，在执行网络空间态势感知任务时，用户都遵循指挥决策的基本认知规律，但也会根据保守或激进的个性，倾向于不同的关注点，从而产生不同的认知结果。而对网络空间态势的认知结果又会修正用户的心态，形成一个整体动态的闭环。

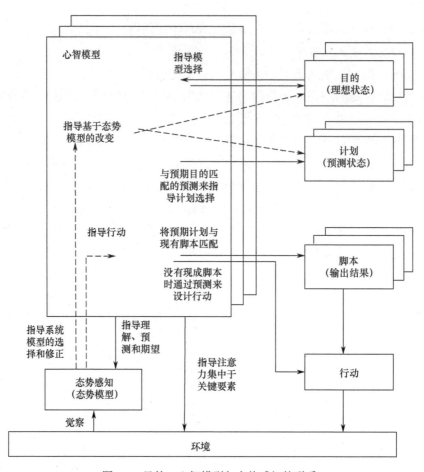

图 4.3   目的、心智模型与态势感知的联系

5. 网络空间"感知"的交互机制

可视化除了视觉呈现部分，另一个核心要素是用户交互。交互是用户通过与系统之间的对话和互动来操纵与理解数据的过程，交互让网络空间感知的广度和深度达到更佳的程度，从而能够：①缓解有限的可视化空间和数据过载的矛盾；②通过交互转移焦点，探索大量数据；③改变视图参数和配置，改进可视切入点；④让用户参与对数据的理解和分析，使用户发挥其主观能动性和历史经验，来更好地产生对目标网络空间态势的灵感性、创造性认知。

多样化人机交互首先能够利用语音识别、体态识别、手势识别等技术，对用户的交互意图和动作进行捕捉、跟踪和识别，提取其中的手势、语音、体态动作等信息。以上这些信息都是人机交互过程中最原始的信息，类似于传统敲击键盘产生的一个信号，这类信息的语法表达形式多样，需要通过交互语法整合功能，实现对各种交互动作的标准化表达，从而实现特定交互动作在所有的应用系统中都能被理解。以上获取的交互语法需要根据当前交互对象的功能、语境等转换成应用系统能够执行的交互语义，其主要功能包括交互语法中存在的动作冲突的检测、交互语法的合并、交互要素信息的填充等。通过交互语义融合处理获得的交互信息是会话管理系统能够识别和执行的请求。

Ben Shneiderman 提出了"纵览为先，缩放并过滤，按需查看细节"的可视化信息查询的黄金法则，交互查询包括选择、导航、重配编码、抽象/具象、过滤、关联、概览+细节和焦点等操作原语。常见的交互方式及各自的特点如下。

- 观察点交互。常见的观察点交互有平移、缩放和旋转等操作，有很多技术可以实现这种交互。例如，Link Sliding 技术的实现方式是寻找较长边的两个端点，即固定一个点对鼠标动作进行跟踪，沿着边滑动到达另一个点。又如，Bring&Go 交互操作的目的是帮助用户将焦点从一个节点转移到邻居节点。当用户点击某个节点时，与之相邻的其他节点按照距离远近和实际方位被放置到若干同心圆周上。
- 图形元素交互。图形元素交互是指对于一个可视化元素的交互，相比于观察点交互，这是一种更粗粒度的交互，常见的有节点的展开与收缩、高亮、删除、移动等操作，在恰当的场景下使用将会使布局更美观，更吸引交互用户的注意力，有利于形成更好的用户体验。
- 图形结构交互。在图形元素交互的基础上，图形结构交互从更粗粒度上进行变换，也就是图形变换的内容更多了，可以在图的搜索过程中对用户关注的焦点进行针对性的放大和缩小，从节点和边上的综合变化来揭示网络空间局部区域内节点的链接关系。

随着可视化研究、技术和应用的发展，对可视化技术及其系统进行有效的用户评估变得越来越有必要。评估是比较可视化方案优劣的重要依据，评估活动能够帮助用户更好地理解和解读数据集中的数据。通过整合语音交互、触摸交互、基于上下文的人机服务、体感交互等目前正在兴起的智能化人机交互手段，实现能够综合利用人的各种感官进行人机交互的整体能力，为管理者提供网络空间安全态势感知和辅助决策的高效工具。

4.2　网络空间安全态势感知技术体系

4.2.1　态势感知的内涵

态势感知的概念起源于航天领域的人因研究，美国得克萨斯理工大学的 Endsley 教授在 1988 年发表的 *Situation awareness information requirements for commercial airline pilots* 一文中首次明确提出这一概念，并将态势感知定义为：在特定的时间和空间下，对环境中各元素或对象的觉察、理解及对未来状态的预测。Endsley 根据信息在态势感知中的处理过程，建立了态势感知三级模型，如图 4.4 所示。

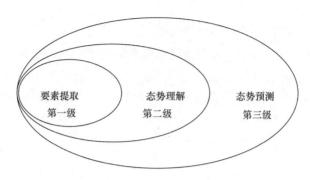

图 4.4　Endsley 的态势感知三级模型

（1）要素提取：获取环境中的重要线索或元素，这是态势感知的基础。

（2）态势理解：整合所获得的数据和信息，分析其相关性。

（3）态势预测：在获取并分析环境信息的基础上，预测未来发展趋势，这是态势感知的最高级别目标。

1994 年，美国学者 Dominguez 引入可视化理念，将态势感知的定义扩展为以下四个阶段。

（1）感知：主要负责提取环境信息。

（2）理解：整合当前环境的信息和相关的环境内部元素的信息，生成当前态势视图。

（3）展示：利用当前的视图指导更进一步的态势感知获取。

（4）预测：对未来的事件进行预测。

随着态势感知理论的不断发展，按照态势感知等级由低到高，可以将态势感知技术体系结构划分为要素采集层、信息融合层、态势评估层和态势预测层共四层，如图 4.5 所示。

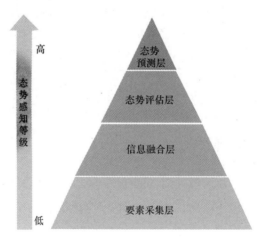

图 4.5　网络空间安全态势感知技术体系

（1）要素采集层：通过各种检测工具，对各种影响系统安全性的要素进行采集获取，这一步是态势感知的前提。

（2）信息融合层：对采集到的各种网络安全要素数据进行分类、归并、关联分析等融合处理，并对融合的信息进行综合分析，得出当前网络的整体安全状况，这一步是态势感知的基础。

（3）态势评估层：定性、定量分析网络当前的安全状态和薄弱环节，并给出相应的应对措施，这一步是态势感知的核心。

（4）态势预测层：基于态势评估层输出的数据，预测网络安全状况的发展趋势，这一步是态势感知的目标。

网络安全态势感知结果要做到深度和广度兼备，满足多种用户需求，从多层次分析系统的安全性并提供应对措施，以图、表和安全报表的形式展现给用户。

态势感知结果主要包括资产评估、威胁评估、脆弱性评估、安全事件评估、整体态势评估、安全趋势预测、加固方案和报表生成共八个部分。

（1）资产评估：评估网络中每项资产的性能状况和安全状况，包括资产的性能利用率、重要性、存在的威胁和脆弱性的数量、安全状况等。

（2）威胁评估：评估网络中恶意代码和网络入侵的类型、数量、分布节点和危害等级等。

（3）脆弱性评估：评估网络中漏洞和管理配置脆弱性的类型、数量、分布节点和危害等级等。

（4）安全事件评估：评估网络中安全事件的类型、数量、分布节点和危害等级等。

（5）整体态势评估：综合分析整个网络的安全状态，给出网络的安全态势值，包括整个网络的安全态势的保密性、完整性和可用性分量及其综合态势值。

（6）安全趋势预测：预测网络中威胁数量、脆弱性数量、安全事件数量和整体态势的发展趋势。

（7）加固方案：分析危害最大的威胁、脆弱性和安全事件，并给出相应的解决办法。

（8）报表生成：根据不同的应用需求，生成不同的安全报表，安全报表的格式规范、内容翔实、针对性强。

4.2.2　态势感知技术体系

网络安全态势感知是网络安全领域中最受关注的研究方向之一，按照目标任务逐步递进的关系，可将其划分为态势觉察、态势评估、态势预测三个阶段。其中态势预测的难度最大，但也最具价值：通过提前准确预测网络安全状态发展趋势，可以从根本上提升入侵检测系统等传统的安全防御工具的性能，实现从被动防御到主动防御的进化。

根据网络安全态势预测的具体目标不同，可将现有研究分为以下四类：①攻击预测——当某个威胁事件正在发生时，预判其下一步可能采取的行动；②攻击意图识别——在某个威胁事件发生的过程中，预判攻击者的最终意图；③攻击/入侵预警——在威胁事件尚未发生时，预估目标网络可能遭受的攻击类型，以及相应攻击可能发生的时间及具体位置；④整体安全态势预测——预测目标网络的整体安全状态演化趋势。

总体而言，第一、第二类问题是在威胁事件发生的过程中，即观测到威胁事件的某些行为之后，对其后续的发展从两个不同角度进行预判。它们是网络安全态势预测研究中最早受到关注的两类问题，所采用的方法也具有很多相似之处，甚至在某些场景下可以相互替换。而紧随其后的第三类问题则希望不再依赖威胁事件的前期活动，而是在威胁事件实际发生之前就对其做出预警。第四类问题则将关注的焦点放到了整个网络的宏观安全态势上，不再局限于某个具体威胁事件或某个局部网络区域。

1. 攻击预测及攻击意图识别

攻击预测及攻击意图识别的思想起源最早可以追溯到 2001 年，Geib 和 Goldman 将攻击预测问题视作攻击意图识别问题的一个扩展，首次提出了研究该问题的一些先决条件及存在的障碍，如威胁事件的前期活动可能无法直接观测到，或多个威胁事件可能同时发生。随后在 2003 年左右出现了第一个进行攻击预测及攻击意图识别的具体方法，自此，包括文献综述在内的相关研究也一直受到国内外学者的关注。

为了预测一个威胁事件接下来的行为活动，通常需要深入理解攻击者的行为模式并为其建立表达模型。Bou-Harb 等人提出将网络攻击的整个流程分解为七个步骤：①扫描目标网络；②分析目标网络资产；③尝试入侵；④提升权限；⑤执行恶意任务；⑥投放恶意软件/后门程序；⑦清除痕迹并退出。由于许多网络攻击都按照上述步骤顺序进行，于是攻击预测似乎变得极为简单：如果入侵检测系统能够观测到一系列符合攻击行为表达模型的活动或事件，那么就可以根据模型判断攻击者在下一个步骤中将采取的是何种行动。但是，上述表达模型太过抽象、模糊，实际上无法据此采用具体算法进行预测，因而需要更为精准的数学模型，如网络攻击图。此外，考虑到网络攻击的种类繁多，很有必要在统一框架下为所有攻击建立统一的预测模型。但在早期阶段，常常通过人工方式手动建立攻击库，因而受到人力约束并且需要对其持续进行更新，后来则逐渐发展出通过数据挖掘技术自动产生攻击模型的诸多方法。

攻击预测和攻击意图识别具有一定的相似性，二者的差异主要体现在它们的预测重点不同：进行攻击预测时，并不关注攻击者发起本次攻击的最终意图是什么。早期的攻击意图预测侧重于为网络取证提供支撑，相关方法也主要依赖对历史数据的离线分析。后来的研究则逐渐聚焦到实时的攻击意图识别，进而和攻击预测越发相似。

2．攻击/入侵预警

攻击/入侵预警并不满足于只针对正在发生的攻击进行预测，而是希望能够事先对尚未发生的新的攻击事件进行预警，相关的变种问题包括网络脆弱性预测、攻击传播路径预测、多阶段网络攻击预测等。该问题的研究通常和预警系统的相关研究存在交叉，在某种程度上属于网络安全态势预测领域中的通用性问题。

也正是由于该问题的研究目标过于笼统，相关研究工作采取的方法和模型很少有相似之处，从攻击图之类的离散模型到时间序列之类的连续模型都有涉及。事实上，对攻击预测所采用的模型进行细微改造，即可将其用于攻击/入侵预警：对离散模型而言，预测过程不再以某个已经观测到的攻击事件作为初始条件，而是以目标网络所存在的漏洞可能会被利用的概率作为初始条件；对连续模型而言，若使用时间序列对目标网络遭受的攻击事件序列进行建模，该时间序列即可用来预测针对目标网络的某个攻击是否会出现。

该问题的更进一步的目标是根据攻击类型，以及攻击者和受害者的特征，估计目标网络可能遭受什么类型的网络攻击，谁可能是攻击者和受害者。

3．整体安全态势预测

由于前文所述的三类问题面向局部的单个攻击或复合攻击进行预测，因而也被称为战术级预测，与之相对，对目标网络整体安全态势的预测被称为战略级预测。整体安全态势预测的核心目标是预测目标网络的宏观安全状态演变趋势，这是网络安全态势感知研究中更受关注但也更具挑战的任务。现有的大多数工作都采用量化分析的方式对目标网络在某个时刻的安全状态进行建模，获得其安全状态的数值化度量指标，并将该度量指标用来预测目标网络在未来某个时刻的安全状态度量。这类方法无法提供目标网络在未来可能遭受的具体威胁的相关信息，但是可以提供一个宏观且量化的指标，用于标识整个目标网络的安全性。

在度量目标网络的整体安全性时，主要有以下两种方法：①层次化加权计算法。该方法将整个网络的安全要素划分为多个层次，首先计算其中各个基本网络元素（如主机、服务）的安全状态度量指标，然后自底向上地对其进行加权求和，从而得到整体的安全状态度量指标。不同研究者可能采用不同方法计算基本网络元素的安全度量，加权求和时所使用的权重实际上反映了各个网络元素的重要程度。②基于攻击强度估计的方法。该方法认为目标网络遭受的攻击强度直接反映其整体安全状态，通过融合多个数据源中的攻击信息计算得到一个与攻击事件的数量相关的数值，用于衡量网络的整体安全状态。由于这两种方法的输入变量及预测变量都是数值变量，因此相关算法大多基于连续模型实现。

上述分类策略从态势预测所关注的具体目标对相关工作进行划分，并对相关工作的共性特征进行了分析。事实上，不同的研究所采取的数学模型及预测方法均存在差异。Husak 和 Komarkova 等人从模型方法的角度对现有工作进行了比较详尽的调研，并将相关研究的模型和方法归纳为四个类别：①离散模型；②连续模型；③机器学习和数据挖掘；④难以纳入上述三类的其他方法。

其中，离散模型主要包括攻击图模型、贝叶斯网络、马尔可夫模型等概率图模型，以及基于博弈论的预测模型。这些离散模型主要被用于预测单个或复合攻击事件的演化趋势，即战术级预测。基于连续模型的预测方法主要包括时间序列分析法和基于灰度模型的预测方法，而基于机器学习和数据挖掘的预测方法则试图对神经网络、支持向量机（SVM）、频繁模式挖掘、关联规则挖掘、序列挖掘、决策树、随机森林等传统方法进行适当改造，将其应用到网络安全态势预测的具体场景中。

第四个类别中的方法因为采用一些比较特殊的方法针对某个非常具体的问题进行研究，难以被纳入上述几类中。相关研究主要包括基于相似度计算的攻击意图识别，基于流量强度异常分析的 DDoS 攻击预测，基于置信规则库模型和进化计算的网络安全整体态势评估及预测，基于非典型信息源的安全态势预测等。其中，基于非典型信息源的安全态势预测主要通过如 Twitter 之类的社交网络收集相关数据，分析其中所蕴含的情感倾向，为网络安全态势预测提供辅助。

4.3 网络空间安全态势感知关键技术

4.3.1 多维数据采集层

网络空间安全态势感知的关键技术主要集中于数据采集层、信息融合层、态势评估层和态势预测层。其中，数据采集层主要从海量网络数据中采集与安全态势密切相关的信息，是安全态势处理的基础环节。数据采集层基于特殊硬件和数据分析软件从海量数据中获取有价值的数据，其目的是为后续融合、分析、预测提供必需的数据基础。数据采集阶段划分如图 4.6 所示，包括多维数据预处理、发现威胁、风险等级化、识别风险数据源及高价值要素挖掘。

图 4.6 数据采集阶段划分

（1）多维数据预处理：从网络空间安全态势相关的时间、空间、行为、逻辑等多个角度获取、收集和存储海量数据，并完成数据的分类归集、序列化处理、关联融合、去重及格式化存储等。实现网络空间安全原始数据的条理化、线索化和可加工。

（2）发现威胁：网络空间安全威胁指导致组织或个人数据的网络安全及信息安全属

性受到不安全影响的因素。例如，某组织的重要活动在内部网络通信过程中遭遇非法窃听，导致重要涉密信息被泄露，即保密性威胁；金融机构保存着大量客户的个人信息和账户信息，如果银行数据库里保存的信息遭到网络攻击，就会造成客户的隐私信息遭泄露或破坏，即完整性威胁；关键基础设施中的工业控制系统必须不间断连续运转，如果系统突然中断会造成用户的重大损失，即可用性威胁。

（3）风险等级化：对组织信息资产所面临的威胁、存在的弱点、造成的影响，以及三者综合作用所带来风险的可能性按照一定的标准进行等级划分。在明确定义威胁之后，需要分析哪些弱点可能会被威胁所利用，推测威胁事件的发生会对组织造成怎样的损失。对风险进行定性评估固然有必要，但在网络空间安全态势感知处理过程中，需要尽可能地对风险进行等级化，最常用的方法就是用"影响"和"概率"的乘积来求得风险值。其中，"影响"表示威胁对组织造成的影响，可以分级度量；"概率"表示威胁发生的可能性，也可分级度量。二者的乘积即可简单地量化组织面临的风险等级数值。

（4）识别风险数据源：在确定了威胁和风险的基础上，需要识别现实网络运行中主要的数据来源，以为后续的态势提取提供数据基础。在开展网络空间数据采集计划时，需要根据具体情况和实际应用，针对性地选取容易造成入侵威胁、引起负面影响的位置所产生的数据。应当从风险值最高的威胁开始，分析这些威胁最可能出现的位置并定位，再依次逐级查找。

（5）高价值要素挖掘：在识别数据源后，需要单独检查每个数据源并提炼高价值的成分，实际情况是并非每种数据源都有采集的必要和意义。对那些采集难度极大、耗费资源多、所占存储空间大、管理起来复杂，且对安全分析不会造成太大影响的数据，就可以果断忽略。

数据采集的目标是希望尽可能地获取完备和必要的数据条件，而对环境的影响最小化。网络安全人员常采用主动和被动两种方式进行要素采集，主动式采集也称为交互式采集，通过与网络实体进行交互操作实现采集网络数据，如通过控制台（Console）或网络接口登录网络设备，以及通过扫描网络端口确定当前状态等方法。被动式采集是在网络上采集数据的同时，不进行数据发送操作。与主动式采集不同的是，被动式采集往往不需要发送或修改一个数据帧就能获取流量，在采集过程中对环境的影响也比主动式采集轻微。

4.3.2　信息融合层

1. 网络警告管理性分析

为了应对计算机网络非法攻击者，入侵检测系统（Intrusion Detection Systems，IDS）及其他安全防御措施（例如，访问控制和认证机制等）被用来监视和防御恶意网络和主机攻击。IDS 监视给定环境的活动，根据系统的完整性、可信性及信息资源的可用性来决定这些活动是恶意的还是正常的。

通常 IDS 检测包括数据收集、数据预处理、入侵识别、报告及采取措施等若干步骤。其中，入侵识别最为重要，通过将待判定数据与描述入侵行为模式的检测模型进行对比，可以识别成功和不成功的入侵意图。然而，IDS 面临着网络流量巨大、数据分布极不平衡、正常和异常行为分界的决策及不断更新的攻击情况等众多难题，目前单纯的 IDS 结果仍然不能令人满意。为了提高检测的准确性和全面性，很多局域网或大型骨干网络都会部署大量的 IDS 来综合感知网络环境。此时，大量的探测系统会产生海量报警，其中存在大量重复报警的情况，由此需要研究网络警告管理性分析技术以解决上述问题。

网络警告管理性分析技术通过分析 IDS 报警事件，过滤无关噪声警报，并根据事件属性聚合相似警报。典型的网络警告管理性分析包括：警报收集、警报归一化与关联分析，其中关联分析模块又包括警报验证、警报融合及攻击场景重建。网络警告处理及关联分析过程如图 4.7 所示。

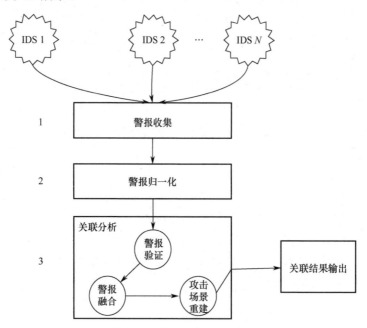

图 4.7　网络警告处理及关联分析过程

警报收集用于收集来自多源 IDS 产生的报警日志信息。通常一个安全性较高的网络环境中需要部署大量的 IDS，这些 IDS 通常会在各自指定的位置产生安全日志，态势感知系统通过部署若干 Agent 到每一台主机，用于实时收集报警事件，或使用分布式日志采集系统，如 Flume 日志采集系统，通过在 Flume 中配置日志生成的路径，很容易完成警报日志的统一收集。

警报归一化用于将收集到的报警日志统一为规定的格式，以便关联分析。当分析 IDS 产生的警报时，首先需要解决的问题是理解由不同提供商生产的各种设备产生的多源警报格式。因此，为了后续关联分析的进行，需要统一数据格式，如 IDMEF 就是一种常见的归一化格式，它是由入侵检测工作组（IDWG）定义的一种面向对象的表示方法。

警报验证的目的是过滤虚假的警报，如果不做处理直接进行关联分析会对结果产生很大影响。警报融合用来合并来自不同 IDS 针对同一攻击产生的冗余警报。融合两个或多个警报的原则通常为警报的产生时间在一个时间窗口范围内，并且警报的属性，包括源 IP 地址、目标 IP 地址都一致，那么就可以将警报合并。通过上述步骤的执行已经过滤掉绝大部分重复冗余及虚假警报，不过此时输出的仍然为原始警报。

通常警报和警报之间并不完全独立，往往有因果、包含等关系，而且通常一个复杂攻击是由一系列攻击步骤组成的，所以可以根据警报关联分析重构攻击场景，目前主要有三类方法：基于相似度、基于攻击顺序和基于多源知识集成的关联分析。

1）基于相似度的关联分析方法

基于相似度的技术旨在通过使用警报间的相似性进行聚类，以此来减少警报总数。通过探测器生成的警报都有若干属性和字段，如警报生成时间、IP 地址、IDS 名称、报警信息描述、攻击分类等。相似警报是指由相同攻击触发，由不同 IDS 监测并产生的一类警报。相似性计算方法的差异是影响关联分析的主要因素。基于相似性的关联技术可以分为两类：基于属性信息和基于时间信息。

基于属性信息的关联技术通过使用某些属性或特征之间的相似性来关联警报，常用的属性包括互联网协议地址、网络协议、攻击分类等。将定义好的属性通过合适方式量化后，就可以使用计量函数来度量相似性，如欧式距离、余弦相似性、交叉熵及汉明距离。将得到的分数与阈值进行比较，从而确定这些警报是否相关。

基于时间信息的关联技术通过利用警报产生的时间间隔来判定一组警报是否有关联关系，该方法的假设是在攻击发生后的短时间内可能观察到由相同攻击引起的若干警报。其优点是仅通过时间一个维度就可以确定警报是否相似，但是在大规模环境中可能存在某一个时刻有大量攻击发生的情况，仅仅依靠时间属性规约存在一定的局限性。

2）基于攻击顺序的关联分析方法

网络安全事件之间往往不是独立的个体，通常一个攻击场景由若干子攻击事件组成，而且这些子攻击事件之间存在并列或前置/后续等关系，所以可以使用构建逻辑公式对攻击场景进行表达。属于同一个攻击场景的警报可以进行归档合并。常见顺序关系可以细分为前置/后续条件、攻击图、神经网络和其他技术。

3）基于多源知识集成的关联分析方法

单一的数据源关联分析技术指关联的数据来自单一入侵检测源，其优点是快速、简单，不足是仅仅考虑发出报警的一个维度，没有考虑其他维度的重要信息，所以很难发现攻击的真实目的。目前已发展出许多基于多源信息的报警关联技术，如使用网络安全指标（NSIS）进行网络安全态势评估，NSIS 包括基础维指数、脆弱维指数、威胁维指数及综合指数，每个维度的指数都重点关注一个方面的安全领域，并且给出了相应指标值的计算方法。

2．风险传播分析

攻击者惯常采用的攻击模式为先突破信息网络的一个节点，再通过节点间相应的信任关系逐一突破网络系统中的每个节点，直到达成攻击目标。当攻击者通过系统内节点成功发起跳转攻击，完成对网络系统中的另一个节点的攻击时，一般认为风险在信息网络中进行了传播，客观存在的跳转攻击路径即为风险传播路径。可以将节点对之间的风险传播关系分为存在直接风险传播路径、存在间接风险传播路径和不存在风险传播路径三类。对于风险传播路径，可以从以下两个方面进行分析。

1）确定对风险传播路径产生影响的因素

考察决定两节点间风险传播路径存在与否的因素，无外乎两类：节点间信任关系为攻击者提供的权限和节点漏洞。当节点间信任关系为攻击者提供的权限为管理员权限（系统为权限）时，攻击者可直接利用该信任关系毫无难度地完成一次跳转攻击。但是，当节点间信任关系为攻击者提供的权限低于管理员权限时，目标节点存在的漏洞则将发挥重要作用，为攻击者提供进一步深入攻击的可能。

2）量化节点漏洞被利用前后的权限变化

为了深入挖掘节点漏洞、节点间信任关系与风险传播路径的逻辑关系，首先需要量化节点漏洞被利用前后的权限变化。网络攻击方法五花八门，大多基于系统或软件的公开的或未公开的漏洞来完成。从攻击目的来讲，攻击类型可分为权限获取型攻击和破坏型攻击两大类。权限获取型攻击指攻击者通过获得某节点的尽可能大的权限来达成其偷窃信息、更改信息或傀儡控制等目的；破坏型攻击指使目标节点不能提供正常服务的攻击行为，如蠕虫攻击、拒绝服务攻击等。

权限获取型攻击可以帮助攻击者获取跳转攻击所需跳转节点的权限，而破坏型攻击则对跳转攻击无益。因此，为了更加准确地分析节点漏洞对风险传播路径的影响，必须将漏洞所产生的权限提升和对主机的破坏这两类影响区分开来。基于上述分析，建立节点权限关系集合 $W=\{1,2,3,4,5,6,7\}$，其中权限关系 1～6 分别对应表 4.5 中节点信任关系的 W_1 至 W_6，权限关系 7 对应节点 N_i 对 N_j 产生的破坏性影响。特别地，权限关系 7 不具备跳转攻击条件。

表 4.5　节点之间的访问关系

类　型	描　述	权　值
W_1	X 仅能够在链路层访问 Y，这种关系体现链路层的连通性	1
W_2	X 仅能够在网络层访问 Y，这种关系体现网络层的连通性	2
W_3	X 能够以 Y 上的服务软件获取或发布信息	3
W_4	X 能够以普通用户身份在 Y 上执行命令，控制其部分系统资源	4
W_5	X 能够监听 Y 的通信数据	5
W_6	X 能够以系统管理员身份在 Y 上执行命令，控制其所有系统资源	6

基于上述理论分析，风险传播分析算法框架如图 4.8 所示，具体步骤如下：

（1）识别并量化计算机网络的具体信息（包括节点漏洞、开放端口、服务和访问控制策略信息等），生成节点漏洞信息表和节点间信任关系表。

（2）将漏洞信息表、节点间信任关系表共同输入攻击图生成器，执行直接风险传播路径分析算法，漏洞管理数据库辅助进行数据查询。

（3）用节点跳转关系逻辑表达式对直接风险传播路径进行数学描述。

（4）对不存在直接风险传播关系的节点对执行间接可达路径生成算法，分析其可能存在的间接可达路径。

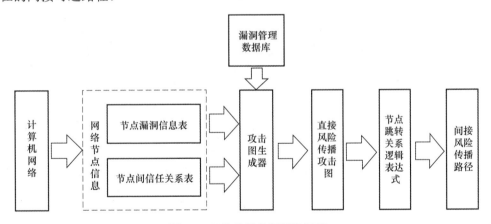

图 4.8　风险传播分析算法框架

3．漏洞关联分析

根据攻击图的构建思想，对于具有权限提升的漏洞，攻击者可在成功利用漏洞之后得到新的权限，从而再次利用其他的漏洞，以获取更多的权限或资源进行新的攻击行为。在网络中具有上述关联关系的特权提升漏洞，则可认为漏洞与漏洞之间存在着依赖关联关系，或者说在攻击图中从漏洞出发，能够在不经过其他漏洞的前提下到达漏洞，因此其关联依赖规则可描述为：漏洞在被利用之后，可以作为漏洞被利用的前提条件。

因此，可根据生成的攻击图及漏洞间的关联依赖规则得到漏洞关联图，并且能够从漏洞关联图中看出漏洞的特权提升类型。漏洞关联图是一个有向图，图中节点表示某一主机上的具体漏洞，图中有向边说明攻击者可以在利用起始漏洞节点之后，继续利用终节点漏洞进行新的攻击行动，即起始漏洞节点为终节点漏洞的利用创造了利用条件，说明两个漏洞之间存在依赖关联关系。

漏洞关联分析结果的准确性是管理人员能够有效应对网络安全状况的依据。但在漏洞评估之前，需要提取与漏洞危害有关的漏洞属性特征指标，建立科学、合理的漏洞指标体系，为漏洞评估工作奠定基础。

通过研究分析各类漏洞指标体系得知，一个漏洞对主机的危害程度，与其对主机中普通或机密信息数据的读取和修改能力，以及漏洞被成功利用的复杂程度等有关，因此，本书通过综合方法对已有漏洞评估指标体系的调研分析，考虑漏洞在评估结果集合中的位置重要性和漏洞补丁的预防能力等动态因素，设计建立了漏洞评估指标体系，如表 4.6 所示。

表 4.6　漏洞评估指标体系

指标组	指标名称	指标范围	赋值
漏洞可利用性指标	访问向量	本地访问/邻接网络访问/远程访问	0.395/0.646/1
	访问复杂度	高/中/低	0.35/0.61/0.71
	代码可利用性	漏洞公开天数	0，1
	授权认证	不需要/一次/多次	0.704/0.56/0.45
	补丁可利用性	漏洞公开天数	1/0.87
漏洞影响指标	漏洞机密性	无/部分/完全	0/0.275/0.66
	漏洞可用性	无/部分/完全	0/0.275/0.66
	漏洞完整性	无/部分/完全	0/0.275/0.66
	攻击前提集	Guest/User/Admin	0.2/0.5/0.8
	攻击结果集	Guest/User/Admin	0.2/0.5/0.8
	特权提升度	攻击前提集和结果集	>0 且≤0.6
漏洞间关联指标	漏洞关联度	PageRank 得分	>0

由于漏洞的访问向量和访问复杂度等指标主观性较强，可根据专家评分来量化这些指标，因此，根据通用漏洞评分系统（CVSS），可得到表 4.6 中的漏洞访问向量、访问复杂度、授权认证，以及漏洞机密性、可用性、完整性的赋值，本书对攻击前提集和攻击结果集，根据其取值进行经验赋值，则特权提升度可根据漏洞利用前后的攻击前提集和攻击结果集来计算赋值；对体现漏洞间关系紧密程度的漏洞关联程度，可利用 PageRank 算法基于漏洞关联图，实现漏洞评估量化处理。

漏洞的关联程度是指某个漏洞与其他漏洞关系紧密的大小。在漏洞关联关系图中，漏洞与其他节点的边越多，说明此漏洞与其他漏洞的关联性越高，其作为攻击路径节点的可能性也越大；同时，漏洞在关联关系图中的位置重要性越大，被其他漏洞利用的可能性也越大，因此，一个漏洞与其他漏洞的关联依赖性，主要取决于漏洞与其他漏洞在攻击图中边的数量及其父节点在攻击图中的影响程度，即质量的好坏。

4.3.3　态势评估层

态势评估的主要作用是反映网络的运行状态及面临威胁的严重程度。在对网络上原始安全数据和事件进行采集和融合分析之后，基于建立的态势评估指标体系，通过一系列数学模型和算法进行处理，最终以安全态势值的形式定量或定性评估当前网络的安全状况。

网络安全态势评估层所使用模型主要分为数学模型、随机模型和生物启发模型三类。

1. 数学模型

采用数学模型进行网络安全态势感知分析，主旨思想是用数学语言或数学符号对计算机网络系统安全相关的特征或数量依存关系进行概括或近似描述。这里的数学模型指狭义上的数学模型，即网络安全系统中各变量间关系的数学表达。因此，基于数学模型的感知分析方法更偏向于定量分析。态势评估中常用的数学模型包括层次分析模型、贝叶斯网络模型、粗糙集/模糊集模型等。

1）层次分析模型

层次分析法（Analytic Hierarchy Process，AHP）是一种定量和定性相结合的多目标、多准则的决策分析方法，是解决态势评估中权重问题的简洁、有效的办法之一。它将对评估目标有影响的难以量化的各种因素划分层次，使之有序化、条理化，同时对与评估目标相关的因素进行两两比较，确定它们之间的相对重要性，并进行量化得到一个矩阵，然后对所有相关因素的最终顺序引用模糊数学的方法来进行确定。

基于层次分析法的态势感知将较为复杂的态势感知过程分层处理，将网络系统分为服务、主机、系统三个层面，采取自下而上、先局部后整体的方针，通过计算底层安全要素的局部影响来评估系统整体的安全态势。

采用层次分析模型进行权重确定的步骤如下：

（1）确定目标，建立层次结构。首先，对目标要有清楚的认识，明确要研究的问题、解决问题的准则及解决问题的方案；其次，对解决问题的准则与方案之间的关联关系进行分析；最后，按照目标层、准则层、方案层的次序建立层次结构。

（2）构建判断矩阵。这是确定权重系数的基础，通过对同一层次的各因素关于上一层中某元素的相对重要性，采用两两比较的方法进行重要性判断。假设对两个因素进行比较，它们的相对重要性取值如表 4.7 所示。

表 4.7　相对重要性取值表

取值	含义
1	A 同 B 比较，A 与 B 同等重要
3	A 同 B 比较，A 比 B 较为重要
4	A 同 B 比较，A 显然比 B 重要
5	A 同 B 比较，A 强烈比 B 重要
7	A 同 B 比较，A 极度比 B 重要
9	A 同 B 比较，A 绝对比 B 重要
2，4，6，8	重要程度介于上述相邻两级之间

根据表 4.7 的赋值方法，对于上层某个元素相关联的因素，以上层该元素为基准，然后两两相比较来确定矩阵的每一个元素值，构造出判断矩阵 $A = (a_{ii})_{n \times n}$，其中 a_{ii} 满足以下性质：

$$a_{ii} = 1, a_{ij} > 0, a_{ij} = \frac{1}{a_{ji}}$$

（3）计算判断矩阵。构造出判断矩阵之后，就需要计算判断矩阵的最大特征值（或者说是绝对值），再计算特征向量，进而得出特征向量（低层因素）相对上层元素的待测权重向量。

（4）一致性检验。第（3）步计算出的权重向量并不是最终结果，还需要对该结果进行一致性检验，检验过程主要包括以下两步：

① 按照公式计算一致性指标。

$$CI = \frac{\lambda_{max} - n}{n - 1}$$

② 参照对应的平均随机一致性指标，计算出一致性比率。

随机一致性指标的值可通过两种方式获得，即计算方法和查表方法。

计算方法可以通过公式计算得出：

$$RI = \frac{\overline{\lambda}_{max} - n}{n - 1}$$

式中，$\overline{\lambda}_{max}$ 为多个阶随机判断矩阵最大特征值的平均值。

查表法则通过查询一致性参数对应表，确定相应的一致性指标，如表 4.8 所示，其中 n 为阶数。

表 4.8　平均随机一致性参数对应表

n	3	4	5	6	7	8	9	10	11
RI	0.58	0.90	1.12	1.24	1.32	1.41	1.45	1.49	1.51

③ 在确定平均随机一致性指标之后，可通过下面的公式计算一致性比率：

$$CR = \frac{CI}{RI}$$

如果上式计算结果 CR<0.1，则该判断矩阵的一致性在可接受范围内，第（3）步计算出的权重向量就是最后的计算结果；如果 $CR \geq 0.1$，则需要重新构建判断矩阵，从第（2）步重新开始上面的过程，直到得出最终的权重向量。

由上可见，层次分析模型的第（3）步和第（4）步包含复杂的计算过程，尤其是一致性检验，需要较大的计算量才能完成，这也是层次分析模型的一个缺点。

层次分析模型无论是在分析过程中还是在计算过程中，都和决策者的思维过程保持一致，构造有效的递阶层次结构是应用此模型的关键，但目前的要素量化过程基本都采用主观经验取值法，无法像经典层次分析法中通过两两因素排序进行比较量化，导致模型客观性不够，而且目前的层次化结构只适用于局域网络，很难进行大规模推广，也缺乏对未来态势的有效预测。

2）贝叶斯网络模型

为了有效体现网络安全态势感知中的不确定性和主观因素，通常使用概率方法进行定量说明，贝叶斯网络模型便是其中一种较常用的方法。态势评估是广泛的高层次的评估，数据来源类型众多，结果类型也丰富多样，对于态势评估来说采用贝叶斯网络是一个有效且可行的方法。贝叶斯是一种有向图模型，用概率来表示知识的不完全、不确定性，其主要功能就是进行概率推理。

贝叶斯网络是描述变量间概率关系的图形模式，通常由有向无环图和条件概率表组成。贝叶斯网络模型如图 4.9 所示。

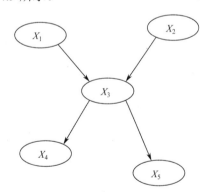

图 4.9　贝叶斯网络模型

在有向无环图中，每个节点都表示一个随机变量 X_i（可以是能直接观测到的变量，也可以是隐含变量），每条有向边表示随机变量间的条件概率关系，在条件概率表中的每个元素都对应于有向无环图中的一个节点，表中存储了与该节点有直接关系的前驱节点的联合条件概率 $P(X_i|\Pi_i)$。

在态势评估中采用贝叶斯网络方法具有很好的实用价值，可以实现整个态势的等级划分，也可以实现对具体的某种态势的判断。贝叶斯网络的优点还包括：有效地结合了神经网络和贝叶斯理论，并且采用有语义性的推理技术，可以很好地反映出推理的过程。但由于贝叶斯理论会强迫所有传感器在抽象级上以贝叶斯可信度做出响应，使得特定传感器不能用精确的可信度表示抽象级。贝叶斯网络与数据融合相比，其实现相对简单，但是需要较多的先验知识。

在态势评估中，贝叶斯网络是一个有向无环图 $G=\{V,E\}$，节点 V 表示不同的态势和事件，每个节点都对应一个条件概率分配表，节点间利用边 E 进行连接，反映态势和事件之间的概率依赖关系，在某些节点获得证据信息后，贝叶斯网络在节点间传播和融合这些信息，从而获取新的态势信息。

3）粗糙集/模糊集模型

粗糙集是针对传统集合而言的，在传统集合中对象与集合的关系是清晰的（非此即彼），但是现实中有些对象对集合的隶属关系是不明确的，存在着一种隶属程度的区间（隶属度函数）。粗糙集延拓了经典的集合论，其使用上下近似两个集合来逼近任意一个集合，其可以在无先验知识的前提下分析不精确、不一致、不完整等各种不完备的信息，发现隐含的知识，揭示潜在的规律。

在网络安全态势评估和预测中，使用粗糙集模型可从海量历史数据中揭示潜在规律、发现隐含知识，对原始数据进行属性约简，从而提高网络态势要素提取的准确性，为网络安全态势的评估和预测提供有力的数据保障。

2. 随机模型

随机模型是一种非确定性模型，其主要特点是模型中的外生变量会随着具体条件而改变，这和网络安全相关行为的发生过程有很高的契合度，在攻击过程中，攻击者攻击手段的选择、防御者防御策略的选择及正常用户的操作过程都是随机的。

使用随机模型进行网络安全态势感知，可以更清晰地刻画系统各要素的随机行为及行为之间的逻辑关系，也因此更易于对网络状态进行全面描述，同时其还可以包括未知行为的影响。基于随机模型的网络安全态势感知主要包括 Petri 网模型、博弈论模型、马尔可夫模型及风险传播模型等。

1）Petri 网模型

Petri 网（Petri Net，PN）模型可以对离散并行系统进行有效的数学模拟，其由三个要素组成：库所（Place）、变迁（Transition）和有向弧（Arc），即 $N=（P，T，A）$。

在库所内可以有任意数量的令牌（Token），代表资源最初的应用场景是通过 Token 在库所中的流动来检测协议中的错误（死锁状态）的。在 Petri 网与网络安全态势感知的结合中，库所 P 通常代表可描述的系统局部状态，变迁 T 代表能够使系统状态发生改变的攻击事件或正常活动，有向弧 A 将局部状态和事件之间进行有效的关联，它一方面引用能够促使变迁发生的局部状态，另一方面指向由变迁所引起的局部状态的改变。

当应用于态势评估方面时，附着在 Token 上的数字代表某攻击或活动成功的概率，在此基础上可以采用风险最大预估的"或"原则（不同路径间的概率取最大值），对态势进行定性的可达标识分析，或者通过关联矩阵和状态方程等进行量化评估。可以看到，Petri 网不但具有图形化建模的直观和形象等特点，同时还适合应用于异步、并行的攻击发生过程模拟。

2）博弈论模型

随着网络安全态势感知研究的深入，研究者意识到了两个问题：一是网络安全对抗过程中不单单是技术因素，同样的技术实现手段，不同的人应用在不同的场景会产生截然相反的结果；二是网络安全的分析一定不是一方的行为，在具有主动防御的环境中，安全态势会随着两方或多方的选择而发生变化，这也与博弈论的策略依存思想有着极高的吻合度。

传统针对入侵检测或攻击行为的研究多数是建立在一次博弈分析基础上的，考虑到真实环境中的应用，定然是重复多阶段的不完全信息动态博弈，存在着精炼贝叶斯纳什均衡，因此每一个基于博弈论的网络安全态势感知模型 $GM = \{N, S, \theta, P, R\}$ 都至少包含以下五部分内容：

（1）N 是局中人的集合（一般将多个同类对象进行合并处理，分为攻击者、防御者、正常用户三类）。

（2）S 是攻防过程中的博弈状态集合。

（3）θ 是攻防双方的行动策略集合。

（4）P 是博弈状态 S 间的转移概率。

（5）$R_n = S_i \times \theta \times S_j$，表示局中人 n 在状态 S_i 转移到状态 S_j 时的收益函数。

基于此基础定义，经过有限步（k 步）的博弈过程之后，系统在不同状态之间进行转化会形成一个树形结构，局中人的目标都是使各自的目标函数最大化，通过 Shapley 算法或问题转化求解等方式可以获得模型的纳什均衡策略 f^*。

博弈论的结合不仅使网络安全态势感知的关注点从技术上升到管理策略层面，而且可以对各参与方的心理活动进行刻画，这极大地提高了模型的描述能力和分析结果的科学性，目前的改进方向集中在静态博弈转向动态博弈、模型相关要素量化或与其他方法结合等方面。

3）马尔可夫模型

马尔可夫模型的基本思想是下一个状态的转移只与当前状态有关而与历史状态无关，马尔可夫模型由三个要素组成：S 是由系统所有可能的状态所组成的非空状态集，P

是系统状态转移概率矩阵，Q 是系统初始概率分布矩阵，因此模型可以用 $M=\{S, P, Q\}$ 进行矩阵描述。

　　网络中资产的安全状态可以看作不断变化的、不可见的马尔可夫链，通过各种检测手段，获得的资产受到的威胁、存在的脆弱性和管理员的安全措施等安全信息可以看作观测符号序列，因此适合用 HMM 模型进行态势评估。基于 HMM 的态势评估流程如图 4.10 所示。

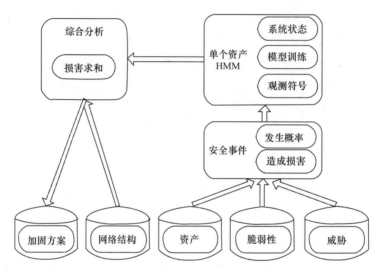

图 4.10　基于 HMM 的态势评估流程

　　根据图 4.10 可知，态势评估的流程分为三步，具体描述如下：

　　（1）对网络中的每项资产，根据安全事件数据集，分析影响该资产的安全事件，并结合管理员在该资产上采取的安全措施确定观测符号序列。

　　（2）根据观测符号序列，分别建立 HMM 评估该资产的保密性、完整性和可用性的安全态势分量。

　　（3）结合网络结构信息，找出网络中安全性状态差并且位置重要的资产，得到最佳的加固方案。

　　由于每项资产有保密性、完整性和可用性三个方面的价值，安全事件对每个价值分量造成的损失不同，并且这三个分量之间的联系较弱，可以使用 HMM 分别建模。

　　将马尔可夫模型应用在网络安全态势感知中的意图是在初始条件具备的情况下对攻防演化进行有效预测，但攻击过程中会存在大量的伪装攻击或隐蔽攻击，强制施加后无效性会使统计的结果走向极端化（过分夸大某一偶然动作的影响或忽略某一关键步骤的作用），因此一般将马尔可夫模型与其他模型结合在一起使用，通过马尔可夫模型获取因果知识，并通过一步转移概率矩阵简化运算的过程，使马尔可夫模型可以应用于大规模网络的安全态势感知。

4）风险传播模型

风险传播模型的核心思想是由于网络系统的高度关联性，某一网络主体的风险会扩散到无漏洞的主体甚至整个网络，因此需要有效的手段来对整个网络信息系统的风险状态进行有效的评估。

风险传播模型（脆弱性扩散模型）一般由网络抽象和传播算法两部分组成，网络抽象部分描述的是系统逻辑访问关系结构，传播算法描述的是风险扩散的规则。例如，图 4.11 是攻击者对 Web 服务器攻击后，数据库服务器及测试服务器对开发服务器所产生的风险扩散逻辑访问抽象建模结果，其中有向边的权重代表攻击收益。

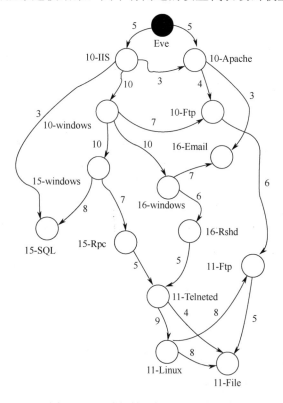

图 4.11　风险扩散逻辑访问抽象建模

采用保证最终风险扩散结果最优的累积效应算法来确定节点间扩散估值 λ_{uv}，即

$$\lambda_{uv} = \frac{w(u,v)}{\sum\limits_{m \in N(v)} w(m,v)}$$

其中，$w(u,v)$ 代表节点 u 和 v 之间的权重，可以看出网络的风险状态不仅与存在漏洞的主体有关，同时还和逻辑访问结构与漏洞的分布状态有关，采用风险传播模型能够找到最具安全威胁的主体或风险传播路径。

3．生物启发模型

生物启发模型是以自然界生物的自然现象或过程为灵感，提出的智能计算方法，其基本原理是根据已知信息来探索某问题的解决方案，在探索过程中将相关信息进行有效记录和积累，并根据越来越多的已知信息指导下一步动作和修正以前的步骤，进而获得整体上更好的结果。

攻击者的攻击过程及防御者的防御过程也是如此，都是基于当前的知识状态来寻求以最小的代价获取最大的收益，这可视为人工智能在网络安全态势感知领域的具体应用，是当前非常具有前景的方法。但该方面研究尚处于起步阶段，将攻防过程中的高维、非线性数据进行抽象并通过启发式计算求解的结果，无论是在可行性上，还是在最优性上，都有待实践的检验和提高。

目前，在网络安全态势评估领域取得一定进展的生物启发式模型主要包括神经网络模型和人工免疫模型。神经网络模型在前述章节已有介绍，这里重点介绍人工免疫模型。

近年来，由生物引发的信息处理方法的研究引起了人们高度的重视。Burner 率先提出克隆选择原理而获得诺贝尔奖；丹麦学者 Jerne 提出免疫系统的第一个数学模型，奠定了免疫计算基础；Forrest 等人提出否定选择算法并提出了计算机免疫概念。人工免疫理论已发展成为一种动态的计算模型，突破了传统的方法论和思维方式，通过免疫系统能够自己学习和判断，反映了"细胞自我学习"过程。免疫机体根据自身所面临的危险，能及时有效地做出响应，这些优秀的特性决定了它在网络安全领域具有广阔的应用前景。

在网络安全态势感知中，人工免疫模型将 IP 包抽象为抗原，将免疫细胞抽象为入侵检测系统中的检测器，将抗体抽象为相应的匹配器。正常情况下，人体各种抗体的浓度基本保持不变，所以可以通过测量各种类型抗体的浓度来判断人体是否生病及生病的严重程度。

借鉴这一生物免疫原理，在基于免疫的网络安全态势感知模型中，当记忆检测器检测到异常时，其相应的抗体浓度就会增加；而异常消失后，其相应的抗体浓度就会降低到零。通过对抗体浓度的定量计算可以实时量化出系统当前面临的风险，根据风险值以及所属的网络风险安全等级对网络目前的安全态势进行定量评估，由此建立了基于免疫原理的网络安全态势实时定量评估方法。

在态势实时定量评估的过程中，首先通过分布于主机的大量安全态势感知器对局部的安全风险进行评估，同时将抗体浓度、类型等信息发送到所属网络的安全风险评估中心进行融合，进而对网络安全态势进行实时定量描述。在从不同角度、不同方面对网络各个层次的风险变化趋势有了更全面的了解后，便能更有针对性地调整安全策略，保障系统安全。

设 $\varphi_j(t)$ 为 j 类型攻击的危险性，$n_{i,j}(t)$ 为 t 时刻主机 i 检测到 j 类攻击的抗体浓度，

$c_{i,j}(t)$ 为正常状态下主机 i 检测到 j 类攻击的抗体浓度，则 t 时刻主机 i 面临第 j 类攻击的安全态势指标 $r_{i,j}^{\mathrm{host}}(t)$ 及面临所有攻击的综合安全态势指标 $r_i^{\mathrm{host}}(t)$ 计算公式如下：

$$r_{i,j}^{\mathrm{host}}(t) = 1 - \frac{1}{1 + \ln\left(\varphi_j\left(n_{i,j} - c_{i,j}\right) + 1\right)}$$

$$r_i^{\mathrm{host}}(t) = 1 - \frac{1}{1 + \ln\sum_{j=1}^{m}\left(\varphi_j\left(n_{i,j} - c_{i,j}\right) + 1\right)}$$

设 $\alpha_i(t)$ 为主机 i 的重要度，则 t 时刻网络面临第 j 类攻击的安全态势指标 $r_j^{\mathrm{net}}(t)$ 及面临所有攻击的综合安全态势指标 $r^{\mathrm{net}}(t)$ 计算公式如下：

$$r_j^{\mathrm{net}}(t) = 1 - \frac{1}{1 + \ln\left(\sum_{i=1}^{l}\left(\alpha_i\varphi_j\left(n_{i,j} - c_{i,j}\right) + 1\right)\right)}$$

$$r^{\mathrm{net}}(t) = 1 - \frac{1}{1 + \ln\left(\sum_{j=1}^{m}\varphi_j\left(\sum_{i=1}^{l}\left(\alpha_i\left(n_{i,j} - c_{i,j}\right)\right) + 1\right)\right)}$$

虽然模仿生物免疫系统的计算机免疫学已经被广泛应用在了网络安全态势感知分析中，但作为网络安全态势感知分析的新途径，免疫模型要充分地模拟免疫学的机理才能发挥作用，免疫学的复杂性和不可知性会使建模及求解过程过分复杂化，能否准确还原安全态势演化过程还有待实践检验。

4.3.4　态势预测层

网络安全态势预测是指基于对当前网络安全态势评估和已有的历史评估数据，评估已经出现的攻击行为对网络空间产生的危害和可能要发生的攻击行为对网络空间造成的潜在威胁，并对未来一段时间内的网络安全态势变化趋势进行预测。网络安全态势预测常用方法可以分为基于传统机器学习的预测模型和基于深度学习的预测模型两种。

1. 基于传统机器学习的预测模型

网络空间安全态势具有不确定性和非线性的特点，而机器学习在描述非线性复杂系统方面表现出色，并且有良好的自适应、自组织和无限逼近能力，因此使用机器学习进行态势预测受到了广泛关注。

下面针对两种常用的利用传统机器学习模型进行态势预测的方法进行讨论，包括基于支持向量机的态势预测方法和基于神经网络的态势预测方法。

1）基于支持向量机的态势预测方法

支持向量机（SVM）是在结构风险最小化与现代统计学习模型理论基础上形成的，

具有完备的数学理论基础，它将输入空间向量映射到高维特征空间，即将低维特征空间中的非线性回归问题转换为高维特征空间中的线性回归问题。相对于其他预测算法，SVM有着泛化能力强、适应性好、快速收敛、有较强的数学理论支持、构造简便等优点，已成为当前比较优秀的安全态势预测算法。

基于 SVM 的安全态势预测方法对参数的选取非常敏感，SVM 的预测结果取决于参数选择得是否合理，目前通常结合各种参数优化算法对模型参数进行优化。考虑到大数据时代海量的态势要素，传统的 SVM 模型训练成本日益增大，未来主要研究目标为在提高模型训练精度的同时减少训练时间成本。

2）基于神经网络的态势预测方法

神经网络预测模型具有很好的拟合性、自学习能力和自记忆功能，是最常用的态势预测方法之一。该方法首先获取数据作为神经网络的训练样本，利用神经网络的自学习能力对权值不断进行调整，从而建立态势预测模型。BP 神经网络是目前使用最广泛的神经网络预测模型，下面对 BP 神经网络进行简单的介绍。

BP 神经网络也称反向传播网络，由输入层、隐含层和输出层组成，各层之间的神经元进行全互联连接，但各个层次内部的神经元之间全部没有连接。典型的 BP 神经网络模型如图 4.12 所示。

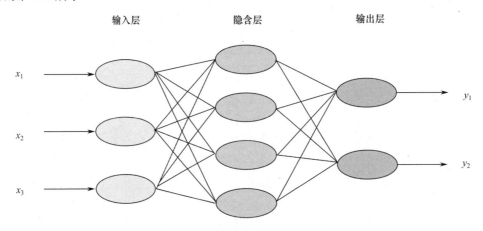

图 4.12　典型的 BP 神经网络模型

当输入一组学习样本之后（如图 4.12 中输入 x_1、x_2、x_3），其经过输入层以及各个隐含层到达输出层，得到 y_1 和 y_2 两个输出。再将其与原先期望的输出进行比较，将得出的误差进行神经网络反方向传播，通过不断地正反传播可以不断地调整神经网络的权值，使其对输入的适应性不断提高。

BP 神经网络结构简单并且具有很强的自学习能力，可以实现任意的输入与输出之间的非线性映射关系，因此在态势预测领域得到了广泛的使用。但是神经网络模型的缺点也很明显，其存在收敛速度慢、容易陷入局部最优及网络初始参数难确定等问题，同时在访问认证机制中存在严重的缺陷，因此很容易受到异常攻击。

2．基于深度学习的预测模型

深度学习可以对具有深层结构的神经网络进行有效训练，主要模型包括循环神经网络、长短期记忆网络、生成对抗网络等。运用这些模型能够从大量的复杂数据中学习到合适、有效的特征，解决网络安全态势感知中的特征提取和态势预测问题。

1）循环神经网络模型

循环神经网络（RNN）近年来已成功应用于图像识别、语音识别、机器翻译及态势预测等各领域，标准循环神经网络模型结构如图 4.13 所示。

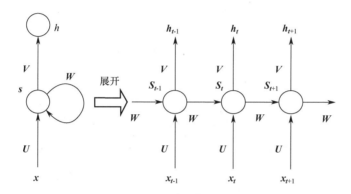

图 4.13　标准循环神经网络模型结构

x 为输入序列向量，h 为输出向量，s 表示网络的隐含层状态，U 为输入层和隐含层之间的参数矩阵，W 为不同状态之间的转移矩阵，V 为隐含层与输出层之间的参数矩阵。

在传统神经网络中，通常假设所有的输入层和输出层间是相互独立的，但对于许多学习任务来说这个假设并不成立，以网络安全态势预测任务为例，未来时间态势是依赖历史时刻的态势值。RNN 对所有节点执行相同的操作，并且当前时刻的输出依赖之前的计算结果。换言之，在循环神经网络模型中不仅从输入层到隐含层再到输出层的层与层之间是全连接的，而且前后时序之间隐含层节点也是相互连接的，当前时刻输入层的输出与上一时刻隐含层的输出共同作为当前时刻隐含层的输入。因此，RNN 能够充分利用任意长度序列中的信息，从而保证态势预测准确性。

2）长短期记忆网络模型

长短期记忆网络（LSTM）是一种改进后的循环神经网络，可以解决 RNN 无法处理的长时依赖问题，并且有效解决了梯度消失问题，适合处理时序数据和时延较长的任务。长短期记忆网络模型结构如图 4.14 所示。

用 C 表示模型的单元状态，x 为输入向量，h 为输出向量，一个 LSTM 单元使用三个门来控制状态。因为普通 LSTM 模型对噪声敏感，且序列关联分析能力较弱，所以在态势预测领域，通过堆叠三层 LSTM 增加网络深度，训练后的模型可以更深入、更准确地提取不同安全态势要素的数据特征，从而可以改进 LSTM 网络对安全态势和时间特性的映射。同时，网络深度的增加可以在一定程度上优化神经网络的结构，减少单层网络中神经元的数量和训练时间，对提高神经网络的性能和效率具有一定的作用。

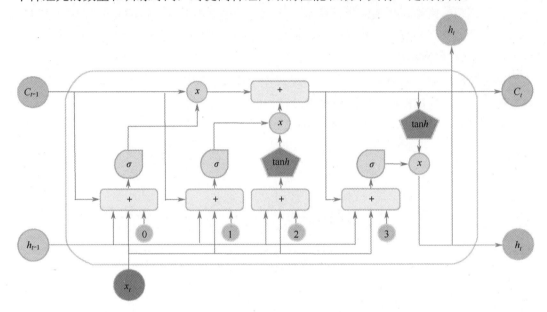

图 4.14 长短期记忆网络模型结构

3）生成对抗网络模型

生成模型可以通过真实数据的内在特征来刻画样本的数据分布，生成与训练样本相似的新数据。生成对抗网络（GAN）与传统的生成模型不同，GAN 在网络结构上除了有一个生成器，还包含一个判别器，如图 4.15 所示。

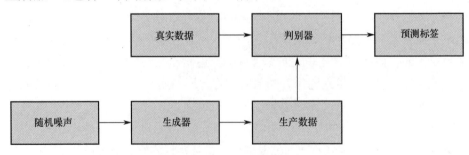

图 4.15 生成对抗网络模型结构

GAN 模型中生成器与判别器之间是一种对抗的关系，对抗来源于博弈论中的二人零和博弈思想，博弈的双方在平等对局中分别利用对方的策略来改变自己的对抗策略，以此达到某个最优的状态。在安全态势预测方面，利用 Wasserstein 距离作为 GAN 的损失

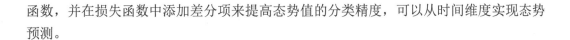

函数，并在损失函数中添加差分项来提高态势值的分类精度，可以从时间维度实现态势预测。

4.4　跨域异构信息的态势感知技术

当前网络安全领域技术发展日新月异，一方面，各种颠覆性技术的引入使得安全问题更加凸显，安全的攻击面更大，安全的重要性越发重要；另一方面，国家、企业和组织需要应对的网络空间安全攻击和威胁变得日益复杂和严峻，具有隐蔽性高、潜伏期长、持续性强的特点。因此，态势感知必须能够适用于多种环境，从骨干网、关键基础设施，到工业互联网、物联网及各种内部网络，并且能从构成态势的各个要素信息的角度（包括被保护对象、漏洞、攻击、威胁等）做到跨域、全面地感知网络态势。

跨域态势感知在军事领域可以有效支撑全域作战，通过提供更为准确、实时的全局视野，综合提升全域作战指挥决策能力；在金融领域可以通过搭建全流量、全数据采集模型，汇聚金融领域网络安全事件的信息，辅助管理者掌握全局安全状态；在工业互联网领域可以显著提升使用者的检测能力和响应能力，彻底扭转攻防不对称的不利局面。

要实现跨域异构信息的态势感知，必须解决各网络安全单元分布在不同安全域，彼此自成体系、所检测数据与分析总结报告格式不一、没有统一的接口、没有权威机构进行统一评估等一系列问题。因为在大规模网络环境下，多源异构网络安全状态数据差异性很大，可能是单一来源数据，也可能是跨域多源数据；可能是实时数据，也可能是非实时数据；可能是连续数据，也可能是离散数据；可能是相互支持或互补的数据，也可能是相互矛盾或竞争的数据。而跨域多传感器数据融合的基本原理就像人类综合处理信息一样，充分利用多个传感器资源，通过互通接口对这些传感器及其观测信息进行合理支配和使用，把各种传感器在空间或时间上的冗余或互补信息依据某种优化准则组合起来，并进行统一评估决策，以获得对被测对象的一致性解释或描述。

跨域数据融合的基本目标是通过数据组合，而不是出现在输入信息中的任何个别元素，推导出更多的信息，这是最佳协同作用的结果，即利用多个传感器共同或联合操作的优势，提高整个传感系统的有效性。

4.4.1　跨域异构信息态势感知的功能模型

跨域异构信息态势感知的功能模型主要包括以下四个级别的处理过程：目标优化、态势优化、威胁评估和过程优化。跨域异构信息态势感知的功能模型如图 4.16 所示。

1）目标优化

第一级处理的是目标优化评估，一级处理中的目标优化评估模型如图 4.17 所示，主要功能包括数据配准、数据关联等，其结果可为更高级别的融合过程提供辅助决策信息。

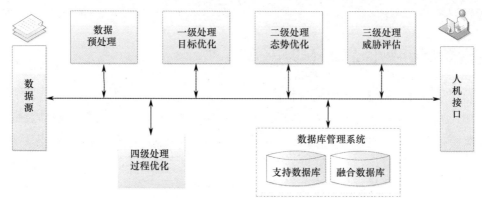

图 4.16 跨域异构信息态势感知的功能模型

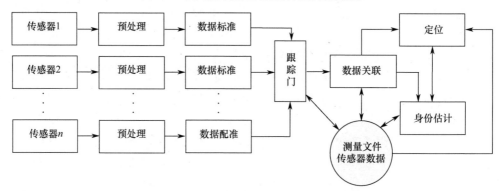

图 4.17 一级处理中的目标优化评估模型

其中，数据配准就是将时域上不同步、空域上属于不同坐标系的多源观测数据进行时空对准，从而将跨域多源数据纳入一个统一的参考模型中，为数据融合的后期工作做铺垫。数据关联主要处理分类和组合问题，将隶属于统一数据源的数据集组合在一起。

2）态势优化

第二级处理的是态势优化评估问题，是对整个态势的抽象和评定。其中，态势抽象就是根据不完整的数据集构造一个综合的态势表示，从而产生实体间一个相互联系的解释。而态势评定则关系到对产生观测数据和事件态势的表示和理解。态势评定的输入包括事件检测、状态估计及为态势评定所生成的一组假定等。态势评定的输出在理论上是所考虑的各种假设的条件概率。

3）威胁评估

第三级处理的是威胁评估问题，它将当前态势映射到未来，对预测行为的影响进行评估。

目前，对第二、第三级的融合处理研究都主要集中在基于知识的方法，如基于规则的黑板模型系统等。但对此领域的研究远未成熟，虽然有很多的原型可以借鉴，但是还缺少真正鲁棒且可操作的系统。如何建立一个可变的规则库以表征有关态势评估和影响评估的相关知识，是该领域具有挑战意义的研究课题。目前出现的基于模糊逻辑和混合结构的研究方法，将原有黑板模型的概念扩展到面向等级化和多时空尺度的概念，有望对态势评估和影响评估领域的研究起到有力的推动作用。

4）过程优化

第四级处理的是过程优化评估问题，它是一个更高级的处理阶段。通过建立一定的优化指标，对整个融合过程进行实时监控与评价，从而实现多传感器自适应信息获取、处理及资源的最优分配，以支持特定的任务目标，并最终提高整个实时系统的性能。对该级别融合处理研究的困难，主要集中在如何对系统特定任务目标及限制条件进行建模和优化，以平衡有限的系统资源，如计算机的运算能力及通信带宽等。当前，利用有效理论来开发系统性能及效率模型，以及利用基于知识的方法来开发基于上下文环境的近似推理是研究的重点。

4.4.2　跨域异构信息态势感知的优先级别

跨域异构信息态势感知可以最大限度地利用多源异构网络安全状态数据，获得待识别安全事件的准确判断和描述。优先级别指的是各传感器提供的数据在什么阶段进行融合。按照融合系统中数据抽象的层次，融合可划分为三个等级：数据级融合、特征级融合和决策级融合，各个级别的融合存在不同的优缺点。异构数据融合优先级描述如图4.18所示。

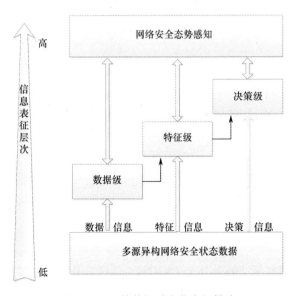

图 4.18　异构数据融合优先级描述

数据融合本质上是一个由低层到高层对多源异构数据进行整合、逐层抽象的数据处理过程。但在某些情况下，高层数据的融合要起反馈控制的作用，即高层数据有时也参与低层数据的融合，而且在某些特殊的应用场合，可以先进行高层数据的融合。多源异构网络安全状态数据依次在各融合节点合成，各融合节点的融合数据和融合结果可以采用交互的方式进入其他融合节点，参与融合处理。

1）数据级融合

数据级融合是底层的融合，直接融合来自同类传感器的数据，基于融合后的结果进行特征提取和判断决策。此过程一般可通过从原始数据中提取一个特征矢量来完成，并根据此特征矢量做出属性判决。这种融合处理方法的主要优点是只有较少数量的损失，并能提供其他融合层次所不能提供的其他细微信息，所以精度很好。它的局限性包括所要处理的传感器数据量大，故处理代价高、处理时间长、实时性差；这种融合是在信息的底层进行的，传感器信息的不确定性、不完整性和不稳定性要求在融合时有较高的纠错处理能力；它要求传感器是同类的，即提供对同一观测对象的同类观测数据，一般通信量越大，抗干扰能力越弱。

2）特征级融合

特征级融合属于中间层次的融合，先由每个传感器抽象出自己的特征向量，融合中心完成的是特征向量的融合处理。一般来说，提取的特征信息应是数据信息的充分表示量或充分统计量。其优点在于实现了可观的数据压缩，降低了对通信带宽的要求，有利于实时处理，但由于损失了一部分有用的信息，使得融合性能有所降低。

特征级融合可划分为目标状态数据融合和目标特性融合两大类。其中，目标状态数据融合主要用于多传感器目标跟踪领域，融合系统首先对传感器数据进行预处理以完成数据配准，之后融合处理主要实现参数相关和状态向量估计。此领域的大量方法都可以修改移植为多传感器目标跟踪方法，且通常能建立起一个严格的数学模型来描述多传感器的融合跟踪过程。目标特性融合就是特征层联合识别，它的实质就是模式识别问题。多源异构数据的特征层融合增大了特征空间的维数，具体的融合方法仍是模式识别的相应技术，只是在融合前必须先对特征进行关联处理，将特征矢量分类成有意义的组合。

特征级融合无论在理论还是在应用上都逐渐趋于成熟，形成了一套针对具体问题的解决方法。在融合的三个层次中，特征级融合可以说是发展较完善的，而且由于在特征层已建立了一整套行之有效的特征关联技术，可以保证融合数据的一致性，所以特征级融合有着良好的应用与发展前景。

3）决策级融合

决策级融合是一种高层次的融合。首先由每个传感器基于自己的数据做出决策，然后在融合中心完成局部决策的融合处理，决策级融合是三级融合的最终结果，是直接针对具体决策目标的，融合结果直接影响决策水平。这种方法具有良好的实时性、容错性和灵活性，系统对数据传输带宽的要求较低，能有效地反映目标各个方面不同类型的信息，可以处理非同步信息。目前有关数据融合的大量研究成果都是在决策层取得的，并且构成了数据融合的一个研究热点。常见算法有贝叶斯推断、专家系统、D-S 证据推理、模糊集理论等。

4.5　网络空间安全适时预警技术

现代网络空间安全对抗具有技术性强、目标多元、要素复杂、时间敏感、地域模糊、数据量大等特点。重大网络攻击、烈性恶意代码传播等网络安全突发事件大多不是表面上的无序爆发，而是存在着长期酝酿过程、前置的实施准备和精心设计的运行逻辑，这也为实现网络空间安全预警提供了可能。

预警与告警或报警不同：告警或报警是"进行时"，意味着事故已经发生，或者伤害已经造成，告警或报警通过提供信息给相关组织或人员以尽快采取应急措施，最大限度地减少和降低损害的程度，防止事态扩大化；预警是"将来时"，是纳入安全管理体系的早期威胁发现和风险预防过程，是"识未病"，通过提前采取正确应对措施，以最少的消耗来防止安全事件的发生，维持和提升安全准备和措施，防止可能造成的损失。

4.5.1　网络空间安全适时预警目标

网络空间安全预警的对象是需要跟踪、识别和报知的网络安全突发事件，如网络攻击、网络入侵、恶意程序等导致网络中断（拥塞）、系统瘫痪（异常）、数据泄露（丢失）、病毒传播等，能够或可能造成严重社会危害或影响，需要主管部门、组织采取应急处置措施予以应对。

时间是攻击者和防御者都必须争夺的资源，攻防双方基于脆弱性暴露的时间窗口进行对抗，"适时"成为预警的关键指标，早一分告警招致误判，晚一分告警带来危险。面对海量监控曲线，面向预警的网络空间数据安全分析已经变得越来越复杂，如何在其中快速发现异常，从而及时响应是网络空间防御者关注的重点。伴随着云计算、大数据、IoT等技术的发展，被管对象呈指数级增加，对于海量的监控指标，需要有更加智能化的异常检测方案，从而实现快速、准确、低成本的网络空间安全适时预警。

网络空间安全适时预警的目标是在最恰当的时机，向最适合的对象，提供尽可能准确的威胁风险提示信息，主要内涵包括如下三个方面。

（1）最恰当的时机：在攻击造成实际危害前的最佳预警时间窗口，如果过早预警则很可能未采集到足够攻击证据而作出武断的判别，此时预警虚警率较高；如果过晚预警则攻击已得手，修复损失需要较大成本；恰当的预警时机能够在不确定的风险与确定性的响应成本之间达到平衡，此时攻击确认较为准确，且破坏尚未造成，能够为组织防御、生成情报和规避风险等预留响应时间。

（2）最适合的对象：包括责任管理部门、防御团队和利益相关者等。责任管理部门是指导、监督、检查相关单位网络安全风险防范和应急能力建设的管理部门；防御团队是为企业或组织承担具体网络空间安全监测、威胁响应的服务力量，具备应急处置的专业知识和实时安全服务能力，能够掌握预警信息的指向和内涵，以实施最恰当的行为动作；利益相关者是网络攻击风险的潜在受害方，在防御单元积极响应攻击的同时，服务资源、业务数据或其他高价值资产的管理者也可以执行迁移、备份、锁定等策略，提升针对特定风险的安全防护水平。

（3）尽可能准确的威胁风险提示信息：按照不同预警对象的关注点和处置水平，给出对应的人读或机读威胁风险提示信息，一般应涵盖事件基本情况描述、可能产生的危害及程度、可能影响的用户及范围、截至信息报送时已知晓该信息的单位/人员范围、建议应采取的应对措施及建议等。

4.5.2 网络空间安全适时预警类型

1．威胁与响应级别

预警事件信息通常分为一级、二级、三级、四级，分别用红色、橙色、黄色、蓝色标识，一级为最高级。根据《互联网网络安全信息通报实施办法》，四级具体定义分别如下。

- 一级（红色）预警事件信息：可能导致发生特别重大网络安全事件的信息。
- 二级（橙色）预警事件信息：可能导致发生重大网络安全事件的信息。
- 三级（黄色）预警事件信息：可能导致发生较大网络安全事件的信息。
- 四级（蓝色）预警事件信息：可能导致发生一般网络安全事件的信息。

预警事件信息分析定义如表 4.9 所示。

表 4.9　预警事件信息分析定义

分类	对象	特别重大事件	重大事件	较大事件	一般事件
IP 业务	互联网接入（含宽带、窄带接入，固定、移动或无线接入）	基础电信业务经营者本单位全国网内 100 万以上互联网接入用户无法正常访问互联网 1 小时以上	基础电信业务经营者本单位全国网内 10 万以上互联网接入用户无法正常访问互联网 1 小时以上	基础电信业务经营者本单位某省、直辖市、自治区网内 5 万以上互联网接入用户无法正常访问互联网 1 小时以上	基础电信业务经营者本单位某省、直辖市、自治区网内 1 万～5 万互联网接入用户无法正常访问互联网 1 小时以上

续表

分类	对象	特别重大事件	重大事件	较大事件	一般事件
专线接入	N/A	基础电信业务经营者本单位专线接入业务 500 端口以上阻断 1 小时以上	基础电信业务经营者本单位专线接入业务 100 端口以上阻断 1 小时以上	基础电信业务经营者本单位专线接入业务 20 端口以上阻断 1 小时以上	N/A
重要信息系统数据通信	N/A	造成某个全国级重要信息系统用户数据通信中断 1 小时以上	造成某个省级重要信息系统用户数据通信中断 1 小时以上	造成某个地市级重要信息系统用户数据通信中断 1 小时以上	N/A
基础 IP 网络	国际互联	50%以上国际互联带宽电路阻断 1 小时以上	30%以上国际互联带宽电路阻断 1 小时以上	10%以上国际互联带宽电路阻断 1 小时以上	国际互联设备、电路阻断,但未造成上述严重后果
国内骨干网互联	N/A	某个全网直连点 1 个以上互联单位方向全阻 1 小时以上	某全网直连点 1 个互联单位方向网间直连(或某个交换中心)全阻 1 小时以上	交换中心 1 个互联单位方向全阻 1 小时以上	直连设备、电路阻断,但未造成上述严重后果
运营单位 IP 网	N/A	2 个以上省网(或 2 个以上 3.2 级以上城域网)脱网或严重拥塞 1 小时以上	1 个省网(或 1 个以上 3.1 级以上城域网)脱网或严重拥塞 1 小时以上	1 个以上城域网(3.1 级以下)脱网或严重拥塞 1 小时以上	IP 骨干网重要节点或链路阻断,但未造成上述严重后果
IDC	N/A	3.1 级以上 IDC 全阻或严重拥塞 1 小时以上	2 级 IDC 全阻或严重拥塞 1 小时以上	其他 IDC 全阻或严重拥塞 1 小时以上	N/A
域名系统	国际根镜像和 gTLD 镜像服务器	N/A	N/A	国际根和通用顶级域名镜像服务器解析服务瘫痪	N/A

续表

分类	对象	特别重大事件	重大事件	较大事件	一般事件
国家顶级域名（.CN）	N/A	国家域名解析系统瘫痪，对全国互联网用户的域名解析服务失效	国家域名解析系统半数及以上顶级节点解析成功率低于50%或解析响应时间高于5秒；国家域名顶级节点解析数据缺失或出错超过0.1%；国家域名解析系统重点域名相关解析数据出错	国家域名解析系统半数以下顶级节点解析成功率低于50%或解析响应时间高于5秒；国家域名顶级节点解析数据缺失或出错超过0.01%；国家域名系统注册服务不可用4小时以上	国家域名系统注册服务性能下降或查询服务不可用
域名注册服务机构管理的权威域和递归解析服务器	N/A	1家或多家重点注册服务机构域名解析服务瘫痪	1家或多家重点注册服务机构域名解析服务性能下降，解析成功率低于50%或解析响应时间高于5秒，或解析数据缺失或出错，超过1%。注册服务机构域名系统核心数据库丢失或非正常修改，并影响到国家域名核心数据库导致产生国家顶级域名重大事件	1家或多家注册服务机构域名解析服务性能下降，解析成功率低于80%或解析响应时间高于5秒，或解析数据缺失或出错率超过0.1%	1家或多家注册服务机构域名注册系统服务不可用
基础和增值运营企业的权威域名解析服务器	N/A	重点域名解析权威服务器瘫痪1小时以上	N/A	N/A	N/A
基础运营企业的递归服务器	N/A	为一个或多个省份提供服务的递归服务器瘫痪1小时以上	N/A	N/A	N/A

续表

分类	对象	特别重大事件	重大事件	较大事件	一般事件
基础电信运营企业网上营业厅、移动WAP业务、门户网站	N/A	系统瘫痪或故障，造成业务中断1小时以上，或造成100万以上用户数据丢失、泄露	系统瘫痪或故障，造成业务中断1小时以下，或造成10万以上用户数据丢失、泄露	系统瘫痪或故障，造成业务中断或造成1万以上用户数据丢失、泄露	系统瘫痪或故障，但未造成上述严重后果
公共互联网环境	计算机病毒事件、蠕虫事件、木马事件、僵尸网络事件	涉及全国范围或省级行政区域的大范围病毒和蠕虫传播事件，或单个木马和僵尸网络规模达100万个以上IP，对社会造成特别重大影响	涉及全国范围或省级行政区域的大范围病毒和蠕虫传播事件，或同一时期存在一个或多个木马和僵尸网络总规模达50万个以上IP，对社会造成重大影响	涉及全国范围或省级行政区域的大范围病毒和蠕虫传播事件，或同一时期存在一个或多个木马和僵尸网络总规模达10万个以上IP，对社会造成较大影响	涉及全国范围或省级行政区域的大范围病毒和蠕虫传播事件、木马和僵尸网络事件等，对社会造成一定影响，但未造成上述严重后果
域名劫持事件、网络仿冒事件、网页篡改事件	N/A	发生涉及重点域名、重要信息系统网站的域名劫持、仿冒、篡改事件，导致10万以上网站用户受影响，或造成重大社会影响	发生涉及重点域名、重要信息系统网站的域名劫持、仿冒、篡改事件，导致1万以上网站用户受影响，或造成较大社会影响	其他域名劫持、网络仿冒、网页篡改事件，造成一定社会影响，但未造成上述严重后果	N/A
网页挂马事件	N/A	发生涉及重要信息系统网站、重要门户网站的网页挂马事件，受影响网站用户达100万人以上，造成特别重大社会影响	发生涉及重要信息系统网站、重要门户网站的网页挂马事件，受影响网站用户达10万人以上，造成重大社会影响	发生涉及重要信息系统网站、重要门户网站的网页挂马事件，受影响网站用户达1万人以上，造成较大社会影响	其他网页挂马事件，但未造成上述严重后果
拒绝服务攻击事件	N/A	发生涉及全国级重要信息系统的拒绝服务攻击，造成重大社会影响	发生涉及省级重要信息系统的拒绝服务攻击，造成较大社会影响	其他拒绝服务攻击，造成一定社会影响	N/A

续表

分类	对象	特别重大事件	重大事件	较大事件	一般事件
后门漏洞事件、非授权访问事件、垃圾邮件事件及其他网络安全事件	N/A	发生涉及全国级重要信息系统的后门漏洞事件、非授权访问事件、垃圾邮件事件及其他网络安全事件,造成重大社会影响	发生涉及省级重要信息系统的后门漏洞事件、非授权访问事件、垃圾邮件事件及其他网络安全事件,造成较大社会影响	发生的后门漏洞事件、非授权访问事件、垃圾邮件事件及其他网络安全事件,造成一定社会影响	N/A

注:N/A 代表此处无填写内容。

2. 适时预警规律

网络空间安全适时预警通过人工智能的帮助,分析历史数据、拟合指标趋势,从而实现指标异常检测,进而支持触发告警、人工标注反馈,完成异常检测和处理的闭环。

为达到精确的适时预警效果,解决重大网络攻击"预警过早,虚警多,误报高;预警过晚,响应不及时"的问题,目前的一种主流实践是通过"三段式"的预警信息甄别方式,首先通过基于威胁情报、攻击模式特征匹配原始预警信息,其次经过多引擎混合的算法驱动检测对其中的虚假警进行过滤,最后在难以确认的情况下进入人工研判和决策过程,对于每个阶段的输出都将修改所有待预警信息的置信度,在达到一定的阈值并与响应成本期望值加权计算后,最终发出预警信息。在此过程中可利用的规律如下。

- 虚警漏警平衡规律:在小样本信息条件下,精确把握告警提前量非常困难,早告警招致误判,晚告警带来危险。因而可借鉴"耗散系统理论"中关于系统远离平衡态以避免自身混乱程度提升的思想,借助域内外的情报信息和历史经验进行人机结合的综合研判和多方对比印证,在提前量和准确率间达到平衡。
- 系统雪崩规律:网络空间攻击能以较小代价对高价值目标进行精确瞄准、破坏性强、来源隐蔽的打击,因而具有很高的效费比和战略价值,成为黑客和攻击者谋取利益的首选方式。同时,网络空间中的攻击者与防御者处于一种非对称的局面,攻击者通常认为应具备"先手优势",即只需找到一个突破口,但防御者则必须精心构建安全体系进行全维防御,在这种情形下系统的脆弱点一旦被突破,如边界入侵、策略绕过或权限提升等,则众多的其他安全手段往往"形同虚设",整个安全体系面临雪崩的趋势,越是接近攻击完成时,时间就越宝贵,在攻击者完成最终目标前,预警的价值能够得到充分的体现。
- 墨菲定律:"墨菲定律"亦称莫非定理或摩菲定理,是西方世界常用的俚语。墨菲是美国爱德华兹空军基地的上尉工程师。1949 年,墨菲在检查一次火箭减速超重试验事故中发现，测量仪表被一个技术人员装反了。他深刻地体会到，凡事只要可能出岔子，就一定会出岔子。墨菲定律刻画了技术风险能够由可能性变为突发性的事实，在网络空间领域可以借鉴其内涵，将其表达为：系统总会存在漏洞，有漏洞就一定会被攻击者利用。因而在漏洞存在的早期，适时预警显得格外重要，如 2021 年年末爆发的 Apache Log4j "史诗级"安全漏洞，在 2014 年就有研究人员发出了警告，但一直未得到重视，最终导致在七年后漏洞被非法利用造成重大损失。

- "黑天鹅"与"灰犀牛"定律：不同类型的预警目标存在差异化的预警样式，既要关注"黑天鹅"，也要关注"灰犀牛"。"黑天鹅"一般是指那些出乎意料发生的小概率高风险事件，其一旦发生影响足以颠覆以往任何经验，具有不可预测性；"灰犀牛"比喻大概率且影响巨大的潜在危机，这个危机有发生变化或改变的可能，是可预测的。网络空间防御者在进行预警机制设计时，对于这两类安全风险必须进行分别设计，从资源准备、响应模板、处置方式等方面有效应对。

3. 适时预警分类

适时预警样式包括安全漏洞预警、安全威胁预警、入侵攻击预警、异常行为预警等主要预警类型，用于为防御者提供不同方向、各自领域的安全风险存在、发展及可能造成的影响信息。

- 安全漏洞预警。安全漏洞预警属于早期预警，主要通过主动挖掘和分析重要网络设备、操作系统、应用软件、应用服务系统（如域名服务系统、电子邮件系统）等存在的安全漏洞缺陷，及时发现系统中存在的后门、设计缺陷及设备与系统管理漏洞，尽早开展封堵处理，防止被恶意利用；其主要针对国际上尚未公布的安全漏洞进行预警。发现安全漏洞的关键主要在于漏洞的挖掘、发现和验证技术，是网络安全的另一门专业核心技术，本书不再展开分析。
- 安全威胁预警。安全威胁预警属于中期预警，主要通过部署的网络空间资产探测系统、网络空间威胁情报感知系统，发现"风险资产"，实时跟踪监测重要网络被控、全球僵尸网络构建、蠕虫病毒传播、黑客组织攻击活动、已公开的安全漏洞、网络攻击最新技术手段等情况，预测潜在的网络破坏性攻击行为给网络系统安全带来的影响范围、危害程度、持续时间等；按照规定和程序，及时通报相关威胁，尽快采取应对措施；其主要针对已经在其他地方出现，但尚未涉及所防护网络的威胁源。安全威胁情报将在本书第 6 章论述，本章不再展开。
- 入侵攻击预警。入侵攻击预警属于临近预警，时间窗口最短，主要通过在网络信道出入口、重要服务器、重要应用系统等关键部位布设网络入侵检测系统、行为审计系统，实时监测网络攻击者对网络的渗透、重要数据访问等异常行为；发现异常行为后实时报警、响应，通过其他防护系统自动进行行为中止或由安全防护人员迅速处置，阻止大规模入侵、破坏行为的发生，防止事态扩大；其主要针对已经接触到所防护网络的攻击行为。

- 异常行为预警。异常行为预警属于对内预警，主要是通过监测、审计重要内部网络的用户操作和网络行为，及时发现违规操作、蓄意破坏、病毒传播等直接危害网络安全的异常情况，准确追踪定位威胁源头；其主要对发生在内部网络中的异常行为或攻击企图进行预警。

4.5.3　网络空间安全适时预警策略

一是关口前移，打造更强的网络通信数据监控能力。以美国为例，一方面，依托其全球信息枢纽的优势地位，在重要数据交换节点上大规模收集基础性数据；另一方面，采取改造监控海底光缆等手段，将网络监测范围覆盖至美国境外地区，已将互联网骨干网中 50% 以上的流量纳入监测范围。关口前移能够提升监测预警的纵深，攻击过程涉及的节点和链路越多，监测在理论上能够获取的信息也就越多，有利于更早、更准确地识别威胁。

二是政企结合，拓展监测预警覆盖的广度与深度。以美国为例，政府相关部门加大对大型网络运营商、互联网服务商监测数据的利用力度。斯普林特公司、电话电报公司、威瑞森通信公司等顶级骨干网运营商，微软公司、谷歌公司、脸谱公司、苹果公司等互联网服务提供商，都是情报机构的合作对象；基础设施运营商与互联网服务提供商在对网络流量、通信数据、业务信息和内容产品的早期分析与监测方面具有更大的优势，有助于在网络安全威胁与风险未扩散和传播时就将其在一定范围内限制或阻断，避免后续造成更大的影响与破坏。

三是泛在协同，打造全域联动监测预警生态。以美国为例，在网络安全威胁情报领域常态化开展深度的信息合作与数据共享，在不同的主管部门和安全联盟伙伴企业中，根据各自掌握的情报信息实施互联互通，建立行动性、预警性情报的"一知皆知"通报制度，实现网络安全预警及响应的全域全维联动。同时，美国与英国、法国、德国等设立了基础性的互联网数据信息共享机制。梅特卡夫定律指出，网络的价值与节点数量的平方成正比，但与连接数量的三次方成正比。在监测预警的各个主体之间建立广泛的、共识的、互惠的连接，开展跨域协同、联手御敌，能够实现威胁"一点发现、全域通告、全局免疫"的理想防护能力。

四是网（网络安全）信（信息系统）一体，内置网络监测预警与应急响应能力。网络空间安全监测功能与信息系统一体化设计、一体化建设、一体化配置、一体化运行，在网络系统建设和管理过程中，对可能存在的网络安全问题进行强化测试和诊断，记录网络软硬件及其状态，据此分析判断各类网络攻击手段的潜在危害，通过算法集合、规则、特征等进行多维度的异常行为监控与风险预警，实现网络系统与网络安全在更高层次和水平上的协同。

本章参考文献

[1] 龚俭，臧小东，苏琪，等. 网络安全态势感知综述[J]. 软件学报，2017，28（4）：1010-1026.

[2] YANG S J, DU H, HOLSOPPLE J, et al. Attack projection[J]. Cyber Defense and Situational Awareness, 2014: 239-261.

[3] AHMED A A, ZAMAN N A K. Attack Intention Recognition: A Review[J]. International Journal of Network Security, 2017, 19(2): 244-250.

[4] ABDLHAMED M, KIFAYAT M, SHI Q, et al. Intrusion Prediction Systems[M]. England: Springer International Publishing, 2017.

[5] LEAU Y, MANICKAM S. Network Security Situation Prediction: A Review and Discussion [C]. Springer, 2015.

[6] AHMADIAN R, EBRAHIMI A. A survey of IT early warning systems: architectures, challenges, and solutions[J]. Security and Communication Networks, 2016, 9(17):475-477.

[7] GEIB C, GOLDMAN R. Plan recognition in intrusion detection systems [C]. IEEE, 2001.

[8] HUGHES T, SHEYNER O. Attack scenario graphs for computer network threat analysis and prediction [J]. Complexity, 2003, 9(2):15-18.

[9] QIN X, LEE W. Attack plan recognition and prediction using causal networks [J]. Computer Security Applications Conference, 2004, 9(2):370-379.

[10] BOU-HARB E, DEBBABI M, ASSI C. Cyber Scanning: A Comprehensive Survey [J]. Communications Surveys & Tutorials, 2013, 16(3):1496-1519.

[11] LI Z, LEI J, WANG L, et al. A data mining approach to generating network attack graph for intrusion prediction [J]. Fuzzy Systems and Knowledge Discovery, 2007, 4(1):307-311.

[12] FARHADI H, AMIRHAERI M, KHANSARI M. Alert Correlation and Prediction Using Data Mining and HMM [J]. The ISC International Journal of Information Security, 2011, 3(2):38-44.

[13] HERNNDEZ A, SANCHEZ V, SNCHEZ G, et al. Security attack prediction based on user sentiment analysis of Twitter data [C]. IEEE, 2016.

[14] SHU K, SLIVA A, SAMPSON J, et al. Understanding cyber attack behaviors with sentiment information on social media [J]. Cham: Springer International Publishing, 2018, 3(5):377-388.

[15] SHAO P, LU J, WONG R, et al. A transparent learning approach for attack prediction based on user behavior analysis [J]. Cham: Springer International Publishing, 2016, 11(2):159-172.

[16] KOTT A, WANG C, ERBACHER R. Cyber defense and situational awareness [M]. England: Springer International Publishing, 2014.

[17] HUSAK M, KOMARKOVA J, BOU-HARB E, et al. Survey of Attack Projection Prediction and Forecasting in Cyber Security [C]. IEEE, 2019.

[18] CHUNG C, KHATKAR P, XING T, et al. NIDC: Network Intrusion Detection and Countermeasure Selection in Virtual Network Systems [J]. IEEE Transactions on Dependable and Secure Computing, 2013, 10(4): 198-211.

[19] KOTENKO I. A cyber attack modeling and impact assessment framework [C]. IEEE, 2013.

[20] CAO P, CHUNG P. Preemptive intrusion detection [C]. New York: ACM Press, 2014.

[21] CAO P, BADGER E. Preemptive Intrusion Detection: Theoretical Framework and Real-world Measurements [C]. New York: ACM Press, 2015.

[22] MADHUKAR A, WILLIAMSON C. A longitudinal study of P2P traffic classification[C]. IEEE, 2006.

[23] MOORE A W, ZUEV D. Internet traffic classification using Bayesian analysis techniques[C].New York: ACM Press, 2005.

[24] KANG H, KIM M, HONG J. A method on multimedia service traffic monitoring and analysis[C]. Springer, 2003.

[25] JACOBUS V, CHU Y. MMDUMP: a tool for monitoring internet multimedia traffic[C]. New York: ACM Press, 2015.

[26] KARAGIANNIS T, PAPAGIANNAKI K, FALOUTSOS M. MTCD: multilevel traffic classification in the dark[C]. IEEE, 2005.

[27] JAIN A. Network Traffic Identification with Convolutional Neural Networks[C]. IEEE, 2008.

第 5 章　网络空间安全追踪溯源技术

5.1　网络空间安全追踪溯源机理

　　网络空间安全博弈在一定程度上是信息获取能力的对抗，只有获知更多、更全面的网络空间态势信息，才能更有效地实施网络安全对抗策略，才能在网络空间对抗中拥有信息优势而取得胜利。网络空间的攻击追踪溯源是回答在网络攻击中谁攻击了自己，攻击源头在哪里的问题。通过攻击追踪溯源，确定攻击源或攻击中间介质及相应的攻击路径，据此获取更准确的网络攻击信息，以此制定更具针对性的防护措施，实现网络的主动防御。网络攻击追踪溯源技术是网络攻防一体化中的关键环节，是网络攻防体系中从被动防御向主动防御有效转换的重要一步。网络攻击追踪溯源利用各种手段追踪网络攻击的发起者，定位攻击源和攻击路径，为防御方提供了针对性反制或抑制网络攻击的能力支撑。

5.1.1　网络空间安全的溯源挑战分析

1. 网络空间安全追踪溯源的困境

　　网络空间安全的溯源困境，从根本上源于网络空间为了更加便于用户参与、信息流动和服务而设计这一特点。另外，网络空间的开放性、匿名性、割据性、发展性和复杂性等因素都对开展行之有效的网络溯源构成了挑战。

　　1）网络空间的开放性

　　网络空间的开放性设计宗旨是导致溯源困境的重要因素之一。其要素主要体现在：任何运行符合规范协议的节点都能够加入互联网，这些节点以动态方式不停地加入和退出，影响着网络空间的拓扑构成；目前网络所使用的 TCP/IP 协议没有源地址认证等安全措施，攻击者能够对数据源地址字段直接进行修改或者假冒，以隐藏其自身信息。对于单向通信而言，攻击者可以直接篡改其地址，填入虚假地址信息；对于双向通信而言，伪造源地址相对更复杂，但相关技术也已被攻击者所掌握，并广泛传播；针对 MAC 地址没有安全防护措施，导致其可被假冒并阻碍追踪；互联网设计之初未考虑用户行为的追

踪审计，未考虑防范不可信用户等情况。

2）网络空间的匿名性

网络空间的开放性是匿名性生长的前提条件，一方面，互联网环境具备产生匿名性的条件。人们在网络中缺乏面对面的交流，所以会有不可知性——别人不知道对方是谁，不可见性——没有人知道对方长什么样，不确定性——没有办法能断定对方所说的、所做的是不是真的，行为的非同步性——在互联网上有同步的交往方式，如聊天室，也有非同步的交往方式，如网上社区。在非同步的交往方式下，没有人实时看见谁做了这件事，事后人们只知道有一个代号为某某的人做了什么，同时人们对这件事的反应也是非实时的。另一方面，网络用户有主动选择匿名性的倾向。他们尽可能地不提供能反映自身情况的资料，从而使其身份和活动具备一定的自由度和弹性。

3）网络空间的割据性

随着信息技术的发展，网络空间逐渐成为具有巨大经济价值且无法脱离的虚拟世界，尽管网络空间被视为人类活动公域已成为国际共识，但各国对网络空间的规划、发展、管辖和治理原则各有不同，在各自归属网络空间区域的网络主体、网络行为、网络设施、网络信息和网络建设等方面享有自主权。网络空间的联合与分散是常态，其割据性对追踪溯源的影响体现在：一是对网络认知构成了挑战。网络用户数量剧增造成当前 IP 地址紧缺，网络服务供应商（ISP）为了节约地址采用了地址池和地址转换（NAT）技术；移动通信网络成为计算机网络的一部分，移动设备可以随机接入网络；为了增加网络服务的灵活性，随接随入、按时付费等新型网络服务形式不断出现。这些都使得网络地址不再固定地对应特定的用户，给攻击追踪提出了实时性的要求，增加了溯源的难度。二是对数据流动构成了挑战。在国家层面，各国对数据跨境存储、传输均做出了各自的要求，出台法案严格执行。在企业和组织层面，也存在多类要求和管理办法约束重要和敏感数据的使用，导致溯源所需的网络空间安全状态、事件和数据信息在融合使用时面临种种困难。三是对行动协同构成了挑战。不同网络空间安全域的管理主体对于网络探测、扫描、频繁访问、数据非法获取等敏感网络行为的界定和定义不同，导致在攻击事件追踪溯源中对相关环节风险程度和规则违背的裁定标准存在差异，在追踪溯源协同的共识、动作、意愿和效果等方面都无法与单一安全域的追踪溯源过程相提并论。

4）网络空间的发展性

随着计算机及网络技术的发展，一些新技术在互联网上得到广泛应用，在为用户带来好处的同时，也给追踪溯源带来了更大的障碍。一是快速网络转发与有限本地存储间的矛盾。为了实现更快的网络传输速度，路由器的发展趋势是尽可能快地转发报文，这意味着在高速网络中利用路由器协助跟踪的信息不可能保存太久，否则会很快超出路由器的存储能力。但是为了跟踪而使路由器的速度降下来又是不符合实际需求的，这样必然会影响网络的通信性能，降低网络的可用性，使得网络攻击追踪溯源的应用受到影响，妨碍追踪。二是新型网络架构与高捷变网络功能的影响。随着移动互联网、软件定义网络、工业控制网络（如电力、供水、地铁）等新兴网络系统的应用，网络管理结构更加复杂。更复杂的控制平面、随遇接入，使网络结构与功能始终处于变化之中，从而使攻击者能够利用网络结构和管理上的复杂性逃避追踪。三是加密技术的广泛应用带来的不透明问题。加密技术的广泛应用，使追踪者更难获取到原始数据。追踪者能够看到加密的通信数据流，确定一定范围内的通信节点，却不能确定是哪个具体通信节点进行了通信。一组或多个加密节点组织在一起可以构成匿名网络，所有待传输的源数据通过随机路由加密传输。这样的匿名网络使得追踪者很难根据网络数据流信息追踪攻击数据。

5）网络攻击的复杂性

在巨大利益的驱使下，网络攻击威胁日益增大，攻击的复杂性不断提升。一些攻击者控制数以万计的傀儡机，在更广泛的网络空间地域发动攻击，其组织结构复杂，追踪难度巨大；一些攻击者悄悄潜入系统，完成其既定行动后悄悄离开，看不到任何痕迹，追踪无从查起；还有一些攻击者采取更为巧妙的技术，在一个相当长的周期内实施攻击，并想方设法地伪装自己的攻击，消除证据。以 APT 攻击为例，由于时间跨度大、相关数据流关联性差等特点，很难对其进行溯源定位。与此同时，随着计算机技术的普及，一些网络扫描、漏洞利用等网络攻击软件工具化趋势明显，网络攻击自动化使网络攻击门槛降低，网络威胁事件急剧增加，这些都增加了网络攻击追踪溯源的难度和复杂度。

2．网络空间安全追踪溯源的利好

网络空间是一个复杂的人造空间，其构成技术的多面性、两用性较为突出。网络空间的开放性、匿名性、发展性等有利于用户使用，便利了攻击者；其存在性、目的性、非对称性、技术性等则能够支撑防御者利用，从而识别和跟踪攻击过程的蛛丝马迹。

1）存在性

网络空间的构建、控制、运行和发展都将体现在其构成系统状态的改变上，即攻击者、防御者和管理者的行为在目标主体（终端、服务器、网络设备）留下了痕迹。依据"存在就有记忆、联系就有信息、运动就有轨迹"的原理，这些状态改变的存在性和客观性通常会为实体本身或其他实体所记录、存储和反映，从而为特定行为的事后识别和追踪提供了可能。

2）目的性

网络空间各构成部件的运行总会遵循指定的流程、目标和行为模式，即通常所称的"系统基线、程序基线、服务基线"等，但攻击者总是在一定的目的驱使下进入并利用系统，这一目的是与防御者的利益和系统的正常基线运行模式相悖的，不管如何隐蔽，都存在被发现的可能。

3）非对称性

通常认为攻击者在网络对抗中具有先发优势的非对称性，如能够预先进行充分准备，在任何有利的时间点迅速发起并完成攻击，达到"发现即摧毁"的效果。但防御者同样具备地形布设、合作探测、情报整合等方面的优势，通过蜜罐/蜜网的威胁狩猎，防御者域内的所有节点都可以配置为定向模式以记录攻击者轨迹并还原攻击路径。

4）技术性

为了与防御者成功对抗以谋取更高的收益，攻击者所运用的技术必须考虑到能够突破所有当前的防御机制，造成网络攻击的复杂度持续上升，但成功概率高的攻击依旧会遵循某些通过充分检验的"定式"，从而使其有章可循。除尚未披露的高级复杂威胁外，主流的攻击手法往往使用"圈内"的流程化 TTP（技术、战术与流程）手法，这些 TTP 被类似 MITRE 公司提出的 ATT&CK 类框架进行整理和记录，在系统关键位置辨识 IoC（失陷指标），使发现攻击者的行为成为可能。

5.1.2　网络空间安全的溯源相关要素

网络空间安全追踪溯源是确定网络攻击者或威胁的身份、位置及其中间介质的过程。这个过程是一个复杂的过程，涉及攻防博弈的参与者、网络环境、网络信息系统及攻防行为等多种不同的要素，是网络空间中一个综合性的系统问题。这也是网络空间安全追踪溯源实现较为困难，以及目标难以圆满达成的一个重要原因。对此，我们系统性地梳理了涉及网络空间安全追踪溯源的相关要素或实体单元，以及这些要素对追踪溯源的影响及相互作用等问题。

从前面的分析中可以看到，网络空间安全追踪溯源涉及网络空间中多个实体，甚至从网络虚拟空间延伸至物理现实空间。根据网络空间安全追踪溯源涉及的相关方的属性特点，可以将其分为以下几类。

1）实体类要素

这类相关方是物理现实空间中的实体，其通过网络空间的逻辑连接将遍布世界范围内的各类实体链接成网。实体类要素主要包括社会自然人、路由器、交换机、网络线缆、个人电脑、服务器、智能终端设备、工控设备、安防设备等一切组成网络空间的物理实体。实体类要素是真实存在于物理世界中的。网络空间安全追踪溯源的最终目标就是发现这些实体类要素中的"危险分子"。

2）数据类要素

数据是有效链接各类实体设备的功能载体，是实现丰富多彩网络应用服务的核心。数据是对现实世界中各类客观事物、事件、行为的抽象描述和表达。网络是通过对数据的操作处理，实现特定的应用服务。网络攻防博弈双方也多是针对数据进行攻防争夺。网络攻击者使出浑身解数对数据进行篡改、盗取、伪造等操作，实现对网络信息系统的破坏或自我目标的达成；网络防御方尽最大可能确保数据正确、真实、有效，以维护信息系统稳定、安全。网络空间安全追踪溯源的数据类要素主要包括网络流量、账号信息、用户信息、日志信息、文本文档、多媒体数据、口令信息、路由表、操作指令、系统信息等。网络空间安全追踪溯源通过数据类要素实现行为取证、证据收集、溯源分析等追踪溯源操作，是网络空间安全追踪溯源操作的主体对象。在数据中发现攻击行为和攻击源头也成为网络空间安全追踪溯源发展的重要方向，尤其在非合作网络环境下。对数据类要素的不同操作处理方式形成了不同的追踪溯源技术方法。

3）应用类要素

应用类要素指的是网络应用服务类型，是网络空间中各类面向用户需求提供的各种应用服务功能软件等。它们通过相应的逻辑运行过程，将现实需求转化为流程化处理过程。应用类要素的主要作用对象是数据，通过对数据的读写、传输、计算、存储等操作实现网络应用服务的特定功能。应用类要素主要包括 Web 服务、数据库服务、邮件服务、社交通信、安防服务、工业控制等各类网络应用软件。应用类要素为网络安全追踪溯源提供场景等信息支撑，不同应用将限制网络空间安全追踪溯源的方式方法，因此应用类要素是其约束条件或前提。

4）环境类要素

环境类要素是指网络空间安全追踪溯源的运作环境，聚焦在虚拟网络空间中。从追踪溯源实施者对网络环境的把控程度，可以将环境类要素分为可控网络和非可控网络；从网络类型的角度，环境类要素包含公共互联网、内部网络、隔离网络、无线网络等。环境类要素也属于网络空间安全追踪溯源的约束性要素，与应用类要素共同构成网络空间安全追踪溯源总的约束条件。根据环境类要素的不同，网络空间安全追踪溯源可采用的技术方法和最终的输出都存在较大差异。

除上述与网络空间安全追踪溯源紧密相关的各类要素外，在追踪溯源过程中还需要考虑时间因素。各类网络威胁事件都按照一定的时序关系发展演进，在回溯一个网络事件时，必然面临时间这个重要的因素。网络威胁事件发生的时间先后，事前、事中和事后阶段，对追踪溯源方法本身都会有不同要求；甚至在威胁事件因果推论中，实体类等各要素在时间上的先后等都会给溯源过程带来影响，导致输出结果不同。

网络空间安全追踪溯源就是通过对实体类、数据类等要素的运作处理，从实体类要素出发，在应用类等约束性要素作用下，采用多种分析处理技术，作用于数据类和实体类要素上，按照时间序列的因果关系，重构网络空间中的事件脉络的一个过程；并在时间维度上不断迭代，不断作用于相关要素上，输出中间结果，最终实现网络空间安全追踪溯源。网络空间安全追踪溯源相关要素运作示意如图 5.1 所示。

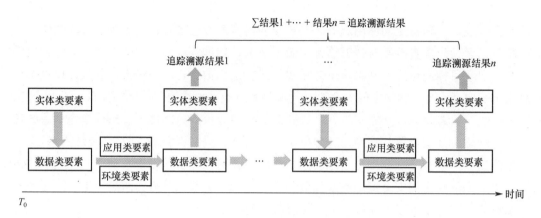

图 5.1　网络空间安全追踪溯源相关要素运作示意

5.1.3　网络空间安全的溯源方法模型

网络空间安全追踪溯源需要获取网络及网络信息设备中的相关信息，实现攻击介质及路径的快速确认和重构，进而实现更有实用意义的追踪定位，并据此采取相应的防护措施，将网络攻击的危害降到最低。结合网络空间安全追踪溯源的困境挑战与有利条件的优劣情形，从时间、信息和空间三个维度构建网络空间安全溯源方法模型，如图 5.2 所示。

采用攻击流量取证、行为轨迹分析、安全事件轨迹溯源、文件轨迹溯源、攻击图谱分析等技术，从受影响和波及的设备捕获数据并执行必要的详细分析，回顾分析事件完整过程，识别攻击者所用操作模式和分析攻击源头，构建基于全生命周期的行为轨迹链、事件轨迹链、攻击过程链，实现对网络攻击的捕获和溯源。

1．网络攻击追踪溯源机制层次

网络攻击的中间介质千差万别，而攻击行为的具体方式也是变化多端，其具体的追踪溯源技术也有所区别。根据网络攻击介质识别确认、攻击链路的重构，以及追踪溯源的深度和细微度，可将网络攻击追踪溯源分为以下四个层次。

- 第一层追踪：攻击机溯源，即溯源攻击主机（Attribution to the specific hosts involved in the attack），也就是直接实施网络攻击的主机。
- 第二层追踪：攻击控制溯源，即溯源控制主机（Attribution to the primary controlling host），沿着因果链反向地追踪定位到上一级甚至多级，溯源到真正的（最初的）攻击源主机。
- 第三层追踪：攻击者溯源（Attribution to the actual human actor），通过对网络空间和物理世界的信息数据分析，将网络空间中的事件与物理世界中的事件相关联，试图发现和识别网络主机行为与攻击者（人）之间的因果关系，并以此确定物理世界中对事件负责的自然人。

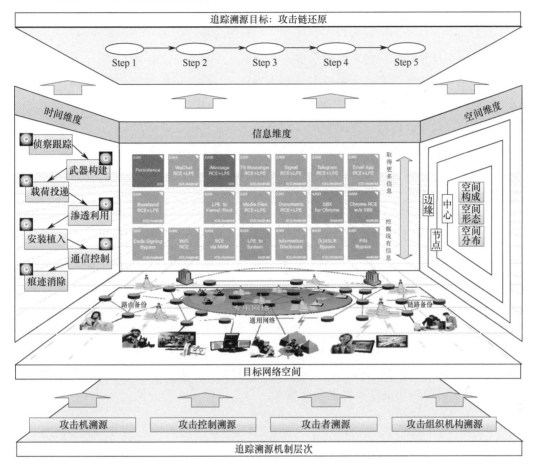

图 5.2　网络空间安全溯源方法模型

- 第四层追踪：攻击组织机构溯源（Attribution to an organization with the specific intent to attack），即实施网络攻击的幕后组织或机构，在确定攻击者的基础上，依据潜在机构信息、外交形势、政策战略及攻击者身份信息、工作单位、社会地位等多种情报信息，分析评估确认人与特定组织机构的关系，进而推断出实施攻击的战略或战术意图、诉求、目的等。

2. 时间维度的追溯原理

时间维度的追溯原理出发点是攻防双方关于攻击链（Kill Chain）的博弈模式。攻击链也称杀伤链，指打击一个目标时的中间各个相互依赖的环节构成的有序链条。一般对攻击目标从探测到破坏而进行的一系列处理过程，包括侦察跟踪、渗透利用、载荷投递、执行控制四大环节。

- 侦察跟踪阶段为攻击者对目标网络的结构和资源等进行探测、识别的阶段，分为目标网络扫描、情报收集两个部分。在目标网络扫描过程中，攻击者对目标网络中的拓扑结构等信息进行实时监测。在情报收集过程中，攻击者将扫描获得的目标网络情报信息回传至本地服务器。

- 渗透利用阶段为攻击者执行漏洞利用程序、与攻击目标建立攻击路径的阶段。本阶段攻击者可能针对攻击路径实行隐藏措施，防止对方对流量进行智能关联分析，以及对行为进行智能识别与溯源等。

- 载荷投送阶段为攻击者在目标网络中部署攻击工具阶段，工具即载荷，包括木马、病毒、恶意软件等。攻击者通常为了实现隐蔽目的，还需要针对攻击载荷进行抗获取、抗分析、抗溯源等加固措施。

- 执行控制阶段为攻击者发送控制命令，启动攻击载荷、达成预期攻击目的的阶段。在发送控制命令的过程中，攻击者不仅要对控制命令实行抗获取和防溯源等措施，而且要继续对流量进行抗智能关联分析和载荷攻击行为抗智能识别等隐蔽措施。

时间维度上的一个典型 APT 攻击链过程如图 5.3 所示，每个前置环节都是后续环节的充分条件，时间维度的追溯方法以攻击者必须顺序执行攻击链的每个步骤为假设前提，在网络空间系统的整体状态改变中就必然在时间方面体现出事件发生先后次序的特点，通过将系统中不同实体获取的日志和运行信息按照发生的时间进行编排，能够为识别攻击存在、攻击阶段和攻击路径提供必要参考。

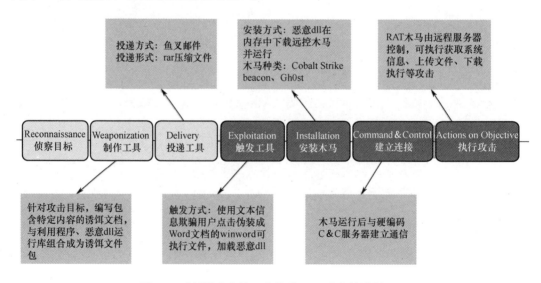

图 5.3　时间维度上的一个典型 APT 攻击链过程

3．空间维度的追溯原理

空间维度的追溯原理的出发点是攻击者在目标网络空间中的活动是循序渐进的，即大多数情形下都是从系统的边缘、边界入侵突破，或者横向移动至其他节点，或者纵向提权获得更高的操作能力，同时寻找所有可利用的资源以接近攻击目标，最后得以进入系统网络的中心即最高价值部分，开展预期的信息窃取、数据篡改、后门植入或应用破坏等行为。

攻击者在系统网络各节点及节点各层次内的活动构成了一张有向攻击图，表达了攻击行为在网络不同位置的跳跃以寻找可利用机会的路径。防御者为了抵御网络攻击，其安全任务就是要在攻击发起前识别所有攻击者可能利用的路径，并通过监控、鉴别、授权、策略控制等方式抑制攻击者利用的可能性，同时对正常使用的用户不产生过度影响。为了提升网络空间维度追溯的效率，通常在定义点、线、面、体等空间要素的基础上，对存储空间、协议空间、冗余空间、平行空间等网络空间的子空间进行操作，包括空间折叠、空间压缩、空间取样、空间覆盖等以达到更佳的空间监测追溯能力。

4．信息维度的追溯原理

信息维度的追踪溯源原理的出发点是尽可能挖掘利用现有日志类、事件类信息，从大量碎片化、离散、异构和充满不一致的数据中找出存在的攻击线索。追踪溯源很大程度地利用攻击者活动在网络空间系统内留下的各类痕迹，如访问初始化、执行、常驻、提权、防御规避、访问凭证、发现、横向移动、收集、命令和控制、数据获取行为等。这些行为是攻击团伙广泛采用的，因此安全研究人员将与攻击方法、工具和步骤等行为相关的知识以框架的形式进行整理完善，ATT&CK 即是其中具有代表性的一个例子。

ATT&CK（Adversarial Tactics, Techniques and Common Knowledge）攻击矩阵信息图如图 5.4 所示。它是一个站在攻击者的视角来描述攻击中各阶段用到的技术的模型，该模型由 MITRE 公司提出，该公司一直以来都在为美国军方做威胁建模。ATT&CK 的目标是创建网络攻击中使用的已知对抗战术和技术的详尽列表。目前，ATT&CK 已经成为网络空间安全最热门的议题之一，它在安全行业广受欢迎。ATT&CK 详细介绍了每种攻防技术的利用方式，可以极大地帮助安全人员更快速地了解相关的技术内容。在 ATT&CK 的技术矩阵中，针对每种技术都有具体场景示例，说明攻击者是如何通过某一恶意软件或行动方案来利用该技术的，同时还引用了许多博客和安全研究团队发表的文章以帮助防御者更好地辨识这些攻击，通过了解对手正在做什么，推断出他们还将做些什么，同时使用这些知识来划定监测和防御的优先级。

ATT&CK 的基础是一组单独的技术，这些技术代表了对手为实现目标而采取的行动。这些目标由战术类别和技巧来表示。这种相对简单的表现方式在技术细节和战术目的之间取得了有效的平衡。整体来看，每项战术的纵列对应着不同的技术内容，而且每种技

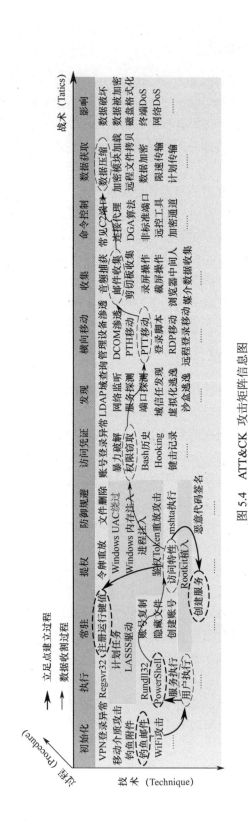

图 5.4 ATT&CK 攻击矩阵信息图

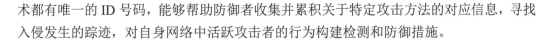

术都有唯一的 ID 号码，能够帮助防御者收集并累积关于特定攻击方法的对应信息，寻找入侵发生的踪迹，对自身网络中活跃攻击者的行为构建检测和防御措施。

5．整体攻击活动还原

整体攻击活动还原是在各种方法、技术与手段的支持下，根据从时间、信息、空间等维度获取的相关知识来揭示攻击主体、攻击手法、攻击过程、攻击步骤和攻击收益等，是一个从未知到已知、从不确定到确定的过程。高效的攻击活动还原需要持续提升系统在监测方面的整合程度，监测系统的潜能与整合程度成正比，体系化预警将带来整体功能、资源、节奏和进程的优化提升。另外，还需要在参与预警的相关组件间建立统一的话语体系，使功能能够通过语义连接实现互联互通互操作，加强跨系统间共识形成和非预期协同，促进信息价值倍增和系统功能涌现。

5.1.4　网络空间安全的溯源评估准则

目前，在具体技术研究中，科研人员通常从数据量、计算复杂度、追踪 DDoS 等方面进行分析，以评价具体技术的优劣。但是，业界还没有形成一致认可的评估体系或标准用于评估网络攻击追踪溯源。网络攻击追踪溯源评估不仅是具体技术的优劣比较，还需要包含系统应用及安全方面的评估内容，才能够对网络攻击追踪溯源的整体效能有一个定量或定性的综合评价，也才能够为追踪溯源用户提供完善的技术与系统建设参考。综合具体技术能力、实际应用需求及追踪溯源给安全带来的增值效益等，我们设计分层、定量与定性结合的网络攻击追踪溯源评价体系，如图 5.5 所示。该体系分为技术、系统和应用三个层级进行评估。通过分级评估，采用定量与定性相结合的方法，网络空间安全追踪溯源需求方能够从不同的层面分析其追踪溯源系统的效能，使其在溯源系统设计、建设和维护中的方案选取更具可操作性。评价体系最终可形成覆盖技术能力、系统效能和安全效果的综合评估报告。

技术能力评估主要针对具体的网络攻击追踪需求，结合实际网络应用场景，对已有的追踪溯源技术从技术能力的层面进行分析评估，包括计算量、适应性、可靠性等多项要素，可给用户选取适合的技术提供必要的依据。系统效能评估从系统角度针对追踪溯源进行评估，包括系统接口、系统操作等多个要素。安全效果评估从整个网络空间安全的角度，评估网络攻击追踪溯源应用对网络安全整体水平的影响，包括自身安全性、引入安全等评估要素。

1．追踪溯源技术评估要素

追踪溯源技术评估要素指针对具体的追踪溯源技术，从适应性、计算复杂度、时效性等多个方面进行综合评估，最终能够根据评估要素对选取技术进行客观的评价。由于追踪溯源技术的复杂性，有些要素能够定量评估，有些要素只能采取定性的评价方式进行。追踪溯源技术评估要素分析如表 5.1 所示。

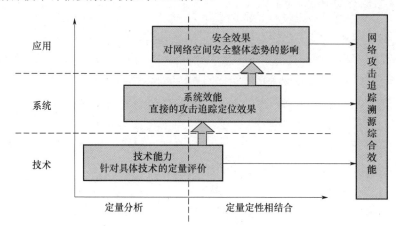

图 5.5　网络攻击追踪溯源评价体系

表 5.1　追踪溯源技术评估要素分析

序号	技术要素分析	备注
E_T_1	最少数据量：能完成网络攻击追踪溯源或攻击路径重构所需的最少数据量。此数据量与所采用的追踪溯源方法、网络结构、攻击模式等有关；理论上，最少数据量越小越好，它表明追踪技术根据较少的数据就能够分析出攻击源头的能力。事实上，在网络中获取较少的数据量比获取较大数据量更容易实现	定量评估
E_T_2	适应性：网络攻击追踪溯源技术的网络兼容性、可部署性及可扩展性能力。它是衡量一个追踪技术实用化的重要指标。 兼容性：是否与现有网络协议和架构兼容，是否能够直接应用在当前的网络中。 可部署性：追踪溯源技术是否能够方便地应用于现有网络中。 可扩展性：追踪溯源技术是否能够方便地支持各种新的通信协议及网络	定性评估
E_T_3	计算复杂度：完成网络攻击追踪溯源所需要的计算量。对具体的追踪技术来说，其计算复杂度越小越好；但是计算复杂度与重构算法设计、网络资源等多方面因素有关。在追踪溯源具体技术设计时需要从网络资源（路由器等）、计算资源等多个方面进行折中考虑	定量评估
E_T_4	时效性：用于评估追踪溯源技术的追踪溯源效率。我们定义从启动追踪到确定攻击源的时间为追踪时间，追踪时间是时效性的具体量化指标，显然，追踪时间越短越好。越短的追踪时间能够更快地确定攻击源头，从而能够为安全系统应急响应提供更多的防护准备时间，更能有效遏制攻击的进一步扩散，降低攻击所带来的损害	定量评估
E_T_5	事后追踪：网络攻击发生结束后，实施的追踪溯源能力。具备事后追踪能力的追踪溯源技术首先要解决网络攻击数据存储问题。只有将网络攻击阶段的数据存储起来，才能在其结束后进行分析，用于追踪。然而，并不是所有的追踪溯源技术都能够进行事后追踪，如输入调试（Input Debugging）就不支持事后追踪溯源	定性评估

续表

序号	技术要素分析	备注
E_T_6	鲁棒性：追踪溯源准确性的重要指标。鲁棒性包括误报率和漏报率两个方面的内容。误报率（False Positive）指本身不是攻击源或攻击路径参与节点却被误判定成攻击源或攻击路径参与节点的量化指标；漏报率（False Negative）指本身是攻击源或攻击路径参与节点却被判定为良好健康节点或路径的量化指标。误报率和漏报率越小，鲁棒性越高。鲁棒性越高，才越能确保追踪溯源真实可信	定量评估
E_T_7	追踪 DDoS 能力：追踪 DDoS 能力指对分布式 DoS 攻击的追踪定位能力。近年来，网络攻击危害最大的莫过于 DDoS 攻击，由于其攻击方式的特点，使得目前防御此类攻击变得更加困难。此外，在 DDoS 攻击中，涉及跳板、"傀儡机"等多种复杂攻击控制环节。因此，对 DDoS 攻击进行有效追踪是衡量追踪溯源技术的重要指标之一	定性评估
E_T_8	网络资源消耗：网络攻击追踪溯源技术对网络资源的消耗，这里的网络资源主要指网络带宽、路由开销。例如，基于 ICMP 的 iTrac 追踪溯源技术，由于会额外产生用于追踪溯源的 ICMP 数据包，增大了网络流量，占据了额外的网络带宽；再如，基于包标记（Packet Marking）的追踪溯源技术，在路由节点处对通过的数据包进行标记处理，将路由节点信息或路径信息标记在网络数据包中，以便后续重构其传输路径。由于在路由器上需要进行额外的信息处理，增加了路由时间，消耗了路由器计算资源，从一定程度上降低了路由器的性能。 网络资源消耗是网络攻击追踪溯源技术实用化的重要指标，只有对现有网络及网络设备的影响最小，才容易更广泛地推广应用	定量评估
E_T_9	自身安全：追踪溯源技术自身抗攻击的能力。网络攻击追踪溯源对攻击者应该是透明的，攻击者无从知晓自己是否被追踪，而同时攻击者也不能直接对追踪溯源过程进行破坏，应该考虑对所收集信息数据进行必要的认证，确保用于溯源的信息数据真实有效，避免追踪溯源所使用的数据被篡改、伪造等	定性评估

2. 追踪溯源系统效能评估要素

网络空间安全追踪溯源系统效能评估要素指针对系统应用、界面友好、系统性能等方面的要素进行综合评估。追踪溯源系统效能评估要素分析如表 5.2 所示。

表 5.2 追踪溯源系统效能评估要素分析

序号	系统效能要素分析	备注
E_S_1	系统界面友好：追踪溯源系统是否提供了良好的用户界面、操作简单、状态显示直观，使非专业人士能够通过系统界面实施网络攻击追踪溯源	定性评估
E_S_2	溯源请求信息输入：系统能否提供灵活、方便的追踪溯源请求接口。实际上对特定攻击威胁，追踪方常常不能有效获取完整信息，这要求追踪溯源系统支持对零散的、碎片化的攻击数据的追踪与整合	定性评估
E_S_3	支持多种追踪溯源技术应用：单一的追踪溯源技术存在只能应对某一种或一类攻击行为的缺陷，追踪溯源系统应该具有更好的普适性和实用性，从系统架构设计上需要支持多种技术手段的应用，将具体技术作为系统的功能单元或插件等，实现追踪功能的快速扩展，提高系统的实用性等	定性评估

序号	系统效能要素分析	备注
E_S_4	与已有安防系统的联动：此项效能评估指标考察的是追踪溯源系统与已有的安防系统，如防火墙、安全管理、入侵检测等的联动能力。追踪溯源系统需要与已有的安全系统形成联动：一方面可以通过已有安全系统的预警信息实现溯源请求信息的输入；另一方面通过与已有安防系统的联动，能够为网络系统提供动态的、体系性的安全防护	定性评估
E_S_5	系统分布式处理能力：系统分布式处理能力分为两个方面：一方面是系统本身采用分布式的网络部署应用，系统需要以分布式的架构进行快速处理；另一方面是在追踪过程中，具备跨网域同时进行追踪，实现快速定位攻击事件的能力	定性评估
E_S_6	追踪溯源范围（单域、跨域）：目前的互联网基本上是由多个不同自治域组织构建的，而域内与跨域的信息交互、管理机制等都有不同，因此追踪溯源系统需要同时支持域内溯源和跨域溯源，才能在整个网络空间中实现对攻击源的准确定位	定性评估
E_S_7	支持同时追踪多起攻击事件：该指标用于评估追踪溯源系统的架构设计合理性及处理能力，该指标越高越好	定量评估
E_S_8	系统便于部署：从系统建设的角度评估追踪溯源系统的部署水平。由于先有网络后有追踪需求，因此系统最好能够支持渐进式的部署方式，而且部署简单快捷，对网络系统本身影响最小。可以说，追踪溯源系统的可部署性对其广泛应用具有重要的决定性意义	定性评估
E_S_9	自动化追踪程度：当前，实际的网络攻击追踪溯源多以人工方式为主，辅以必要的工具进行，其自动化程度较低。对追踪溯源系统而言，自动化追踪程度越高，其系统需要处理的信息数据就越多，同时，系统需要支持智能化的决策，才能实现整个追踪溯源过程的高度自动化	定性评估
E_S_10	记录完整的追踪过程及数字证据	定量评估

3. 追踪溯源系统安全评估要素

追踪溯源系统安全评估要素指从自身安全、引入安全及综合安全等安全能力要求方面进行综合评估，以确定网络空间安全追踪溯源系统自身安全性。追踪溯源系统安全评估要素分析如表 5.3 所示。

表 5.3　追踪溯源系统安全评估要素分析

序号	系统安全要素分析	备注
E_SE_1	自身安全：追踪溯源系统自身需要有足够的安全性，不被攻击者察觉或攻陷，而导致追踪定位失败或发生错误。自身安全是追踪溯源系统最基本的安全要求。自身安全涉及安全分析评估、密码技术、渗透测试、隐匿通信等多种安全分析手段及内容	定性评估
E_SE_2	接入安全：追踪溯源需要与网络系统及已有的安防系统之间进行信息交互。在网络系统及安防系统上提供了信息输入/输出的接口等，因此存在对原有系统引入安全威胁的风险。接入安全的效能评估重点是对追踪溯源系统与信息系统、已有安防系统间的接口、信息交换等的安全评估	定性评估

续表

序号	系统安全要素分析	备注
E_SE_3	综合安全：部署追踪溯源系统后，网络信息系统整体的安全能力。在此，需要评估追踪溯源系统是否对网络信息系统的安全带来了实质性的提升。通过综合安全的指标评估，能够为追踪溯源系统建设、维护、升级等工作提供指导和决策依据	定性评估
E_SE_4	安全威慑：网络信息系统必能使发动网络攻击者得到应有惩罚，而不敢贸然进行网络攻击。追踪溯源作为定位攻击者、发现攻击源的关键步骤，为网络安全防护和应对提供针对性的目标，从而为惩罚攻击者提供支撑。因此，安全威慑也是一个综合性的安全能力指标	定性评估

5.2　网络空间安全追踪溯源技术体系

网络空间安全追踪溯源技术是 MAB-E 体系的关键技术和环节，追踪定位攻击源或攻击的中间介质及路径可以实施有针对性的防护措施，如隔离、阻断、关闭等，将网络攻击的危害降到最低，最大限度地保障网络安全，做到在网络攻防中知己知彼。从实际操作层面讲，网络空间安全追踪溯源的过程大致分为探测采集攻击数据和溯源分析追踪两个阶段，然后不断迭代，直至找到最终的、真正的攻击源头，进而为应急响应和评估恢复等后续环节提供支撑。在整个过程中，涉及攻击数据的探测采集及溯源分析算法（攻击路径重构或攻击链路研判）的技术内容。由于网络环境的复杂性和攻击手段的多样性，在实际网络空间安全追踪溯源的技术研究中，我们可以根据不同的网络环境，以及同一网络环境下不同的网络分层逻辑及追踪目的三个方面进行相应的技术研究和分析，如图 5.6 所示。

从网络分层维度看，可以将网络空间安全追踪溯源技术从物理域、逻辑域和认知域进行区分，其各个层级的技术手段、溯源目的等差异较大，可以据此对相应的安全追踪溯源技术进行体系分析。

从网络环境维度看，可以将网络空间分为合作网域和非合作网域，在合作网域中可以部署相应探测采集设备，其获得的信息数据更多（甚至通过行政手段实施），对安全追踪溯源技术的门槛大为降低，因此合作追踪溯源技术与非合作网域所采用的技术存在较大差异。

从追踪深度维度看，可以将网络空间安全追踪溯源技术分为攻击机溯源、攻击控制溯源、攻击者溯源和攻击组织溯源四个层级。每个层级所采用的技术手段和方法各有差异，其溯源难度各不相同，因此也可以从这个角度对相应的技术进行划分归类，形成技术体系。

网络空间安全追踪溯源技术是一项综合性的技术或运作结果，其技术手段常常存在多个维度上的作用效益，对特定技术手段的分析评估或划分可以按照相应技术的内容和效能与对应坐标的距离进行判定。

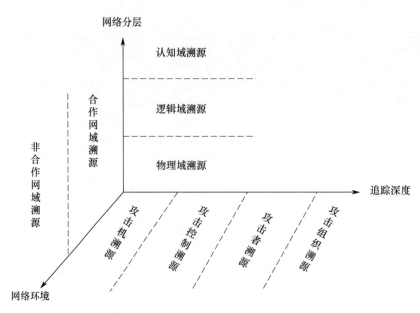

图 5.6 网络空间安全追踪溯源技术维度分析示意

事实上，任何一种网络安全追踪溯源技术都会涉及网络分层、网络环境和追踪深度三个维度，在特定追踪溯源应用场景中如何选择相应的技术手段实施网络追踪，需要根据特定的场景分析及技术途径的适应性进行综合判定。

5.2.1 网络空间作用域追踪溯源技术体系

网络空间物理域、逻辑域及认知域每个层级所涉及的网络实体、连接关系、数据类型及应用服务等都完全不同，呈现的网络空间环境状态大相径庭。然而，网络攻击行为常常可以在单个网络层级实施，也可以跨多个层级实施，实现更加复杂且严重的攻击伤害。

1. 物理域追踪溯源技术体系

网络物理域是由硬件终端、通信链路、终端节点等物理设备连接构建的大系统。在这个层级的网络空间安全追踪溯源技术根据本层级所属环境，以及面临的网络安全威胁及其信息表征等信息，针对相应的网络攻击行为进行溯源定位。物理域的网络安全威胁主要有物理设备的破坏、链路流量攻击、链路协议攻击等，其涉及的追踪溯源实体主要有网络硬件设备、自然人等。

根据物理域的网络实体及追踪溯源所涉及的数据、协议等内容可知，在物理域中的追踪溯源技术体系涉及物理安防技术，包含门禁、视频安防、设备审计等，以及网络流量采集、链路协议分析等技术内容，如图 5.7 所示。这些技术一方面直接作用于物理实体设备上，通过对物理设备的信息数据收集实现溯源所需信息采集和行为取证；另一方面，相关技术在物理域进行数据分析处理，实现物理空间实体设备间数据流走向等信号数据的回溯取证。

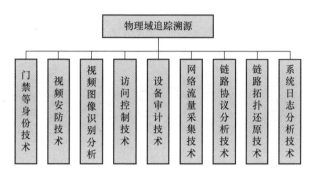

图 5.7　物理域追踪溯源技术构成示意

2．逻辑域追踪溯源技术体系

逻辑域就是我们常说的网络域，在这个层级更多的是各类网络协议、软件和数据构建的信息活动空间。通过这个网络层级，各类网络应用服务以数据流转的形式实现了遍布全球的网络信息服务。这个层级也是网络空间非常庞大的部分，涉及大量的协议类型、网络实体、软件应用等，其将底层的物理域进行了友好的抽象，为上层认知域应用服务提供了良好的网络连通和服务支撑。

网络空间的逻辑域是网络活动最为活跃的区域。在网络发展的初期，人们更关注的是网络通信的连通性需求，因此，在需求牵引下，随着网络逻辑域的发展壮大，各种协议愈加多样，应用模式更为丰富。但这样的发展带来了网络系统的复杂性，增加了网络安全潜在的威胁点。在该层级的网络攻击威胁形式也多种多样。

1）攻击行为的分类方法

当前，网络攻防对抗的主要作用场景仍然在逻辑域中，攻击者利用协议漏洞、服务脆弱性等各类问题，实施扫描、截获、欺骗、拒绝服务、恶意邮件、勒索病毒、木马蠕虫、中间人等攻击，给正常的网络应用服务带来了巨大的灾难。基于网络攻击者的攻击行为，可以将网络攻击分为中断（Interruption）、截获（Interception）、修改（Modification）和伪造（Fabrication），如图 5.8 所示。

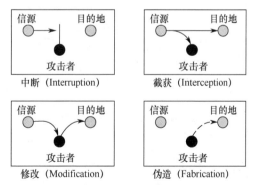

图 5.8　网络攻击类型示意

根据网络攻击的来源、手段、目标、效果及危害程度等研究内容，使用"攻击—脆弱性—损害"（Attack-Vulnerability-Damage）模型描述网络攻击，如表 5.4 所示。

表 5.4 攻击—脆弱性—损害模型

攻击			脆弱性	损害		
来源	动作	目标	脆弱性	状态效果	性能效果	严重程度
内部、外部	探测（Probe）	网络、进程、系统、数据、用户	配置（Configuration）、规格（Specification）、实现（Implementation）	无（None）、可用性、完整性、机密性	无（None）、时效性（Timeliness）、精确性（Precision）、准确性（Accuracy）	低、中、高
	扫描（Scan）					
	泛洪（Flood）					
	认证（Authenticate）					
	绕过（Bypass）					
	欺骗（Spoof）					
	窃听（Eavesdrop）					
	重定向（Misdirect）					
	读取（Read/Copy）					
	终止（Terminate）					
	执行（Execute）					
	修改（Modify）					
	删除（Delete）					

2）逻辑域网络攻击一般流程

典型的网络攻击需要集成各种关键的技术和智能攻击工具，形成一个有机结合的整体，在预定或自动调整的攻击策略和协同控制下，按照一定的流程完成一系列攻击行为。首先通过网络扫描、欺骗和嗅探等技术进行网络侦察，获取和分析目标网络的安全漏洞信息，在具备可攻击的条件下实施网络攻击，攻击成功后获取主机的控制权，并进行善后处理，包括擦除攻击遗留的痕迹、创建后门等。在攻击过程中可借助侦察手段进行攻击效果的初步评估，并据此对攻击策略和技术做出调整。所以，一个完整的网络攻击流程主要由五个步骤组成，分别为网络侦察、网络扫描、获得访问、维持访问、擦除痕迹，网络攻击流程分析如表 5.5 所示。

表 5.5 网络攻击流程分析

攻击阶段	攻击目的	攻击技术
网络侦察	获得域名、IP 地址等基本信息	社交工程、物理闯入、普通 Web 搜寻、Whois 数据库、域名系统（DNS）等
网络扫描	获得活动端口、操作系统、漏洞信息及防火墙规划	使用专门的工具软件，如端口扫描器和漏洞扫描器
获得访问	侵入系统，获得非法访问权限	利用各种各样的漏洞，使用相应的攻击工具发动攻击，如嗅探器、IP 地址欺骗、会话劫持、密码攻击、拒绝服务攻击等
维持访问	维持对系统的访问权限，方便以后控制	使用木马、后门、Rootkit 等
擦除痕迹	清除攻击痕迹，避免被管理员发现	修改系统日志、建立隐藏文件和秘密通道等

3）逻辑域追踪溯源技术体系

逻辑域追踪溯源技术涉及较多内容，可以大致从终端侧、网络侧及数据情报三个方面对逻辑域追踪溯源技术体系进行划分，如图 5.9 所示。

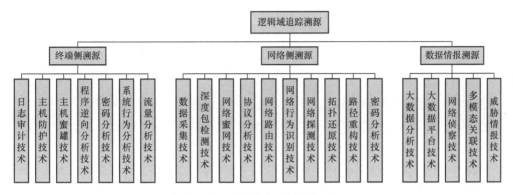

图 5.9　逻辑域追踪溯源技术体系

终端侧溯源技术群作用于终端系统中，对系统日志、应用程序等相关对象进行分析、逆向等，实现从终端的溯源取证分析；网络侧溯源技术群主要针对网络流量、协议及各类应用服务在网络上的交互行为等，通过对这些内容的监测分析，收集信息，重构网络传输路径，实现追踪溯源；数据情报溯源技术群从网络安全事件信息本身出发，基于情报数据等信息内容，分析挖掘可能的始作俑者。

其中，个别技术可同时在终端侧和网络侧发挥追踪溯源作用，如程序逆向分析技术可以针对终端恶意程序进行逆向分析，发现其源头信息或行为属性，以进一步帮助确定攻击源头；其在网络侧，仍然可以采用相同技术方法对网络协议进行逆向分析，帮助追踪者实现对恶意程序网络行为的分析，通过网络行为对特定攻击进行追踪定位。

在逻辑域的技术体系中，相应的技术几乎将网络终端、协议、服务及数据信息全部涵盖。在逻辑域上的网络空间安全追踪溯源技术也是研究的热点，相关技术方法呈现百花齐放之势，但某一具体溯源技术常常与特定的攻击场景相适应，并不具备放之四海皆准的溯源能力。更多实际的追踪溯源则是综合运用多种技术方法协同完成的，我们将在5.3 节对典型溯源方法进行综合分析。

在实际的安全追踪溯源实践中，常常使用多种手段相结合的技术方法，实现对特定攻击行为的溯源定位。例如，应对 APT 攻击，常常采用多层分析溯源架构，即通过初筛（特征匹配）、逆向分析、行为分析、融合分析、威胁情报等多层架构，实现对攻击行为的有效检测、证据取证和攻击组织机构的关联分析等，最终达到 APT 攻击事件的溯源目的。

3．认知域追踪溯源技术体系

近年来，随着网络技术的不断发展，网络空间不断向现实世界延伸，给民众认知带来了极大的干扰效应。认知域成为新形势下网络信息对现实社会影响最大的一个作用域。在认知域的攻防中，不仅涉及网络攻击、瘫痪、窃取数据等，更主要的是在夺取人们对信息认知的诠释权，也就是网络上俗称的"带风向"。

认知域攻防对抗中借由捏造、散播虚假/争议信息等，达到影响信息接收者的认知，形成错误的认知和理解，甚至制造社会分化和对立的目的。可以说，认知域的对抗是网络逻辑域攻防对抗的进阶，是在日益数字化和网络化的发展背景下产生的，也是情报、网络监视与侦察、心理操控和信息传播的综合应用。

认知域追踪溯源的核心是信息溯源问题。其通过网络公开信息的采集，使用自动或人工的方式，对特定信息加以追踪，从而找出其在网络信息空间中的首发站点（信息源头）或始作俑者，并且理清传播脉络。认知域追踪溯源与网络侧追踪溯源不同，一般来说，网络侧溯源（逻辑域溯源）是指当攻击、仿冒等网络威胁事件发生后，能根据与此相关的网络信息数据（例如，日志记录、网络流量等），通过各种溯源分析、路由重构等方法，找到引发攻击威胁事件的实体或源头。而认知域追踪溯源更多是从信息数据语义层面进行分析理解，结合传播学、新闻学、脑科学等技术，通过大数据分析处理实现对特定认知事件、网络热点事件等的溯源定位和脉络重构。

根据认知域追踪溯源目的及内涵，我们可以知道认知域的追踪溯源主要是网络信息数据采集及相应的数据分析工作。其技术体系主要包含数据获取、溯源分析及支撑技术三个方面，如图 5.10 所示。认知域追踪溯源的核心是信息数据的溯源分析技术，其采用机器学习、多模态数据处理等方法，基于信息传播学原理，对相应的网络新闻媒体信息进行源头分析及传播路径重构，最终确认信息的源头。认知域追踪溯源涉及信息内容、信息传播、社交网络及认知心理等内容安全相关技术，其内容广泛，本章后续侧重探讨网络安全攻防中涉及的溯源技术问题，对认知域追踪溯源不再具体展开。

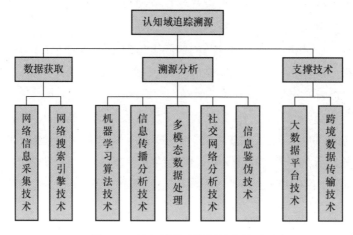

图 5.10　认知域追踪溯源技术体系示意

随着各类深度伪造技术的发展，在对特定信息数据追踪溯源的过程中，还需要对信息的真伪进行有效的判定，以及对相应的数据进行鉴伪分析等。

5.2.2　合作/非合作网络空间安全追踪溯源技术体系

合作与非合作网络环境的概念在网络空间安全领域得到了广泛应用，其主要是指网络环境是否具备一定的管理权限，包含地域、行政管辖、网络运维管理等相关管理权力。一旦拥有某一个网络系统或网络环境的管理权限，在遭受网络攻击时，管理者能够采取更多有效的方式来减少损失，如关机、更换硬件等；另外，管理者也能够有更多的系统管理权限，在该网络范围内进行安全防护系统（杀毒软件、防火墙、流量监测、安全审计等）的部署应用。因此，管理者在合作网络环境中应对网络安全攻击时，能够有更加丰富的技术手段和方法实施防御，甚至能获取一切需要的信息数据用于网络空间安全监测防护。

在本书中，我们说的合作/非合作网络正是从网络管理权限的角度进行区分的，同时将由技术原因（加密、匿名通信等）导致相关监测技术或手段无法直接应用的网络服务系统或网络域，也同样视为非合作网络环境加以讨论阐述。这种场景最典型的就是加密网络（如暗网），在合作网络空间中，一些网络应用服务使用密码技术或匿名通信技术使得对其应用中的数据从技术角度无法直接获知，如图 5.11 所示。因此，针对这类应用服务的安全监测及追踪溯源也处于一种非合作的状态，属于非合作网络空间安全追踪溯源问题。

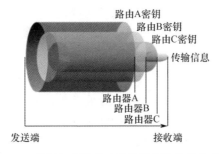

图 5.11　使用加密技术对网络数据流的保护示意

非合作网络空间安全追踪溯源是指在非合作条件下完成网络空间安全追踪溯源的技术和方法。这里的非合作条件有很多，可以是地域上的隔离，如境外网络环境；可以是行政管辖原因导致的，如不同网络运营商或政府管理区域等；可以是技术角度导致的非合作条件，如基于加密技术的暗网、匿名网络等。非合作网络空间安全追踪溯源的一般过程可以分为两大部分：一部分是解决非合作条件下的攻击信息数据的探测获取问题，这是非合作网络空间安全追踪溯源的首要前提，相关技术和方法的采用是非合作与合作网络空间安全追踪溯源的最大不同；另一部分是基于这些信息数据进行分析，完成网络攻击的追踪溯源。数据分析环节与合作网络空间安全追踪溯源没有本质区别,都是基于信息数据进行的攻击源确认,因此,非合作网络空间安全追踪溯源的关键问题是解决非合作条件下的数据探测等问题。合作/非合作网络空间安全追踪溯源技术体系示意如图 5.12 所示。

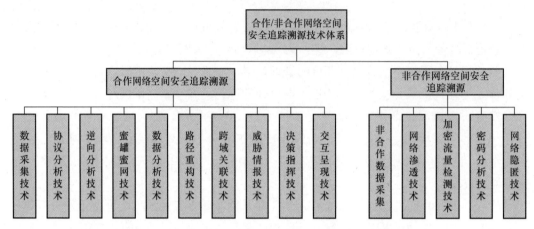

图 5.12　合作/非合作网络空间安全追踪溯源技术体系示意

　　由于网络防御方在合作网络环境中对网络信息系统的管理权限极大,甚至可以做更改硬件设备的操作等,因此合作网络空间安全追踪溯源技术群可使用的技术方法多样,从物理设备到网络信息系统都能安插各类探针,可实现信息数据采集分析,达成溯源定位,包括数据采集、协议分析、路径重构等技术内容。而在非合作网络环境中,追踪者网络资源使用受限,无法安插各类软硬件探针实现信息数据的监测采集,因此,非合作网络空间安全追踪溯源技术群主要的目标是解决非合作网络环境下的信息数据采集问题,主要有网络渗透、非合作数据采集等技术。

　　非合作网络空间安全追踪溯源技术在解决非合作网络环境下的权限问题后,可包含合作网络环境下用于追踪溯源的所有技术。除此之外,非合作网络空间安全追踪溯源还有其独有的直接应用于非合作网络环境中的技术内容。另外,非合作网络空间安全追踪溯源还涉及在非合作网络环境中的支撑类技术,包括自身的隐匿安全问题,以防追踪者的行为被攻击者发现,从而影响非合作追踪溯源的成功实施,并规避可能的商业争端甚至外交政治事件等。

5.2.3　网络空间安全追踪溯源层级体系

　　如前所述,在网络空间安全追踪溯源的过程中,会涉及攻击中间介质的确定及攻击路径的重构。其只有通过网络及网络信息设备中的相关信息实现攻击介质及路径的快速确认和重构,才能实现更有实用意义的追踪定位,并据此采取相应的防护措施,将网络攻击的危害降到最低。

追踪溯源层次划分整体示意如图 5.13 所示。

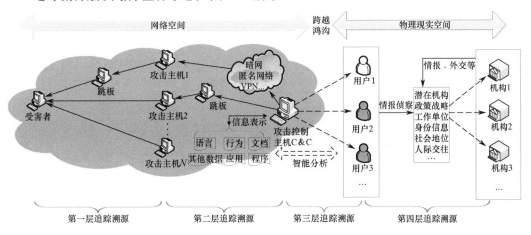

图 5.13　追踪溯源层次划分整体示意

1．第一层追踪溯源

第一层追踪溯源的目标是追踪定位攻击主机，即直接实施网络攻击的主机。其追踪溯源问题可描述如下：

网络数据 S 由 P1 产生，通过 R1→R2 传输到接收端 P2 完成网络传输，如图 5.14 所示。第一层溯源问题可描述为：给定 S，如何确定 P1 的问题。第一层溯源问题常常又称为 IP 追踪溯源（IP-Traceback）。

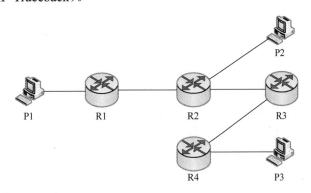

图 5.14　第一层追踪溯源问题描述

2．第二层追踪溯源

第二层追踪溯源模型基于一种因果关系进行抽象，在网络中计算机上的行为总由某种原因或事件触发。例如，一台计算机上的事件（请求服务）可能导致另一台计算机上的事件（提供服务）发生。给定某一台计算机上的事件 1，第二层追踪溯源的目标就是寻找某个"因果链"事件，其导致了事件 1 发生。一般来说，这种"因果链"是由某种顺序组合的一系列计算机。事实上，这种事件的因果关系是一种控制关系，这种控制关系常常是多对多的，也可能是一对多甚至是多对一的。因此，网络中计算机间事件的控制路径是多样的。

如图 5.15 所示，将计算机抽象成方框，事件用圆圈表示，事件的因果关系使用带箭头的连线表示。图 5.15 中，攻击者在 P1 操作使用事件 1 入侵 P2，利用 P2 的事件 2 入侵 P3，在 P3 中实施事件 3（比如 DDoS 代理），然后，攻击者可以通过 P4 的事件 4 向 P3 发起一个激励或命令，联合或直接启动事件 3 实施攻击事件 5。请注意，这些事件不需要同时发生，在攻击事件 5 发生时，事件 1、事件 2、事件 3、事件 4 可能已经完成并停止活动。追踪者最初只看到事件 5 的发生，第二层追踪溯源的目标是如何通过事件 5 的发生找到最初的事件 1。

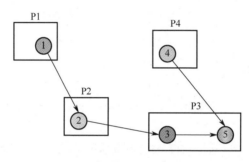

图 5.15　第二层追踪溯源模型

完成第二层追踪溯源目标，最浅显的思路就是一级一级地反向追踪溯源。这里涉及的技术就是回答如何沿着因果链反向地追踪定位到上一级。一些技术方法一次能够完成追踪多级，但是目前还没有直接追踪溯源到真正的（最初的）攻击源主机技术（攻击源主机指能够发送网络数据的任意设备，不仅限于计算机）。

3．第三层追踪溯源

第三层追踪溯源的目标是追踪定位网络攻击者，这就要求追踪者必须找到网络主机行为与攻击者（人）之间的因果关系。第三层追踪溯源就是通过对网络空间和物理世界的信息数据的分析，将网络空间中的事件与物理世界中的事件相关联，并以此确定物理世界中对事件负责的自然人的过程。第三层追踪溯源问题描述示意如图 5.16 所示。

第三层追踪溯源包含四个环节：①网络空间的事件信息确认；②物理世界的事件信息确认；③网络事件与物理事件间的关联分析；④物理事件与自然人间的因果确认。第一个环节通过前两个层次的追踪溯源技术可以较好地解决。第二个环节需要通过物理世界中的情报、侦察取证等手段确定。第三个环节是通过网络空间中的信息（主机位置、攻击模式、攻击行为、时间、习惯、文件语言、键盘使用方式等）与物理世界中取证的各种信息情报进行综合分析，确认网络事件与物理事件的因果关联。在第二层追踪定位攻击源主机的基础上，通过获取该主机的攻击行为、攻击模式、语言、文件等信息，支持物理世界中的事件确认。第四个环节是采取司法取证等手段，对物理事件中的可疑人员进行调查分析，最终确定事件责任人，即真正的攻击者。

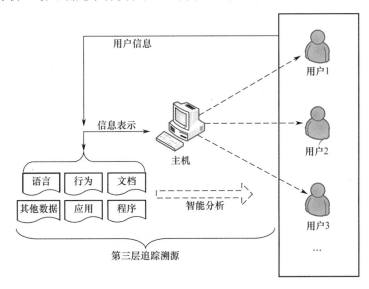

图 5.16　第三层追踪溯源问题描述示意

从上述第三层追踪溯源的问题描述中可以看到，完成第三层追踪溯源目标的核心仍然是信息数据收集与分析，但不是所有的网络信息都可用于第三层追踪溯源中，需要在网络空间中有针对性地收集信息。这些信息主要包括如下五个方面。

（1）自然语言文档：通过对攻击源主机中的文件收集（需确认能否通过网络进入攻击源主机或司法手段），通过文档语言的分析，确认攻击者的身份等。

（2）E-mail 和聊天记录：收集其 E-mail 和聊天记录等，分析其爱好、朋友圈、习惯甚至信仰等信息。

（3）攻击代码：捕获网络攻击代码，逆向分析确认编程习惯、语言、工具等信息。

（4）键盘信息：记录攻击源主机的键盘使用信息，确认攻击者进行网络攻击时的控制方式，习惯右手还是左手，以及键盘操作模式等信息。

（5）攻击模型：比较流行的攻击模型是树型结构，攻击者通过树型结构控制大量主机（树的枝干）攻击受害者（树的根部节点）。通过对网络攻击模型的重构和分析，可以分析攻击者如何调动各种资源实施攻击，以及攻击路径、过程控制等信息。

以上信息数据的收集有的需要在网络空间中完成，有的需要采取司法行政手段等，信息数据收集受到各种各样的限制，如网络的联通性和可访问性等。因此，完成这些信息数据收集本身就已是一项非常艰巨的任务。

4. 第四层追踪溯源

第四层追踪溯源的目标是确定攻击的组织机构，即实施网络攻击的幕后组织或机构。该层次的追踪溯源问题就是在确定攻击者的基础上，依据潜在机构信息、外交形势、政策战略，以及攻击者身份信息、工作单位、社会地位等多种情报信息分析、评估，确认人与特定组织机构间的关系，如图 5.17 所示。

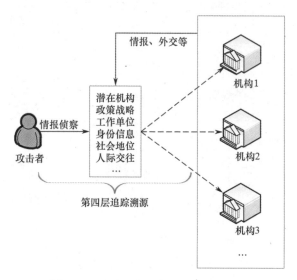

图 5.17　第四层追踪溯源问题描述示意

第四层追踪溯源更多的是国家与国家、机构与机构之间的对抗，是网络攻防的一种高级形式。第四层追踪溯源是一项更加复杂的系统工程，但仍以第一层、第二层和第三层追踪溯源为基础。在前三个层次追踪溯源的基础上，结合谍报、外交、第三方情报等所有信息，综合分析、评估，确定网络攻击事件的幕后组织机构。

5.3　网络空间安全追踪溯源

在前面章节中，我们从网络空间作用域、合作/非合作及溯源层级三个方面对网络空间安全追踪溯源技术体系进行了简要的分析。

不论是在物理域、逻辑域还是认知域，网络攻击得以有效实施都需要在网络空间中进行有效的数据传输。网络中一次完整的数据传输需要发送者、信息数据、接收者等多个角色的参与。本节针对具体溯源应用场景进行分析，从目标终端、网络传输流量及攻击者三个具象的维度，对网络空间安全追踪溯源关键技术原理进行分析与说明。其中，在目标终端维度，采用基于终端日志的追踪溯源技术；在网络传输流量维度，采用基于网络流量的追踪溯源技术；在攻击者维度，采用基于网络欺骗的追踪溯源技术；在目标终端、网络传输流量及攻击者的综合维度，采用基于大数据分析的追踪溯源技术。实际上，本节所分析的追踪溯源技术具有适用多个作用域或攻击场景的属性。

5.3.1　基于终端日志的追踪溯源

终端是网络空间基础设施的关键，日志可以记录终端上的操作行为、操作用户、操作文件及时间等信息。通过监控和分析终端设备日志，可以有效发现攻击者行为，并对其痕迹进行溯源追踪。本节对传统的基于日志存储查询的追踪溯源技术原理进行分析，并对从其发展而来的基于知识图谱的日志追踪溯源技术原理进行介绍。

1. 基于日志存储查询的追踪溯源

基于日志存储查询的追踪溯源技术对路由器、主机等设备中传输的数据流进行日志记录与存储，并利用网络传输数据流的源地址、目的地址等关键信息进行查询与追踪。

1）日志记录存储

为了实现网络空间的追踪溯源，需要对网络数据进行全面且完整的日志记录。但由于受到处理性能、存储空间及隐私问题的限制，在通常情况下难以实现存储所有信息的每一条日志。因此，需要对日志记录的存储进行优化，减少日志记录的缺陷。例如，限制记录的数据量，如仅记录特殊敏感的网络区域的数据，或记录可疑的网络数据包，从而减少网络数据日志记录数量；限制记录的数据内容，如仅记录网络数据流的源地址、目的地址或其 HASH 值，从而减少网络数据包的记录内容；使用大容量的存储空间或存储阵列，配置更加快速的处理器，提升处理性能，从而更有效地进行日志记录处理。

日志记录的一个关键问题是日志的安全问题，需要考虑日志记录的安全性。若攻击者获得系统管理权限，可对日志记录进行删除、修改与伪造操作，则会影响追踪的准确性。现有的解决方案是将日志存储信息隔离，通过使用脱离网络系统的独立设备来存储日志记录，同时增加安全认证机制，使日志记录系统隐藏在网络系统中，即使攻击者获取网络系统中的设备管理控制权，也无法改变或删除日志系统记录的日志信息，从而保证日志的准确性。

此外，为了减少处理、存储及成本开销，基于日志存储查询的追踪溯源系统大多选择分布式架构。通过合理设计及适当减少记录数据量，集中式处理架构的日志记录系统也可以满足一定的追踪溯源要求。

2）日志查询溯源

为了从海量的系统日志、应用程序日志、安全日志、日志审计、网络数据传输日志等日志记录中获取有用的日志信息，需要对日志进行查询。然而，在海量数据的情况下，手动查询的难度与低效是无法容忍的。因此，需要实现日志上下游信息的关联，自动化查询，以实现安全事件的追踪溯源。

追踪过程中，追踪者从受害端反向查询相应的日志记录设备（路由器、主机等），询问是否有待追踪数据的日志记录，若有该记录，表明数据来自该路由节点，继而进一步向其上一级日志记录设备查询。显然，该类方法需要日志记录设备对网络传输等数据进行足够的信息日志存储记录，以有效实施追踪溯源。

以路由日志算法为例，该算法的主要思想是：通过网络中的边界路由器记录所有经过它的数据包的特征，并保存在日志库中，当受害者检测到攻击发生时，受害者根据收集到的攻击数据包的特征，逐级与路由器中日志库中的数据流的特征相比较，确定攻击路径。它要求边界路由器有良好的性能来提取数据流的特征并有较大的存储日志的空间。

比较典型的路由器日志法是 Snoeren 等人提出的源路径隔离引擎（Source Path Isolation Engine，SPIE）。它采用了一种高效的数据存储结构布隆过滤器（Bloom Filter），记录报文摘要，从而降低日志的存储空间需求。Bloom Filter 采用一种空间利用率很高的数据存储结构，将 n bit 的报文摘要值映射到 $2m$ bit 的位数组上，位数组元素的初始值为 0。以报文的 HASH 值为索引，查看数组中对应的元素是否为 1。若不为 1，则表明该特征的报文没有经过该路由器；若为 1，则表明该特征的报文之前经过该路由器。为了减少冲突，对同一个报文摘要使用 k 个独立的 HASH 函数进行计算。在追踪时，用同样的方法对报文摘要进行计算，根据摘要值查看 Bloom Filter 中的相应位是否为 1，如果为 1 则表明该报文曾经经过该路由器。SPIE 的优点是追踪速度快，只需一个报文就能追踪到攻击源，但是其缺点也不可忽略。其一，需要路由器具有强大的处理能力，对所经过的数据报文多次计算 HASH 摘要值并存储；其二，网络中繁忙的路由器所转发的数据包数量惊人，即使只存储报文的摘要，也需要很大的存储空间；其三，路由器存储数据包信息往往只能存储非常短的时间，追踪存在时限性。

2. 基于知识图谱的日志追踪溯源

网络空间安全的追踪溯源需要了解攻击事件，即了解攻击者、攻击点及攻击的路径。现有的网络攻击方式逐渐复杂化，通过单一安全事件往往无法确定攻击者的真实目的，需要对攻击行为进行多维度关联，进而得出攻击者完整的攻击路径，从而确定真正的攻击意图。因此，海量日志下的攻击路径调查是网络空间安全追踪与溯源的关键技术。

随着知识图谱概念的出现与发展，利用已知知识推理出新知识，已成为知识图谱的典型应用。可将知识图谱与网络日志分析相结合，通过专家知识与机器学习建模等方式对网络安全相关日志信息进行处理、整合与分析，构建网络空间安全知识图谱，实现对整个攻击路径的调查及攻击者溯源。

网络空间安全知识图谱是描述安全事件相关的抽象知识，而日志信息记录的是网络流量和系统行为等，其不仅包含攻击事件相关的信息，同时也包含系统正常运行的信息，只有通过对相关知识的补充，才能解决这种语义鸿沟的问题，实现知识图谱与日志的语义关联，使知识图谱与底层日志数据处于同一层次的语义空间，再通过图分析方法实现攻击路径分析。

针对攻击事件报告中攻击行为的描述进行语义与语法分析，提取有效的实体与关系并建立攻击行为子图，该攻击子图可以直接应用到日志溯源图中。同时，由于真实网络攻击行为存在一定的时序性，可将攻击行为的时序特征通过节点和边的权重进行表征。在攻击路径调查过程中，通常始于已确定的攻击行为或已攻陷的受害者攻击路径，而溯源的终止条件通常为外部 IP 的网络连接行为，如果无法溯源到网络连接行为则该主机即为最终攻击者。将知识图谱相关技术运用到基于终端日志的追踪溯源技术中，并将日志查询分析自动化，能提升安全人员的运营效率，辅助安全专家追踪溯源。

5.3.2　基于网络流量的追踪溯源

基于网络流量的追踪溯源的原理是利用通信网中传输的数据流、通信协议或从流量中提取的设备指纹信息等，结合流量分析、关联算法等来确认通信一方或双方的通信关系，从而实现网络安全追踪溯源。

1. 数据流匹配追踪溯源

通过观察网络或系统的进出数据流，利用数据相关匹配技术，确定输入输出数据流的关联关系，以此确认网络数据流的传输路径。数据流匹配追踪原理示意如图 5.18 所示。

数据流匹配的目标是在已有的数据流信息中确定输入与输出流的匹配关系。在图 5.18 中，该网络或主机的输入输出数据流有 6 条（A 到 F），数据流 A 输入网络或主机后，重新以数据流 E 输出，即 A 与 E 匹配；数据流 D 输入网络或主机后，重新以数据流 F 输出，即 D 与 F

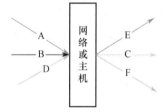

图 5.18　数据流匹配追踪原理示意

匹配；然而，并非所有的数据流都有相匹配的数据流，如输入数据流 B，只输入网络或主机中，并未产生新的输出数据流，而数据流 C 可能是来源于该主机或网络，没有相应的输入数据流关联匹配。

根据数据流匹配追踪的具体方法，可以进一步将其划分为基于数据流包头、内容及时间的匹配追踪。在具体进行相关匹配追踪的过程中，可以综合应用这三种相关匹配方法确定数据流传输路径。

1）基于数据流包头的匹配追踪

基于数据流包头的匹配追踪技术的原理是对输入和输出网络或主机的消息头进行相

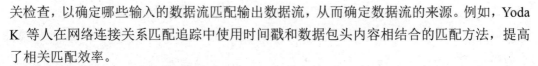

关检查，以确定哪些输入的数据流匹配输出数据流，从而确定数据流的来源。例如，Yoda K 等人在网络连接关系匹配追踪中使用时间戳和数据包头内容相结合的匹配方法，提高了相关匹配效率。

2）基于数据流内容的匹配追踪

基于数据流内容的匹配追踪的原理是对输入和输出数据流的内容进行相关检查与匹配。常见的方案是将数据流分成离散的时间片段，对片段内的数据包创建相应的摘要，通过计算摘要信息匹配数据流间的相似性，从而确定数据流的相关性，然而该技术无法使用到加密的数据流中。

3）基于数据流时间的匹配追踪

基于数据流时间的匹配追踪的原理是确定数据流间在时间上是否存在某种因果联系，如果存在，那么数据流就是相匹配的，否则就不是相关的。基于数据流时间的匹配追踪技术可以较好地检测出网络攻击跳板，但对"僵尸机"的检测效率较差，因为"僵尸机"在接收到控制指令后，可以隔很长时间才执行或响应，而使其时间相关性降低。

数据流匹配追踪的优点是不需要获知网络或主机的内部状态信息进行追踪溯源，然而，在实际应用中，数据流匹配实现很困难，特别是针对数据加密和"僵尸机"的相关匹配分析。

2．流水印追踪溯源

流水印追踪溯源基于主动网络流水印思想实现，首先通过主动改变通信一方所产生的网络流的某类特征并嵌入水印信息（该类特征的选取需要遵循不影响数据包内容的原则），然后在通信另一方提取水印信息，对比分析水印信息与原水印信息是否一致，实现追踪。根据所选择的网络流特征的不同，大致可以将网络流水印技术分为基于包长度大小、基于网络流速率和基于包时间的流水印追踪技术等。

1）基于包长度大小的流水印追踪

该技术通过改变选定网络流中的数据包的长度大小来嵌入水印信息位。Ramsbrock 等人在应用层改变数据包长度，通过在数据包中填充字符来添加水印信息位。但是该方法不仅需要在应用层上操作数据包，还需要破坏数据包原有内容，在字段中加入用户自定义字符，因此不能适应加密情况，适用环境有很大的限制。Ling 等人提出了一种基于包大小的隐蔽信道攻击匿名网络。该场景中恶意网站和匿名服务器的溯源者通过改变包大小将水印嵌入流量中，在客户端嗅探流量并识别水印信号，以此来确认恶意网站和客户端之间的通信关系。

2）基于网络流速率的流水印追踪

该技术通过改变选定时间段内的网络流速率来嵌入水印信息位。Jia 等人提出了一种基于单数据流速率的直序扩频（DSSS）流水印盲检测恶意网络流量。该方案通过计算

DSSS 调制流量中的均方自相关性（Mean-Square Auto Correlation，MSAC），发现由恶意 DSSS 水印引入的自相似性，使得 MSAC 呈现周期性峰值，从而可判断流量中含有恶意 DSSS 水印。该方案复杂性低，具有高检测率和低误差率，并在真实暗网加密网络（如 Tor）中进行了实验，验证了其可行性。

基于网络流速率的流水印技术简单易用，在同一时刻支持追踪多个网络流。但该技术也存在一些缺点：它只适用于追踪速率比较大、持续时间较长的网络目标流，对于数据包数量较少的网络流，水印信息的长度也有限制；以网络流速率为水印载体的水印方案抗干扰能力不强，无法应对网络扰动、数据包延迟等问题，鲁棒性较差。

3）基于包时间的主动网络流水印追踪

该技术通过改变数据包的时间特征来嵌入水印信息。与前述两种水印载体的技术相比，基于包时间的主动网络流水印技术部署和实现相对容易，适用性也更好，因此在研究过程中被广泛地使用。在多种基于包时间的流水印技术中，按照调制对象的不同，可分为基于间隔到达时延（Inter-Packet Delay，IPD）特征和基于时间间隔或间隔重心特征两类。

基于 IPD 的水印方案的关键思想是采用添加不同的延时，将单个水印信息位直接嵌入随机选择的一个 IPD 或多个 IPD 的平均值中。通过微调所选数据包的时序来嵌入水印，要求嵌入水印的网络流中有足够多的数据包，并且仅在选定的 IPD 上嵌入水印。该方法对非独立同分布的随机延迟鲁棒性不够，且无法解决时间扰动等影响。

基于时间间隔和基于间隔重心的流水印方案，利用所有数据包均匀分布在相应间隔内的基本特征，调整落在间隔中的数据包数量，或者改变落在每个间隔中的数据包的到达时间使重心发生移动，以此来嵌入水印。此类方案可以有效地减少网络流转换问题带来的影响，具有很好的鲁棒性，但需要较多的数据包并且易遭受流攻击。

不同于数据流匹配追踪技术，流水印追踪也适用于加密流量，甚至可以用来追踪溯源一些以匿名网络为跳板的网络攻击，但是流水印技术需要网络基础设施的支持，因而不易实施，同时为了实现网络空间安全追踪溯源，在水印载体的选择上需要保证隐蔽性和鲁棒性。修改水印载体应尽可能在不影响网络服务质量的前提下降低水印信息被察觉的可能性，达到较高的隐蔽性。同时，要防止水印方案被攻击者恶意修改，当嵌入水印的网络流经过网络传输后，水印信息需确保被检测端正确恢复。

3．设备指纹追踪溯源

随着网络用户及终端设备的不断增多，准确追踪用户的挑战也越来越大。因此，相关研究关注用户 PC 终端和智能终端设备的差异性问题，从信息的传播和认证方式入手，探索用户追踪。

现有研究表明，基于设备指纹的追踪技术可以获得用户的众多隐私信息，甚至能够准确定位到目标个体。例如，有学者使用半监督机器学习的方法处理跨设备的用户识别信息，将相应的 Cookie 信息对应于用户特定的设备；Brookman 阐述了目前广告商通过登录和证书分享的形式实现跨设备追踪，并向第三方追踪网站分享 Cookie 来追踪用户；有研究者在 GitHub 上公开了基于网络媒体通信（WebRTC）的特性得到用户内外网 IPv4 地址和 IPv6 地址的方法。此外，通过构造虚假页面并使用指纹追踪技术，也可以定向、准确地获得攻击者的多种信息。

本节以浏览器指纹追踪技术为例，对设备指纹追踪技术原理进行分析。在浏览器与网站服务器交互时，浏览器会向网站暴露许多不同消息，如浏览器型号、浏览器版本、操作系统等信息。与人的指纹可以用来识别不同的人一样，当浏览器暴露信息的程度足够高时，网站就可利用这些信息来识别、追踪和定位用户。常用的浏览器指纹追踪技术有画布（Canvas）指纹、媒体（AudioContext）指纹及跨浏览器指纹。

Canvas 是 HTML5 中一种动态绘图的标签，可以使用其生成甚至处理高级图片。由于 Web 浏览器、操作系统、硬件设备等的不同，渲染的结果有很大程度的差异，反之相同环境组合下总能渲染出相同的图像。将渲染出的图像取出 IDAT（图像数据块）部分的 CRC（纠错编码），或者将 HASH 等散列函数计算结果作为计算机的指纹值。利用 Canvas 指纹可跟踪用户。

AudioContext 指纹是利用主机或浏览器硬件或软件的细微差别，导致音频信号处理上的差异，相同机器上的同款浏览器产生相同的音频输出，不同机器或不同浏览器产生的音频输出会存在差异。

跨浏览器指纹是利用浏览器与操作系统和硬件底层进行交互，进而分析计算出指纹。Canvas 和 AudioContext 指纹是基于浏览器进行的，同一台计算机的不同浏览器具有不同的指纹信息，但当同一用户使用同一台计算机的不同浏览器时，服务方收集到的浏览器指纹信息不同，无法对该用户进行唯一性识别，进而无法有效追踪。与 Canvas 和 AudioContext 指纹不同，跨浏览器指纹对于同一台计算机的不同浏览器是相同的。

浏览器指纹追踪技术虽然不能确定用户的真实 IP 地址，但是能够在某种程度上破坏用户隐私安全，为溯源提供依据，并达到在互联网上追踪和关联用户的目的。例如，浏览器指纹包括用户浏览器版本、插件配置、操作系统、渲染字体、HTML5 的 Canvas 元素等特征。这些特征能够以很高的准确度唯一确定一个用户机器和浏览器，从而实现追踪用户的网络行为。

5.3.3　基于网络欺骗的追踪溯源

网络欺骗（Cyber Deception）由蜜罐技术演化而来。Gartner 将网络欺骗技术定义为：使用骗局或假动作来阻挠或推翻攻击者的认知过程，扰乱攻击者的自动化工具，延迟或阻断攻击者的活动，通过使用虚假的响应、有意的混淆，以及假动作、误导等伪造信息达到"欺骗"的目的。

网络欺骗技术被部分安全管理人员部署在业务系统中用于检测入侵，主要形式是在业务系统中插入虚假数据或开启虚假服务。为了应对网络自动化攻击，通过在业务网络中部署一系列虚假业务或资源形成陷阱，以此检测攻击。它与已有的安全防御体系相互补充，能够更加有效地发现和抵御威胁。

对攻击者实施网络欺骗，不仅能有效防御网络攻击，也可基于攻击者行为与痕迹在网络空间进行准确的追踪溯源。基于网络欺骗的追踪溯源涉及蜜罐/蜜网等相关内容，蜜罐/蜜网技术经过多年的发展已较为成熟。本节主要对基于网络欺骗与浏览器指纹的追踪溯源技术原理进行分析。

传统的网络空间安全防御机制不具有追踪溯源和反制的能力，对攻击者没有威慑力。随着网络空间攻防对抗技术的不断升级，攻击者的反追踪技术手段也在增强，为了隐藏身份，攻击者常常通过匿名网络或 VPN 服务等访问服务器，服务器端很难收集到真实的攻击者客户端信息。

为了应对攻击者使用跳板网络进行攻击无法溯源取证的问题，将蜜罐与浏览器指纹技术相结合，旨在有效识别与追踪网络攻击行为、定位攻击者身份或位置。基于网络欺骗与浏览器指纹的追踪溯源技术的原理是：通过在蜜罐中插入追踪信息，当攻击者对蜜罐进行试探性攻击和不断尝试时，基于浏览器指纹技术可获取攻击者的真实内外 IP、浏览器版本、定位信息等客户端信息，在此基础上生成攻击者人物画像，进行攻击行为的关联和溯源。

基于网络欺骗与浏览器指纹的追踪溯源技术框架如图 5.19 所示，主要包含蜜罐系统与浏览器指纹数据库。

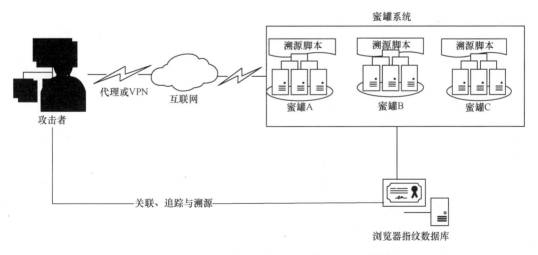

图 5.19　基于网络欺骗与浏览器指纹的追踪溯源技术框架

1）浏览器指纹数据库

浏览器指纹追踪技术已在 5.3.2 节中进行介绍，在本节中，将采集指纹信息的溯源脚本通过数据流反向传输到攻击者客户端的浏览器，从而获取与攻击者关联性更强的特征，包括客户端的系统字体、系统语言、浏览器插件、时区偏移量、Canvas 指纹、内外网 IP 等设备信息，同时也可采集攻击者的键盘记录、访问过的网站，甚至特定网站账号等行为信息，构成攻击者指纹画像，并在浏览器指纹数据库中进行存储。

2）蜜罐系统

网络欺骗是一种针对网络攻击的防御手段，目的是让攻击者相信目标系统存在有价值的、可利用的安全弱点，从而将攻击者引向这些错误的资源，以达到检测攻击、阻碍攻击、记录攻击行为的目的。蜜罐是一种常见的网络欺骗技术，其相关原理不再详述。蜜罐可以使用以下两种常用的欺骗方式。

- 文档蜜标：基于 Office 系列的域代码实现，当其被打开时可以主动向外发起请求。一方面，可以及时发现和定位攻击活动；另一方面，可在一定程度上进行追踪溯源。
- 面包屑（Breadcrumbs）：利用包含代码注释、数字证书、Robots 文件、管理员密码、SSH 密钥、VPN 密钥、邮箱口令、浏览器记录口令等攻击者通常要寻找的关键信息，吸引和误导攻击者。通过部署了多个虚假管理员的页面，模拟管理系统运行，在其中加入虚假的弱口令代码注释，并插入指纹追踪脚本代码实现追踪。

基于网络欺骗与浏览器指纹的追踪溯源技术的优点是访问蜜罐系统的行为，均被认为是潜在的攻击行为，故不存在误报情况，同时基于浏览器指纹追踪技术，可以采集与攻击者相关联的客户端信息，提升追踪溯源的能力。然而，采集的客户端设备指纹信息可能具有较高的碰撞率而降低准确性，同时，也存在同一设备因切换网络环境、更新浏览器或切换浏览器导致指纹信息不一致的情况。

5.3.4　基于大数据分析的追踪溯源

大数据技术通过融合多源异构数据并综合分析，进而从数据中挖掘高价值信息。在安全领域，网络攻击中典型攻击如 APT 攻击存在潜伏期长、业务相关、数据量大等特点，通过大数据技术挖掘 APT 攻击相关数据中的价值信息，对攻击追踪溯源具有重要研究意义，因此本节将针对基于大数据的攻击溯源技术开展分析。

攻击溯源技术一般是在攻击已经产生危害并被察觉后，挖掘攻击者在攻击过程中产生的痕迹，并通过这些痕迹实现攻击的追踪溯源。但由于攻击溯源任务存在时间跨度大、线索遗留少等特点，使得攻击溯源难以顺利进行，如基于日志存储查询的追踪溯源需要事先在网络中部署，需消耗大量的存储空间、处理资源等，如未能有效覆盖全网络，则不能有效完成追踪溯源；基于网络流量的追踪溯源需要从流量层抓取流量或数据进行关联分析，若不能在网络中有效部署流量检测系统获取该数据，则无法实现基于网络流量的追踪溯源；基于网络欺骗的追踪溯源需要部署大量的蜜罐群，对网络资源、服务器资源要求较高。而大数据溯源技术则已成为一种新型的攻击溯源手段，其可以综合利用上述追踪溯源技术的相关数据，在数据丰富度和资源上进行均衡，在一定的资源前提下尽可能多地利用数据资源，提升攻击溯源的效率。基于大数据的追踪溯源技术首先收集大量异构数据并进行数据清洗，从中挖掘高价值攻击痕迹，再利用数据分析和模型关联实现攻击路径推断，最终通过攻击路径反溯技术找到攻击入口，还原攻击过程。

基于大数据分析的追踪溯源技术一般分为三层：基础层为数据收集层（数据集层），中间层为数据清洗分析层，顶层为全景关联溯源层。数据集层采集攻击溯源所需的多源数据集，如流量检测日志、安全设备日志、网络流数据、威胁情报数据等；中间层针对基础层数据进行分类、归并、标签化处理，根据用途进行逐层分类、提炼分析，为全景关联溯源层提供关联分析依据；顶层基于数据清洗分析结果进行融合关联分析，包含主机侧、网络侧等多角度数据的关联映射，进而实现攻击的场景关联溯源。基于大数据分析的追踪溯源技术框架如图 5.20 所示。

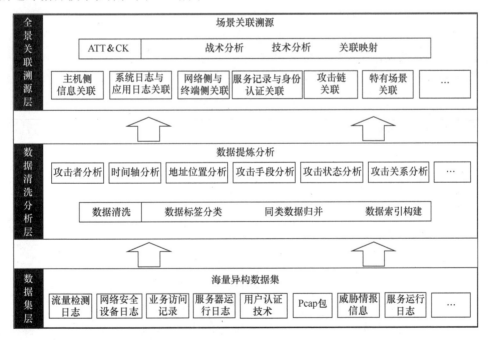

图 5.20　基于大数据分析的追踪溯源技术框架

1. 数据集层

网络攻击过程中所产生的数据痕迹是攻击溯源的主要线索，传统攻击溯源主要依赖受害主机上的恶意文件，但 APT 攻击过程涉及漏洞利用攻击、恶意代码植入、远程控制、数据泄露等多个阶段，攻击手段多样，单纯依赖受害主机的恶意文件难以完成 APT 攻击溯源。因此，在基于大数据分析的追踪溯源的数据集层，需要尽可能多地收集数据，才有可能完整绘制 APT 攻击链。数据集层的数据收集手段在漏洞攻击时包含系统日志收集、应用日志收集、网络入侵检测设备等方法；在主机执行恶意程序时包含系统进程信息、文件名、系统日志信息等内容中的痕迹线索。

在基于大数据分析的追踪溯源技术中，收集的数据越全面、数据量越多，则溯源能力越强。收集的数据主要分为网络侧数据、主机侧数据、辅助数据三种，其中，网络侧数据包含威胁监测设备的攻击日志、入侵防御系统、Web 应用防火墙等网络安全设备日志，原始网络 Pcap 报文和网络业务信息等；主机侧数据包含业务访问记录、服务器运行日志、系统运行日志等数据；辅助数据主要是威胁情报信息。利用上述三种数据集共同构建多源异构数据集，实现攻击溯源需要的所有痕迹线索数据收集，为后续的数据关联溯源提供数据支撑。

2. 数据清洗分析层

数据清洗分析层针对数据集层的数据进行初步分析清洗，具体包含数据分类、归并、标签化处理等手段，其目的在于从原始数据中提炼高价值线索数据。攻击所产生的痕迹数据涉及结构化数据、半结构化数据和非结构化数据，由于半结构化数据和非结构化数据不利于分析处理，所以需要对其进行信息抽取。这一层的核心目标是完成有价值的数据的初步提炼，为后续的数据分析提供结构化的数据。

基于大数据分析的追踪溯源采用数据分类归纳法完成数据的初层次提炼，同类型数据清洗流程如图 5.21 所示，按照数据用途进行数据逐层分类。

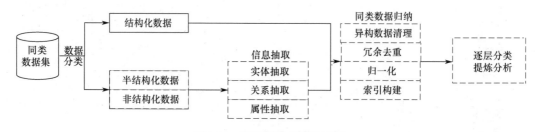

图 5.21 同类型数据清洗流程

第一阶段：数据分类。数据集层产生的数据类型包含结构化数据、半结构化数据和非结构化数据。其中，攻击日志、访问记录等属于结构化数据；进程运行记录、服务后台错误记录等属于半结构化数据；原始报文、系统运行状态等属于非结构化数据。

第二阶段：同类数据归纳。本阶段主要通过异构数据清理、冗余去重、归一化、索引构建等手段，将不同来源的同类数据进行统一归纳融合，形成高质量、有价值的归纳数据。以防火墙记录的连接关系日志和服务端记录的业务访问记录为例，两种数据都是访问记录，针对此类记录需要提取公共信息和必要的附加信息，并针对冗余数据进行去重，避免冗余信息干扰。

第三阶段：逐层分类，提炼分析。为确定攻击溯源的入口，首先将访问记录和受害者主机记录的各类日志统一发送至数据清洗分析层，对清洗后的数据进行提炼分析以发现单点事件；发现单点事件后，从网络安全检测设备入手，如针对全流量威胁检测探针、入侵防御系统、Web 应用防火墙、主机检测软件等发送的攻击检测日志，按照攻击时间、攻击手段、攻击频次、地理位置、攻击状态、攻击方向等维度进行再次分类，并按照数据类型建立索引，为后续的溯源模型及关联分析建立溯源主索引。攻击事件溯源主索引确定后，将沿着攻击路径进行深入的攻击溯源分析。

3. 全景关联溯源层

溯源模型构建是基于大数据分析的追踪溯源技术的核心模块，数据集层、数据清洗分析层分别为全景关联溯源层提供基础数据和主线索数据，以支撑全景关联溯源层的溯源模型构建和攻击溯源。全景关联溯源层调度工作阶段如下，主要包含单场景溯源、全场景关联溯源。

第一阶段：利用场景建模法建立单场景溯源模型。例如，典型的勒索病毒"永恒之蓝"在传播过程中会利用服务器消息块（Server Message Block，SMB）服务器的漏洞，利用过程的行为至少分为两个步骤，一是针对这一类勒索病毒的攻击方式、攻击特点等建立场景模型；二是在模型内部对行为发生的时序进行限制，从而提升此类攻击溯源的准确性。

第二阶段：通过 ATT&CK 模型进行全场景关联溯源。ATT&CK 模型从攻击者视角，将攻击划分为战术和技术两部分，该模型涵盖了网络侧数据的映射和主机侧数据的映射，按照攻击者的思路梳理出一个完整的攻击过程全景图。该模型可作为攻击溯源的基础指导模型，对各阶段的数据进行映射，形成攻击事件的战术和技术分布图，再进一步对时间轴、受害资产属性、威胁情报及相关攻击路径上的数据进行多维度关联，将映射过的数据与攻击场景相结合进行系统的分析、攻击降噪和攻击取证，最终形成完整的攻击溯源报告。

5.4　非合作条件下的追踪溯源

非合作条件下的追踪溯源是指在非合作网络环境中，在无法获取目标网络管理权限的条件下，完成网络空间安全追踪溯源的技术。在非合作网络环境中，追踪者不便或不能直接获取网络信息数据或得到网络信息系统相应帮助，这正是非合作追踪溯源与合作追踪溯源的根本区别，也是非合作追踪溯源的最大挑战。

5.4.1　非合作条件下的追踪溯源挑战

当前绝大多数网络空间安全追踪溯源技术的主要思想是通过对网络中传输的信息数据进行收集、记录和分析，使用数据分析手段对网络攻击路径进行重构，确定攻击者。非合作条件下的追踪溯源挑战主要来自两个方面：非合作信息数据的获取及匿名网络等特殊目标网络空间安全追踪溯源问题。

对网络信息数据的获取方法不外乎两类：①通过与 ISP 配合，直接获取；②在 ISP 的许可下，部署相应的采集设备或软件，按需在网络中获取信息数据。显然，这些手段或技术只能在合作的环境下与有关机构配合来实现，或者采取必要的行政手段干预，有条件地进行追踪溯源。

然而，现实中的网络攻击常常发生在一个更加广泛的网络空间内（如全球互联网），我们不可能在各个网域（或运营商）都获得配合或部署相关设备和软件，在这种非合作的环境下该如何追踪溯源呢？同时，随着网络攻击技术的发展，攻击者总能够在广袤的网络空间中捕获攻击资源，发起大规模的、持续的、复杂的网络攻击，或通过不可控网域（如境外敌对国或"僵尸机/跳板机"）发起攻击，如图 5.22 所示的网域 1、2、3 可能属于不同的国家或第三方机构，由于种种原因（政治、安全等），追踪者不能从这些网域中获得合作与配合，导致反向追踪攻击链路中断，最终不能确定真实的攻击者。

非合作追踪溯源的研究正是为了解决上述问题。非合作追踪溯源的最大挑战是非合作的信息获取问题。对此，熟悉计算机网络相关知识的读者应很清楚非合作追踪溯源的关键在于非合作的信息获取技术，这些信息包括网络拓扑信息、攻击行为信息等。

非合作追踪溯源面临的另一个问题就是匿名网络（如暗网），因为匿名网络对通信双方信息及通信链路采取多种匿名化处理技术和加密技术进行处理，防止信息泄露和追踪定位。匿名网络中传输的数据长度一致，且无任何相关性（时间、信息等），具有较强的匿名性，无法直接通过数据相关分析识别各通信链路的关联性；且其信息的机密性由加密技术保证。随着技术的发展，各种匿名网络系统发展迅速，为网络攻击者提供了良好的身份隐匿工具，网络攻击者利用匿名网络的特性，隐藏自身信息，使得网络管理部门及司法部门更加难以确定网络攻击者信息，取证困难。由于匿名网络的上述特点，通常所使用的追踪溯源技术无法有效获取匿名网络中数据跨境传输路径等信息，难以实现追踪定位。

由于合作追踪溯源与前面章节介绍的溯源技术方法相同，此处不再重述，下面重点探讨非合作追踪溯源可能的途径和相关技术。

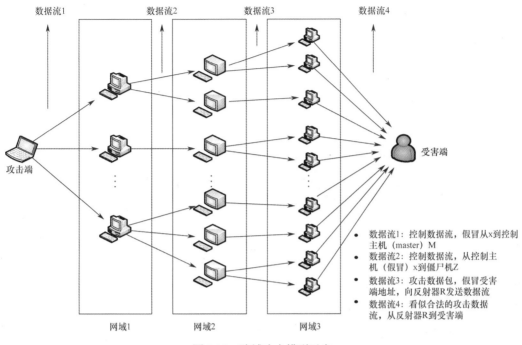

数据流1

数据流2

数据流3

数据流4

攻击端

受害端

- 数据流1：控制数据流，假冒从x到控制主机（master）M
- 数据流2：控制数据流，从控制主机（假冒）x到僵尸机Z
- 数据流3：攻击数据包，假冒受害端地址，向反射器R发送数据流
- 数据流4：看似合法的攻击数据流，从反射器R到受害端

网域1　　　　　网域2　　　　　网域3

图 5.22　跨域攻击模型示意

5.4.2　非合作追踪溯源

1. 基于网络测绘的非合作追踪溯源

网络拓扑是网络中实体之间互联关系的一种表示，它提供了整个网络系统各子网内部及子网间设备的连接信息。网络拓扑根据抽象层次的不同可分为逻辑网络拓扑和物理网络拓扑。逻辑网络拓扑指的是网络层设备及其之间的连接关系，即路由器到路由器、路由器接口到子网的连接关系；物理网络拓扑指的是一个通信网内部实体实际的物理连接，即在原有网络层拓扑的基础上增加交换机到交换机、交换机到路由器、交换机到主机之间的连接关系。通过网络拓扑发现，获取网络拓扑连接关系，实现可能的攻击路径分析，进一步确认可疑攻击路径，再结合其他相关信息，进行非合作追踪定位。

网络拓扑发现技术在网络安全领域占有重要的地位，国外相关的研究早已起步。比较有名的研究团体包括 SCAN.ISI.USC、CAIDA 和 CNRG。它们的侧重点各有不同，SCAN.Isl.USC 所开发的原型系统 Mercato，比较注重探测的完整性；CAIDA 是这些研究团体中较大的一个，它们的研究成果主要包括三个工具——Skitter、Iffinde 和 Dnsstat，这些研究成果的主要特色在于目标地址选取、分布式探测模型、探测报文构造及探测结果可视化；CNRG 的研究则比较注重对拓扑探测分析算法的设计。

在逻辑拓扑技术的研究中，早期的算法采用基于原始协议（Ping 和 Tracert）的方法来获得拓扑信息，这种算法发现速度慢，且受限条件过多，从而导致拓扑结果准确性不高，Siamwana 是现存的一个利用原始协议进行拓扑发现的工具。在简单网络管理协议（SNMP）普及后，基于 SNMP 的拓扑发现成为主流，并已集成在现今许多的网管工具中，如 HP 公司的 OpenView 和 IBM 公司的 Tivoli。这种 SNMP 拓扑发现简单易实现，发现速度快且结果准确，缺点是网络必须支持 SNMP 协议并且知道通信口令。另外，还有一种基于内部路由协议的拓扑发现方法，但该方法适用范围过小，实际应用性不大。

物理拓扑发现算法的研究更为困难，因为物理层更加透明，交换设备之间几乎互不通信。由于链路层没有一个像网络控制报文协议（ICMP）这样通用的网管协议，所以一般都基于 SNMP 来获取必要的判断信息。在此基础上，存在利用地址转发表（AFT）、特定协议和接口流量判断的物理拓扑发现算法。比较有名的是 Cisco 公司研发的 CDP（Cisco's Discovery Protocol）协议和 Nortel 公司的 Optivity Enterprise。但这些方法或带来过多的网络流量，或发现太慢，且对于那种存在不支持 SNMP 的交换机、有备份线路的复杂网络结构发现不准确。

2. 基于蜜罐/蜜网的非合作追踪溯源

蜜网项目组（The Honeynet Project）的创始人 Lance Spitzner 给出了对蜜罐的权威定义：蜜罐是一种安全资源，其价值在于被扫描、攻击和攻陷。这个定义表明蜜罐并无其他实际作用，因此所有流入/流出蜜罐的网络流量都可能预示了扫描、攻击和攻陷。而蜜罐的核心价值就在于对这些攻击活动进行监视、检测和分析。蜜罐/蜜网技术也大范围应用在合作网域的追踪溯源。

20 世纪 90 年代初期蜜罐概念被提出，从 1998 年开始，蜜罐技术得到了安全技术人员的极大关注，并开发出一些专门用于欺骗黑客的开源工具，如 Fred Cohen 开发的 DTK（欺骗工具包）、Niels Proveos 开发的 Honeyd 等，同时也出现了 KFSensor、Specter 等一些商业的蜜罐系统。这一阶段的蜜罐也可称为"虚拟蜜罐"，即这些蜜罐工具能够模拟成虚拟的操作系统和网络应用服务，并对黑客的攻击行为做出回应，从而欺骗黑客。虚拟蜜罐工具的出现使得部署蜜罐变得更加方便。但是由于虚拟蜜罐工具存在互操作性差、较容易被黑客识别等问题，从 2000 年开始，研究人员更趋向于使用真实的主机、操作系统和应用服务来构建蜜罐，但与之前不同的是，这种融入了功能更为强大的信息捕获、信息分析和信息控制的工具，并将蜜罐发展到一个完整的蜜网体系，使得研究人员能够更为方便地追踪侵入蜜网中的黑客，并对他们的攻击行为进行分析。尤其是一些研究用的蜜罐具有较高的交互性，其被设计成能够捕获黑客的敲键记录，获知黑客所使用的攻击工具及方法，甚至能够监听到黑客之间的交谈，从而掌握其心理状态等信息。通过在蜜罐/蜜网环境中对攻击者和攻击行为的监测识别等，能够捕获攻击者、攻击工具、攻击手法等信息，并进一步分析实现非合作追踪溯源。

事实上，蜜网与传统蜜罐技术的差异在于，蜜网系统构成了一个黑客诱捕的网络架构，如图 5.23 所示。在这个架构中，可以包含一个或多个蜜罐，同时保证了网络的高度可控性，以及提供多种工具对攻击行为进行采集和分析。此外，虚拟蜜网也可建立在虚拟操作系统中，如 VMWare 等系统，使得我们可以在单个物理主机上实现整个蜜网的构建。虚拟蜜网的引入使得建立蜜网的代价大幅度降低，也使蜜网更加容易部署和管理。

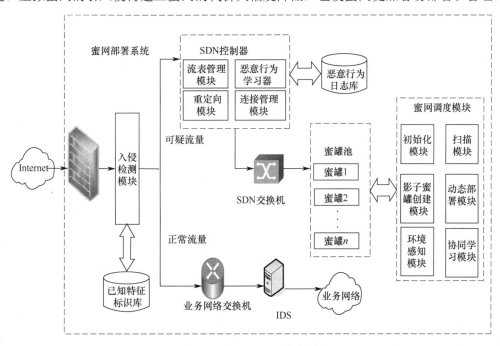

图 5.23 蜜网的一般部署架构

部署蜜罐/蜜网所带来的安全风险主要有蜜罐/蜜网可能被黑客识别和黑客把蜜罐/蜜网作为跳板从而对第三方发起攻击。一旦黑客识别出蜜罐/蜜网后，其将可能通知黑客社团，从而避开蜜罐或蜜网，甚至会向蜜罐/蜜网提供错误和虚假的数据，从而误导安全防护和研究人员。防止蜜罐/蜜网被识别的解决方法是尽量消除蜜罐/蜜网的指纹，并使得蜜罐/蜜网与真实的漏洞主机毫无差异。蜜罐/蜜网隐藏技术和黑客对蜜罐/蜜网的识别技术（Anti-Honeypot）之间亦是一个攻防博弈问题，总是在相互竞争中共同发展。

蜜罐/蜜网技术的初衷是让黑客攻破蜜罐并获得蜜罐的控制权限，我们可以跟踪其攻破蜜罐、在蜜罐潜伏等攻击行为，但必须防止黑客利用蜜罐作为跳板对第三方网络发起攻击。为了确保黑客活动不对外构成威胁，必须引入多个层次的数据控制措施，必要的时候还需要研究人员的人工干预。

为了吸引攻击者，通常在蜜罐系统上留下一些安全后门以使攻击者上钩，或者放置一些网络攻击者希望得到的敏感信息，当然这些信息都是虚假信息。另外，一些蜜罐对攻击者的聊天内容进行记录，管理员通过研究和分析这些记录，可以得到攻击者采用的攻击工具、攻击手段、攻击目的和攻击水平等信息，还能对攻击者的活动范围及下一个攻击目标进行了解，反制攻击者。在某种程度上，这些信息将会成为对攻击者进行起诉的证据。蜜罐系统不仅是一个对其他系统和应用的仿真，可以创建一个监禁环境将攻击者困在其中，还可以是一个标准的产品系统。

基于蜜罐/蜜网的僵尸网络空间安全追踪溯源过程如图 5.24 所示。

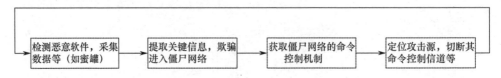

图 5.24　基于蜜罐/蜜网的僵尸网络空间安全追踪溯源过程

基于蜜罐/蜜网的非合作追踪技术具有以下优点：

（1）收集数据真实有效。由于蜜罐不提供任何实际的作用，因此其收集到的数据很少，同时收集到的数据很大可能就是由黑客攻击造成的，蜜罐不依赖任何复杂的检测技术等，因此减少了漏报率和误报率。

（2）支持未知特征的攻击行为。使用蜜罐技术能够收集到新的攻击工具和攻击方法，而不像目前的大部分入侵检测系统只能根据特征匹配的方法检测到已知的攻击。

（3）蜜罐/蜜网不需要强大的资源支持，可以使用一些低成本的设备构建蜜罐，不需要大量的资金投入。

（4）相比入侵检测等其他技术，蜜罐技术比较简单，网络管理人员能够比较容易地掌握黑客攻击的相关知识。

3．基于渗透攻击的非合作追踪溯源

基于渗透攻击的非合作追踪溯源是指采用网络渗透方式，进入非合作网域（暗网）、系统或其节点，参与或破坏非合作网域（暗网）通信活动，进而观测非合作网域通信的变化，以此确认网络通信的相关性，实现非合作追踪溯源。

1）重放攻击

2008 年，Pries 等人提出了一种 Tor 匿名网络重放攻击的追踪溯源技术，其原理示意图如图 5.25 所示。该重放攻击针对 Tor 暗网网络 AES 采用计数器加密模式（AES-CTR）的情景。由于 AES 计数器模式要求收发两端的计数器同步，计数器中途一旦失步将导致后续加解密操作失败。基于此，Pries 等人提出重放攻击，人为改变匿名网络中的计数器，使得计数器失步影响匿名通信过程。该方法通过网络渗透方式控制 Tor 匿名网络中的一个或多个节点，对 Tor 匿名网络传输的数据进行重放，使得接收端匿名通信失败，据此分析判定发送方与接收方之间的通信关系。

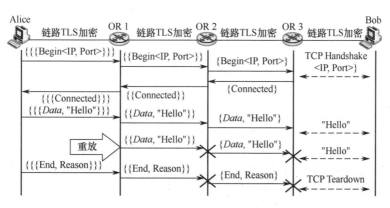

图 5.25　Tor 匿名网络重放攻击原理示意图

2）渗透注入

渗透注入是指通过渗透方式实现对目标或中间介质特点功能代码的注入，进而实现匿名网络空间安全追踪溯源。一种基于渗透注入的 Tor 网络空间安全追踪溯源原理示意图如图 5.26 所示，该技术类似于中间人攻击，通过中间人攻击，在匿名通信数据流中注入特定功能的数据模块，该数据模块到达客户端后能够主动连接架设的服务器，直接绕过 Tor 匿名网络，上报客户端的相关信息。

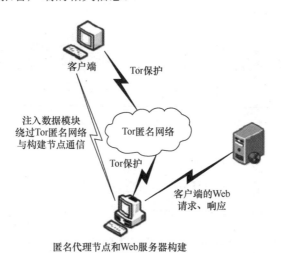

图 5.26　一种基于渗透注入的 Tor 网络空间安全追踪溯源原理示意图

具体地说，就是在匿名网络中构建可控的匿名代理节点和可控的网络 Web 服务器，截获通过匿名网络进行网页浏览的请求和响应，在其中注入特定数据单元。一旦这些数据单元进入用户计算机系统，将自动化地实现与控制的匿名代理节点和网络服务器建立联系，并收集该计算机的相关信息，包括 IP 地址等信息，实现对匿名网络的追踪。

4．基于大数据分析的非合作追踪溯源

俗话说"人过留名，雁过留声"，在当前的大数据时代，任何互联网使用者在互联网上多多少少都会留下痕迹。特别是作为网络安全爱好者或网络黑客，在其学习、生活及工作过程中，与互联网各大社交网络、论坛服务平台（如 GitHub、GreySec、Hack Forums、0x00sec 等）打交道时，总会留下个人的身影，还有可能留下个体特征和标志。这些数据如果收集起来并与特定的攻击事件中的威胁情报进行关联分析，就有可能推断出攻击者身份及其组织的特征信息，实现攻击者溯源。这类攻击溯源的方法称为基于大数据分析的非合作溯源技术。

基于大数据分析的非合作追踪溯源通过对威胁情报信息中的恶意代码、僵尸网络、网络跳板、匿名网络和隐蔽信道等信息的综合分析，并通过将威胁情报中黑客及其组织的特征信息进行关联，实现攻击者识别和追踪溯源，其技术原理如图 5.27 所示。

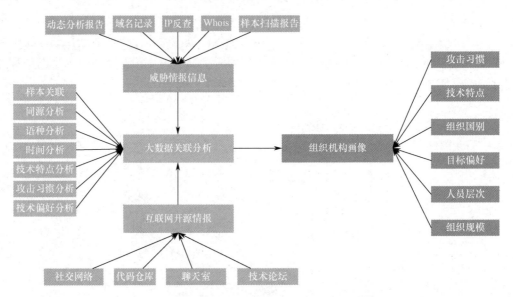

图 5.27　基于大数据分析的非合作追踪溯源技术原理

威胁情报信息主要是针对单个或多个攻击事件进行综合分析得出的各类样本、代码、域名、邮箱及 IP 等关键信息。这些信息大多为通过对多期或持续的攻击事件中的样本进行深度剖析后提取得到的攻击者或组织特征，大致勾勒出攻击者的细节特征，包括技术偏好、攻击习惯、代码编写特征等信息。但攻击过程中使用手段的隐蔽性、控制主机及信道的匿名性，不足以支撑确定特定的攻击者或组织，只能够作为最直接的攻击线索或证据。

互联网开源情报则是通过对各大社交网络、代码仓库、技术聊天室及技术论坛中的账户信息、发表的技术分享、技术问题及相关代码特征等信息，提取特定技术人员的命

名、注释、关注、语言、时区及偏好等信息，作为特定组织或人员关联要素。同时，在各大网络平台中，通过账户之间的互动或好友关系，能够确定各账户之间的关系或更进一步地确定人员组织机构或规模。互联网中的开源情报虽然不直接与攻击事件存在关联或关系，但通过对细节或个别特征的分析能够将攻击事件与其相关人员进行关联。

大数据关联分析则是融合从攻击事件中提取的各类威胁情报与互联网开源情报中的平台账户信息，通过样本关联、语种分析、代码同源分析、事件分析及技术特定分析、攻击习惯分析、技术偏好分析，特别是对其中具有标志性的字符串、代码注释及反查的邮箱进行关联分析，进而挖掘攻击事件中的人员与互联网平台账户的关联，实现对攻击事件和人员的追踪。

本章参考文献

[1] 祝世雄，陈周国，等. 网络攻击追踪溯源[M]. 北京：国防工业出版社，2015.

[2] 理查德·A. 克拉克，罗伯特·K. 科奈克. 网电空间战[M]. 刘晓雪，陈茂贤，李博恺，等，译. 北京：国防工业出版社，2012.

[3] 陈周国，祝世雄. 计算机网络追踪溯源技术现状及其评估初探[C]//第十一届保密通信与信息安全现状研讨会，2009:69-72.

[4] HUNKER J, HUTCHINSON B, MARGULIES J. Role and challenges for sufficient cyber-attack attribution[J]. Institute for Information Infrastructure Protection, 2008, 17: 5-10.

[5] RYU J, NA J. Security requirement for cyber attack traceback[C]//2008 Fourth International Conference on Networked Computing and Advanced Information Management, 2008, 2: 653-658.

[6] 张伟明，罗军勇，王清贤. 网络拓扑可视化研究综述[J]. 计算机应用研究，2008，25(6):1606-1610.

[7] HUFFAKER B, PLUMMER D, MOORE D, et al. Topology discovery by active probing[C]//Proceedings 2002 Symposium on Applications and the Internet (SAINT) Workshops, Nara: IEEE, 2002.

[8] 王晓东. 蜜罐技术研究[D]. 成都：四川大学，2005.

[9] 赵保鹏. 基于蜜罐技术的僵尸网络追踪[D]. 郑州：河南工业大学，2008.

[10] 陈周国，蒲石，祝世雄. 一种通用的互联网追踪溯源技术框架[J]. 计算机系统应用，2012，21（9）：166-170.

[11] 陈周国，蒲石，祝世雄. 匿名网络追踪溯源综述[J]. 计算机研究与发展，2012，49（S2）：111-117.

[12] 诸葛建伟. 网络攻防技术与实践[M]. 北京：电子工业出版社，2011.

[13] SNOEREN A C, PARTRIDGE C, SANCHEZ L A, et al. HASH-based IP traceback[J]. ACM SIGCOMM Computer Communication Review, 2001, 31(4): 3-14.

[14] FENSEL D, SIMSEK U, ANGELE K, et al. Introduction: what is a knowledge graph? [M]. Cham, Switzerland: Springer, 2020.

[15] LI K, ZHOU H, TU Z, et al. CSKB: A cyber security knowledge base based on knowledge graph[C]//International Conference on Security and Privacy in Digital Economy, Singapore: Springer, 2020: 100-113.

[16] SATVAT K, GJOMEMO R, VENKATAKRISHNAN V N. EXTRACTOR: Extracting attack behavior from threat reports[C]//2021 IEEE European Symposium on Security and Privacy (EuroS&P), Vienna：IEEE, 2021: 598-615.

[17] YODA K, ETOH H. Finding a connection chain for tracing intruders[C]//European Symposium on Research in Computer Security, Berlin：Springer, 2000: 191-205.

[18] RAMSBROCK D, WANG X, JIANG X. A first step towards live botmaster traceback[C]//International Workshop on Recent Advances in Intrusion Detection. Berlin：Springer, 2008: 59-77.

[19] LING Z, FU X, JIA W, et al. Novel Packet Size-Based Covert Channel Attacks against Anonymizer[J]. IEEE Transactions on Computers, 2013, 62(12):2411-2426.

[20] JIA W, TSO F P, LING Z, et al. Blind detection of spread spectrum flow watermarks[J]. Security and Communication Networks, 2013, 6(3): 257-274.

[21] PYUN Y J, PARK Y H, WANG X, et al. Tracing traffic through intermediate hosts that repacketize flows[C]//IEEE INFOCOM 2007-26th IEEE International Conference on Computer Communications, Anchorage：IEEE, 2007: 634-642.

[22] DIAZ-MORALES R. Cross-Device Tracking: Matching devices and cookies[C]//2015 IEEE International Conference on Data Mining Workshop (ICDMW), Atlantic：IEEE, 2015: 1699-1704.

[23] BROOKMAN J, ROUGE P, ALVA A, et al. Cross-Device Tracking: Measurement and Disclosures[J]. Privacy Enhancing Technologies, 2017(2): 133-148.

[24] JAJODIA S, SUBRAHMANIAN V, SWARUP V, et al. Cyber deception[M]. Heidelberg: Springer, 2016.

[25] 贾召鹏. 面向防御的网络欺骗技术研究[D]. 北京：北京邮电大学，2018.

[26] 刘树锋，陈思德，邱锋兴. 大数据&人工智能时代下网络安全的实践[J]. 网络安全技术与应用，2020（2）：3-4.

[27] 龚俭，臧小东，苏琪，等. 网络安全态势感知综述[J]. 软件学报，2017，28（4）：1010-1026.

[28] YANG S J, DU H, HOLSOPPLE J, et al. Attack projection[J]. Cyber Defense and Situational Awareness, 2014,62: 239-261.

[29] HMED A A, ZAMAN N A K. Attack Intention Recognition: A Review[J]. International Journal of Network Security, 2017, 19(2): 244-250.

[30] ABDLHAMED M, KIFAYAT K, SHI Q, et al. Intrusion prediction systems[M]. Switzerland: Springer, 2017.

[31] LEAU Y B, MANICKAM S. Network security situation prediction: a review and discussion [C]// International Conference on Soft Computing, Intelligence Systems, and Information Technology, Berlin:

Springer, 2015: 424-435.

[32] RAMAKI A A, ATANI R E. A survey of IT early warning systems: architectures, challenges, and solutions[J]. Security and Communication Networks, 2016, 9(17): 4751-4776.

[33] GEIB C W, GOLDMAN R P. Plan recognition in intrusion detection systems[C]//Proceedings DARPA Information Survivability Conference and Exposition II. DISCEX'01, Anaheim: IEEE, 2001, 1: 46-55.

[34] HUGHES T, SHEYNER O. Attack scenario graphs for computer network threat analysis and prediction[J]. Complexity, 2003, 9(2): 15-18.

[35] QIN X, LEE W. Attack plan recognition and prediction using causal networks[C]//20th Annual Computer Security Applications Conference, Tucson: IEEE, 2004: 370-379.

[36] BOU-HARB E, DEBBABI M, ASSI C. Cyber scanning: a comprehensive survey[J]. IEEE Communications Surveys & Tutorials, 2013, 16(3): 1496-1519.

[37] LI Z, LEI J, WANG L, et al. A data mining approach to generating network attack graph for intrusion prediction[C]//Fourth International Conference on Fuzzy Systems and Knowledge Discovery (FSKD 2007), Haikou: IEEE, 2007, 4: 307-311.

[38] FARHADI H, AMIRHAERI M, KHANSARI M. Alert correlation and prediction using data mining and HMM[J]. ISC International Journal of Information Security, 2011, 3(2): 77-101.

[39] PRIES R, YU W, FU X, et al. A new replay attack against anonymous communication networks[C]//2008 IEEE International Conference on Communications, Beijing: IEEE, 2008: 1578-1582.

第6章 面向监测预警的安全威胁情报

6.1 安全威胁情报概述

6.1.1 安全威胁的情报化

情报是指被传递的知识或事实，是知识的再次激活，是运用一定的媒体或载体传递给特定用户，解决具体问题所需要的特定知识和信息。通常认为情报的本质是通过增加信息量，减少信息冲突带来的不确定性。在网络空间对抗领域，情报的含义演化为对攻击一方或防御一方有利的任何有用信息。情报的效用机制是通过使用一个以上相互关联的来源收集关于特定实体的信息，在传递分发这些信息后让另一个实体受益。

对情报的质量要求体现在情报的准确性、针对性和及时性等方面。

- 情报的准确性：情报要客观、真实，情报内容正确、可靠。由于情报是用于判断和决策的第一手资料，虚假的情报可能一文不值甚至害处很大。
- 情报的针对性：也就是适用性，在考虑个体特殊性的前提下把握矛盾与问题的实质。针对性与个体相关联，能够揭示所关注目标的形态、状况、过程和趋势。
- 情报的及时性：不同情报的时效性不同，任何情报都有维持其信息效果的时间窗口。由于网络空间瞬息万变的特征，随时间流逝的情报参考价值急剧降低。

典型的情报周期包括需求、计划、采集、处理、分析和分发几个阶段，具有情报价值的网络空间安全信息包含可能威胁用户的业务、网络、软件、Web 服务器的相关信息，能够基于信息处理及分析手段再现和还原攻击的发生过程，进而推演出对方战略目标，及早开展防御。安全威胁信息几乎具备传统情报的所有重要属性，因而可以采用情报学的方法来规范、提升安全威胁信息的生产、分发和使用效率，实现交叉学科的创新应用。

从需求来看，检测、拦截 APT 攻击的严峻挑战是当前安全从业人员面临的首要困难。由于 APT 通常由经验丰富的技术人员或黑客发动，攻击武器都是相当独特的，其准备工作极为费时费力，因而在实战中被证明为有效的武器一般不会轻易弃用，而是以多样化的变种方式继续存在，这种攻击资源的集合通常被称为 TTP 即战术、技术和行为模式。攻击者 TTP 尽管不是一成不变的，但在一段时期内的相对稳定性仍然为网络安全防护者带来了一定的时间、空间余量：攻击者在入侵一系列系统架构、资产类型都相似的目标时，TTP 往往会被重复使用。由于非法流量和行为终究无法隐藏，这时较早受到入侵的防御者有可能获取到关于攻击的威胁信息，这些信息对于尚未遭受攻击的其他目标具备非同寻常的价值。如果情报能够充分共享，防御者处置手段得当，那么这些目标都能够免疫该攻击者在未来发起的类似攻击，从而避免可能遭受的破坏和损失，这也是情报的时效性、适用性价值的体现。此外，情报中关于威胁细节的披露也能使被攻击的企业更快地从故障中恢复。

安全威胁情报的生成不是简单的统计汇总，而需要硬件资源和专业团队的配合来产生和维护，其中蕴含着可观的运行成本，因而不是所有防御方都能供给和负担的。特别是僵尸网络地址、0-day 漏洞信息、恶意 URL 地址等价值情报，其在网络空间中处于实时产生、消亡的变迁之中，需要对其进行持续的追踪和验证，在这一过程中付出的人力、精力相当可观，甚至可能超过攻击者付出的人力。

安全威胁情报能够作用于网络空间防御的各个环节，包括定义目标、内部测试、手段部署、入侵识别、指令分析、代码转移、数据泄露追踪、攻击溯源等。美国将网络威胁情报信息共享能力视为提升网络空间安全及行动自由的必要手段之一，作为其主动防御的基础机制，在攻击者产生攻击企图的早期就能发出预警，并进行细致的行为监控，以便及时采取行动。在民用领域，安全威胁情报的重要性也得到了充分认可和广泛接受，产业链逐步形成，情报提供者会根据订阅者的网络/应用的环境信息，提供特定的威胁情报而非简单的通用情报信息。目前，安全威胁情报已经构成了部分领先安全公司的主要收入来源，Gartner 预测，在不远的将来，为大量企业提供可视化的威胁和攻击情报的安全服务商将更受市场的欢迎。

安全威胁信息情报化是在新的威胁形式和风险场景下，网络空间防御思路从过去的面向漏洞构建安全机制，进化成面向威胁构建安全机制的必然选择。安全威胁情报可以为态势感知、早期预警和应急响应提供服务，它和大数据安全分析、攻击链破解等方法一起，正在形成新一代的防御体系的基石。

从实践来看，个体和组织从安全组织、机构中获得的预警通告、漏洞通告、威胁通告等都属于典型的安全威胁情报，这些情报包括的内容可能极为丰富或简明扼要，可以是机读结构化数据，也可以是供决策层使用的报告，还可以是已经发生的安全攻击的情况或威胁态势的预测，但通常对于防守方组织实施防御行为都具有积极的指导意义。Gartner 将安全威胁情报定义为一种基于证据的知识，其包括对象状态、发展趋势和可供操作的建议等信息，通过对威胁或危险的描述和表达，能够辅助相关管理、决策个体实施有利于网络安全防护的行动。

6.1.2　安全威胁情报的内涵

1．关注的对象

安全威胁情报关注的对象主要包括人、过程和技术三类。

- 人即在网络空间中操作、使用、管理、维护、侦察或破坏信息系统的各类自然人或智能机器人（智能机器人在网络空间具有和自然人一样的地位），其范围涵盖了攻击者、防御者及与威胁过程关联起来的其他个体。对人的关注可以通过对其基本信息、技术能力、网络习惯、职业境况等属性的反映来体现，如对来自特定国家和文化背景的攻击者的追踪，或对企业内部员工培训效果的反馈等。通过对个人情报材料的掌握，有可能了解到网络攻击行为背后深层次的目标和动机，从而能够从更高的认知层面进行响应和反制。

- 过程是安全威胁情报的主要构成部分，包括过程模型和过程实例，过程模型描述了攻击过程、检测过程、防御过程和补救过程等流程的运行目标及所需执行的步骤、依赖关系，具有一定的抽象性；过程实例则给出了现实场景中过程模型的实例，使用具体、客观存在的资源信息、状态信息和其他相关信息填充过程模型，从而使情报获取者得到具有实际意义的，可用于响应的威胁知识。例如，过程实例可以包括：①威胁信息：IP、域名、URL、HASH、主机名、文件名；②目标信息：已识别的被攻击对象的文件、漏洞、IP 等；③防御信息：访问控制列表、IDS 规则库、特征字符串等；④漏洞信息：漏洞及利用信息等。

- 技术是可以用于执行攻击步骤或检测、阻断攻击过程的机制和手段，攻防双方的激烈博弈使得对技术的关注成为取胜的关键砝码，任何一点微小的技术进步或许都将为对抗的结果带来深刻影响。攻击者利用攻击类技术发起入侵过程，防御者基于对攻击技术的认知，通过防御技术驱动防御过程的实施。

安全威胁情报承载着所有这些信息，在网络空间中不断产生、传递和消化使用。

2．层级的划分

安全威胁情报（Security Threat Intelligence，STI）由多态异构的传感器、分析系统和专家个体产生，通过各类渠道分发给安全设备、响应系统和决策者，每类情报生产者或消费者都在自己的层次上生成或处理信息以达到最佳的效费比。STI 中的各类信息按照层次，由低级至高级形成了一个由底至上、去粗取精，由数据到知识、智慧的转变过程。安全威胁情报的层次化分类及描述如表 6.1 所示。

表 6.1　安全威胁情报的层次化分类及描述

层级	名称	回答的问题	情报生产者	情报消费者	类别
8	响应建议	应当如何处置	安全专家	管理员	分析类情报
7	发展预测	威胁将如何发展	SIEM	安全专家	
6	趋势回顾	威胁如何发生和演变	SIEM	安全专家	
5	事件统计	发生了多少次风险威胁	采集器	SIEM	
4	风险警告	发生的情况是什么风险	控制器	采集器	状态类情报
3	事件生成	发生的情况是否需要注意	控制器	采集器	
2	复合状态	一系列个体发生了什么	传感器	控制器	
1	单一状态	某一个体发生了什么	传感器	控制器	

STI 的层级代表了安全威胁情报的成熟度，越低的层次数据细节越丰富，结构化程度越高，但成熟度低的情报难以被使用和共享；越高的层次数据抽象程度越强，结构化程度越差，但使用者可以直接从成熟度高的情报中得到指导行动的建议。

3. 包含的内容

安全威胁情报从形式上看主要由各类指标（Indicator）构成，指标是一条信息，指向一个确定性的结论。完善的安全威胁情报还可能含有其他参数，如背景信息、上下文信息、时效性、升级时间、信誉度等。基于不同用途，可以把安全威胁指标分为四类，分别如下。

（1）归属指标：可以区分特定的行为或证据，指向特定的攻击者，主要回答"Who"的问题。这非常困难，难以给出清晰、确定的回答，但这是情报分析中不可或缺的一环。一般来说，这类情报的收集和分析能力不是大多数企业所具备的，它涉及大量有关对手战略、战术及操作级的相关情报数据，也包括其他传统来源的情报数据，这样的能力往往在行为上受到法律的限制。

（2）检测指标：分析在主机或网络上可以观察到的事件，通过特征匹配将其升级为安全事件。检测指标试图回答"What、Which"的问题。例如，恶意代码入侵了哪台服务器，特定注入攻击的成功原理。这类威胁情报构成了市场上威胁情报产品的主体。

（3）指向指标：预测哪些网络、信息系统或计算机可能成为定向攻击的目标。这类指标虽然非常有价值，但是和特定的行业或组织关联更紧密，因此它们非常敏感，很少公开。

（4）预测指标：通过行为模式来预测其他事件的发生，这类指标在安全分析过程中频繁使用，每个安全专家都会关注收集攻击者行为模式方面的信息。

一份情报可以包含多个指标项，如攻击者地址，可以同时是归属指标和检测指标，恶意软件代码的某些特殊特征也是如此。

6.1.3 安全威胁情报的作用

1. 博弈论角度

信息只有在共享和使用中才能体现出价值,对于信息的高级产品——情报而言尤其如此。信息技术已经遍布人们生活的方方面面,安全隐患也潜伏在所有组织、个体的网络和信息系统中,企业不论大小、信息化水平和资产重要度,均或多或少地存在着对安全威胁情报的需求。有效使用安全情报是企业发现风险、构建防线、改善管理的有效实践,企业能够从风险预防与正确应对攻击事件的过程中受益。

网络空间安全威胁情报是网络空间防御者工具箱中的有力武器,对于以光速到达的攻击者而言,发起入侵之前对于防御者而言任何额外的准备时间都显得弥足珍贵。安全信息的获取和共享将直接为 STI 更高层级的分析、展现和决策辅助服务。

网络安全防护一般在攻防对抗中处于被动的局面,可以预期安全威胁情报的作用将会得到极大重视,通过情报驱动防御理念的转变,将安全体系从反应性、防御性的架构升级为一个善于适应环境的有机组织,为其增添前瞻性、主动性与弹性的优势,并使相关责任者更清晰地认识到信息与事件如何影响使命与任务。其意义可以用"知己知彼"来简单概括。如果在具有安全防护需求的企业、组织间结成并维持信任联盟,实现安全威胁情报的多方共享和使用,那么这种作用会进一步强化。

- 知己:更合理地组织环境数据和防御资源,也就是环境感知能力。通过"知己",防御者可以快速地排查误报,进行异常检测,支撑威胁响应活动。
- 知彼:关于攻击对手自身、使用工具及相关技术的信息,可以应用这些数据来发现恶意活动,以至定位到具体的组织或个人。

从防御者角度来看,目前较为流行的衡量攻击者活动痕迹的标志是攻陷指数(Indicators of Compromise,IOC),提供的信息应当尽可能细粒度,因为所得到的数据越细致,那么信息误报或漏报的概率就越小。在这种情况下,所使用的情报信息必须是有效的、与事件相关的,并且是及时的,使防御者可以了解恶意软件是如何与正在进行的攻击活动相关联的,甚至能够预测出其攻击目标或下一个步骤。防御者因此能够调整检测技术,采用基于当前所感知到的威胁或敏感活动的情报信息,最大限度地提高安全资源的有效性,从而尽最大能力来保护企业和信息系统,研究人员也能够把精力集中在高风险或高优先级的事件上。

从攻击者角度来看,防御者获取安全威胁情报对他们而言是个坏消息。不同类型的安全威胁情报及其在攻防对抗中的价值能够进行量化和比较,而防御者若能有效利用这些情报指标来检测攻击者活动,则会引发攻击者的攻击代价成本(痛苦指数)增加。从效用的层次来看,安全威胁情报中价值最低的是样本、文件的 HASH 值、受害主机的 IP

地址和高风险域名，其次是资源特征，而对攻击者影响最大的是 TTP（Tactical, Technology and Procedure）即战术、技术和行为过程类型的情报。安全威胁情报的价值越高，攻击者就越"痛苦"，因为他们必须寻找新的方法和工具来入侵本来已经有十足胜算的目标系统。

假定防御者拥有以下安全威胁情报，那么攻击者的攻击代价成本变化情况如下。

（1）HASH 值：SHA1 或 MD5 是最常见的 HASH 算法，由于在一段文本中修改一个比特或在结束位置添加一个空行就能导致其产生一个完全不同也不相关的哈希值，因而在很多情况下，它甚至不值得去跟踪和关注。攻击者丝毫不担心用户已经察觉资源库中某个样本/文件的哈希值发生了改变。

（2）IP 地址：IP 地址是最常见的指标。由于 IP 数量太大，任何合理的 APT 攻击均可以通过较小的成本代价更改 IP 地址。在使用 Tor 或类似的匿名代理服务的情形中，攻击者可以相当频繁地改变 IP 地址。如果防御者利用 IP 地址建立防护规则，攻击者通常可以立即转换，丝毫不影响攻击节奏。

（3）域名：域名的改变需要付出一些代价。为了使用域名，攻击者必须注册、支付并且进行托管。但是大量的 DNS 提供商执行宽松的注册标准，因而在实践中，域名地址的更换也不是太困难，新域名可能需要 1~2 天时间在整个互联网的 DNS 中更新。

（4）网络或主机特征：这个层面开始让攻击者觉得有些棘手。当防御者能够在这个层次上检测并响应时，攻击者就需要重新配置或编译其代码。防御者强迫攻击者花一些时间搞清楚并解决他们遇到的新问题，即使程序的修复更新过程很快，但至少攻击者将花费一些精力来清除障碍，因此攻击过程被延缓。

（5）攻击工具：在这个层面上，防御者有了真正让攻击者感到头痛的能力。因为防御者能够检测到攻击者使用的工具，对手必须临时放弃当前进程，去找到或创建一个用于相同目的的新工具，同时攻击者必须花时间研究、编码和测试。如果防御者能得到多个工具特征，那攻击者花费的精力会成倍增加。

（6）TTP：TTP 是攻击者最不愿意被防御方掌握的情报。当防御者能够在这个层面检测并响应时，那么针对的对象将是对手的技能，而不再是他们的工具。从效益的角度看，这是最理想的。对于攻击者而言，最耗时的事情就是重新建立 TTP 并学习新的攻击模式，有些宁可直接选择放弃。

通过以上对安全威胁情报相关作用的描述，可以看出其内涵已经远远超过了早年的信誉库（IP、域名、文件等）、白名单、黑名单等，而情报发挥作用的场景也早已超过单纯的检测，势必随着防护体系的完善而变得更加广泛。

2. 杀伤链角度

杀伤链来自军事术语 Kill Chain，指通过火力打击目标的过程中各个相互依赖的环节构成的有序链条。在网络空间攻防中，杀伤链表达了 APT 如何侵入一个组织并偷走数据、实施破坏的过程，它一般包括从准备期、入侵期到收益期的七个步骤，如图 6.1 所示。

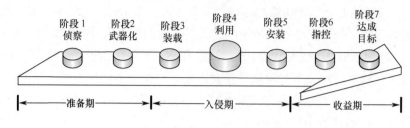

图 6.1　杀伤链构成示意图

- 阶段 1——侦察：攻击者对目标进行研究、识别和选择，典型的方法包括使用互联网爬虫收集会议记录、电子邮件地址、社会关系等信息，或用特殊方法收集信息。
- 阶段 2——武器化：攻击者将包含漏洞的远程木马使用自动化的工具改装并植入特定的载体，如客户端常用的 PDF 或 Office 等数据文件格式。
- 阶段 3——装载：将武器化后的载体传输到目标环境。根据洛克希德·马丁公司的计算机事件响应小组（LM-CIRT）的报告，APT 攻击者使用的三种较为流行的交付载体是电子邮件附件、网站页面及 U 盘。
- 阶段 4——利用：载体传递到受害者主机后，以主动或被动方式触发恶意代码。在大多数情况下攻击者利用应用程序或操作系统的漏洞来完成这一步骤，但用户也有可能在不知情的情况下主动执行这些代码。
- 阶段 5——安装：攻击者在受害者系统安装远程访问木马或后门，为在受害者环境中进行持续性活动创造条件。
- 阶段 6——指控：受控主机与攻击者主机建立数据与控制信道，通常恶意软件更加依赖人工指令而不是自动对环境做出反应。一旦这类信道建立成功，攻击者即可以自由进出受害者主机的目标环境。
- 阶段 7——达成目标：攻击者按照预定计划和目标采取行动，如将窃取的资料汇总、压缩和加密后传输到受害者环境之外，破坏受害者数据的完整性和业务可用性等，或者攻击者只是将受害主机作为一个跳板，以在将来攻击其他目标。

从杀伤链来看，越早发现攻击者的踪迹，就能越早控制攻击进程，使攻击陷入被动，这也是安全威胁情报在化解攻击杀伤链过程中的价值所在。

在网络攻防过程中攻防双方轮流掌控优势权，但由于信息不对等，攻击者在暗处而防御者信息已先期被侦察、掌握，因而难以在短时间内检测出 APT 类复杂攻击，导致攻击者从容达到杀伤链的末端，对信息系统造成较大的破坏。安全威胁情报是扭转攻防不利态势的关键要素，其重点在于将攻防平衡点推进到系统进入危险状态之前。随着情报优势不断转化为决策优势，攻防平衡点被打破，防御者实现从被动防御到主动防御的转变，重新获取主动权。

3. 层次化角度

网络空间安全威胁情报除用作攻击预警、防御协同、杀伤链破坏外，还可用于安全设备功能提升、自适应风险管理和决策辅助，其应用场景会不断扩展，通过与其他领域融合而更加广泛。

1）服务于安全设备：设备自身安全能力增强

企业安全部门不断引入和更新各种网络安全产品设施，如下一代防火墙、防病毒、入侵检测、漏洞扫描等，但这些设备面临的显著问题之一就是不断增长的流量和越来越快的信息处理速度导致安全事件过多、误报严重，而放宽匹配规则限定又会造成漏报。只有具备广泛攻防经验的安全专家，才能发现隐藏在这些垃圾事件、误报事件中的真正的攻击事件。如果有安全威胁情报的协助，安全设备就能自动导入网络空间中已证实的攻击源地址或用户列表，在与情报信息比对后马上就能够发现其中真实的攻击事件，解决报警准确度低、可用性差的问题。

安全威胁情报的交互和共享是实现下一代安全设备智能运行的关键性能力。安全威胁情报提供者在有云端安全资源的支撑下，可以直接与安全设备进行协同联动，结合多个威胁情报来源和安全设备的能力特性，提供结构化、可被设备理解的安全威胁智能知识库，并以自动化、后台静默方式更新，在提升设备识别、检测和阻断网络威胁能力的同时，降低用户进行错误配置的风险。

2）服务于组织和企业：自适应风险管理

每家企业都需要风险管理，特别是对于网络安全这类投入较大、收效在很多时候并不是很明显的领域而言。企业面临的安全风险不仅与企业的安全目标、信息系统设施架构、人员素质水平和成本投入相关，还与所在行业、所处环境、特定时间等因素关联。对于企业而言，安全威胁情报可以使安全分析与事件响应工作更加简便和高效，以保证及时、有效地应对各种级别的攻击。

3）服务于决策群体：战略规划和顶层响应

当前，防御思路正在从以漏洞为中心转化为以威胁为中心，只有对需要保护的关键性资产存在的威胁有足够的了解，才能够建构起合理、高效的安全体系结构。安全威胁情报通过多层次、多角度可视化的方式向企业安全管理者呈现关于安全威胁和安全防护的态势信息，并给出安全风险的走向和趋势，使相关决策人员能够从宏观角度思考和决策，将安全战略作为企业战略的一部分，并且积极参与企业间、企业和网络运营者之间的协同响应。

6.2 面向监测预警的安全威胁情报应用

类似传统情报的生命周期阶段，面向监测预警的安全威胁情报遵循一个有序、连续和线性的过程，从规划阶段开始，经形成、分析、分发、转换、使用、评估等环节，最终结束生命周期。情报在使用过程中的评估结果会反馈至规划阶段，对情报的运行流程进行闭环和迭代提升。

6.2.1 安全威胁情报的规划

情报的生命周期由识别与优化各种各样的用户情报需求开始。企业开展安全威胁情报工作具有非常明显的目的性和导向性，即通过对潜在攻击者和威胁环境情况的分析，为企业提供与防御有关的信息和知识，协助企业制定成功应对威胁的机制和策略，使企业的高价值资产和业务免受网络空间攻击的影响。

规划阶段的主要任务是制定企业利用安全威胁情报所试图达到的目标和流程。即瞄准将利用情报解决的安全问题，确定情报收集的方向、对象和内容范围，整理与情报活动相关的要素，预计情报活动达到的效果。安全防护不是免费的，安全威胁情报也是如此。无论是自主采集提炼信息事件，还是订阅已有的权威情报源，企业都需要付出一定的成本代价，因而针对企业的安全目标、可承受的损失程度，以及情报带来的好处建立风险模型，对威胁进行全面、综合的评估，对所需获取情报的类型、数量、频度进行预先规划，可以实现对有限资源的最大化利用。

6.2.2 安全威胁情报的形成

安全威胁情报可以由很多不同的方式产生，从情报的来源看包括外部获取和内部获取，从情报的层次来看包括流量转发、事件预警、统计分析和知识传递，从获取的参与程度来看包括主动产生和被动获取等。

由于自身的安全预算有限，人员水平参差不齐，因而大部分企业均以从外部获取安全威胁情报为主。如果一个组织在某个特定的行业领域有很高的知名度，并且能够满足用户的需求，那么它们所生成的威胁情报信息将广受欢迎。这就是为什么CERT团队、供应商和专业安全公司可以成为特定行业或区域的良好的情报来源。同时，安全联盟往往会围绕一个中心建立私有情报生态，促进各个组织之间的信息共享，同时不会有公开披露相关信息的风险。除了这些专业团队，安全威胁情报的来源还包括开源社区、合作伙伴、供应商、ISP、产品用户、法律机构或其他事件响应组织。

在安全威胁情报形成的过程中，情报层次会逐渐变化。企业可以利用现成的安全设备、传感器，基于 FPC/FPI 技术、DPI/DFI 分析技术来获取原始安全数据，通过 SOC、SIEM 平台来汇总较低层次的安全威胁信息，并将其消化、分析后，提炼为较高层次的安全情报，在进一步汇总、整编后其适用性、针对性进一步增强。为了验证情报的正确性，以及某些场合下评估的需要，安全专家时常也从高层次的安全情报向低层次挖掘，将宏观的信息具体、细节化，直至在原始数据层次上找到能够支撑情报结论的证据。

外部情报的处理如有可能，应尽量与内部网络情报相结合，将关联的情报相互印证，以得到更加准确的信息。

6.2.3　安全威胁情报的分析

作为安全威胁数据价值升华的关键过程，分析环节体现了情报生产者高效应对海量数据、处理实时信息，从而形成知识和情报的能力和核心竞争力。一方面，当前企业和组织安全体系架构日趋臃肿，各种类型的安全数据越来越庞大和复杂，性能和实时性的要求使得传统分析工具明显力不从心；另一方面，新型威胁的兴起、内控与合规的深入，使传统的分析方法存在诸多缺陷，分析程序需要突破种种限制，并且更加准确地做出判定和响应。

大数据技术是安全威胁情报分析的得力工具。大数据相关的海量存储、数据挖掘、机器学习、可视化分析、语义处理等技术能够为信息安全情报研究人员提供海量数据管理、处理、分析、展示的工具与手段。它们不仅能够对流数据、文本数据、媒体数据等进行处理与分析，还能够采用分布式处理和实时计算的方式大大降低算法所需的时间数量级，并通过深度挖掘揭示不同类型数据之间的隐藏联系，进而形成可视化展示。

大数据能够解决目前安全威胁情报分析手段面临的以下难题。

（1）数据量越来越大：随着企业网络和信息系统复杂度的不断提升，更多网络流量、邮件、应用程序将成为攻击的载体，网络带宽已经从千兆级迈向万兆级，网络安全设备解析的数据包数量急剧上升。同时，随着下一代防火墙、入侵检测设备的出现和蜜网、虚拟化设施的广泛部署，安全数据的形成速度和加速度更是大增。与此同时，安全监测的内容也在不断细化，除了传统的攻击监测，还出现了合规监测、应用监测、用户行为监测、性能监测、事务监测等，这意味着要监测和分析比以往多得多的数据。此外，随着 APT 等新型攻击威胁的兴起，全包捕获技术逐步得到应用，从这类海量的低价值密度的数据中获取有价值的情报，是安全威胁情报分析面临的严峻挑战，大数据平台提供的持久化存储能力是解决海量数据处理问题的有效途径。

（2）速度越来越快：带宽的提升使得安全设备、网络设备流量处理和转发的速度都更快，相应地，对于安全管理平台、事件分析平台而言，事件数据发送速率（Event per Second，EPS）也显著上升，这些事件数据必须在可以接受的时间窗口内处置完毕，否则就会出现数据过饱和、信息丢失，导致分析结果产生偏差，而大数据平台拥有的高速数据吞吐和实时数据处理能力可以显著缓解并发事件处理能力不足的问题。

（3）种类越来越多：除了数据包、日志、资产数据，与安全相关的信息要素还包括漏洞信息、配置信息、身份与访问信息、用户行为信息、应用信息、业务信息、外部情报信息等，这些信息以不同的格式表示，以多样化的协议传递，结构化与非结构化的数据交织在一起，从而难以被自动化的程序隔离和处理。大数据尽管无法智能识别所有的信息内容，但其对异构信息的强大集成和兼容能力使得各种信息都能有序、妥善地被存储、分类和索引，为具体安全威胁情报分析相关算法的运行提供有力支撑，如基于模糊统计学的方法，基于规则的关联分析方法，基于 BI 多维分析的方法等。

Gartner 的报告指出，安全大数据最终将演化为 IT 情报智能发展趋势的一部分，它能够结合信息安全情报和 IT 业务数据，利用模糊逻辑、行为分析、聚类算法和策略规则的实时关联，实现针对未知攻击的无签名检测，显著提高检测水平，为企业安全运行提供决策依据和参考。

6.2.4　安全威胁情报的分发

情报分发是情报生命周期的重要环节，其目标是在有效的时间内，通过快速组织与实施，以正确的方式递交正确的信息到真正需要它的用户手中，打通情报生产者和情报消费者的信息交互途径，使情报能够按需、顺畅、安全地发布和共享。

安全威胁情报的分发关注服务对象、描述方法、对象信息属性、供给机制、交互机制和信息辐射范围。情报分发需要兼顾内容、效率和安全。其分发方式包括主动情报分发、被动情报分发两类。

（1）主动情报分发方法：基于安全威胁情报内容与用户需求属性的关系，向用户分发相关数据。按照安全威胁信息的匹配度，将适用的数据推送到相应的使用者。由于规则与权限配置较为复杂，因此该方法只适用于小规模或局部用户联盟中的情报分发。

（2）被动情报分发方法：被动情报分发一般基于发布/订阅模式，它是一类需求驱动的情报分发方法。安全威胁情报提供者将可供选择的情报种类以服务方式在门户公开发布，用户根据自己的需求订阅，随后系统依据用户对于格式、内容和频率的具体要求发送所需情报。

6.2.5　安全威胁情报的转换

安全威胁情报将情报理论知识与网络空间安全技术相结合，能够有效指导和解决网络空间防御实践中新涌现的难点问题。与传统情报的生命周期阶段类似，安全威胁情报为发挥在网络空间防护中的积极作用，通常按照有序、连续的过程运行。

由于这种威胁情报体系的复杂性较大，对环节间的依赖性突出，为了最大限度地节约安全专家的人力和精力，整个威胁情报的处理过程必须尽可能以自动化方式进行，从而对安全设备的机器与机器之间交换可读、可理解的规范化信息内容提出了迫切的要求。当前，尽管众多安全厂商已经为设备与管理系统之间的信息交互设计了多种协议，但主要以格式要求严格、缺乏灵活性的专用、私有协议为主，无法完成威胁情报共建、共享、共用的预期目标。

目前，安全设备威胁情报在各节点间交互转换存在以下问题：

- 安全设备间威胁情报交互的可扩展性问题。当前协议的格式字段均在设计之初就严格限定，灵活性差，难以扩展，表达能力有限。
- 安全设备间威胁情报交互的内容关联问题。协议的内容均以基于简单的元数据格式，以记录事实为主，信息与信息间孤立性强，缺乏语义和相互联系，不能进行推理和演绎，也无法形成新的知识。
- 安全设备间威胁情报交互的接口开放性问题。协议主要依托厂商自行开发的专用、封闭模块实现，在多个厂商间进行信息的适配与转接工作量巨大。
- 安全设备间威胁情报交互的概念一致性问题。协议的关键要素定义不统一，随意性较强，不同厂商的设备间难以对安全领域概念、术语和取值形成一致的约定和认知。

监测预警体系各节点间需要一种表达能力强、无歧义、高效的威胁情报共享方法，既可以促进威胁情报在设备间交互的规范化、有序化，提高兼容性，又能够通过威胁情报中语义关系的确立加深设备对情报内容的深入理解，便于自动化响应策略的执行。

本体是关于概念的一致共享协议，它以规范化、无歧义化的词汇表达为特征。这种共享协议包括领域知识模型、概念框架、通信协议和领域知识的表示方法。本体在应用中一般包含常规本体和轻量级本体，常规本体中明确记载了对领域数据多方面的解释和描述，其含义更丰富，但体量也更大，使得无论是传输还是加载都较耗费资源。由于安全设备大多基于网络处理平台构建，其核心计算能力有限，无法承担复杂的本体语义计算工作，因而使用轻量级本体作为设备间的信息沟通媒介，实现在不牺牲语义表达精确性的条件下降低平台处理开销的目标。

轻量级本体是一种层次简化、关系清晰、易于操作的本体表达形式，同样遵循明晰、一致、可扩展、最小编码和最小承诺的设计原则。为了解决安全设备间威胁情报信息共享准确度不佳、效率低下等现实问题，可以基于轻量级本体来构建威胁情报共享交换机制。面向威胁情报的轻量级本体建模机制如图 6.2 所示，通过领域本体建立方法、本体映射方法、基于本体交换方法和本体适配方法来完成语义层面安全威胁情报在多实体间的泛在共享，实现安全设备间、安全设备与管理系统的无缝衔接及功能自治，从整体上达到信息共享效率、协同能力和智能化水平显著提升的有益效果。

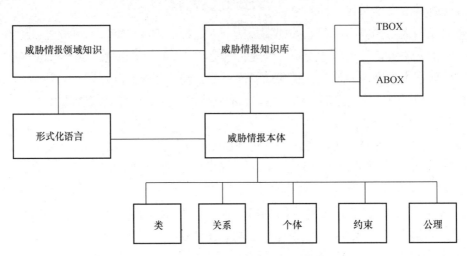

图 6.2　面向威胁情报的轻量级本体建模机制

表 6.2 给出了安全威胁情报基础字段定义，网络空间安全监测预警系统可以根据不同的检测场景和要求，从该表中选用。

表 6.2　安全威胁情报基础字段定义

数据字段	类型	说明
EventTime	string	以 UTC 格式描述的安全事件发生时间（非情报创建时间）
EventType	integer	事件类型标识
EventSubType	integer	子事件类型标识
EventDetail	string	安全事件详细描述
SrcInterface	string	接口（来源）
SrcMaskAddress	string	地址伪装（来源）
SrcDomain	string	原域名（来源）
SrcAddress	string	地址（来源）
SrcAddress2	string	地址（代理或 NAT 转换后源地址）
SrcNetMask	string	掩码（来源）
SrcVLANname	string	VLAN 名（来源）
SrcVLANid	integer	VLAN 号（来源）
SrcAddressType	string	地址类型（来源）
SrcUserType	string	用户类型（来源）
SrcUserName	string	用户名（来源）

续表

数据字段	类型	说明
SrcUserID	integer	用户号（来源）
SrcProcessName	string	进程名（来源）
SrcProcessId	integer	进程号（来源）
SrcProcessPath	string	进程路径（来源）
SrcIPVersion	string	IP 协议版本（来源）
SrcServiceName	string	服务名（来源）
SrcPort	integer	端口（来源）
SrcPort2	integer	端口（代理或 NAT 转换后源端口）
SrcProtocol	string	协议（来源）
DestInterface	string	接口（目标）
DestMaskAddress	string	地址伪装（目标）
DestDomain	string	目的域名（目标）
DestAddress	string	地址（目标）
DestAddress2	string	地址（端口转换或地址映射后的目的 IP 地址）
DestNetMask	string	掩码（目标）
DestVLANname	string	VLAN 名（目标）
DestVLANid	integer	VLAN 号（目标）
DestAddressType	string	地址类型（目标）
DestUserType	string	用户类型（目标）
DestUserName	string	用户名（目标）
DestUserIdentifier	string	用户标识（目标）
DestUserID	integer	用户号（目标）
DestProcessName	string	进程名（目标）
DestProcessId	integer	进程号（目标）
DestProcessPath	string	进程路径（目标）
DestIPVersion	string	IP 协议版本（目标）
DestServiceName	string	服务名（目标）
DestPort	integer	端口（目标）
DestPort2	integer	端口（端口映射或地址映射后的目的端口）
DestProtocol	string	协议（目标）
VirusName	string	病毒名称（目标）
VirusType	string	病毒类型
VirusSource	string	病毒来源
FirstOccur	string	初次发作时间（病毒）
LastOccur	string	最后发作时间（病毒）
Filename	string	文件名（目标）
Filepath	string	文件路径（目标）

数据字段	类型	说明
FileCreateTime	string	文件创建时间（目标），UTC 格式
FileModifyTime	string	文件修改时间（目标），UTC 格式
FileAccessTime	string	文件访问时间（目标），UTC 格式
FileSize	integer	文件大小（目标）
StorageSize	integer	存储大小（目标）
EventCount	integer	事件发生次数
SevereLevel	string	严重等级，包括四个等级
AttackType	string	攻击类型
AttackSuccess	string	攻击是否成功
InfluenceDescription	string	影响的描述
ResponseType	string	采取措施的类型
ResponseDetail	string	采取措施描述
ReliabilityIndex	float	可靠指数
ReliabilityLevel	string	可靠等级

安全威胁情报可以包含表 6.2 中一项或多项格式字段定义，按照标准消息协议填写封包，以 Web Service、RMI 等方式进行消息传输，实现信息在监测预警区域内的有效利用。

6.2.6　安全威胁情报的使用与评估

除非企业将自己信息资源的配置工作完全外包给情报提供商，否则无论情报提供商将安全威胁信息详细说明到何种程度，企业仍然需要自己花费时间和一定的技能来处理威胁情报，再经过分析、过滤后应用于信息系统中。在这种情况下，企业需要有足够的安全人员负责规划和部署主动安全措施，在企业信息安全体系不完整、基础设施不完善、控制手段不足的情形下，安全威胁情报作用十分有限。

企业在接收到安全威胁情报后可以执行的动作包括关闭系统、终止服务、封堵端口、更新规则、修改配置、安装补丁、启动蜜罐、隔离网络、增添安全设备等，如何响应安全威胁情报取决于企业先前制定的安全目标和防御策略。

在安全威胁情报的效用评估方面，由于情报服务是很大的开支，企业应在明晰自身使命和业务要求的前提下充分研究这些服务的优势和局限性，从而对情报供应商的情报质量和性价比进行评估。研究对比威胁情报服务时需要考虑的关键评估因素包括可提供的情报格式、类型、及时性、数据来源及可信度、适用范围、服务方式（订阅、推送）、增值业务、使用难易度、价格、服务质量、响应速度等，这些因素的排序并不严格，可以依据企业希望达成的安全目标进行筛选和优先级划分，从而定制最适宜自身防护需求的安全威胁情报功能。

6.3　安全威胁情报生态研究

与自然界生态环境要素的丰富性、层次性、相互依存性类似，安全威胁情报的生产者、传递者、消费者和监管者及这些情报主体依附的监测预警环境、边界构成了安全威胁情报的生态，它是网络空间的一个子集，在其内情报生命周期进行从开始到消亡的往复循环，促进了安全知识的共享和经验的积累。生态系统中的各要素通过良性互动构成一个自我运转、自我循环和自我提升的有机整体，为网络空间安全水平的迭代改进提供了新的生存视野和发展动力。

6.3.1　生态结构

基于安全威胁情报的防护生态系统包含生产者、传递者、消费者等情报主体，这些主体通过系统边界提供的感知、控制功能与网络空间其他实体进行信息和能量交互，在监管者的组织下，为更好应对攻击者层出不穷的网络威胁而持续、高效运行。基于安全威胁情报的防护生态系统的要素及依赖关系如图 6.3 所示。

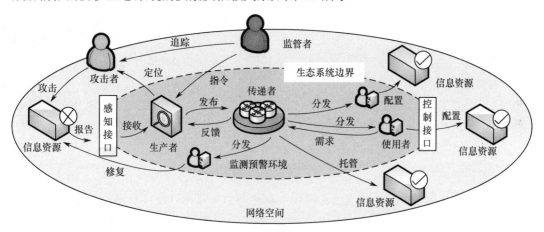

图 6.3　基于安全威胁情报的防护生态系统的要素及依赖关系

安全威胁情报生态中的实体包括安全威胁情报生产者、传递者和使用者。

- 生产者。生产者一般是专业的安全分析机构，通过感知接口在攻击者对信息资源发起攻击后接收受害者上报的信息，经过处理、分析、编排后形成情报并发布。生产者还承担着侦测攻击者，以及接收监管者指令并执行的职能。
- 传递者。传递者是情报信息按照用户需求精确汇集、路由、分发，以及传递使用者需求反馈的生态要素。传递者一般由情报服务门户、情报知识库及情报传递链路构成，是有机联结情报使用者与情报生产者的纽带。

- 使用者。使用者是情报的最终用户，在通过人工或自动方式解析了情报内容后，能够通过控制接口对自有信息资源进行控制以达到防御配置、攻击免疫的效果。使用者对情报使用情况进行评估后反馈给生产者，帮助生产者改进情报质量。在企业将信息安全工作完全外包的情况下，生产者有可能直接对目标信息资源进行配置以达到防护目标。

6.3.2 生态组织

安全威胁情报生态中个体的连接关系及信息流向反映了生态系统的组织模式，主要包括点对点（Peer to Peer）、订阅型（Portal/Subscriber）和辐射型（Hub and Spoke）三种方式，分别代表简单情报共享、服务化情报共享和自组织情报共享机制，如图 6.4 所示。

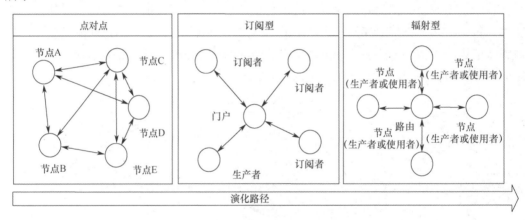

图 6.4　安全威胁情报生态的三种组织模式

点对点式是早期的情报共享形态，其特征是每个节点各自为政，可以是情报的生产者，也可以是使用者，每个节点自己决定与哪个节点交互，以及共享情报的形式和内容。由于格式大多不统一，各个节点产生的威胁情报利用率很低。在节点间进行情报交换往往非常困难且需要一定的准备时间，应对攻击的时效性很差，这种形态是早期安全威胁情报业界的服务模式，但现在很多企业仍在沿用。

订阅型以中心式的服务发布及使用模式取代了点对点式信息交互的随意性。安全情报由专业的节点产生，并按照使用者的需求分发至各订阅节点。情报的获取可以有"推"和"拉"两种方法：在"推"方法中服务者在产生新的威胁情报后主动推送至相关节点；在"拉"方法中订阅者以一定的频度和轮询机制主动向情报发布者查询信息。订阅型实现了威胁情报的定点生成和按需复用，让"专业的人做专业的事"。这是当前情报生态的主流实现模式和发展方向，其缺点也比较突出，即错误情报的传播速度将会非常快，情报生产者必须做好自身的安全防护和情报核查工作，以免被攻击者恶意利用。

　　辐射型是前两种模式的组合。这种模式的构建动机是群体智能（Collective Intelligence）原理，即许多的个体通过合作与竞争中所显现出来的智慧。除情报路由节点外，其他节点可以是情报的生产者，也可以是使用者，安全实力较强的节点在运行中逐渐承担了更多的情报发布工作，反之亦然。这种角色的迁移和固化是安全资源自发转换和配置的结果，是一种涌现型的、自发协商的决策模式。辐射模式是情报生态的远期发展愿景，要在这种模式下实现切实可用的情报共享需要解决诸如节点可信度、服务自描述、需求匹配、情报分拆组合、安全隐私等一系列问题，因而目前以理论研究及模拟验证为主。

6.3.3　生态动力学

　　生态要素和依赖关系体现了安全威胁情报防护生态的静态特征，而在实际运行中系统的一般流程及效用机制等动力学特征能够更加直观地说明生态系统活动对于网络空间安全的重要意义。生态系统并非在任何时候都遵循线性的、完整的循环周期运行。系统漏洞的暴露和攻击发起的随机性都会对流程的运行造成影响，导致某些步骤提前、滞后或往复运行。因此，这个流程通常是一个事件驱动的网络化流程，并且所有的利益相关者都以"更好、更快地获取和共享情报"为中心运转。一切安全威胁情报均以安全、适时预警为目标，如何通过安全威胁情报生态动态适配变化，实现网络空间安全威胁的准确预警，是安全学术界和产业界面临的重大难题和艰巨挑战。

本章参考文献

[1]　陈春燕. 基于关联数据的开源情报语义聚合框架研究[J]. 图书情报导刊，2021，6（5）：46-53.

[2]　徐锐，陈剑锋，刘方. 网络空间安全威胁情报及应用研究[J]. 通信技术，2016，49（6）：758-763.

[3]　陈剑锋，范航博. 面向网络空间安全的威胁情报本体化共享研究[J]. 通信技术，2018，51（1）：171-177.

[4]　陶昱玮. 网络威胁情报活动模型建构与解析[J]. 保密科学技术，2017（8）：21-28.

[5]　魏腾云. 基于 Web3.0 的虚拟社区信息服务机制研究[J]. 信息系统工程，2019（12）：53-55.

[6]　赵宁，李蕾，刘青春，等. 基于网络开源情报的威胁情报分析与管理[J]. 情报杂志，2021，40（11）：16-22，72.

[7]　范昊，郑小川. 国内外开源情报研究综述[J]. 情报理论与实践，2021，44（10）：185-192，201.

[8]　尹彦，张红斌，刘滨，等. 网络安全态势感知中的威胁情报技术[J]. 河北科技大学学报，2021，42（2）：195-204.

[9]　王以群，张力，张中会. 人机系统理论在情报系统中的应用[J]. 情报理论与实践，2000（1）：47-49.

第 7 章　互联网安全监测预警技术及应用

7.1　近年互联网安全状况

根据国家互联网应急中心（CNCERT）发布的《2018 年中国互联网网络安全报告》《2018 年我国互联网网络安全态势综述》《2019 年中国互联网网络安全报告》《2019 年我国互联网网络安全态势综述》《2020 年我国互联网网络安全态势综述》《2020 年中国互联网网络安全报告》《2020 年上半年我国互联网网络安全监测数据分析报告》《2021 年上半年我国互联网网络安全监测数据分析报告》等数据统计，自 2018 年以来，我国互联网主要安全情况如下。

1. 勒索软件（病毒）对重要行业关键信息基础设施威胁加剧

我国勒索软件攻击事件频发，变种数量不断攀升，勒索病毒技术手段不断升级，在黑色产业刺激下持续活跃，给个人用户和企业用户带来了严重损失。

2018 年，CNCERT 捕获勒索软件近 14 万个，并且呈现总体增长的趋势，尤其是在下半年，勒索软件更新的频率及威胁的范围快速增加。其中，政府、医疗、教育、研究机构、制造业等重要行业关键信息基础设施逐渐成为勒索软件的重点攻击目标。

2019 年，CNCERT 捕获勒索病毒超过 73.1 万个，是 2018 年的 5 倍，其活跃程度持续居高不下，且攻击活动越发具有目标性，通常利用弱口令、高危漏洞、钓鱼邮件等作为攻击入侵的主要途径或方式，将文件服务器、数据库等存有重要数据的服务器作为首要攻击目标。

2020 年，CNCERT 全年捕获勒索病毒软件 78.1 万余个，较 2019 年同比增长 6.8%。勒索病毒呈现定向攻击的趋势，攻击目标转向大型高价值机构，攻击更加具有针对性。同时，勒索病毒的技术手段不断升级，越发自动化、集成化、模块化、组织化。

2. APT 组织对全球网络的恶意攻击势头逐年攀升

APT 攻击监测力度加大，越来越多的 APT 行为被披露，但 APT 攻击仍利用社会热点、供应链等方式持续对我国重要行业领域渗透，在重大活动和敏感时期更加猖獗。且受新冠肺炎疫情的影响，远程办公需求增长进一步扩大了 APT 的攻击面。

2018 年，CNCERT 监测数据显示，全球专业网络安全机构发布 APT 研究报告 478 份，其中，我国发布报告 80 份，涉及 APT28、Lazarus、Group 123、海莲花、MuddyWater 等 53 个已知 APT 组织。APT 组织的攻击目标主要分布在中东、亚太、美洲和欧洲地区，总体呈现地缘政治紧密相关的特性，国防、政府、金融、外交和能源等领域是较易遭受 APT 组织攻击的对象。

2019 年，CNCERT 监测到我国重要党政机关部门遭受钓鱼邮件攻击数量达 50 多万次，平均每月 4.6 万封邮件。同时，我国持续遭受来自"方程式组织""APT28""蔓灵花""海莲花""黑店""白金"等 30 余个 APT 组织的网络窃密攻击，国家网络空间安全受到严重威胁。除党政机关易遭受境外 APT 组织攻击外，国防军工、科研院所及"一带一路"、基础行业、物联网和供应链等领域也逐渐成为其攻击目标。境外 APT 组织通常使用当下热点时事或与攻击目标工作相关的内容作为邮件主题，持续、反复地进行渗透和横向扩展攻击，并在我国重大活动和敏感时期异常活跃。

2020 年，CNCERT 监测数据显示，境外"白象""海莲花""毒云藤"等 APT 攻击组织以"新冠肺炎疫情""基金项目申请"等社会热点及工作文件为诱饵，向我国重要单位邮箱账户投递钓鱼邮件，从而盗取受害人的个人信息。此外，APT 组织多次对攻击目标采用供应链攻击，以及部分 APT 组织利用功能强大、隐蔽性强的攻击工具，在入侵我国重要机构后，长期潜伏下来，对我国重要机构造成持续性伤害。

3．云平台成为发生网络攻击的重灾区

随着业务不断上云，发生在云平台的网络安全事件或威胁数量居高不下。随着大量信息系统部署到云平台，并涉及企业运营、个人信息等重要数据，云平台成为网络攻击的重要目标。由于云服务具备低成本、高性能、便捷、可靠等特点，且云网络流量的复杂性有利于攻击者隐藏真实身份，导致 2018—2021 年云平台在遭受网络攻击方面，无论是类型、规模还是强度都大大提升。

2018 年，根据 CNCERT 监测数据，在各类型网络安全事件中，发生在云平台上的 DDoS 攻击、网站后门植入、网站被篡改的事件数量占比均超过 50%。同时，国内主流云平台上承载的恶意程序种类数量占境内互联网上承载的恶意程序种类数量的 53.7%，木马和僵尸网络恶意程序控制端 IP 地址数量境内占比为 59%，表明攻击者经常利用云平台来发起网络攻击。

2019 年，发生在我国云平台上的网络安全事件或威胁情况相比 2018 年进一步加剧。首先，发生在我国主流云平台上的网络安全事件数量占比仍然较高，其中，遭受 DDoS 攻击次数占境内目标被攻击次数的 74.0%，被植入后门链接数量占境内全部被植入后门链

接数量的 86.3%，被篡改网页数量占境内被篡改网页数量的 87.9%。其次，云平台作为控制端发起 DDoS 攻击次数占境内控制发起 DDoS 攻击次数的 86.0%，作为木马和僵尸网络恶意程序控制的被控端 IP 地址数量占境内全部被控端 IP 地址数量的 89.3%，承载的恶意程序种类数量占境内互联网上承载的恶意程序种类数量的 81.0%。

2020 年，发生在我国云平台上的各类网络安全事件数量占比仍然较高，其中大流量 DDoS 攻击事件数量占境内目标遭受大流量 DDoS 攻击事件数的 74%，被植入后门网站数量占境内全部被植入后门网站数量的 88.1%，被篡改网站数量占境内全部被篡改网站数量的 88.6%。此外，云平台作为控制端发起 DDoS 攻击的事件数量占境内控制发起 DDoS 攻击的事件数量的 81.3%，作为木马和僵尸网络恶意程序控制端控制的 IP 地址数量占境内全部数量的 96.3%，承载的恶意程序种类数量占境内互联网上承载的恶意程序种类数量的 83.3%。

2021 年上半年，云平台上遭受大流量 DDoS 攻击的事件数量占境内目标遭受大流量 DDoS 攻击事件数的 71.2%，被植入后门网站数量占境内全部被植入后门网站数量的 87.1%，被篡改网站数量占境内全部被篡改网站数量的 89.1%。同时，云平台作为控制端发起 DDoS 攻击的事件数量占境内控制发起 DDoS 攻击事件数量的 51.7%，作为攻击跳板对外植入后门链接数量占境内攻击跳板对外植入后门链接数量的 79.3%，作为木马和僵尸网络恶意程序控制端控制的 IP 地址数量占境内全部数量的 65.1%，承载的恶意程序种类数量占境内互联网上承载的恶意程序种类数量的 89.5%。

4．DDoS 攻击呈现高发频发态势，攻击组织性和目的性更加凸显

2018 年，根据 CNCERT 数据监测发现，虽然我国境内全年 DDoS 攻击次数同比下降超过 20%，尤其是反射攻击较 2017 年减少了 80%，但我国境内峰值流量超过 Tbps 级的 DDoS 攻击次数较往年增加较多，达 68 起。

2019 年，我国党政机关、关键信息基础设施运营单位的信息系统频繁遭受 DDoS 攻击。此外，我国发生攻击流量峰值超过 10Gbps 的大流量攻击事件日均约 220 起，同比增加 40.0%。

2020 年，境内目标遭峰值流量超过 1Gbps 的大流量攻击事件中，攻击方式为 TCP SYN Flood、UDP Flood、NTP Amplification、DNS Amplification 和 SSDP Amplification 的五种攻击的占比达到 91.6%；攻击目标主要位于浙江省、山东省、江苏省、广东省、北京市、上海市、福建省七个地区，攻击事件占比达到 81.8%。

2021 年上半年，境内目标遭受峰值流量超过 1Gbps 的大流量攻击事件虽同比减少 17.5%，但仍呈高发频发态势。其中，攻击时长不超过 30 分钟的攻击事件占比高达 96.6%，比例进一步上升，表明攻击者越来越倾向于利用大流量攻击瞬间打瘫攻击目标。

5. 事件型漏洞和高危 0-day 漏洞数量上升，历史重大漏洞利用风险仍然较大

2018 年收录的安全漏洞数量中，0-day 漏洞收录数量占比为 37.9%，高达 5381 个，同比增长 39.6%。此外，应用广泛的软硬件漏洞被披露（如 CPU 芯片爆出的 Meltdown 漏洞和 Spectre 漏洞等），修复难度很大，给我国网络安全带来严峻挑战。

2019 年，国家信息安全漏洞共享平台（CNVD）主要完成对微软操作系统远程桌面服务（RDP）远程代码执行漏洞、Weblogic WLS 组件反序列化 0-day 漏洞、ElasticSearch 数据库未授权访问漏洞等 38 起重大风险的应急响应，数量较 2018 年上升 21%。CNVD 新收录通用软硬件漏洞数量高达 16193 个，同比增长 14.0%，创下历史新高；CNVD 共收录移动互联网行业漏洞 1324 个，较 2018 年同期的 1165 个增加了 13.7%。此外，我国事件型漏洞数量大幅上升，CNVD 接收的事件型漏洞数量约为 14.1 万条，首次突破 10 万条，较 2018 年同比大幅增长 227%。其中，0-day 漏洞收录数量持续走高，年均增长率达 47.5%，2019 年收录的 0-day 漏洞数量占总收录漏洞数量的 35.2%，同比增长 6.0%。

2020 年，CNVD 全年新增收录通用软硬件漏洞数量再次创历史新高，高达 20704 个，同比增长 27.9%。其中，网络安全产品类漏洞数量达 424 个，同比增长 110.9%。经 CNCERT 抽样监测发现，利用安全漏洞针对境内主机进行扫描探测、代码执行等远程攻击行为日均超过 2176.4 万次。攻击主机所利用的典型漏洞包括"永恒之蓝"、OpenSSL"心脏滴血"等，上述漏洞虽然已曝光较长时间，但是安全隐患依然严重。

2021 年上半年，CNVD 收录通用型安全漏洞 13083 个，同比增长 18.2%。其中，0-day 漏洞收录数量为 7107 个，占比为 54.3%，同比大幅增长 55.1%。CNVD 验证和处置涉及政府机构、重要信息系统等网络安全漏洞事件近 1.8 万起。

6. 恶意程序增量虽逐年下降，但仍不容小觑

2018 年，CNCERT 全年捕获计算机恶意程序样本数量超过 1 亿个，涉及计算机恶意程序家族 51 万余个，全年计算机恶意程序传播次数日均达 500 万余次。我国境内受计算机恶意程序攻击的 IP 地址约为 5946 万个，约占我国 IP 总数的 17.5%。我国境内感染计算机恶意程序的主机数量约为 655 万台。CNCERT 通过自主捕获和厂商交换获得移动互联网恶意程序数量为 283 万余个，同比增长 11.7%，尽管增长速度有所放缓，但仍保持高速增长趋势。

2019 年，新增移动互联网恶意程序数量为 279 万余个，同比减少 1.4%。移动互联网恶意程序在经历快速增长期、爆发式增长期后，在 2019 年新增数量首次出现下降趋势。虽然整体安全状况不断好转，但仍不可小觑。

2020 年，计算机恶意程序感染数量持续减少，我国感染计算机恶意程序的主机数量持续下降，年均减少率为 25.1%。但是，CNCERT 抽样监测发现，我国境内以 P2P 传播方式控制的联网智能设备数量非常庞大，达 2299.7 万个，P2P 传播方式传播速度快、感染规模大、追溯源头难，极大地增加了国家治理网络安全的难度。

2021 年上半年，CNCERT 捕获恶意程序样本数量约为 2307 万个，涉及恶意程序家族约为 20.8 万个。我国境内感染计算机恶意程序的主机数量约为 446 万台，同比增长 46.8%。位于境外的约 4.9 万台计算机恶意程序控制服务器控制着我国境内约 410 万台主机。

7.2 互联网安全监测预警技术

7.2.1 多源异构互联网安全采集技术

网络安全数据采集是指通过软件和硬件技术采集与网络安全相关的数据。网络安全数据种类繁多，包括资产数据、流量数据、安全防御设备产生的数据等，为了帮助分析师掌握所防护目标系统的状态，对网络安全数据进行针对性划分，可分为流量数据、资产数据、脆弱性数据和威胁数据。

7.2.1.1 流量数据采集

流量数据采集提供包括高速数据采集、会话调度、协议解析和内容还原等能力，作为更高层次的行为挖掘等系统的数据输入，流量采集功能框图如图 7.1 所示。

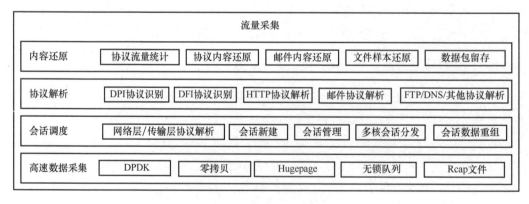

图 7.1 流量采集功能框图

高速数据采集可以使用基于零拷贝技术的采集引擎，采集数据包后将其封装成统一的格式，通过无锁队列发送至会话调度模块处理；当会话调度模块发生拥塞时，系统会将数据包存储到磁盘文件系统进行缓存，待系统正常后再重新读取离线的数据包并进行解析。

会话调度主要负责数据包的预处理，可以对数据包进行网络层/传输层协议解析，提取数据包的五元组（源 IP 地址、源端口、目的 IP 地址、目的端口和传输层协议）信息，进行会话建立与管理；多核会话分发模块将独立的会话及相关数据分配到处理线程中进行会话流重组，并将重组后的数据分发至协议还原模块。

协议解析和内容还原可以使用插件机制实现，插件分为协议识别、协议解析和内容处理等类型。协议识别和协议解析插件对会话数据进行协议识别和解析，提取网络连接日志、应用行为日志和流量日志；内容还原插件进行内容的深度还原，如邮件附件、下载文件、上传文件等，具体设计如下。

1．高速数据采集

采集：采用基于零拷贝技术的 DPDK 采集引擎，运用 CPU Affinity、Hugepage、UIO 等技术实现高速数据采集。

数据缓存管理：对整个数据包的申请、缓存和释放进行管理和控制。

数据包封装：将采集引擎获取的原始数据包，封装成采集探针子系统内部格式，实现采集引擎的适配和兼容。

磁盘缓存：当会话调度模块发生拥塞时，缓存数据包到磁盘中，直到拥塞解决时，重新加载离线数据包并进入会话调度流程。

2．会话调度

数据包预处理：对数据包进行二层、三层和四层的协议解析，提取五元组等元信息。

会话建立：根据五元组信息，新建会话对象或查询已有会话的上下文信息。

会话管理：对断开或超时的会话进行及时清理，对会话状态进行管理。

多核会话分发：将会话分发到各 CPU 逻辑核对应的处理线程中并行处理，实现网络数据的负载均衡处理。

会话流重组：在会话处理线程中对乱序或分片数据包进行缓存待重组，当有序后将数据包分发至协议处理插件处理，有序数据包会被直接投递至协议解析插件进行实时处理。

3．协议解析和内容还原

协议解析和内容还原功能采用插件机制实现，插件具有层次结构，分为公用插件和功能插件；前者提供必要的公用接口，避免不同功能插件包含重复功能实现，减少系统资源消耗，后者实现各自的处理逻辑，针对不同的应用协议实现应用协议的内容还原。

7.2.1.2　资产数据采集

对主动报送、被动流量等资产数据进行分析关联，通过人工和自动化的方式最大范

围、最大限度地掌握资产信息，形成资产知识库，并对资产的变更进行检查、更新，对上报的信息进行比对校验，为对资产的监测感知提供基础数据，如对重要联网设备资产的识别。以各类型探测可达和数据可覆盖的设备资产为目标，从局域网内部和互联网对目标网络系统中的各种常见设备及其属性信息进行识别，形成资产信息知识库，能够对上报的资产台账进行核对、校准、验证，根据更新策略对资产进行变更检查、知识库自动更新。能够对资产识别的过程、系统和识别出的资产信息知识库进行统一管理，资产数据采集功能框图如图 7.2 所示。

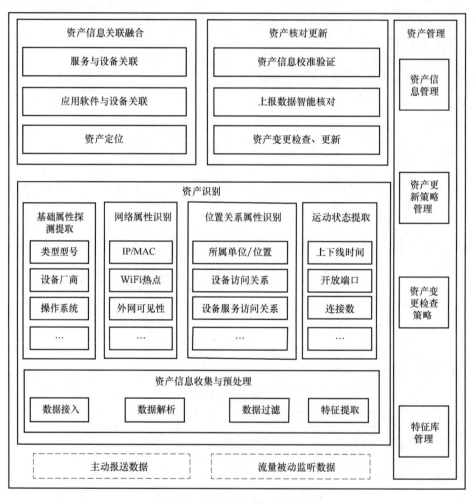

图 7.2　资产数据采集功能框图

资产数据采集技术需要具备相关单位基本情况、相关信息系统情况、硬件资产情况、软件资产情况、资产状态信息、流量状态信息、资产漏洞信息的录入能力，支持人工录入或自动化导入方式，同时支持基于网络流量的被动监听分析结果导入。

1．人工录入

人工录入的数据包括单位信息，信息设施主要负责人、网络安全管理部门负责人、运维单位负责人联系方式，设施提供服务的基本类型、功能描述、网页入口信息、发生网络安全事故后影响分析、投入情况、信息技术产品国产化率，数据存储情况，运行环境情况，运行维护情况，网络安全状况等。

2．自动化导入

自动化导入的数据包括单位基本情况、相关信息系统情况和软硬件资产情况。

1）相关信息系统情况

相关信息系统情况包括信息系统名称、服务对象、用户规模、业务周期、业务主管部门、运维机构、系统开发商、系统集成商、上线运行及最近一次系统升级时间、数据集中情况、灾备情况等。

2）软硬件资产情况

硬件资产指的是服务器、终端计算机、路由器、交换机、存储设备、防火墙、终端计算机、磁盘阵列、磁带库及其他主要安全设备，录入的资产属性包括设备型号、设备编号、名称、品牌、数量、国产 CPU、操作系统、IP 地址、位置坐标、维护情况、资产重要性、保密性、完整性、可用性等信息。

软件资产指的是操作系统、数据库管理系统、公文处理软件、邮件系统及主要业务应用系统，录入的资产属性包括软件名称、版本、品牌、数量、国产软件应用情况、开放端口情况、软件升级情况、资产脆弱性、资产重要性、保密性、完整性、可用性等信息。

3．被动监听

通过采集镜像或 FLOW 数据，捕获网络流量中的特征值数据，通过各类已有的电子资产识别系统进行特征碰撞匹配，从而进行快速的电子资产识别，如网络上的设备、主机、应用等资产信息。

1）服务器识别

识别网络流量中的 Web 服务器、FTP 文件服务器、E-mail 服务器、DNS 服务器、数据库服务器（如 MySQL 服务器、Oracle 服务器、SQL Server 服务器、MongoDB 服务器）等重要服务器。

配合区域识别引擎，对区域内和区域外的服务器分别进行标注。区分服务器设备优先级，对区域外的服务器进行关注，对区域内的服务器进行重点监控。

采用多维特征、多层协议识别、网络流量行为分析等多种方式，识别服务器的各种类型，以及该类服务器承载的操作系统类型、版本等信息，确保服务器识别准确、高效。

2）路由设备识别

识别网络中有路由功能的关键设备，不局限于路由器。对有路由功能的防火墙、三层交换机、网络地址转换（NAT）设备等进行识别。依托区域识别引擎，对区域内和区域外的路由设备分别进行标注，重点关注区域内的关键路由器。

3）应用识别

应用识别主要包括即时通信识别、邮件应用识别、数据库识别、生活应用识别，以及其他软件识别：

- 通信识别主要针对目前主流即时通信软件（QQ、微信等）识别出相关账户信息。
- 邮件应用识别主要针对 SMPT、POP、IMAP 邮件协议进行信息提取，还原邮件内容和邮件附件，获取用户登录情况，以及软件的基本信息。
- 数据库识别主要识别 SQL Server、Oracle、MongoDB、MySQL 相关软件，获取软件版本厂商信息，以及软件访问过程中的 IP 等信息。
- 生活应用识别主要对目前常见的视频、音乐和游戏等软件进行识别，获取访问过程中的网络信息和软件基本信息。
- 其他软件识别包括远程登录等其他类型应用软件识别，即根据软件本身的特点，识别出软件的关键信息。

4）PC 设备识别

通过对网络流量进行分析、建模，提取出目标流量的多维特征，实现对 PC 设备的准确识别。

PC 设备识别包括 PC 操作系统指纹分析、PC 应用识别、设备行为分析等子功能模块：

- PC 操作系统指纹分析模块内置了几乎所有的 Windows、Linux 等主流 PC 操作系统的指纹信息。通过对流量中暴露的操作系统信息进行采集、分析、比对，能够准确地识别出目标设备上搭载的 PC 操作系统。
- PC 应用识别模块通过对网络流量中的 IP、域名及其他敏感信息的深度分析处理，能够识别出目标设备上安装的桌面应用、服务，以及对应的版本信息。
- 设备行为分析模块主要对目标设备的日常流量进行分析、统计，并进一步勾勒出目标设备用户的日常网络行为及习惯等。

PC 设备识别系统不仅能够准确地识别出 PC 设备，还能提供设备操作系统、已安装应用、用户行为习惯等更加深度的信息。

7.2.1.3 脆弱性数据采集

通过采用漏洞检测数据采集、智能端口扫描、脆弱性扫描分析等关键技术，对局域网、私有云、公有云中的联网资产进行定期扫描，分析发现资产漏洞、弱配置等脆弱性情况。一般的脆弱性数据采集系统功能框图如图 7.3 所示。

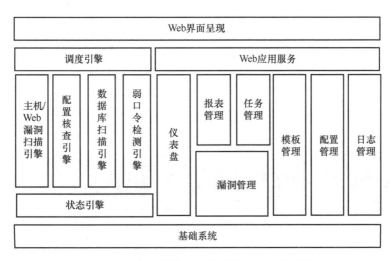

图 7.3　一般的脆弱性数据采集系统功能框图

通过对目标设备发送探测数据包,获取目标设备 banner、端口、服务等信息,并对设备 banner 进行识别,使用扫描规则库判断 banner 信息是否存在漏洞。同时,对目标设备操作系统、端口、服务发送扫描数据包,根据返回数据内容来判断漏洞是否存在。子系统通过指定目标设备系统端口及服务情况,可对其进行模拟请求,使用特定的弱口令字典对目标系统进行模拟登录,检测系统上是否存在弱口令漏洞。

结合实际场景,根据扫描任务形成精细的管理模式,不但可以对扫描任务进行实时跟踪、断点续扫等操作,而且可以对每项扫描任务进行包括扫描设备基本信息、设备安全补丁安装情况、是否存在弱口令、设备服务开放情况等各种配置。

7.2.1.4　威胁数据采集

对网络中主流威胁数据进行采集、解析,根据采集的日志类型不同,分为日志型威胁数据采集和流量型威胁数据采集。

1. 日志型威胁数据采集

一般的日志型威胁数据采集处理流程如图 7.4 所示。

日志型威胁数据包括安全设备威胁日志(告警、事件、原始日志、状态信息)、网络设备威胁数据(错误信息、系统事件、状态信息)、中间件威胁数据(错误信息)、应用软件威胁数据(访问信息、错误信息)、终端主机威胁数据(访问信息、变更信息、错误信息)和威胁情报数据等。

日志型威胁数据的传输支持多种协议,包括 Syslog、SNMP、API、Agent、UDP/TCP 等。威胁数据采集相关系统对所有采集上来的威胁日志进行范式化处理,将各种类型的日志格式转换成统一的格式。规范化格式日志包括日志的事件名称、日志产生时间、日志接收时间、源 IP 地址、目的 IP 地址、源 MAC 地址、目的 MAC 地址、源端口、目的端口、网络协议等字段。与此同时，威胁数据采集将原始日志都原封不动地保存下来，以备调查取证之用。

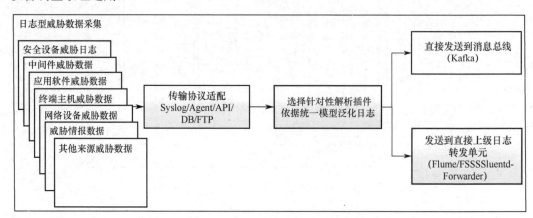

图 7.4　一般的日志型威胁数据采集处理流程

威胁数据采集相关系统可以对采集到的日志进行基于策略的过滤和归并，提升日志审计的效率。通过日志过滤，可以过滤掉无用的日志；通过日志归并，可以把满足一定条件的多条日志合并成一条日志，减少日志的总体数量，避免不必要的存储空间浪费。日志过滤和合并策略由用户自定义，威胁数据采集默认不进行过滤和合并。最后将泛化后的日志发送到消息总线等系统，完成数据融合过程。在此过程中，威胁数据采集相关系统可以与多种安全设备进行日志标准对接。

2．流量型威胁数据采集

流量型威胁数据分为日志型流量威胁数据和二进制型流量威胁数据，日志型流量威型数据包括标准类如 Netflow、sFlow 日志和自定义类如业界相关流量分析设备日志；二进制型流量威胁数据包括全量留存类和选择留存类。流量型威胁数据采集处理流程如图 7.5 所示。

1）日志型流量威胁数据

一般日志型流量威胁数据处理流程大致与日志型威胁数据处理流程一样，但在具体处理过程中，以下几方面需特别注意：

（1）传输协议。标准类如 Netflow、sFlow 数据通过流量采集器采集后存入文件，然后解析插件从文件中解析流量日志并作泛化；除此之外，自研设备也可使用其他传输协议，如 Syslog 等，发送日志型流量威胁数据。

（2）日志解析。流量型日志格式并非只为安全设计，起初更注重网络评估和问题排查，日志格式较为复杂且数据量较大，解析泛化时应根据流量分析问题求解需求，选择性解析和泛化相关字段。例如，可以仅提取通信信息相关字段，对路由器、交换机等设备相关信息（接口、标记等）不作考虑。

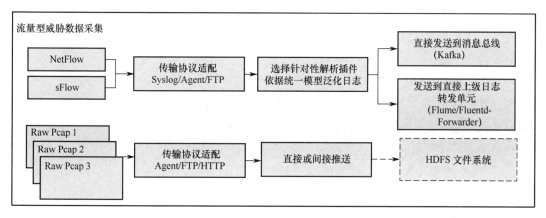

图 7.5　流量型威胁数据采集处理流程

2）二进制型流量威胁数据

二进制型流量威胁数据通常存储为物理上连续的二进制大文件（提高存储写入效率），可以仅对二进制数据作分块传输，不作解析或泛化，实际过程中也可以推送到大数据批处理分析环节。

7.2.2　互联网安全分析技术

互联网安全分析技术主要包括网络安全分析技术和基于大数据的综合分析技术两大类，下述基于深度学习的未知威胁检测技术、基于 AI 的全流量分析技术、抗 DDoS 攻击技术、网络安全审计技术属于网络安全分析技术类；统计分析技术、关联分析技术、交叉验证技术属于基于大数据的综合分析技术类。

7.2.2.1　基于深度学习的未知威胁检测技术

网络未知威胁是指不曾被发现或记录的网络威胁攻击。现有的威胁检测技术能实现对已知威胁的检测，但是对未知威胁检测的能力不足。网络威胁常以网络流量作为载体，入侵者对受害的个人或主体等实施网络攻击，造成的后果包括但不限于信息泄露、网络瘫痪和财产损失等。

在入侵检测系统中，通过对所识别到的异常流量进行阻断，可实现面向网络攻击的被动防御。以 NIDS 为例，对异常流量进行分类，分析不同的攻击行为，对攻击方式建模，持续完善攻击特征数据库，又可进一步提高系统防御水平。因此，对于网络异常检测的研究，可分为以下两部分内容：①异常流量的识别；②流量类型的分类，包括正常流量、已知威胁类型和未知威胁。网络异常检测本质上可归结为机器学习中的二分类和多分类问题。多年来,研究人员不断将各种机器学习算法(如支持向量机、决策树、K 近邻等)用于网络异常检测,并取得了一定的成果。但是传统机器学习算法大多依赖特征的提取与选择,分类的准确率和精度也存在进一步提升的空间。随着深度学习的不断发展,深层神经网络凭借其强大的表征学习能力,为网络异常检测和网络未知威胁分析提供了新的解决方法。

对于未知攻击的识别,在本质上可将其归结为开集(Open Set)分类问题,即对于一个训练好的分类器,测试样本中存在训练样本中没有出现的未知类别,以期分类器能够在准确识别已知类别数据的同时,对未知类别数据具备感知能力,将其判断为未知类别。对开集分类问题采用深度学习方法,在计算机视觉领域也有相关研究出现。例如,Hendrycks 等提出一种基于神经网络中 Softmax 分类层的置信度估计方法,将 Softmax 层的最大值作为分类结果的置信度,通过阈值判断样本是否属于训练数据中的已知样本类别。在该方法的基础上,DeVries 等提出脱离 Softmax 层,额外训练一个网络参数作为样本类别的置信度来进行已知类别图像和未知类别图像的区分。此外,Lee 等提出了数种基于生成模型的训练样本扩充方法来提高图像分类器的边界学习能力,从而提升对未知类别的检测效果。

受深度学习在图像、语音、文本等方面应用的启发,采用训练样本训练神经网络,当测试样本中存在训练样本中没有出现的未知类别时,训练好的神经网络能够准确识别已知类别数据,并对未知类别数据具备感知能力。

常用的方法有基于深度学习的无监督/有监督未知威胁监测技术,其实现途径如下。

1. 具体问题定义、检测分析环境构建、样本收集

对于网络未知威胁检测,分析对象可以是网络流量、文件或日志等,分析对象不同,网络结构、分析方法也相应不同。同时,根据有无标签的实际情况,可以采取无监督或有监督的方法,需根据具体的问题构建检测分析环境并进行样本收集。

例如,对于恶意样本识别,收集正常样本和已知威胁样本,构建应用程序代码类型分析与检测分析环境,通过 API 行为以及诸如禁用防火墙、系统文件修改、读取隐私信息、杀毒软件对抗等行为特征进行分析。或者直接将可执行的机器代码转换为图像,然后将图像作为深度学习模型的输入。

对网络流量可以通过以下三个层面进行分类。基于网络数据包层面:主要通过网络数据包的特征和发送过程进行分类,包括数据包大小、数据包到达时间、数据包间隔等统计特征。基于网络协议的网络流层面:主要通过网络流的特征和发送过程进行分类。其中,网络流指的是一个完整的网络协议层面的连接,通常指一组具有相同五元组(源 IP 地址、源端口、目的 IP 地址、目的端口、传输协议)的数据包集合。基于主机层面:主要通过主机间流量的特征和发送过程进行分类。通常是指相同三元组(源 IP 地址、目

的 IP 地址和应用协议）组成的网络流量。

2. 网络未知威胁检测深度学习网络框架

深度学习网络架构层出不穷，从卷积神经网络、循环神经网络、时空网络等架构到最近两年大火的 Transformer 架构，在各自领域都大放异彩。

1）卷积神经网络

卷积神经网络（CNN）是一类特殊的人工神经网络，区别于神经网络其他模型（如 BP 神经网络、RNN 神经网络等），其最主要的特点是卷积运算操作（Convolutional Operators）。因此，CNN 在诸多领域应用特别是在图像相关任务上表现优异，诸如图像分类、图像语义分割、图像检索、物体检测等计算机视觉问题。

卷积神经网络适合处理空间数据，一维卷积神经网络也被称为时间延迟神经网络（Time Delay Neural Network），可以用来处理一维数据。CNN 的设计思想受到了视觉神经科学的启发，主要由卷积层（Convolutional Layer）和池化层（Pooling Layer）组成。卷积层能够保持图像的空间连续性，能将图像的局部特征提取出来。池化层可以采用最大池化（Max-pooling）或平均池化（Mean-pooling）的方式，池化层能降低中间隐含层的维度，减少接下来各层的运算量，并提供了旋转不变性。

CNN 提供了视觉数据的分层表示，每一层的权重实际上只学习到了图像的某些成分，越高层 CNN，成分越具体。CNN 将原始信号经过逐层处理，依次识别出部分到整体。比如说人脸识别，CNN 先是识别出点、边、颜色、拐角，再是眼角、嘴唇、鼻子，再是整张脸。同一卷积层内权值共享，都为卷积核的权重。当把网络空间数据要素转换为图像后，就可以借鉴 CNN 进行网络未知威胁分析。

2）循环神经网络

循环神经网络（RNN）适合处理时序数据，在语音处理、自然语言处理领域应用广泛，因为人类的语音和语言天生具有时序性。但是，原始的循环神经网络存在梯度消失或梯度爆炸问题，无论利用过去多长时间的信息，如当激活函数是 Sigmoid 函数时，其导数是个小于 1 的数，多个小于 1 的导数连乘就会导致梯度消失问题。长短期记忆（LSTM）网络、分层的 RNN 都是针对这个问题的解决方案。

3）时空网络

以网络流量为例，数据包间存在着显著的时序特征，数据包内的字节被认为存在着空间特征。空间特征和时序特征是网络流量监测领域常用的两类流量特征。网络结构由 CNN 和 RNN 组成，包含卷积层、最大池化层、全连接层、长短记忆结构等。其主要流程分为以下三步。

（1）网络流量空间特征学习过程：卷积神经网络具有可以学习空间特征的能力。针对网络数据包内具有的空间特征，设计采用卷积神经网络来学习原始流量的空间特征。

该网络结构包括两层卷积层和两层最大池化层，输出为空间特征表示，之后将应用于网络的深层结构以学习更多全局特征。

（2）网络流量时序特征学习过程：网络流量数据存在着时序特征，因此设计时序网络，针对（1）中学习到的空间特征表示，进一步学习原始流量的时序特征。该网络包括两层隐藏层，输出为时空特征表示。

（3）检测过程：针对经过（2）和（3）得到的网络流时空特征表示，设计一个全连接层和输出层，使用 Softmax 分类器进行分类检测，输出网络流所属类别或属于未知威胁的预测概率（见图 7.6）。

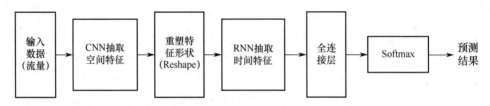

图 7.6　基于深度学习的未知威胁检测框架（NIDS）

4）Transformer 架构

Transformer 架构通常由编码器和解码器构成，而编码器和解码器都由若干种注意力（Attention）模块组成。Transformer 与 CNN、RNN 的不同之处在于，Transformer 完全依赖注意力机制得到输入和输出之间的映射，代替了原有的序列特征提取方式，降低了学习和记忆难度，对长序列也不会损失早期时刻的信息。

3．基于深度学习的网络未知威胁模型实现

在海量训练数据的基础上，为了增强深度学习模型的表征学习能力，往往构建含有大量参数的神经网络模型，含有大量参数的模型在训练和部署都有特别的要求。

1）模型训练

（1）显存优化。模型训练时消耗的显存，往往是参数量的几倍甚至更多。以 1B 参数模型为例，大致估算一下不做任何显存优化时，使用 AdamOptimizer 训练的固定消耗，如表 7.1 所示。

表 7.1　显存优化消耗

参数项	参数量/ B	存储消耗/ GB
模型参数本身	1	4
Adam 辅助变量（两份）	2	8
总计	3	12

因此，可以通过合理的计算调度、梯度重算、辅助变量分片存储等方法进行显存优化。

（2）分布式训练。分布式训练解决训练时间长、多数据来源、模型过大的问题，同时分布式可能带来一些精度上的提升。在训练过程中，随机梯度下降的"随机"是指每次从数据集里面随机抽取一个小的 batch 数据来计算误差，然后反向传播。之所以只选一个小的 batch 数据，一是因为这个小的 batch 数据梯度方向基本上可以代替整个数据集的梯度方向，二是因为 GPU 显存有限。实际情况下，有时候小的 batch 数据梯度并不能足够代替整个数据集的梯度，也就是说，每次 BP 算法求出来的梯度方向并不完全一致。这样就会导致优化过程不断震荡，而使用分布式训练，即使用大一点的 batch size，就可以很好地避免震荡。

对于分布式训练，研究大量计算资源间如何进行通信和协作；研究各类层出不穷的大规模训练技术，使得众多技术形成一个完整、高效的训练方案。

2）模型评价

定义模型预测性能指标并确定模型评估方式，常用的评估方式如下。

（1）准确率：对于已知类型数据，分类正确的样本数占全部样本数的比例。

（2）F_1 值：2×(精度×查全率)/(精度+查全率)，综合评价模型对已知类型数据分类的精度和查全率。其中，精度为正确分类的样本数占全部分类结果为该类别样本数的比例；查全率为正确分类的样本数占该类别样本总数的比例。

（3）AUROC：受试者工作特征（Receiver Operating Characteristic，ROC）曲线下的面积，该性能指标可以综合地评估模型性能。AUROC 值越大，说明模型正确区分已知类型攻击和未知攻击的能力越强。

4. 模型部署

针对实时预测，部署服务通常提供 API 以供客户端调用，如使用流行的 REST 或 gRPC 接口；离线预测一般在服务器端部署，如设定定时任务，每天定时从数据库中读取某一时间段数据，并且把预测结果写入数据库以供后续使用。

在大数据量情况下，如基于网络流量的未知威胁分析，深度学习模型一般是大规模部署，这时不仅要考虑吞吐量和时延，还要考虑功耗和成本。所以除软件外，硬件也需下功夫，如使用推理专用卡（NVIDIA P4、寒武纪 MLU100 等）。推理专用卡比桌面级显卡功耗低，单位能耗下计算效率更高，且硬件结构更适合高吞吐量情况的软件。

7.2.2.2 基于 AI 的全流量分析技术

只把网络中的流量全部保存下来，并不能被称为"全流量"，这样的流量无法被快速分析和鉴别，是"死数据"。全流量分析是建立在海量数据的保存和处理基础上的检测技术，结合大数据处理、机器学习、深度学习等技术，通过全流量分析设备，实现网络全流量采集与保存、全行为分析与全流量回溯。

基于 AI 的全流量分析的关键技术如下。

1. 基于 AI 的 Web 攻击识别

基于 AI 的 Web 攻击识别包括基于 BERT 的 SQL 注入检测、基于 CNN 模型 XSS 攻击检测、基于极端随机树的 WebShell 检测、基于 GBDT 的恶意 URL 检测、基于随机森林的弱口令检测和基于异常检测技术的暴力破解。下面以基于 BERT 的 SQL 注入检测为例进行详细描述。

BERT 预训练模型：BERT（Bidirectional Encoder Representation from Transformers）是 Google 团队于 2018 年提出的一种预训练模型，它的主要结构是 Transformer 中的编码器，预训练模型是指通过使用大量无标注的文本语料来训练深层网络结构，从而得到一组模型参数。BERT 预训练模型分为预训练和微调（Fine-Tuning）两个阶段，预训练阶段用于依据文本数据将模型中的参数训练至最优，微调阶段适用于不同任务的具体需求。在预训练阶段输入数据时，除输入本身的词向量外，还要加入该词的位置向量和文本向量。随后完成两个任务：掩盖语言模型（Masked Language Model）和下一句预测（Next Sentence Prediction）。掩盖语言模型任务的实质是做完形填空，随机掩盖每一个句子中 15%的词，用其上下文来预测，对于掩盖的词，其 80%的概率是使用特殊符号[MASK]替换，10%的概率是随机取一个词来替换，剩余 10%的概率不做替换，这样可以有效解决在微调阶段对于某些词从未见过而无法迁移学习的问题。下一句预测任务是给定一则文本中的两句话，判断第二句话在文本中是否紧跟第一句话，通过这一任务来学习句子之间的相关性，从而能让预训练模型更好地适应具体任务。最后通过优化这两个任务的损失不断更新参数使其达到最优效果。

基于 BERT 的 SQL 检测流程：①数据预处理。在使用 BERT 预训练模型之前，需要先对 SQL 语句做预处理工作。②句向量生成。BERT 预训练模型在处理文本数据时，通过多层多头自注意力层进行特征提取，使得生成的句向量能较为充分地表达文本数据中的位置信息、语义信息和语境信息，与卷积神经网络相比，它可以更加快速、全面地提取数据特征。③分类器训练。使用分类算法对处理好的数据进行训练并生成分类器模型，由于随机森林算法具有训练速度快、泛化能力强和可以有效处理高维特征数据的特点，因此以随机森林算法作为分类器进行训练。④模型优化。在分类器训练阶段结束后，通常需要优化分类模型中部分超参数的取值，以进一步提升模型效果。调整超参数取值时通常有两种方法，一种方法是凭借经验多次手动更改超参数取值进行测试，另一种方法是通过算法自动选择大小不同的超参数进行测试。由于凭借经验微调的方法会消耗较多时间，因此使用 GridSearchCV 方法对模型进行优化。GridSearchCV 方法由网格搜索和交叉验证两部分组成。网格搜索即在指定的参数范围内，依次循环遍历所有参数的取值来训练分类器，将模型表现最好时的各参数取值作为最终结果。但是这可能导致优化后的模型出现过拟合情况，因此需要通过交叉验证对其进行修正。通过 GridSearchCV 方法对模型调优后，不仅提升了模型效果，也使其具备了较强的泛化能力。

2. 基于机器学习的隐蔽隧道检测

隐蔽隧道检测主要包括 ICMP 隐蔽隧道检测、HTTP 隐蔽隧道检测、DNS 隐蔽隧道检测。不同类型的隧道检测均是通过传统机器学习方法收集数据、特征工程、特征建模的方式，只是提取的数据不一致。同时，安全专家的先验知识对不同类型的隐蔽隧道也具有重要的支撑作用。

基于机器学习的隐蔽隧道检测主要包括 ICMP 隐蔽隧道检测、HTTP 隐蔽隧道检测、DNS 隐蔽隧道检测，通过传统机器学习方法收集数据、特征工程、特征建模的方式对隐蔽隧道进行检测。对于不同类型的隧道检测采取的数据特征不一致，并且根据不同类型的隧道检测方法，安全专家经验必须具有重要的先验知识做支撑。

3. 加密流量检测

在加密访问可保障通信安全的情况下，绝大多数网络设备对网络攻击、恶意软件等加密流量却无能为力，攻击者利用 SSL 加密通道完成恶意软件载荷和漏洞利用的投递和分发，以及受感染主机与命令和控制（C&C）服务器之间的通信。加密流量分析的主要步骤包括：①数据实时搜索。搜索使用加密通信的恶意样本（超过 200 个家族），包括各类恶意行为、SSL 版本和加密算法，以及可以在加密通道发起行为的各类攻击软件、实际环境的数据。②数据分析与处理。通过深度分析样本的功能、加密机制、通联方式等，得出攻击和恶意软件的攻击类型、数据格式和加密方式等。结合上述方法，通过沙箱、虚拟机获取样本通信数据，将数据格式化。③构建特征工程并建模。通过构建时空特征、握手特征、背景特征、证书特征超过 1000 种特征，使用机器学习模型进行建模，得出检测率为 99.95%，误报率为 5%。

加密流量检测主要包括恶意软件、木马远控、蠕虫传播等方面。其中，针对恶意软件行为检测，360 云影实验室采用 CNN 算法分别对样本的动态行为进行二分类和多分类：二分类表示只根据样本的动态行为判别样本是否为恶意的；多分类表示对恶意样本更详细地划分出恶意类别信息。基于 CNN 的恶意软件行为检测算法具体实现方法如下。

（1）数据预处理：通过在沙箱运行样本，获取样本的动态行为报告。这里受限于两个条件：一是样本数据集能反映动态行为；二是该样本在 VirtusTotal 上能查询到对应结果。由于当前处于预研阶段，故先采用了部分样本进行试验。

（2）获取词库并将样本转化为矩阵：在动态行为文本中的每一行都表示一个动态行为，将一行视为一个整体，遍历所有的动态行为日志，获取所有出现过的动态行为，作为词库。用连续数字对词库中的每一个词都进行标号，从而获取从动态行为到标号 id 的映射。最后将词库中的每一个词都用一个长度为 300 的向量表示，这个向量长度是一个可以选择的参数。

（3）使用 CNN 训练样本得出结果：CNN 规模是 Batch 大小为 128 字节，每轮迭代包括 99 个 batch，每训练 200 个 batch 统计计算一次模型效果，最终得出二分类结果准确率为 93.37%，多分类结果准确率为 89.2%。

4．非法流量检测

非法流量主要包括异常 Tor 流量和 VPN 流量，可以通过分析流量包来检测 Tor 流量。这项分析可以在 Tor 节点上进行，也可以在客户端和入口节点之间进行。分析是在单个数据包流上完成的，每个数据包流构成一个元组，这个元组包括源地址、源端口、目标地址和目标端口。提取不同时间间隔的网络流，并对其进行分析，有关技术从 Tor 加密流量中推断的应用类型信息中提取出突发的流量和方向，以创建隐马尔可夫模型来检测正在产生 Tor 流量的应用程序。这个领域中大部分主流工作都是利用时间特征和其他特征如大小、端口信息来检测 Tor 流量的。

5．异常检测

异常检测技术主要指钓鱼检测、沙箱文件检测、DGA 异常域名检测、垃圾邮件和失陷主机检测技术。例如，针对 DGA 异常域名检测，僵尸网络在利用域名服务系统进行攻击时，通常要进行网络控制的跳跃，不同服务器之间的识别与定向过程中需要对域名进行解析，所以可使用解析过程中的特征值识别僵尸网络中的异常行为。下面以基于随机森林的 DGA 域名检测技术为例进行详细描述。

基于随机森林的 DGA 域名检测技术，通过已训练的分类器模型对日志中的正常域名与 DGA 域名进行分类标记，从而初步检测出疑似 DGA 域名，再通过聚类分析技术进行相似性聚类检测，对疑似 DGA 域名进一步进行分析。因此，其主要包括以下几个步骤。

（1）域名过滤。域名过滤部分通过白名单过滤 DNS 日志中的正常域名。其中，白名单采用运营商维护的已备案域名库，由于国内用户所访问的绝大多数域名都是已备案域名，因此使用此白名单可过滤掉 95%左右的日志记录，能有效减轻后续的检测压力。

（2）分类器模型训练。分类器模型训练的核心内容包括训练数据集、域名字符特征分析与设计、训练模型。

① 训练数据集：包括 DGA 域名库和正常域名库，其中 DGA 域名库来自多个数据源，包括 Bambenek Consulting OSINT、DNS-BH、DGArchive，正常域名库包含 Alexa 前 100 万域名。将其中的 DGA 域名标记为正例，正常域名标记为反例，为了维持正反例的平衡，在以上数据源获取的 DGA 域名中随机选取 100 万个作为正例。整个数据集中，采用随机抽取的方式选择 70%的域名作为训练集，另外 30%作为测试集。

② 域名字符特征分析与设计：在具体分析之前，先对域名的划分作如下规定：域名

空间是由多级域组成的，依次称为顶级域（TLD）、二级域（2LD）、三级域（3LD）等，由于 DGA 域名主要集中在二级域，因此只分析 TLD 及 2LD，如域名 www.example.com，只分析 example.com 部分；对于类似 www.example.com.cn 的域名，则认为.com.cn 属于 TLD，分析其中的 example.com.cn 部分。

分析方式可分为两大类，一类是语义特征分析，如分析二级域的 Ngram 特征，通过对域名的 Ngram 特征与正常数据集的 Ngram 特征进行对比计算，可以有效分析出异常域名；另一类是结构特征分析，与正常域名相比，DGA 域名在结构上通常表现为长度较长、域名香农信息熵值较大、出现正常域名不经常使用的 TLD 等多种特征，如基于域名字符结构特征，主要分析 2LD 长度、2LD 熵及 TLD 的二元特征（Bigram）。

③ 训练模型：在训练集上采用 10 折交叉验证训练随机森林分类器模型。

（3）聚类分析。在聚类之前通过阈值过滤掉源 IP 访问 NXDomain 数较少的记录，再使用 X-means 无监督聚类算法对向量进行聚类分析，最后采用集合分析方法得到最终的检测结果。

7.2.2.3　抗 DDoS 攻击技术

分布式拒绝服务（Distributed Denial of Service，DDoS）攻击是当今主流的网络攻击方式之一。攻击者通常利用合法的服务请求来占用大量的有效资源或带宽，从而使服务器不能对正常、合法的用户提供相应服务。攻击者往往利用僵尸网络中的大量主机发动攻击，攻击流量巨大，并且往往很难从根本上彻底防御 DDoS 攻击。但是，可根据 DDoS 攻击的特点，以及所处的环境，采取一定的防御措施，将 DDoS 攻击的损失降到最小。

1．本地设备清洗

本地设备清洗主要通过两种技术，即 DDoS 流量检测技术和 DDoS 流量牵引技术。

抗 DDoS 设备（ADS 设备）以盒子的形式部署在网络出口处，可以串联或旁路部署。部署后，通过检测设备对镜像过来的流量进行检测分析，一旦检测到 DDoS 攻击就会通知清洗设备，把带有攻击的流量通过 BGP 或 OSPF[①]协议牵引到清洗设备，从而将正常流量和攻击流量区分开。清洗后的干净流量会通过策略路由或 MPLS LSP[②]等方式回注到网络。直到检测设备检测到 DDoS 攻击停止后，才会通知清洗设备停止流量牵引。

目前，本地设备清洗的主要问题在于企业出口带宽资源有限，一旦 DDoS 流量超过企业出口带宽，即便部署了设备也无法抵抗。企业可以配合 IP 轮询技术使用，当 DDoS 攻击达到一定峰值时，系统通过 IP 轮询机制，从 IP 池中调取一个新的 IP 充当业务 IP，使攻击者失去攻击目标，以此保证业务在 DDoS 攻击下正常运转。

---

① BGP：边界网关协议；OSPF 协议：开放式最短路径优先协议。
② MPLS：多协议标签交换；LSP：链路状态包。

2. 运营商清洗

本地设备无法解决的带宽资源问题，可以借助运营商的能力解决。通过直接采购运营商的相应服务，企业能够进行紧急扩容或开启清洗服务。目前，运营商清洗主要包括以下几种类型。

1）流量预压制/UDP 预压制

流量预压制/UDP 预压制等能力，主要应对新型的超大流量攻击（Memcached 的 5 万倍反射）。

2）BGP 高防 IP

应用 BGP 高防 IP 且配置转发规则和域名回源后，所有的访问流量将流经 BGP 高防 IP 集群，对访问流量进行清洗和过滤后，通过端口协议转发的方式，只将正常业务流量转发至源站，保障源站业务的稳定。

3）运营商过滤

由于反射放大类攻击具有相同的特点，可以直接在运营商侧进行过滤，从而使防御与反射放大类压制更有效果。

目前，运营商清洗主要根据 Netflow 抽样检测网络是否存在 DDoS 攻击，针对低流量特征的 DDoS 攻击（如慢速攻击）的检测效果还不是特别理想。

3. 云清洗

目前比较流行的云清洗——流量稀释技术包括内容分发网络（CDN）和任播（Anycast）。

CDN 技术利用负载均衡技术，在互联网内设置多个节点作为代理缓存，并将用户的访问请求引导至最近的缓存节点。在用户收到域名解析应答时，默认最近的 CDN 节点就是请求域名时所对应的 IP 地址，从而分散和稀释了 DDoS 攻击。

一些传统的 CDN 厂商、安全厂商已经陆续推出相应的云清洗服务。基本原理为事先在云端配置好相关的记录，当企业遭受 DDoS 攻击时，通过修改 DNS 将要保护的域名 CNAME 记录到云端配置好的记录上，等待 DNS 生效即可。

Anycast 技术是一种网络寻址和路由的方法，在寻址过程中，流量会自动被引导至最近的节点，实现了节点间的负载均衡。因此，在整个过程中，攻击者不能对攻击流量进行操控，攻击流量会自动被路由到最近的节点上，即使少数节点瘫痪，客户端请求也能够很快自动被引导至附近可用的节点，从而保证业务的稳定性。

4. 新型防御技术

除了常规的本地设备清洗、运营商清洗和云清洗，近几年还出现了一些基于区块链、人工智能等新兴技术的 DDoS 防御方法。

1）基于区块链技术的 DDoS 固证

该技术利用区块链上数据不可篡改和可溯源的特性，将电子存证数据按照时间的顺序存放到区块链中，以此提高数据的可信度，确保数据无法被更改，增加集成固证取证能力，为被攻击的用户提供出证服务，协助溯源。

2）基于软件定义网络（SDN）的 DDoS 检测

该技术主要通过控制器周期性获取全网交换机的流表信息，然后运行基于统计分析、机器学习等异常检测算法，实现对异常攻击的检测。

3）高防智能 DNS 解析

与传统的一个域名对应一个镜像的做法不同，该技术能够智能地根据用户的上网路线将 DNS 解析请求解析至用户所属网络的服务器，并可随时动态地将瘫痪的服务器 IP 智能更换成正常服务器 IP。

7.2.2.4　网络安全审计技术

网络安全审计是指对网络信息系统的安全相关活动信息进行获取、记录、存储、分析和利用的工作。网络安全审计的作用在于建立"事后"安全保障措施，保存网络安全事件及行为信息，为网络安全事件分析提供线索及证据，以便发现潜在的网络安全威胁行为，开展网络安全风险分析及管理。

1．网络安全审计系统模型

网络安全审计系统模型如图 7.7 所示，该模型主要由四个部件组成，包括审计数据采集、审计分析、审计数据存储（审计事件库、审计报告库、审计规则库）、审计响应。

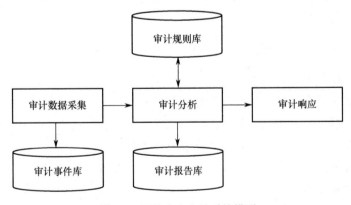

图 7.7　网络安全审计系统模型

2．网络安全审计数据采集

审计数据采集负责从网络环境中捕获所有的网络数据包，将这些数据包作为源数据，根据不同的审计需求进行数据过滤，同时还需要将原始数据包进行统一格式化，这样就形成了最初的安全审计事件。因此，审计数据采集具有安全审计数据生成与安全审计事件选择功能，数据采集效率的高低、数据过滤规则的准确性及安全事件归一化程度将是影响该部件高效性与准确性的关键因素。

3. 网络安全审计分析

审计分析根据具体的审计规则，对于采集的审计数据进行异常行为鉴别。常见的网络安全审计分析技术有字符串匹配、全文搜索、数据关联、统计报表等。

1）字符串匹配

字符串匹配通过模式匹配来查找相关审计数据，以便发现安全问题。常见的字符串匹配工具是 grep，其使用的格式如下：

grep [options] [regexp] [filename]

其中，regexp 为正则表达式，用来表示要搜索匹配的模式。

2）全文搜索

全文搜索利用搜索引擎技术来分析审计数据。目前，开源搜索引擎工具 Elasticsearch 常用作数据分析。

3）数据关联

数据关联是指对网络安全威胁情报信息，如系统日志、全网流量、安全设备日志等多个数据来源进行综合分析，以发现网络中的异常流量，识别未知攻击手段。

4）统计报表

统计报表是对安全审计数据的特定事件、阈值、安全基线等进行统计分析，以生成告警信息，形成发送日报、周报、月报。

4. 网络安全审计数据存储

网络安全审计数据存储分为两种：一种是由审计数据产生的系统自己分散存储，审计数据保存在不同的系统中，目前，操作系统、数据库、应用系统、网络设备等都可以各自存储日志数据；另一种是集中采集各种系统的审计数据，建立审计数据存储服务器，由专用的存储设备保存，便于以后查询分析和电子取证。

网络审计数据涉及系统整体的安全性和用户的隐私性，为保护审计数据的安全，通常的安全技术措施有如下几种。

1）系统用户分权管理

操作系统、数据库等系统设置操作员、安全员和审计员三种类型的用户。操作员只负责对系统的操作维护工作，其操作过程会被系统详细记录；安全员负责系统安全策略配置和维护；审计员负责维护审计相关事宜，可以查看操作员、安全员工作过程日志。

其中，操作员不能修改自己的操作记录，审计员也不能对系统进行操作。

2）审计数据强制访问

系统采取强制访问控制措施，对审计数据设置安全标记，防止非授权用户查询及修改审计数据。

3）审计数据加密

使用加密技术对敏感的审计数据进行加密处理，以防止非授权查看或泄露审计数据。

4）审计数据隐私保护

采取隐私保护技术，防止审计数据泄露隐私信息。

5）审计数据完整性保护

使用 HASH 算法和数字签名技术，对审计数据进行数字签名和来源认证、完整性保护，防止非授权修改审计数据。目前，可选择的 HASH 算法主要有 MD5、SHA、国产 SM3 算法等。国产 SM2/SM9 数字签名算法可用于对审计数据进行签名。

5. 网络安全审计响应

审计响应是网络安全审计不可缺少的一部分，它是将审计分析的结果以一种用户易于理解的形式展现给用户，便于管理员做出进一步严格的处理与控制。例如，将安全审计数据进行图表化处理，形成饼图、柱状图等各种可视化效果，以支持各种用户场景，辅助用户实时查看当前事件状态，并对安全关键状态进行突出显示，使用户能够及时发现异常并响应。

安全响应方式根据安全分析的结果进行分类，如安全事件不进行安全响应；低危险级别事件被记录到审计数据库；中等级别事件不仅需要记录到审计数据库中，还需要给出事件行为信息对话框，由管理员进行识别与处理；高危险级别事件直接发出高危险通知信息，将相关的简要信息发送到管理员专用邮箱，同时将事件记录到审计数据库中。

网络中广泛使用的防火墙、IDS、漏洞扫描系统、安全审计系统等安全设备，都能产生大量的安全事件信息，由于这些设备分析功能单一，需构建综合分析平台（如态势感知平台），分析各个安全事件之间及安全事件与运行环境之间的有效联系，对相对孤立的网络安全事件数据进行关联处理，挖掘隐藏在这些数据之后的事件之间的真实关系，发现更深层次的攻击意图。

7.2.2.5 统计分析技术

统计分析通过对研究对象的规模、速度、范围、程度等数量关系的分析研究，认识和揭示事物间的相互关系、变化规律和发展趋势，借以达到对事物的正确解释和预测。常用的统计分析技术包括回归分析、支持向量机、最大信息系数法等。

1. 回归分析

1）一元线性回归

一元线性回归只包含一个自变量和一个因变量，且可用一条直线近似表示两者的关系，即 $Y = a + bX + \varepsilon$。当研究两个变量 x、y 之间的关系时，通常都可以得到这两个变量的一组观测数据：(x_1, y_1)，(x_2, y_2)，$\cdots$，(x_n, y_n)，将这些观测数据画到直角坐标系中，如果发现这些观测点的形状大致呈直线型，则可以假设这两个变量之间的关系模型为线性模型，且可令这条直线方程为 $Y = a + bX + \varepsilon$，其中，X 和 Y 代表观测值已知的自变量与因变量，a 和 b 是待回归确定的未知系数，且 a 叫做截距，b 叫做斜率。则这些观测值可以用 $Y = a + bX + \varepsilon$ 来表示，其中 ε 叫做随机扰动项。

回归模型参数的估计方法有很多，如最大似然准则和普通最小二乘估计准则等。

2）多元线性回归

多元线性回归包括两个或两个以上的自变量，且因变量和自变量之间是线性关系，是各种多元统计分析方法中应用最广泛的一种。多元线性回归模型可表示为：$y = b_0 + b_1 \times x_1 + \cdots + b_m \times x_m + \varepsilon$。

2. 支持向量机

支持向量机是建立在统计学习理论的 VC 维和结构风险最小化（Structural Risk Minimization，SRM）原理的基础上的。它根据有限的样本信息，在模型的复杂性（对特定训练样本的学习精度）和学习能力（无错误地识别任意样本的能力）之间寻求最佳的折中，以获得最好的推广能力。支持向量机包含线性支持向量机、非线性支持向量机。

1）线性支持向量机

定义：给定线性可分训练数据集，由数据集训练得到超平面为

$$\boldsymbol{w}^{\mathrm{T}} \times \boldsymbol{x} + \boldsymbol{b}^{\mathrm{T}} = 0$$

为了使最优分类超平面所确定的分类间隔最大，建立如下最优化问题：

$$\min_{w,b} \frac{1}{2} \boldsymbol{w}^{\mathrm{T}} \times \boldsymbol{w}$$
$$\text{s.t.} \quad y_i\left(\boldsymbol{w}^{\mathrm{T}} \times \boldsymbol{x}_i + \boldsymbol{b}\right) \geqslant 1, \quad i = 1, 2, \cdots, n$$

这样就可以把分类问题转化为求解具有约束条件的二次规划问题。

为了求解以上的二次规划问题，采用拉格朗日优化方法，将上述规划问题转化为更容易处理的对偶问题。引入与第 i 个样本相对应的拉格朗日乘子 $\alpha_i \geqslant 0, i = 1, 2, \cdots, n$，可得到下式：

$$L\left(\boldsymbol{w}, \boldsymbol{b}, \alpha\right) = \frac{1}{2} \boldsymbol{w}^{\mathrm{T}} \boldsymbol{w} - \sum_{i=1}^{n} \alpha_i \left[y_i \left(\boldsymbol{w} \times \boldsymbol{x}_i + \boldsymbol{b}\right) - 1 \right]$$

求拉格朗日函数关于 $\boldsymbol{w}, \boldsymbol{b}$ 的最小值即可。

2）非线性支持向量机

对于非线性的情况，支持向量机方法利用非线性映射把输入样本由低维空间映射到高维空间，使得在低维空间中线性不可分的问题转化为在高维空间中线性可分。支持向量机引入了核函数的概念，采用将变换空间的内积转化为原空间中的某个函数来进行计算。若 $K(x,z)$ 是一个核函数，或正定核，则意味着存在一个从输入空间到特征空间的映射 $\phi(x)$，对任意输入空间中的 x，z，有

$$K(x,z) = \phi(x) \cdot \phi(z)$$

引入核函数后，构造非线性判别函数的任务可以转化为以下对偶优化问题：

$$\max_{\alpha} Q(\alpha) = \sum_{i=1}^{n} \alpha_i - \frac{1}{2} \sum_{i,j=1}^{n} \alpha_i \alpha_j y_i y_j K(x_i, x_j)$$

$$\text{s.t.} \quad \sum_{i=1}^{n} \alpha_i y_i = 0, \quad 0 \leqslant \alpha_i \leqslant C, \quad i = 1, 2, \cdots, n$$

3．最大信息系数法

David N. Reshef 等学者在《科学》杂志上发表的 *Detecting Novel Associations in Large Data Sets*（《大型数据集中潜在关系的检测》）提出一种全新的统计量：最大信息系数（Maximum Information Coefficient，MIC）。

对于给定的有限二元数据集 $D \subset R^2$，可以将它的自变量分成 x 块，将它的因变量分成 y 块，且允许有空块出现，这种分法叫作 x－y 网格。给定一种网格 G（一种 x－y 分法），对于网格 G 中的每个单元，取落在单元中的点数占总点数的比例作为该单元的概率，可以得到二元数据集 D 在网格 G 上的概率分布 $D|G$。显然，对于固定的二元数据集 D，不同的网格 G（不同的 x、y 值或不同的网格线位置）会得到不同的分布 $D|G$。

给定有限二元数据集 $D \subset R^2$、正整数 x 和 y，定义

$$I^*(D, x, y) = \max I(D|G)$$

下面用 $I^*(D,x,y)$ 来定义数据集 D 的特征矩阵与最大信息系数。

给定二元数据集 $D \subset R^2$，其样本大小为 n，则它的特征矩阵 $M(D)$ 是一个无限矩阵：

$$M(D)_{xy} = \frac{I^*(D, x, y)}{\log \min \{x, y\}}$$

当 x－y 网格 G 的大小 $xy < B(n)$，则二元数据集 D 的最大信息系数 MIC 为

$$\text{MIC}(D) = \max_{xy < B(n)} \{M(D)_{xy}\}$$

7.2.2.6 关联分析技术

1．关联分析引擎

复杂事件处理（Complex Event Processing，CEP）实时发生的事件信息，类似于事件

流处理（Event Stream Processing，ESP），其提供下类操作：

- 事件抽象；
- 事件过滤；
- 事件聚合和变换；
- 事件层次结构；
- 事件关系判定（因果关系、包含关系和时间序列）；
- 事件驱动业务流程管理（Event-Driven BPM）。

规则引擎（Rules Engine，RE）通常指在业务范围内采用规则配置简化复杂业务逻辑实现，避免因硬编码造成维护困难、灵活度低和不易扩展等问题。

CEP 和 RE 在概念上有相似的地方，如事件/业务对象、事件处理语言/规则配置语言等，但各自有所侧重，CEP 关注事件过滤、聚合和变换等，RE 更关注业务逻辑。

在特定优化场景下，部分 CEP 逻辑会结合 ESP 技术提供更好的处理性能，此外为了简化规则编写，逐渐发展出面向规则的领域语言（Domain Specific Language，DSL）。

规则通过 JSON 格式编写，支持值比较、成员测试、逻辑运算、集合运算、时间窗口和序关系测定等操作；引擎解析规则并将其编译为内部表达形式，编译过程中将处理逻辑、关联关系和事件触发都联系在一起。当外部事件进入引擎时，将选择性地执行事件相关联的一个或多个规则，规则的执行过程大致分为如下几个阶段。

数据读取：采用实时订阅、实时数据流处理方式或微批读取系统内部存储的历史数据的方式，对实时数据或历史数据进行关联分析。

数据过滤归并：基于关联规则设定过滤噪声日志、剥离无用信息，并进行安全事件日志信息压缩和归并。

逻辑判定：确定规则是否符合条件，触发后续操作，支持算数运算、比较运算、组运算、统计计算、序列运算、窗口运算等操作。

资产及漏洞关联：资产及漏洞关联在复杂交叉性评估中进行，将资产信息 IP 与日志中的 IP 进行关联，并将资产的重要等级、资产漏洞信息与日志中的信息进行交叉判定。

规则链反应：在某一条规则触发后，是否继续执行规则依赖链中的下一条规则，从而实现告警事件的进一步关联分析。

事件触发：是否向规则引擎之外输出告警事件消息，即是否在数据库或界面中显示符合规则（规则集）条件的告警事件。

如图 7.8 所示，当原始数据进入规则引擎后，首先进行数据过滤，即过滤掉不满足条件或字段缺失的数据，然后根据数据过滤后的结果进行事件分发。规则调度采用 AKKA 框架，AKKA 是一个开发库和运行环境，可用于构建高并发、分布式、可容错、事件驱动的基于 JVM 的应用，使构建高并发的分布式应用更加容易。AKKA 是基于 Actor 模型实现的，Actor 模型也就是响应式模型，和我们常用的基于方法堵塞式的调用不同，它是基于消息的异步调用。Actor 模型内部的状态由它自己维护，即它的内部数据只能由它自己修改（通过消息传递来进行状态修改），并且一个 Actor 只能处理一条消息，且消息是按顺序进行处理的。如果要进行并行的消息处理，就需要创建多个 Actor，且多个 Actor 之间的消息数据是并行的。

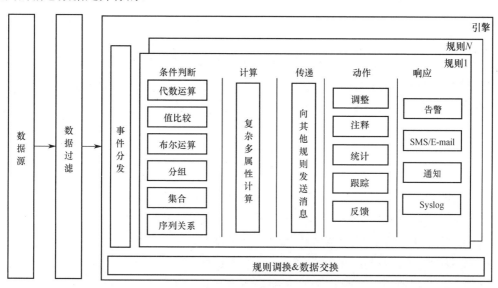

图 7.8　基于大数据的复杂事件处理规则流程

规则引擎条件判断模块判断进入数据是否满足元语言中定义的规则条件，若满足规则条件则进入正式处理阶段。首先是复杂多属性计算，对数据的相关属性进行计数等操作，并在多规则关联的情况下，向父规则传递消息以触发父规则的运行；其次动作模块对当前规则进行匹配后执行规则调整、注释、统计、跟踪、反馈等动作；最后是对匹配规则的响应，包括形成告警事件、发邮件、通知等。

2．威胁情报关联分析

威胁情报关联分析可以通过第三方威胁情报平台获取包含攻击 IP、C&C 地址、挂马网站、钓鱼邮件和恶意软件等多方面的可机读威胁情报。具体来说，威胁情报类型包括垃圾邮件、赌博、色情、钓鱼网址、勒索软件、僵尸网络、恶意软件、DGA 域名、C&C 节点、扫描器节点、Tor 节点、proxy 代理、安全漏洞、数字货币、风险资产等。威胁情报具备优先级、上下文等关键信息，通过对威胁情报要素进行关联分析，挖掘潜在的关联关系，能够全面提升威胁检测与响应能力。

首先，构建威胁情报知识图谱。威胁情报属于一种海量、多源、异构的数据，它包含了各类结构化或非结构化的数据，David J. Bianco 根据情报的价值和获取的难易程度，将其分为 HASH 值、IP 地址、域名、网络或主机特征、TTP（Tactics,Techniques & Procedure）

六类。

其中，威胁情报实体包括 IP、域名、样本、URL、组织、技术等。各自的具体属性如下：

（1）IP 属性包括 IP 的地理位置、IP 设备类型和用于标识恶意节点。

（2）域名属性包括域名注册地区、域名的证书（颁发者）、域名服务商和用于标识恶意域名。

（3）样本属性包括样本 MD5、样本的原始文件名、文件类型、文件来源、家族信息、进程信息和注册表信息。

（4）URL 属性包括 URL 链接和用于标识恶意 URL。

（5）组织属性包括组织类别、组织结构。

（6）技术属性包括技术名称、技术类型、技术平台和技术的详细描述。

各实体之间的关系如下。

（1）IP–IP 关系：表明具有不同 IP 地址的设备间的通信行为。

（2）IP–URL 关系：表明 IP 地址的设备曾访问外界 URL 地址。

（3）域名–IP 关系：表明域名曾经解析到 IP 地址。

（4）样本–URL 关系：表明样本的下载来源 URL。

（5）样本–IP 关系：表明样本的下载来源 IP 地址。

（6）样本–IP 通联关系：表明样本与 IP 地址间的通信行为。

（7）样本–域名关系：表明样本与域名间的通信行为。

（8）样本–样本关系：表明不同样本间的同源关系。

（9）样本–技术关系：表明样本使用的相关技术。

（10）组织–URL 关系：表明组织曾使用的 URL 地址。

（11）组织–IP 关系：表明组织曾使用的 IP 地址。

（12）组织–域名关系：表明组织曾使用的域名。

（13）组织–样本关系：表明组织曾使用的样本。

（14）组织–技术关系：表明组织曾使用的技术。

通过对上述十四种关联关系的定义，基本描述了六类网络威胁情报实体之间的关联关系，实现了网络威胁情报知识图谱的构建。威胁情报知识图谱结构如图 7.9 所示。

其次，对威胁情报要素进行关联分析。具体包括：①实体关联拓线。对输入的威胁情报实体进行一次关联拓线，主要基于对知识图谱的遍历和搜索。②多实体关联分析。通过挖掘两实体之间的关联关系，最终形成集合内部的实体之间的内在联系，获取威胁情报子图。③实体关联组织。对输入的实体进行关联拓线和搜索，经过多层实体关系的拓扑获取关联的组织。④实体与组织关联路径。对输入的实体和组织进行拓线搜索，从而获取实体与组织之间的路径信息。⑤约束条件下关联拓线。适用于对图系统进行复杂查询。

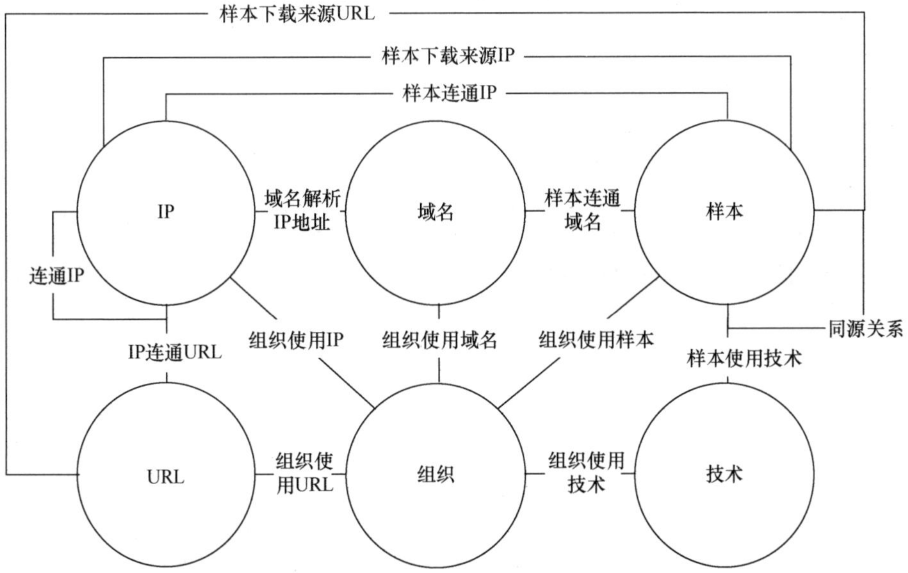

图 7.9　威胁情报知识图谱结构

3．安全事件关联分析

针对多源安全事件聚合关联分析的要求，技术实现包括规则定义、规则管理、规则执行、规则输出四个部分。

规则定义：为了实现一条有意义的处理规则，元语言定义的规则通常包括以下四部分的内容：info、import、logic 和 event。

info 包括规则名称（name）、描述（description）和中间态规则（transient）。其中，中间态规则为一个标记，标记规则为多级触发规则的中间规则，从而支持在界面上过滤中间态规则，提高分析效率。

import 定义规则判断逻辑中可以引用的事件实例的"变量"（简称事件变量），每一个事件变量对应一个变量名称和事件类型。例如，e: RawEvent 的变量名称为 e，事件类型为 RawEvent；可以定义多个事件变量，但是变量名称必须唯一。默认情况下，执行器会等待所有声明的事件变量都可用时（接收到事件并赋值给变量），再继续后续逻辑判定操作；换句话说，因为后续逻辑判定中需要通过事件变量名称引用事件（如事件的某个属性值），所以必须保证事件都存在（至少接收一个事件）。

logic 判定日志是否符合条件引起后续操作，支持算数运算、比较运算、组运算、统计计算、序列运算、窗口运算等操作。当符合某一个规则后，则触发事件生成。在某一条规则触发后，是否继续执行规则依赖链中的下一条规则，从而实现告警事件的进一步关联分析。可应用一些需要逻辑运算的规则，如登录失败达到多少次后产生告警。logic

判定支持如下逻辑运算符。

（1）值比较：大于（gt）、小于（lt）、等于（eq）、不等于（ne）、大于等于（gte）和小于等于（lte）。

（2）逻辑运算：与（and）、或（or）、非（not）。

（3）成员测试：in（属于）、nin（不属于）、hav（包含）、nhv（不包含）。

（4）集合运算：COUNT、SUM、AVERAGE、MAX、MIN、ANY、EXIST、FIRST、LAST、DISTINCT 等。

每一个规则的成功触发都将会产生一个告警，告警中的信息由 event 定义，具体定义如表 7.2 所示。

表 7.2　告警字段定义

字段名	说明
alert_id	告警 ID
enterprise_id	企业 ID
gateway_ids	网关 ID
alert_type_id	攻击类型 ID
alert_severity	告警严重程度
relation_logs_count	告警关联日志数
solution	解决建议
alert_rule_id	告警规则 ID
alert_rule_name	告警规则名称
start_time	首次发生时间
end_time	末次发生时间
attack_phase	攻击阶段
duration	持续时间
alert_name	告警名称
attack_times	攻击次数
description	告警描述
source_ips	源 IP
dest_ips	目的 IP
event_confidence	置信度
attack_result	攻击结果
compromise_state	失陷状态
log_ids	原始日志 ID 集合
vendor	告警引擎厂商名称
extra_info	扩展信息
event_status	事件状态
event_time	标注时间

续表

字段名	说明
event_person	标注人
event_remark	备注
reserved_a	预留 A
reserved_b	预留 B

规则定义部分的最终输出由规则输出部分进行判定。

规则管理：系统具有图形化的配置页面，可对关联规则进行编辑管理，可将图形化配置的规则信息，生成关联分析引擎所使用的 JSON 格式，并提交给规则引擎进行分析、编译及上线操作。提交过程中，规则引擎无须重启，即可完成规则更新操作。规则管理流程如图 7.10 所示。

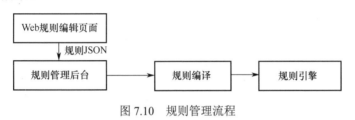

图 7.10　规则管理流程

通过规则编辑管理页面，用户能够进行规则单条导入/导出和批量导入/导出、启用/停用等操作。

规则执行：引擎获取了编译后的规则，并将其更新为内部逻辑测试单元；在分布式环境下，工作节点中的本地加载器加载编译规则，并传递给本地执行器执行规则；当规则通过逻辑测试，触发器执行触发逻辑报送结果；执行引擎支持记录规则触发链条，为回溯追踪提供数据支撑。

规则输出：规则输出包括满足规则逻辑测试条件的触发结果分析输出，支持回溯的跟踪数据，以及规则执行度量分析。例如，输出规则中间状态、引擎负载情况和资源使用情况等数据，为调度提供决策数据。

7.2.2.7　交叉验证分析技术

交叉验证分析结合其他分析技术的输出结果，以及网络安全信息资源池中收集汇聚的基础分析结果，对各孤立安全数据进行交叉验证，以此判断分析结果的可信度，准确掌握相同事件的真实影响范围。

1. 恶意代码同源分析技术

恶意代码同源分析和生物信息学中针对生物体的同源分析存在着相似点：样本大部分信息均可以用序列或网络表示，因而都可以基于序列和网络的相似性进行同源分析。

恶意代码同源分析过程如图 7.11 所示。

图 7.11　恶意代码同源分析过程

首先，获取恶意代码样本，这个可以通过自动捕获器或恶意代码样本上传网站或其他路径获得。

其次，在获得了恶意代码样本后，提取所有恶意代码样本的函数调用图，包括恶意代码样本的各个函数的函数符号名、指令助记符序列和调用函数序列三个方面的信息。

再次，根据提取得到的恶意代码样本函数调用图各个方面的信息，对恶意代码样本函数调用图进行两两相似性比对，计算恶意代码样本之间的 SDMFG 值。

最后，根据计算得到的所有恶意代码样本函数调用图两两之间的 SDMFG 值来进行恶意代码同源分析。

2．聚类分析技术

聚类分析的研究是比较活跃的，已经形成了大量较为成熟的聚类算法，具体包含基于划分聚类、基于层次聚类、基于密度聚类、基于网格聚类和基于模型聚类等算法。

1）基于划分聚类

划分方式就是将给定的数据集（N 条数据记录）划分为 K 个分组，利用循环定位技术优化划分聚类的质量，每个分组就是聚类结果集中的一个聚类。

K 个划分聚类必须满足以下两个条件：

- 每个划分聚类包含的数据对象数目 n 必须满足 $n \geq 1$；
- 每条数据记录只能归属于一个聚类。

通常衡量划分结果好坏的标准是：必须满足属于相同分组的数据记录之间具有最大化的相似程度，而不属于同一分组的数据记录相异程度最大化，即相似程度最小。基于划分聚类思想的典型算法有 K-Means 算法（以及其扩展算法 K-Modes、K-Prototypes）、K-Medoids 算法、PAM 算法等。

2）基于层次聚类

基于层次聚类就是对规定数据进行分解的过程，该算法针对规定数据创建层次分解，分解方式为自底向上的凝聚或自顶向下的分裂。在层次分解中存在分解合并之后无法回溯的不足，虽然这样不用考虑因为选择的不同造成组合爆炸，但同时层次聚类将无法纠正自己的错误决策。为了弥补不足之处，基于层次聚类的算法通常要与其他聚类算法相结合，如循环定位。典型的基于层次聚类的算法有 BIRCH 算法、CURE 算法、CHAMELEON 算法等。

3）基于密度聚类

为了克服基于距离聚类的分析算法在发现圆形和球状簇方面能力的不足，研究者们提出了基于密度聚类的算法，该算法与基于距离聚类法的算法最大不同之处在于：在实施聚类的过程中，相似程度的判别标准不是数据样本之间的各种距离，而是根据数据样本的点密度实施聚类。基于密度聚类的基本思想是，将区域中点密度大于给定阈值的数据样本加到与该样本相近的聚类簇中。因此，基于密度聚类的算法能过滤噪声数据，发现任意形状的数据簇。典型的基于密度聚类的算法有 DBSCAN 算法、OPTICS 算法等。

4）基于网格聚类

使用多分辨率的网络数据结构，将对象空间量化为有限数目的单元，这些单元形成了网格结构，所有的聚类操作都在该结构上进行。基于网格聚类的算法通常与基于密度聚类的算法结合使用，典型的有 STING、STING+、WaveCluster、CLIQU 等算法。其中，WaveCluster 是一种新颖的运用小波转换技术的算法，该算法能够有效发现任意形状的聚类，有效处理噪声数据，并对数据输入顺序具有独立性，在针对大数据集聚类时十分有效。

5）基于模型聚类

基于模型聚类的算法就是使用特定的模型来进行聚类分析，并试图优化实际数据与模型的适配度。基于神经网络聚类的算法和基于统计学习聚类的算法是基于模型聚类的算法中的两类。在神经网络模型中常用于聚类分析的主要有 Self-Organizing Map（SOM）模型、自适应共振理论模型及 Learning Vector Quantization（LVQ）模型。基于高斯混合模型的 EM 聚类算法是一种典型的基于统计学习聚类的算法。

7.2.3　互联网安全预警技术

预警是指在实时监控网络攻击的基础上，通过识别网络攻击意图，综合评估网络安全状态并预测其发展趋势，力争在攻击实施的早期阶段发出警报，以尽可能在攻击未产生实质性危害时加以遏制，将损失降到最低。

互联网安全预警技术需解决"如何由局部发生的网络攻击预测其对全局的影响，做到从不同区域所发生的网络攻击来判断整体网络可能发生的入侵事件，并对其做出及时预警"的问题，此问题主要涉及两大类关键技术：网络攻击意图识别和网络安全态势感知。下面分别从网络攻击意图识别，网络安全态势评估、预测进行详细描述。

7.2.3.1　网络攻击意图识别

对抗的本质是攻防双方围绕目标系统脆弱性和攻击技术展开的动态博弈较量。安全管理员需要准确把握和判断整个网络的安全态势，既要考虑到网络自身的防护措施和脆弱性，又要具有对入侵者的攻击意图的认知能力，这样才能在对抗中获取信息优势，做到"知己知彼，百战不殆"。攻击意图识别主要分为基于关联的意图识别和基于推理的意图识别两大类。

1. 基于关联的意图识别

基于关联的意图识别是基于 IDS 等网络安全设备报送的告警进行关联分析以发现警报之间的因果关系的过程。关联分析方法又大致可分为基于属性相似度、基于攻击场景及基于因果联系的方法，如基于相似攻击意图算法（SAI），在现有攻击意图分类的基础上提炼出各种属性向量，使用余弦相似度作为度量计算现有攻击样本与可疑数据的相似程度，通过聚类判断潜藏的攻击意图。

2. 基于推理的意图识别

基于推理的意图识别是指对报警信息提取的特征属性进行建模，并根据建立的模型来分析和推理出入侵者的攻击意图。攻击意图之所以难以评估是因为其无法观测，对于攻击意图的识别往往需要分析可能会影响攻击意图的可观测事件，以及它们之间的因果联系。因此，使用概率的方法能够很好地计算意图与观测事件的内在联系，此外，概率的方法也能很好地将攻击不确定性的问题加以利用。下面将分别介绍四种常见的模型，分别是基于 Petri 网模型、基于博弈论模型、基于攻击图模型和基于概率模型。

1）基于 Petri 网模型

基于 Petri 网模型的攻击意图识别模型，其本质上是使用了一种状态转换方法来研究入侵行为，通过状态的转换来描述和检测已知入侵。状态转换方法需要根据预先设定的规则来检测状态转换，使用状态转换图来表示和检测已知攻击模式，以达到检测的目的。基于 Petri 网模型由攻击者执行的一系列动作来表示入侵过程，是一种使系统从初始安全状态到受到危害状态的一系列状态变化模型。初始状态是指系统处于安全状态下，即没有受到入侵行为的影响，而入侵状态相对于安全状态则是系统遭受到入侵的状态。初始状态与入侵状态之间有一个或多个状态转移，攻击者就是通过一步步的状态转移来实施攻击的。

Petri 网根据可以被检测的基本事件来定义攻击行为。与攻击相关的运行行为都可能成为基本事件，如操作指令、特定的传输端口、修改注册表值等。这些安全事件按照发生的时间或因果联系用一个有色 Petri 网状态转换模型来表示，如图 7.12 所示。

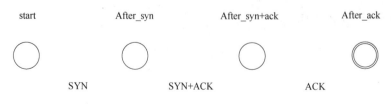

图 7.12　有色 Petri 网状态转换模型图

2）基于博弈论模型

基于博弈论模型的研究对象并非具体的攻击行为，其核心思想在于研究攻击者和防御者的对抗行为。此外，基于博弈论模型囊括了攻击对抗中的关键因素，如策略、代价、风险、威胁、漏洞、攻击手段、防御手段、系统状态等。

博弈，即个人或团体，在一定条件的约束下，同时或先后，一次或多次，根据各自的策略进行选择，而后从中取得收益的过程。按照博弈论的观点，网络攻防的过程可以看作攻击者和防御者进行博弈的过程，双方根据自身情况与网络情况，初始信息并不完整，但随着博弈的进行双方都将获得更多与对手相关的信息。

基于博弈论模型实质上是攻击者与各防御系统通过各自策略集进行选择对抗的一个过程。而攻防策略分类需要考虑策略空间的大小。攻防策略空间越大，基于博弈论模型的复杂度越高。一方面，策略空间既不能设置得太大，以免影响到模型的计算效率；另一方面，策略空间又不能设置得太小，否则缺失过多的策略会使模型偏离实际，影响准确度。

如表 7.3 所示，基于博弈论模型中攻击者选择不同的攻击手段 x 的概率为 $p(x)$，而相对应防御者选择不同安全策略 y 的概率为 $q(y)$。不管参与者如何选择，都是由其本身利益最大化决定的。换言之，无论攻击者采取何种攻击手段，都会结合自身能力、受害机端口状态等多种因素来增加攻击成功的概率。同理，防护者也会根据自身的漏洞和检测出的网络攻击证据采取最佳防护策略，即在投入和产出间寻找平衡点。因此，最佳的防御系统不仅需要从防御者的角度进行考虑，更需要考虑攻击者的策略选择，做到主动防御。

表 7.3　攻防博弈收益矩阵

		防御者	
		Q_1	Q_2
攻击者	P_1	$(p_1, p_2, p_3, \dots)$	$(0, 0)$
	P_2	$(0, 0)$	$(q_1, q_2, q_3, \dots)$

3）基于攻击图模型

基于攻击图模型是一种用图形的方式来描述从攻击者到受害机的所有攻击路径的方法，能可视化表达攻击场景，让人对攻击者的攻击活动一目了然。网络中存在很多漏洞，而这些漏洞之间往往又存在一定的联系，当一个漏洞被利用后会为另一个漏洞被利用创造条件。攻击图是一种评估网络脆弱性的方法，通过分析网络的配置信息和漏洞信息，基于全局依赖关系，寻找所有可能的攻击路径。使用攻击图可视化表达攻击场景去识别攻击意图的最大难点在于攻击图的构造，此外还需要考虑状态空间爆炸的问题。

状态攻击图是一个四元组 $G = (S, \tau, S_0, S_S)$ 的目标网络状态转换图。其中，S 是状态的全集；$\tau \subseteq S \times S$，表示状态之间的变迁关系；$S_0$ 表示初始状态集合；S_S 表示成功状态集合。由于攻击图由攻击状态和攻击动作组成，攻击状态的转换由攻击行为驱动而发生改变。

而属性攻击图是一个三元组（$A_0 \bigcup A_d, T, E$）。其中，A_0 表示初始节点集合，A_d 表示可达节点集合，T 表示原子攻击点集合，E 表示有向边集合。基于攻击图的网络脆弱性研究主要分为以下几个阶段：首先，对目标网络进行建模，主要是攻击图生成建模；其次，在已建立模型的基础上，通过攻击规则和生成算法生成攻击图，这些攻击规则往往由漏洞知识库产生；最后，基于生成的信息进行安全分析。

4）基于概率模型

在图工具的基础上，提出基于不确定性推理的复合攻击意图识别的方法来识别复合攻击，更加符合真实攻击场景的特性。攻击往往都具有伪装性，这给检测的真实性带来了很多不确定性。上面提到的攻击图，虽然可以直观地描述攻击过程进而加以分析，但在计算最优安全策略时，没有把攻击的不确定性纳入考虑范围之内，从而与实际结果产生了偏差。因此，在进行安全性分析及攻击预测时，使用基于概率模型来计算观测事件的不确定性，可以提高准确率。基于概率模型主要分为隐马尔可夫模型和贝叶斯网络两种。

隐马尔可夫模型是一个三元组 $\lambda = (A, B, \pi)$，其中 A 表示状态转移概率矩阵，B 表示状态与观测事件之间的条件概率，π 表示初始状态先验概率。而贝叶斯网络是一种因果网，其节点表示发生的事件，而节点之间的连线表示事件之间的因果关系。当某个事件被检测到实际发生时，会通过连线影响到其他节点的发生概率。

如图 7.13 所示，因果网中每个节点的取值为二分值，表示发生则概率为 1，不发生则概率为 0。而表 7.4 表示节点 H 的条件概率矩阵，表示节点 R 和节点 S 会共同影响节点 H 发生的概率。当节点 R 和节点 S 同时发生时，H 发生的概率为 1，不发生的概率为 0。当节点 R 不发生而节点 S 发生时，H 发生的概率为 0.9，不发生的概率为 0.1。当节点 R 发生而节点 S 不发生时，H 发生的概率为 1，H 不发生的概率为 0。当节点 R 和 S 都不发生时，H 发生的概率为 0，不发生的概率为 1。将因果网应用在网络安全中，正是将 R 和 S 假设为实际攻击行为，而将 H 假设为攻击意图。攻击意图为内在无法观测的，受可观测的攻击行为发生的影响。

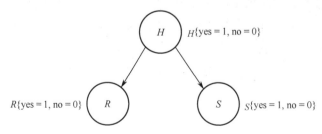

图 7.13　因果网节点关系示意图

表 7.4　因果网节点条件概率

R, S 节点状态	H 节点状态	
	H=y	H=n
R=y, S=y	1.0	0.0
R=n, S=y	0.9	0.1
R=y, S=n	1.0	0.0
R=n, S=n	0.0	1.0

7.2.3.2　网络安全态势评估技术

安全态势评估是指通过汇总、过滤和关联分析设备等产生的安全事件，在选取合适的网络安全态势评估要素和维度的基础上建立合适的数学模型，对网络系统整体的漏洞情况、所遭受安全威胁的程度及资产状况等进行综合评估，从而分析出网络安全状态所处阶段，全面掌握网络整体的安全状况，以便在危害发生之前针对这些威胁采取遏制和阻止措施，使系统免受攻击和破坏。

在网络安全态势评估过程中往往要建立网络安全指标体系，主要采用定性和定量指标相结合的方式。定性指标又称"主观指标"，反映对评估对象的意见、满意度。定量指标又称"客观指标"，有确定的数量属性，原始数据真实完整，可以指定明确的评价标准，通过量化的表达，可使评估结果直接而清晰、不同对象之间具有明确的可比性。

1. 网络安全态势的定性评估

基于安全人员以往的安全经验、知识等要素对网络安全态势做出评估，包括调查问卷法、逻辑评估法、历史比较法和德尔菲法等。其中，德尔菲法也称专家意见法，其本质上是一种反馈匿名函询法。其大致流程是在对所要预测的问题征得专家的意见之后，进行整理、归纳、统计，再匿名反馈给各专家，再次征求意见，再集中，再反馈，直至得到一致的意见。

2. 网络安全态势定量评估

网络安全态势定量评估是指用数学模型计算出网络安全态势的各项指标并进行评估，其优点是可以使评估结果更直观、更客观、更科学、更严密。目前，网络安全态势量化评估方法主要分为基于数学模型的量化评估方法、基于知识推理的量化评估方法和基于机器学习的量化评估方法。

1）基于数学模型的量化评估方法

基于数学模型的量化评估方法是在综合考虑各项能够引起网络态势变化要素的基础上，基于数学模型构建一个评估函数，建立从安全指标集合 X 到态势值集合 Y 的映射函数 $Y=F(X)$。其中，F 表示态势评估过程中使用的聚集算法，实现态势要素到网络安全量化评估值之间的映射。

传统的多指标综合方法，如权重分析法、集对分析法等，都可用来进行态势评估。

（1）基于权重分析法的网络安全态势评估。

权重分析法是较为常用的评估方法。该方法首先通过层次分析法建立网络安全指标体系，之后确定网络安全指标体系中各指标的权重。层次分析法首先将问题层次化，从问题的性质和所要达到的目标出发，对问题进行分解，将分解后的不同组成要素按照相互关联影响和隶属关系从不同的层次聚合，形成一个多层次的分析结构模型。在用层次分析法确定网络安全指标体系后，网络安全指标的权重大小代表了该指标与同级指标相比的重要程度，对于权重设置的不同也代表了评估人员对网络安全关注点的不同。

权重分析法虽然将作为基本参数的融合值转化成态势评估函数的输入形态，强化了关联信息的融合关联过程，但在指标体系分析、权重确定等方面涉及的主观要素较多，在反映更为复杂的非线性特性的安全态势数据时，显得缺乏精准度。

（2）基于集对分析法的网络安全态势评估。

集对分析法（Set Pair Analysis，SPA）是处理系统确定性与不确定性相互作用的数学理论，通过比较两个事物的同一性、差异性、对立性三个方面来对事物进行全面的分析。所谓集对是指具有一定联系的两个集合所组成的对子。联系数是集对分析的重要概念，通过联系数把三种测度联系在一起组成一个同异反联系系统（确定不确定系统）。集对分析法可以用于态势评估，其核心思想是首先建立联系数的表达式，并给出同一性、差异性和对立性的计算方法，建立基于集对分析的态势评估模型，然后计算集对势的值，通过该值来判断在同异反联系中是否存在同一、对立或势均力敌的趋势，进而通过对比同一性、差异性和对立性三者之间的关系来建立系统态势状态表。

2）基于知识推理的量化评估方法

基于知识推理的量化评估方法是通过整理专家知识建立数据库和概率评估模型，借助概率论、模糊理论、证据理论等来描述和处理安全属性的不确定性信息，并通过推理控制策略，分析整个网络的安全态势。其代表性的方法包括基于图模型和基于规则推理的网络安全态势评估等方法。

（1）基于图模型的网络安全态势评估方法。

基于图模型的网络安全态势评估方法是使用较多的一种评估方法，其将网络状态、攻击模式等用图的方式表示出来，可以突出网络攻击的特性，使得评估过程清晰、明确，易于理解。例如，基于隐马尔可夫的网络安全态势评估模型的核心思路主要分为以下几个步骤：

① 构建每个主机的安全状态，即马尔可夫状态空间。

② 构建状态转换概率矩阵 P 和事件期望矩阵 Q，即在某个状态下，收到的安全事件

属于各个状态的概率矩阵。

③ 初始化状态概率 p_0，即一开始主机处于某个状态的概率。

④ 主机处于各个状态的代价。

⑤ t 时刻某个主机的危害度 R，通过对该主机在各个状态的概率及处于该状态下的 cost 乘积求和得到。

但是该方法需要针对整个网络建立攻击图，存在存储开销大等难点，难以在大规模网络中推广使用。

（2）基于规则推理的网络安全态势评估方法。

网络安全态势评估广泛在高层次评估，由于底层数据来源不同、数据类型众多，采集的各种结果丰富多样，因此需要对底层数据做好处理。基于规则推理的网络安全态势评估方法是将在数据采集阶段获得的底层数据以概率或规则的方式表示出来，以概率传播或规则推理的方式向顶层传播，以便在顶层通过计算完成对网络安全的整体态势评估。基于规则推理的网络安全态势评估方法包括基于贝叶斯网络的评估、基于 D-S 证据理论的评估等方法。下面以基于 D-S 证据理论的网络安全态势评估为例介绍基于规则推理的网络安全态势评估过程。

D-S 证据理论是 Dempster 等提出的进行不确定推理的重要方法，属于人工智能范畴，最早应用于专家系统中。作为一种不确定推理方法，D-S 证据理论的主要特点包括：满足比贝叶斯概率论更弱的条件；具有直接表达"不确定"和"不知道"的能力。使用 D-S 证据理论进行网络安全态势评估时可以按照网络层次结构，逐层推理各层的威胁级别指数，并作为下一层的参考，最终推理出整个本地网络系统威胁级别指数。

使用 D-S 证据理论进行网络安全态势评估的具体过程如下：

① 建立证据和命题之间的逻辑关系，即从安全指标到安全状态的汇聚方式，确定基本概率分配情况。

② 每收到一则事件发生的上报信息，就进行一次基本概率分配，再使用证据合成规则，得到新的基本概率分配结果，并把合成后的结果送到决策逻辑进行判断，将具有最大置信度的命题作为备选命题。

③ 当不断有事件发生时，这个过程便得以继续，直到备选命题的置信度超过一定的阈值，即证据达到要求时，认为该命题成立。

3）基于机器学习的量化评估方法

基于机器学习的量化评估方法通过模式识别、关联分析、深度学习等方法建立网络安全态势模板，经过模式匹配及映射对态势性质和程度进行分类、分级，显著地减少对专家经验知识的依赖，采用自动获取知识的方法，建立科学、客观的评估模板。基于机器学习的量化评估方法主要有灰度关联分析方法、粗糙集方法及基于神经网络和深度学习的方法等。

（1）基于灰度关联分析方法的态势量化评估。

灰度关联分析方法是根据要素之间发展趋势的相似或相异程度作为衡量要素间关联程度的一种方法。基于灰度关联分析方法的态势量化评估一般首先通过构建态势要素数据序列来计算两组态势序列之间的差异性，然后基于灰度关联分析技术建立态势因子之间的灰度关联系数，再将每个序列的各个态势因子的灰度关联系数集中体现在一个值上，最后通过该值的大小对网络安全态势进行类别的划分。

基于灰度关联分析方法进行层次式网络安全态势量化评估的主要过程如下：

① 将目标网络系统分为服务层、主机层、系统层三个层次。

② 建立从攻击层到服务层的灰度关联矩阵。

③ 根据攻击层到服务层的灰度关联矩阵，计算服务层态势指数。

④ 根据服务层态势指数计算主机层态势指数。

⑤ 根据主机层态势指数计算系统层态势指数，可得出整个系统的网络安全态势评估值。

（2）基于粗糙集方法的态势量化评估。

粗糙集理论是假设处理目标与某些信息相关联，形成不可分辨的关系。粗糙集理论被用于解决信息含糊不清和不确定性的问题，以发掘海量数据中的内在逻辑规则。粗糙集理论的广泛应用主要得益于其不需要先验知识，是一种天然的数据挖掘或知识发现方法。与传统的处理方法不同，粗糙集理论研究表达知识系统属性的重要性及属性之间的依赖关系。粗糙集理论通过引入上近似集和下近似集来描述一个集合，其核心思想是在保持分类能力不变的前提下，得到概念的分类规则。基于粗糙集方法的态势量化评估的一般过程如下：

① 建立从态势因子到态势划分之间联系的态势评估决策表，决策表的构建过程主要分为特征选择、信息表离散化、属性规约、属性值规约、形式化规则五个阶段。

② 以历史数据作为训练的样本数据来建立态势评估模板。

③ 当一个新的信息到达时，通过分类决策表可以确定当前的态势状态，即通过模式匹配得出当前网络安全态势的对应状态。

（3）基于神经网络和深度学习的态势量化评估。

决定大规模网络安全状态的要素具有海量性和多样性的特点，且随时不断演化。而且，网络安全态势评估具有多层次、多维度等特点。因此，如何正确选取网络安全态势评估参数，并将其归约、汇聚为量化数值，能够真实、客观地反映网络安全状态，是非常具有挑战性的问题。神经网络和深度学习技术为以上问题提供了新的解决途径。由于可以将大量的历史数据作为学习样本，神经网络和深度学习技术可以通过训练来建立海量网络安全态势因子与最终网络安全态势状态之间的对应关系，当新的网络安全态势数据被输入系统时，就可以得出对应的网络安全态势状态。神经网络和深度学习算法摆脱了对特征工程的依赖，能够自动化构建具有动态可调整、自适应自学习特性的网络安全态势量化评估模型。

基于神经网络进行态势量化评估的主要过程如下。

① 数据输入：首先进行网络安全评估要素的选取，根据具体评估系统的需求选取评估要素，并将这些评估要素按照一定方式组织成神经网络输入格式。

② 构建神经网络模型结构：构建合适的神经网络模型结构，包括网络的深度、连接的方式等。

③ 通过历史数据训练神经网络：将大量的历史数据输入神经网络，进行模型参数的训练。

④ 实时网络安全态势计算：基于训练生成的神经网络模型，给其输入实时网络安全态势要素数据，即可得出当前网络安全态势的评估值。

7.2.3.3　网络安全态势预测技术

网络安全态势预测根据对环境相关原始信息的理解和分析，预测事物的未来发展状态和趋势，是网络态势研究的终极目标。掌握了未来的发展趋势，就能提前采取一定的措施应对复杂的网络环境及存在的大量的安全问题，保证网络的安全运行。

网络安全态势预测主要包括贝叶斯网络模型、灰色理论模型、循环神经网络模型等。

1. 贝叶斯网络模型

贝叶斯网络是一个有向无环图，图中的节点代表随机变量，有向边表示节点间的因果关系。它的基本思想是：先将随机变量对应转换成图中的节点，然后根据相应规则给初始节点赋予概率值，因此，后续节点的条件概率就可以通过计算初始节点和有向边之间的关系得到。贝叶斯网络自被提出以来，常用于处理一些不确定的和概率性的问题，事实证明它是一个非常有效的概率推理模型。然而，创建贝叶斯网络需要有事件列表、事件之间的因果依赖关系及事件之间转换的概率等基本先验知识。

贝叶斯攻击图是贝叶斯网络形式的攻击图，用来分析可能的后续攻击行为。其模型简单，可动态预测多步攻击，但需要大量的先验知识，对于小样本攻击检测而言，其检测效率并不理想。

2. 灰色理论模型

在灰色理论术语中，如果是一个信息完整的系统，那么就可以命名为白色系统，没有信息的则定义为黑色系统。然而，在现实生活中，经常存在既有部分信息明确又有部分信息缺失的情况。为此，邓聚龙教授首次提出灰色系统理论，它为"灰色"问题提供了解决办法。在灰色系统理论中，灰色模型表示为 GM(N, M)，其中 N 代表微分方程的阶数，M 代表随机变量的个数。虽然可以有各种类型的灰色模型，但考虑到计算效率的问题，应用最广泛的是一阶单变量灰色模型 GM(1, 1)。其基本思想如下：

假设有原始序列 $X^{(0)} = \left(X^{(0)}(1), X^{(0)}(2), X^{(0)}(3), \cdots, X^{(0)}(n) \right)$，首先，通过累加函数生成新的序列 $X^{(1)} = \left(X^{(1)}(1), X^{(1)}(2), X^{(1)}(3), \cdots, X^{(1)}(n) \right)$，其中有 $X^{(1)}(k) = \sum_{i=1}^{k} X^{(0)}(k)$；其次，利用变换生成的新序列建立微分方程的模型；最后，利用灰色模型进行预测。

与传统统计模型相比，灰色模型可以在拥有部分数据信息的情况下达到预测未知系统的行为，它对于噪声和缺乏建模信息的系统而言更加稳健。尽管 GM(1, 1)模型已被广泛采用，但其预测性能仍有待提高，且它仅限于预测时间序列的下一个值，适合基于小样本数据的短期预测。

3. 循环神经网络模型

循环神经网络（RNN）是一种适用于对时间序列数据和其他顺序数据进行建模的深度学习策略。RNN 与其他神经网络结构一样，具备数据输入层、隐藏层及数据输出层，相邻层之间的连接方式都是全连接。与传统神经网络模型不同的是，RNN 隐藏层的特别之处在于其同层节点之间都是相互连接的，这样的结构使得它具备内部记忆功能，从而可以存储接收到的数据。所以，RNN 在预测下一步时会同时结合当前输入信息和上一时刻信息进行决策。相较前馈神经网络，它可以对序列数据及其上下文有更深入的了解。

理论上，RNN 可以学习到任何长度的序列数据，但实际上，当神经网络隐藏层数增加过多时，容易导致梯度爆炸或梯度消亡的问题，这将直接影响整个模型的训练与学习。LSTM 神经网络是对 RNN 的改进，在处理时间序列数据方面具有强大的性能，与传统的 RNN 递归结构不同，LSTM 神经网络作为一种特殊的 RNN，在解决长期和短期依赖问题方面具有稳定而强大的能力。记忆细胞取代了传统神经网络的隐藏层，是 LSTM 神经网络的核心改进。由于有输入门、输出门和遗忘门三个门，LSTM 神经网络可以向细胞状态添加或删除信息。

网络安全态势预测描述的是安全态势随时间动态变化的行为，根据历史态势值预测未来态势值。网络安全时间序列数据的预测可以为预防网络安全事件的发生提供决策支持，通过 LSTM 神经网络可解决梯度消失问题。网络安全态势预测模型构建过程如下。

步骤 1：首先将网络安全态势值数据集划分为训练集和测试集，然后对样本数据进行预处理，形成标准样本矩阵。模型的输入输出如表 7.5 所示。

表 7.5　模型的输入/输出

样本输入	样本输出
$X_1, X_2, \cdots, X_m$	X_{m+1}
$X_2, X_3, \cdots, X_{m+1}$	X_{m+2}
$\vdots$	$\vdots$
$X_{N-1}, X_{N-2}, \cdots, X_N$	X_{N+1}

表中选取当前序列 m 和前序 $m-1$ 个态势值作为模型的输入，模型的输出是 $m+1$ 时刻的态势值。

步骤 2：初始化 LSTM 神经网络，输入层节点 m 个，输出层节点 1 个，随机产生迭代次数、学习速率、隐含层节点个数，并初始化优化超参数的变化区间。

步骤 3：在神经网络模型中输入训练数据进行训练，若未达到预测精度或超出迭代范围，则不断学习；若达到迭代次数或预测精度，则停止神经网络的学习，保存当前最优超参数组合。

步骤 4：构建遗忘门，初始化其偏置量为 1，作用是减少在训练的初始阶段遗忘过多的信息。

步骤 5：构建输入门和候选向量，当前时刻的输入值和上一时刻的输出值经过输入门和候选向量，通过 LSTM 神经网络内部迭代公式更新神经网络状态。

步骤 6：构建输出门的过程与传统的模型一致，通过 LSTM 神经网络的输出获得当前时刻的网络安全态势输出值。

步骤 7：计算输出值之后，为验证算法的准确性，将测试样本数据集输入预测模型中，将得到的预测态势值作为模型的输出结果，通过构造预测模型的均方误差函数 MSE 作为模型的目标函数，利用 Adam 等算法更新神经网络的权重和偏置量，直到模型的训练误差达到预先设定的目标并保存模型。

7.3　互联网安全监测预警应用

7.3.1　"龙虾计划"系统

"龙虾计划"（Large-scale Monitoring of Broadband Internet Infrastructures）由希腊研究与技术基金会承担，联合阿尔卡特、赛门铁克、希腊电信、捷克国家教育科研网、欧洲研究与教育网络协会、阿姆斯特丹自由大学等公司、机构及学校，旨在欧洲建立一套互联网流量被动监测基础设施，提高对基础互联网的监测能力，为安全事件提供早期预警。该项目的动因本质上是为了获得对网络的态势感知，尤其是安全态势感知。

"龙虾计划"提供的具体服务包括：

（1）利用在历史项目中获得的经验，在欧洲部署一个独一无二的、基于被动监测的互联网流量监控基础设施。该基础设施安装在 NRN（国家无线电网）和可能的 ISP（互联网服务提供商）平台及项目合作伙伴网络平台上。

（2）组织和协调互联网流量相关领域的利益相关者。龙虾计划构建的流量监测虚拟网络将由该领域的主要利益相关者组建，包括 NRN、ISP、研究机构和网络设备制造商。该虚拟网络将能够：①监测基础设施的运行；②通过纳入新成员节点来扩展基础设施；③通过转让专有技术支持新成员节点；④对监测技术人员进行培训；⑤制定必要的政策来共享和协作使用监测基础设施等。

（3）提供数据匿名工具以防止未经授权的对原始流量数据进行篡改的行为。为了避免产生未经授权使用网络流量数据的情况，"龙虾计划"提供了一套用于加密和匿名监控流量中原始信息的工具。"龙虾计划"实现的基础设施在底层提供了数据包捕获硬件，在数据到达主机之前对其进行加密和安全检测。在更高的层次上，这套工具可以通过某种脚本语言提供独立于应用程序的数据匿名化功能，在保护用户匿名性的同时仍可满足监控程序的要求。

（4）提供对已有应用业务的流量监测服务。这些服务包括：①精确描述使用动态端口的程序的流量特性；②0-day 蠕虫检测、预警和跟踪；③欧洲互联网的测量服务，涉及网络的服务种类、网络安全信息、服务质量、社会文化和行为信息及加密通道的使用等；④提供以天为单位的匿名的流量数据摘要，以检测网络整体变化趋势、校准网络模型等。

（5）在不同层次宣传和推广该计划的作用和成果，包括：①向感兴趣的网络研究人员推送匿名流量数据；②向 ISP 和 ASP 提供功能服务；③使安全专家能够利用这一基础设施发现并遏制蠕虫和各种形式的网络攻击。

7.3.2 "袋熊计划"系统

"袋熊计划"（Worldwide Observatory of Malicious Behaviors and Attack Threats，WOMBAT）的目标是构建一个能够在世界范围的网络中分析恶意软件与恶意活动，实现早期预警的网络平台。该系统利用蜜罐、爬虫、外部数据源等技术手段，采集、分析网络中已经存在的和新出现的威胁并进行信息共享。

其主要服务内容包括：

（1）实时收集各种与安全相关的原始数据。WOMBAT 利用该项目的参与机构（赛门铁克的深度威胁管理系统（Deepsight Threat Management System），Eurecom 维护的全球分布的蜜罐系统，波兰 CERT 的全国网络安全预警系统）已有的数据收集技术，开发专用于无线网（WiFi、RFID、蓝牙）的工具，其他相关机构中已有的数据集部分可用。主要采取主动与被动相结合的方式，通过蜜网和爬虫，无线网从互联网实时、不断地获取数据。

（2）通过多种分析技术对数据进行强化。由于单一的观测结果不足以提示某现象的起因，其他相关的环境因素或特点必须考虑进来，所以将威胁的上下文信息统一形式化。主要通过恶意代码分析和上下文分析的方式强化采集到的数据，如找到某个（组）IP 地址背后的黑客组织，对恶意行为进行聚类、分组等。

（3）威胁分析。一方面是指获得一幅安全态势的全景图（包括信息可视化），对网络威胁进行宏观分析，实现网络威胁的早期预警（Early Warning）；另一方面则可以获得安全情报（Security Intelligence），并输出给相关的组织、厂商，如可以输出新出现的恶意代码的签名。

7.3.3　YHSAS 网络安全态势分析系统

YHSAS 是 2006 年由国防科技大学启动研究的网络安全态势分析系统。该系统面向国家骨干网络安全，以及大型网络运营商、大型企事业单位等大规模网络环境，对能够引起网络态势发生变化的安全要素进行获取、理解、显示及预测未来的发展趋势。

YHSAS 的核心功能包括：

（1）安全信息采集。可对全网全数据类型的信息进行采集，包括网络流、数据包、注册表、文件等内容数据，以及内存信息、地址信息、协议信息、服务信息等监测数据，数据存储规模可达到 10PB，可集成 180 多种网络安全设备。

（2）安全攻击检测。可检测网络扫描攻击、口令攻击、木马攻击、缓冲区溢出攻击、篡改信息攻击、伪造信息攻击、拒绝服务攻击、电子邮件攻击等常规攻击和 APT 攻击，检测的覆盖率超过 90%。

（3）态势量化计算。具有可量化的多维度、层次化安全指标体系，能够多角度描述网络的整体安全态势。

（4）安全态势分析。通过对网络安全事件的多角度、多线索时空分析，提供多模式、多维度的可视化输出。

（5）安全态势预测。可以准确预测某时段内的安全趋势，对木马攻击、DDoS 攻击、病毒态势、僵尸网络、APT 攻击进行行为预测，而且能实现良好的预测符合度。

7.3.4　其他应用

国外，由英国国家安全局（军情五处）等组成的英国网络安全信息共享合作伙伴关系（CISP），为政府、企业、组织共同研制、运行了"共享网络安全信息的可信平台"，全面感知网络安全态势并进行战略防御，能够为政府、企业、组织提供网络威胁早期预警等免费服务，从而提高其网络安全防护能力。我国也建设了很多关于互联网安全监测预警的项目，如国家互联网应急中心在 2003 年开发建立了"公共互联网网络空间安全监测平台"，该平台包含了安全事件监测和信息共享等功能，可对基础信息网络、移动互联网服务提供商等安全事件进行实时监测。

本章参考文献

[1] 张焕国，王丽娜，杜瑞颖，等. 信息安全学科体系结构研究[J]. 武汉大学学报（理学版），2010（5）：614-618.

[2] Mark Stamp. 信息安全原理与实践[M]. 2 版. 北京：清华大学出版社，2013.

[3] 贾乘，周悦芝. 基于结构关系检索的隐藏进程检测[J]. 计算机工程，2017（9）：180-184.

[4] MUSTAFA G, ASHRAF R, MIRZA M A, et al.A review of data security and cryptographic techniques in IoT based devices[C]. Proceedings of the 2nd International Conference on Future Networks and Distributed Systems, 2018.

[5] AHMAD A, PAUL A, RATHORE F, et al. Power Aware Mobility Management of M2M for IoT Communications[J]. Mobile Information Systems, 2015(10): 54-73.

[6] 陈文，李涛，刘晓洁，等. 一种基于自体集层次聚类的否定选择算法[J]. 中国科学：信息科学，2013，43（5）：611-625.

[7] WU J, PENG D, LI Z, et al. Network intrusion detection based on a general regression neural network optimized by an improved artificial immune algorithm[J]. PLoS One, 2015, 10(3): e0120976.

[8] WANG P, ALI A, KELLY W. Data security and threat modeling for smart city infrastructure, in Cyber Security of Smart Cities[C]. Industrial Control System and Communications, 2015 International Conference on IEEE, 2015.

[9] 狄冲，李桐. 网络未知攻击检测的深度学习方法[J]. 计算机工程与应用，2020，56（22）：109-116.

[10] 黄璇丽. 基于深度学习的网络未知威胁检测方法研究[D]. 北京：中国科学院大学，2020.

[11] 张荣，李伟平，莫同. 深度学习研究综述[J]. 信息与控制，2018，47（4）：385-397.

[12] 曹晓斌. 基于深度学习的 SQL 注入检测研究[D]. 南宁：广西大学，2020.

[13] 叶水勇. 网络流量经加密后的检测方法探究[J]. 东北电力技术，2019，40（9）：44-48.

[14] 于光喜，张棪，崔华俊，等. 基于机器学习的僵尸网络 DGA 域名检测系统设计与实现[J]. 信息安全学报，2020，5（3）：35-47.

[15] 黄同庆. 网络安全审计与态势预测技术的研究[D]. 南京：南京航空航天大学，2012.

[16] 张海洋. 大数据的统计分析技术比较研究[D]. 南京：南京大学，2014.

[17] 徐晓明. SVM 参数寻优及其在分类中的应用[D]. 大连：大连海事大学，2014.

[18] 王淮，杨天长. 网络威胁情报关联分析技术[J]. 信息技术，2021（2）：26-32.

[19] 刘星. 基于函数调用图的恶意代码同源分析[D]. 长沙：国防科学技术大学，2012.

[20] 刘胜会. 聚类分析在入侵检测中的应用研究[D]. 重庆：重庆大学，2014.

[21] 刘雨恬. 基于时序关联的入侵意图识别研究[D]. 重庆：重庆邮电大学，2018.

[22] 张建锋. 网络安全态势评估若干关键技术研究[D]. 长沙：国防科学技术大学，2013.

[23] 贾焰，方兴滨，等. 网络安全态势感知[M]. 北京：电子工业出版社，2020.

[24] 徐晓辉，刘作良. 基于 D-S 证据理论的态势评估方法[J]. 电光与控制，2005，12（5）：36-37.

[25] 王素芳. 网络安全态势要素获取及预测方法研究[D]. 桂林：桂林电子科技大学，2021.

[26] 苏小玉，董兆伟，孙立辉，等. 基于强化 LSTM 的网络安全态势预测方法[J]. 计算机技术与发展，2021，31（7）：127-133.

[27] 贾焰，王晓伟，韩伟红，等. YHSSAS：面向大规模网络的安全态势感知系统[J]. 计算机科学，2011，38（2）：4-8.

第8章 关键信息基础设施安全监测预警技术及典型应用

我国自 2021 年 9 月 1 日起施行的《关键信息基础设施安全保护条例》明确提出，关键信息基础设施是指公共通信和信息服务、能源、交通、水利、金融、公共服务、电子政务、国防科技工业等重要行业和领域的，以及其他一旦遭到破坏、丧失功能或数据泄露，可能严重危害国家安全、国计民生、公共利益的重要网络设施、信息系统等。近年来，随着关键信息基础设施控制系统的标准化、智能化、网络化发展，针对关键信息基础设施的网络攻击日益增多。世界各国高度重视关键信息基础设施安全，美国、欧盟等国家和地区通过立法或发布政策文件，将关键信息基础设施安全的网络安全保护提升到国家安全战略层面。围绕关键信息基础设施安全的网络攻防已成为国家间战略博弈的重要领域和网络空间高强度对抗的主战场。

关键信息基础设施主要分两类，一类是提供公共通信与信息服务、电子政务等重点行业的网络服务信息基础设施系统，另一类是包含工业控制系统在内的工业关键信息基础设施系统。一般而言，狭义的关键信息基础设施是指工业关键信息基础设施。由于网络服务信息基础设施的监测预警和互联网安全监测预警内容基本一致，本章主要围绕工业关键信息基础设施安全监测预警的特点、关键技术及典型应用进行分析。

8.1 关键信息基础设施网络的特点

工业关键信息基础设施网络一般分为企业内部管理网和生产控制网两部分，通过工控防火墙、安全网关等设备划分网络安全域，建立工控隔离区（Demilitarized Zone，DMZ），隔离企业内部管理网络和生产控制网，在实现数据实时采集的同时，也能保证设备的安全运行，典型关键信息基础设施网络如图 8.1 所示。

企业内部管理网负责企业日常的工作计划、物流管理、工程系统等，主要涉及企业应用资源，如企业资源配置系统、生产制造执行系统、办公自动化系统、邮件系统等与

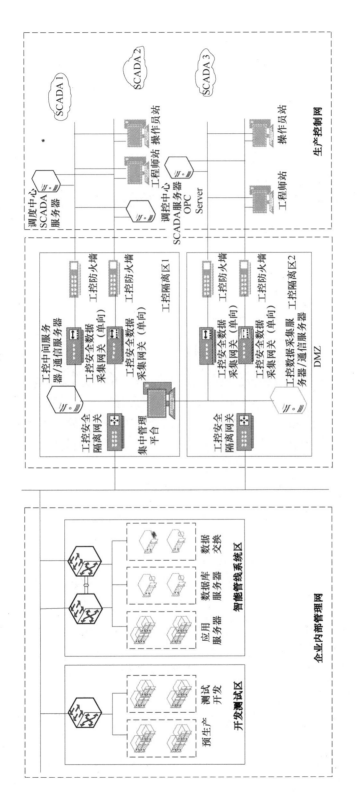

图 8.1 典型关键信息基础设施网络

企业运营息息相关的系统，通常由各种功能的计算机构成。为防止外部网络对生产工况造成不必要的外部干扰，如病毒攻击、木马侵入、人员误操作等外部不利因素，工业企业通常也具有较完备的典型安全边界防护措施，如工业防火墙、单向隔离网关等。

生产控制网主要负责业务数据的采集、传输、分析计算等各个环节，其业务系统大多属于工业控制系统（Industrial Control System，ICS），ICS 是由各种自动化控制组件及对实时数据进行采集、监测的过程控制组件共同构成的确保工业基础设施自动化运行、过程控制与监控的业务流程管控系统，其对实时性、可靠性要求较高，采用工业以太网协议及其他私有协议进行通信，为了保证生产过程的安全性，生产控制网与业务网络及互联网等通常采用物理隔离。

关键信息基础设施面临的威胁和攻击通常来自多方面，鉴于关键信息基础设施网络的上述特点，其监测预警需覆盖企业信息网和生产控制网两张网，现场设备层、现场控制层、生产管理层、企业资源层等多个层级，实现关键信息基础设施网络的全方位安全防护。典型关键信息基础设施监测预警解决方案如图 8.2 所示，通过分布式部署工业隔离网关、工业防火墙、入侵检测、漏洞扫描、主机安全防护、集中管理平台等安全防护设备，由集中管理平台依据预警需求及安全策略对各节点进行宏观调度和协调，从而实现关键信息基础设施网络威胁和安全风险的及时发现、准确定位、适时预警及系统的恢复完善。

- 集中管理平台：根据监测预警需求，向各节点设备下发安全数据采集策略，并对各节点采集的数据进行整编、处理和分析，查询监测知识库，匹配已知风险或威胁特征，学习发现未知风险或威胁特征。
- 工业隔离网关：部署在企业信息网和生产控制网之间，实现企业信息网与生产控制网之间的安全数据交换与隔离。
- 工业防火墙：在生产控制网和企业信息网的区域边界部署工业防火墙，阻止非授权访问，抑制病毒、木马在控制网络中的传播和扩散。
- 安全数据采集网关：主要实现工控数据采集、协议解析、数据传输等，采集数据用于支撑预警策略的制定。
- 入侵检测：部署于工业控制网核心网络设备处，通过旁路模式采集网络设备镜像口数据，在不影响网络正常作业的情况下，实时监测网络整体安全情况。
- 漏洞扫描：部署在生产控制网核心网络设备处，发现设备、网络等存在的漏洞，及时协助用户进行修复。
- 终端安全防护：部署于企业信息网和生产控制网各终端上，为终端系统提供安全加固。

关键信息基础设施监测预警是一个体系化工程，防火墙、网关、入侵检测、漏洞扫描、终端安全防护等均作为网络探针，被部署在监控对象的出口路由器、交换机等内部

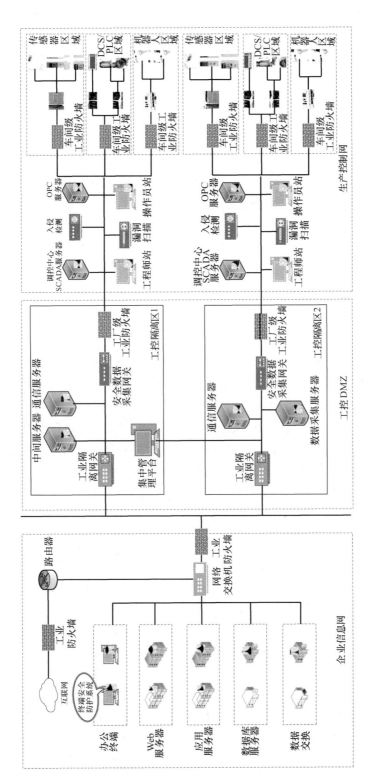

图 8.2　典型关键信息基础设施监测预警解决方案

网络设备镜像端口上，或者直接安装在目标主机上，采集网络中的流量，分析处理后上报给集中管理平台，集中管理平台对上报信息进行分析，确定预警策略。关键信息基础设施监测预警具有如下特点。

- 持续无感监测。关键信息基础设施网络涉及电力、油气、交通、水力等关系到国计民生的重要业务，为实现现场生产设备、监控设备之间数据的动态交互，达到远程实时监控、现场数据实时交互，关键信息基础设施对系统可用性、实时性、连续性要求较高，部署的安全防护系统必须保证不影响关键信息基础设施业务系统正常工作。因此，关键信息基础设施监测预警各节点设备大多采用旁路方式部署在重要区域的工业交换机上，确保不对业务系统造成影响。由于监测预警区域广、覆盖面宽，部署上采用多节点组合分布式部署，7×24 小时不间断持续监测，及时发现系统异常信息并告警，协助系统的修复和完善。
- 分级、分区、分域防护。关键信息基础设施包含企业信息网和生产控制网，层次上包括企业资源层、生产管理层、现场控制层、现场设备层等多个层次，不同的系统按照功能归为不同的安全区，同一种安全区中不同级别的区域又划分为不同的安全域。安全域之间采用工控防火墙、工控安全网关等访问控制类设备进行逻辑隔离，或基于网络安全隔离装置进行物理隔离，防止越权访问，仅允许必要的网络流量通过，确保已发生的安全威胁不会传播到其他关键的核心区域。
- 事前防御，事中响应，事后取证。关键信息基础设施监测预警系统在攻击发生前实时采集目标安全态势并进行分析，构建早期异常行为和攻击前兆特征发现预警能力，协助系统进行防御准备；在攻击过程中，收集攻击过程信息并以告警形式提交管理平台，追踪溯源恶意行为，快速定位攻击来源，同时跟踪攻击进程，判断攻击进度，对高风险设备、应用和服务等资源进行持续扫描，判断是否被利用；攻击结束后，解除告警，通过态势感知和状态采集评估攻击造成的破坏，根据采集信息还原攻击的详细过程，更有针对性地进行加固或修复，通过学习不断自我完善。

8.2 关键信息基础设施安全监测预警关键技术

8.2.1 关键信息基础设施探测感知技术

关键信息基础设施探测感知技术是指通过各种技术手段，对关键信息基础设施相关网络的关键资产数据、威胁数据和脆弱性数据进行充分采集，识别关键信息基础设施网络的软硬件、协议、应用、漏洞等信息。目前，目标属性探测识别的方法主要包括主动探测和被动探测。主动探测是指通过主动向目标网络发送构造的数据包，并从返回的数据包中通过指纹数据库中的海量指纹规则，快速识别出资产的属性信息（设备类型、厂商、品牌、型号、服务、协议等）。被动探测是指采集目标网络的流量，对流量中数据包中的特殊字段或指纹特征进行分析，从而实现对网络资产信息的探测。主动探测方法适用于各种规模的网络，探测速度快且能够探测不产生网络流量的资产。被动探测方法入侵性小，支持历史数据的积累，但应用范围仅限于内网，对不产生网络流量的资产无效。

关键信息基础设施探测感知流程如图 8.3 所示，主要从互联网和内网两个层面对其设备属性、业务属性、漏洞等进行探测识别，其中互联网环境的目标属性探测识别以主动探测为主，在识别关键信息基础设施资产属性的同时，还要识别蜜罐等虚假设备，内网环境的目标属性探测识别以被动探测为主，降低对生产设备的影响。

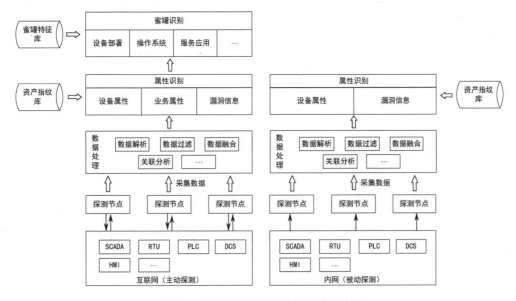

图 8.3　关键信息基础设施探测感知流程

SCADA：Supervisory Control and Data Acquisition 数据采集与监视控制系统

RTU：Remote Terminal Unit 远程终端单元

PLC：Programmable Logic Controller 可编程逻辑控制器

DCS：Distributed Control System 分布式控制系统

HMI：Human Machine Interface 人机接口

8.2.1.1　互联网环境下的关键信息基础设施探测感知技术

关键信息基础设施部署在互联网上的业务系统主要有企业网站、运维系统、资讯系统等。随着工业物联网的更加开放与多变，越来越多的关键信息基础设施终端连接到互联网上，设备种类繁多，且新的设备不断出现。互联网环境下的关键信息基础设施探测感知技术主要对互联网业务系统及挂载到互联网上的设备及系统进行探测识别，主要从设备属性、业务属性、漏洞等方面对目标属性进行探测识别，同时还应识别网上部署的蜜罐，避免误报。

1. 基于指纹提取的设备属性探测识别

关键信息基础设施的设备、软件的数据传输采用了众多的通信协议和标准，包括 HTTP、FTP、TELNET 等通用协议，也包括工业控制领域专有通信协议，如 Modbus、Ethernet/IP(CIP)、IEC 61850-101/104、DNP3.0、OPC 等，以及大量的私有协议。

基于指纹提取的设备属性探测识别技术综合利用多种探测方法，通过分析工业控制通信协议，封装工控系统基础数据（包括厂商名称、设备型号、版本号、通信协议等）提取报文，构建工控设备基础数据报文请求和解析脚本，通过解析报文、模糊查找、自动学习等技术不断丰富指纹库。指纹库涵盖工业控制设备、系统主机及服务器、应用软件、智能设备、网络设备等。为了实现工业控制系统指纹信息的自动批量提取，搭建指纹智能识别软件框架。通过对工业控制系统元数据的分析，抽象出设备的特征参数值，以设备类型、厂商名称、设备型号、版本号、协议类型、开放端口、服务等作为关键字段，设备特征字符串作为特征值，建立设备指纹知识库。基于指纹提取的设备属性探测识别流程如图 8.4 所示。通过向目标设备发送特定的探测报文，解析设备的响应报文，并利用模糊匹配与指纹字典进行比对，识别工业控制资产的设备属性信息。

通过发送探测包，分析响应包中的关键标识，可以对典型信息基础设施设备进行识别，而这些关键标识可以作为识别工业控制设备的指纹。

对于公开标准的工业控制协议，如 Modbus、OPCUA、EtherNet/IP 等协议中，通常都约定了固定的功能码（Function Code）来读取应用和模块信息，这样可以准确识别目标设备的厂商信息或产品信息。这类工业控制设备的发现和识别，可以通过发送包含相应功能码的报文数据来获取被探测目标的厂商和模块信息，进而判断设备类型和产品型号。对于一些无法通过固定功能码获取设备信息的标准通用协议，可根据连接请求等功能性报文的响应内容，来判断其是否在某个端口开启了相应的服务，进而判断运行该服务的设备厂商和类型。常用的标准工业控制协议设备识别方法如表 8.1 所示。

对于使用私有厂商协议进行通信的工业控制系统和设备，探测识别方法也是通过发送特定请求报文获取设备类型和模块信息。不同的是私有厂商协议具有唯一性的特点，通常只支持该厂商某些类型的工业控制设备，通过私有协议可以准确地识别一个厂商及系列的设备类型，私有协议中特定的功能往往可以直接读取到设备的模块信息。常见的私有厂商协议工业控制设备识别方法如表 8.2 所示。

此外，典型信息基础设施设备中经常会开启一些传统的服务，如 HTTP、SNMP、FTP 等，用于监视设备的运行状态或管理设备。表 8.3 为基于通用协议的设备关键标识，可以利用设备不同服务（端口）上的特征标识来识别设备。

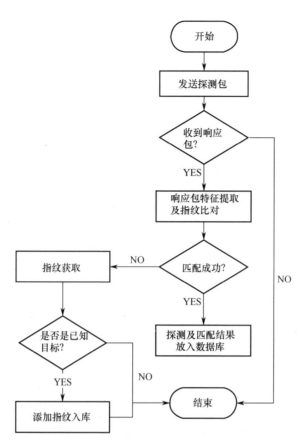

图 8.4　基于指纹提取的设备属性探测识别流程

表 8.1　常用的标准工业控制协议设备识别方法

协议名称	默认端口	请求信息	响应内容
Modbus	502	43 功能码	厂商和模块信息
EtherNet/IP	44818	枚举设备信息	制造厂商、模块信息、串号等信息
MMS	102	请求厂商和模块信息	厂商和模块信息
BACnet	47808	枚举设备信息	制造厂商、模块信息、串号等信息
IEC 104	2404	启动连接	启动确认
DNP3	20000	请求链路状态	连接确认
OPCUA	4840	查找服务器请求	应用名称信息

表 8.2　常见的私有厂商协议工业控制设备识别方法

协议名称	默认端口	请求信息	响应内容
Siemens 7	102	读取系统状态列表	PLC 模块、版本、串号等信息
GE SRTP	18245	读 CPU 单元信息	PLC 模块信息
OmronFINS	9600	读 CPU 单元信息	PLC 模块信息
Codesys	1200	读系统信息	系统信息
Mitsubishi MELSEC	5007	读 CPU 单元信息	PLC 模块信息

表 8.3 基于通用协议的设备关键标识

厂商	设备	服务（端口）	特征
Siemens	S7 1200	HTTP（80）	Location: /Default.mwsl
		SNMP（161）	Siemens、SIMATIC S7、CPU-1200
	S7 300	HTTP（80）	Location: /Portal0000.html
		SNMP（161）	Siemens、SIMATIC NET
Hollysys	LK Series	FTP（21）	Welcome to LK FTP services
Mitsubishi	Q Series	FTP（21）	QnUDE(H)CPU FTP server ready
Moxa	NPort	HTTP（80）	Server: MoxaHttp

2. 关键信息基础设施蜜罐识别

蜜罐作为一种相对主动的安全监测手段，可以模拟关键信息基础设施某些特征诱导捕获攻击，被广泛应用于关键信息基础设施安全防护系统。因此，互联网环境下的关键信息基础设施探测感知需要避开网上部署的蜜罐。

蜜罐可以分为数据库蜜罐、Web 蜜罐、服务蜜罐、工业控制蜜罐及端点蜜罐，各种蜜罐对应的相关产品如表 8.4 所示。

表 8.4 各种蜜罐对应的相关产品

蜜罐种类	相关产品
数据库蜜罐	Delilah、ESPot、Elastichoney、HoneyMySQL、MongoDB-HoneyProxy、NoSQLpot、MySQL-honeypotd、MySQLPot、pghoney、sticky_elephant
Web 蜜罐	BukkitHoneypot、QoHoneypotBundle、Glastopf、Google HackHoneypot、Laravel ApplicationHoneypot、Nodepot、Servletpot、Shadow Daemon、Web Trap、WordPresshoneypots
服务蜜罐	AMTHoneypot、Ensnare、Honeygrove、Honeyport、Honeyprint、Lyrebird、honeyntp、honeypot-ftp、honeytrap、troje
工业控制蜜罐	Conpot、GasPot、SCADA honeynet、gridpot、SCADA-honeynet
端点蜜罐	CWSandbox/GFI Sandbox、Capture-HPC-linux、Capture-HPC-NG、Capture-HPC- Highinteraction-clienthoneypot、HoneyBOT、HoneyC、HoneyWeb

由于蜜罐设备部署、操作系统、服务应用等多个方面和真实的设备存在差异，关键信息基础设施蜜罐识别采用多种手段相结合的方式，对各类低交互、中交互、高交互的蜜罐进行识别。

关键信息基础设施蜜罐在部署方式上存在一些特征，例如目标 IP 相关的地理位置、ISP 信息、域名反查信息和威胁情报信息。地理位置通常可以反映目标的业务特点，ISP 和域名反查信息则反馈目标的组织信息，通过对 IP 进行综合分析、历史滥用记录查询、网络功能分析等，分析其为蜜罐的可能性。

同时，一般工业控制设备均为嵌入式设备，如 PLC、DCS、RTU 等大多使用实时操作系统（如 Vxworks、QNX，HMI）设备一般使用 WinCC 操作系统等。通过 TCP/IP 操作系统指纹识别获取目标 IP 的 TCP/IP 协议栈指纹，当目标 IP 的操作系统被识别为 Linux 等非嵌入式操作系统，并且该设备未经过路由转发与映射时，则该设备也可能是蜜罐系统。

目前，较常用的模拟工业设备的蜜罐主要包括 Honeynetproject、SCADA Honeynet 及 Conpot 等，这些蜜罐在设计时存在一些专有特征，如 Conpot S7 服务蜜罐模块序列号为 88111222，模块类型为 ZM151-8PN/DP-CPU，这些值也可以作为蜜罐识别的特征。因此，这些值也可以作为蜜罐识别的特征。

一些用户在使用开源蜜罐进行部署时，会隐藏这些开源蜜罐的特征，使得基于特征的蜜罐识别方法失效。针对这类蜜罐的识别通过发送特定的数据包进行探测，分析其异常响应包的特征。根据蜜罐接受分片的请求数据时会产生响应异常这一特征，利用蜜罐的固有缺陷进行识别可以提高蜜罐识别的准确性和隐蔽性。

8.2.1.2　内网环境下的关键信息基础设施探测感知技术

关键信息基础设施部署内网关系到企业安全生产，其部署的业务系统主要包括信息管理系统、SCADA、DCS、PLC 等业务系统，部署的设备以工业控制设备为主，通信协议主要是工业控制通信协议。因此，内网环境下的关键信息基础设施探测感知主要针对工业控制设备、协议开展探测识别，包括目标设备属性探测识别、漏洞扫描。

1. 目标设备属性探测识别

目标设备属性探测识别利用被动探测方法，对内网设备属性包括端口/协议、服务和版本、操作系统等进行探测，内网环境下的目标属性识别流程如图 8.5 所示。通过镜像端口监听内网通信数据，采用数据挖掘、模式匹配等多种识别机制，有效地解析辨别协议架构、通信流程、报文结构、功能码、敏感报文等关键字段和信息内涵，与指纹库进行比对，若匹配成功则将结果写入数据库，若匹配失败，则判断是否是已知目标，若是已知目标则更

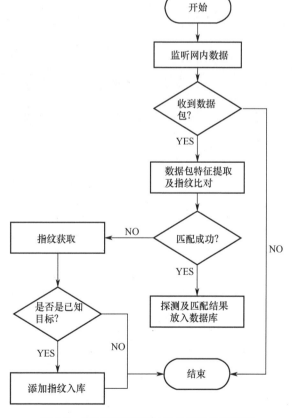

图 8.5　内网环境下目标设备属性识别流程

新指纹库。

2. 漏洞扫描

内网目标的安全属性探测识别主要通过漏洞扫描，识别系统在软件、协议、固件等方面存在的漏洞。目前，工业控制系统漏洞挖掘集中在操作系统、工业控制协议、数据库、HMI、固件后门漏洞挖掘等方面，其中操作系统、工业控制协议、数据库漏洞挖掘主要采用模糊测试技术，固件后门漏洞挖掘采用静态分析和逆向技术，HMI 漏洞挖掘采用模糊测试和静态分析技术。工业控制系统漏洞扫描技术首先收集现有的工业控制系统安全漏洞指纹信息，并构建漏洞指纹库，指纹库中包含已公布的漏洞指纹信息，如固件版本、通信协议、漏洞特征等信息，当对目标网络进行扫描时，根据被测设备的型号、固件、通信协议等特征进行监测规则的自动匹配，从而检测是否存在已知漏洞，若不存在，则利用模糊测试、静态分析、软件逆向、固件逆向等技术挖掘设备漏洞。漏洞扫描流程如图 8.6 所示。

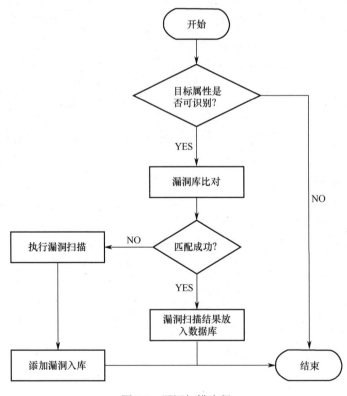

图 8.6　漏洞扫描流程

8.2.2　关键信息基础设施威胁检测技术

关键信息基础设施威胁检测主要包括：基于日志的威胁检测、基于漏洞扫描的威胁检测和基于流量分析的威胁检测。基于日志的威胁检测的数据源来自各系统的运行日志，日志格式多种多样，标准化程度低，日志记录内容的详尽程度也千差万别，所以基于日志的威胁检测产品很难实现标准化。目前研究较多的主要是基于漏洞扫描的威胁检测和基于流量分析的威胁检测。

8.2.2.1　基于漏洞扫描的关键信息基础设施威胁检测技术

基于漏洞扫描的关键信息基础设施威胁检测技术如图 8.7 所示，其漏洞扫描主要包括对已知漏洞的扫描和对未知漏洞的挖掘。对已知漏洞的扫描主要采用基于指纹识别的漏洞扫描技术，通过构建漏洞库，集成已有公开漏洞库，如公共漏洞库（CVE）、国家信息安全漏洞共享平台（CNVD）、国家信息安全漏洞库（CNNVD）等，根据漏洞库中的漏洞指纹信息进行检测规则的自动匹配，从而检测是否存在已知漏洞。对未知漏洞的挖掘主要通过协议模糊测试、固件逆向分析、软件逆向分析等方法，对目标关键信息基础设施的协议、软件、固件等进行深入的漏洞挖掘。

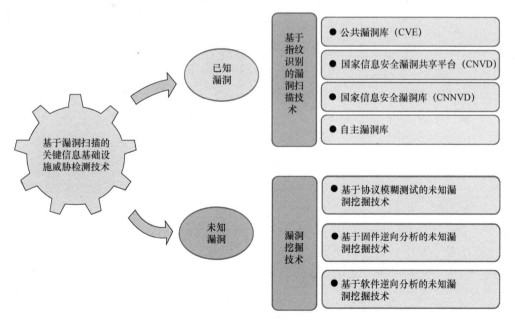

图 8.7　基于漏洞扫描的关键信息基础设施威胁检测技术

1. 基于指纹识别的漏洞扫描技术

针对关键信息基础设施进行信息收集分析，集成已有公开漏洞库和自主发现的漏洞，形成专业的关键信息基础设施漏洞指纹数据库，数据库中包括硬件设备版本、通信协议、软件版本、开放端口、漏洞特征信息等漏洞指纹信息。根据目标关键信息基础设施设备的类型、版本、通信协议等指纹信息进行检测规则的自动匹配，利用扫描引擎对互联网连接的设备进行基于指纹的检索，将扫描获得的设备与漏洞库里的漏洞进行关联，从而检测目标网络是否存在已知或未知漏洞。

2. 关键信息基础设施未知漏洞挖掘技术

关键信息基础设施未知漏洞挖掘关键技术主要包括基于协议模糊测试的未知漏洞挖掘技术、基于固件逆向分析的未知漏洞挖掘技术和基于软件逆向分析的未知漏洞挖掘技术。

- 基于协议模糊测试的未知漏洞挖掘技术：传统网络协议模糊测试框架如图 8.8 所示，依赖人工或网络嗅探器等工具对协议进行解析，基于解析结果将单字段随机填充成畸形数据发送给被测设备，并在被测设备上附加监测代理程序监测其运行情况。典型关键信息基础设施厂商较多，未知协议、私有协议应用广泛，协议知识不公开，传统网络协议模糊测试框架无法保证测试数据可以正确地与被测设备交互，更不能保证数据能够高效地挖掘出设备漏洞。未知协议模糊测试框架如图 8.9 所示，通过协议逆向分析方法自动学习协议特征，根据协议特征构建高测试数据，采用主动探测的测试执行与异常定位方法，精确定位触发异常，挖掘设备漏洞。

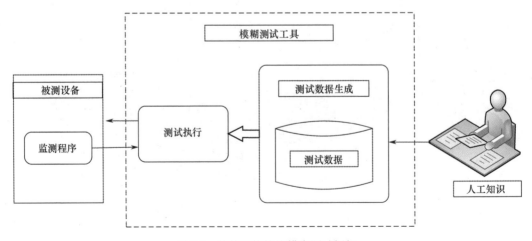

图 8.8　传统网络协议模糊测试框架

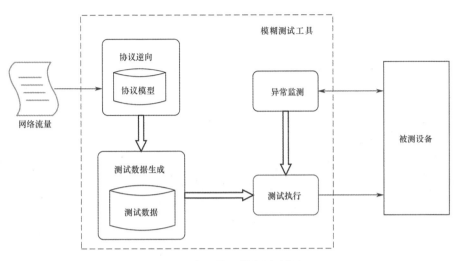

图 8.9　未知协议模糊测试框架

- 基于固件逆向分析的未知漏洞挖掘技术：工业控制设备固件包含代码和数据，存储在只读存储器里，对于控制器，固件通常包含一个完整的操作系统，拥有系统内核、启动代码、文件系统等。基于固件逆向分析的未知漏洞挖掘是较常用的方式之一，关键信息基础设施领域存在大量的 PLC、SCADA、DCS 等工业控制设备，主流设备大多为国外生产制造，这些系统均采用固件升级的方式进行更新。固件逆向分析通过对固件文件进行逆向解析，分析固件中各代码模块的调用关系及代码内容，从而发现设备可能存在的漏洞及后门。

- 基于软件逆向分析的未知漏洞挖掘技术：软件漏洞挖掘是检查并发现软件系统中存在安全漏洞的主要手段之一，通过利用各种工具对软件的代码进行审计，或者分析软件的执行过程来查找软件的设计错误、编码缺陷、运行故障。早期漏洞挖掘技术依据是否依赖程序运行划分为静态分析方法与动态分析方法，其中，静态分析方法一般应用于软件的开发编码阶段，无须运行软件，通过扫描源代码分析词法、语法、控制流和数据流等信息来发现漏洞；动态分析方法则一般应用于软件的测试运行阶段，在软件程序运行过程中，通过分析动态调试器中程序的状态、执行路径等信息来发现漏洞。

8.2.2.2　基于流量分析的关键信息基础设施威胁检测技术

网络流量分析技术（Network Traffic Analysis，NTA）最早于 2013 年被提出，是一种威胁检测的新兴技术。网络流量分析技术通过监控网络流量、连接和对象来识别恶意的行为迹象，通常以旁路镜像的方式部署在关键的网络区域，采集网络中的双向原始网络流量，通过对原始流量进行分析，生成并保存流量分析统计数据、网络元数据、原始数据包等网络信息，基于以上信息，实现异常行为分析、威胁监测，属于被动型的威胁检测。

流量分析可以分为两种类型：一种是深度/动态流检测（DFI）技术，另一种是深度包检测（DPI）技术。DFI 注重量的统计，是基于流量行为的识别，不同的应用类型体现在会话连接或数据流上的状态不同，适用于加密流量或未知协议的分析。DPI 增加了对应用层的分析，会对应用流中的数据报文内容进行探测。

1. DFI 技术

DFI 技术不访问应用层信息，仅分析数据流的特征，如数据包长度规律、双向连接比值、上行流量与下行流量比值等。针对某些网络使用端到端加密，而基于 DPI 的入侵检测系统无法识别加密数据的情况，可通过 DFI 技术进行识别。如图 8.10 所示，典型的基于 DFI 的入侵检测系统以数据流作为输入，首先对数据流进行识别，选取流特征，流特征仅选择如 IP 地址、目标端口、数据包长度、周期等重要的相关属性；其次对数据流进行预处理，将数据流转换为异常检测算法可处理的流量数据；再次经由分类器进行分析，若判断为异常，则可采取相应的处理行为，若判断为可疑流量，则可结合其他方法进行延迟监控判别。DFI 不对数据包负载进行扫描，因此无法检测隐藏在数据包有效负载中的网络攻击，准确率也低于 DPI。

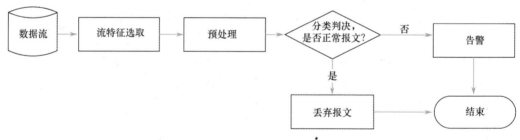

图 8.10　典型深度流检测结构

2. DPI 技术

DPI 技术是一种基于应用层的流量检测和控制技术。传统报文检测与深度包检测对比如图 8.11 所示，传统报文检测仅分析 IP 包的四层以下的内容，包括源 MAC 地址、目的 MAC 地址、源 IP 地址、目的 IP 地址、源端口、目的端口及传输层协议类型，DPI 除对 IP 层的分析外，还增加了应用层分析，识别各种应用及其内容，通过深入读取 IP 包载荷的内容来对 OSI 七层协议中的应用层进行重组，从而得到整个应用程序的内容，然后按照预定义的管理策略对流量进行整形操作。

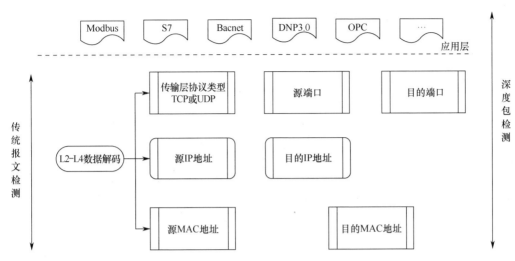

图 8.11　传统报文检测和深度包检测对比

关键信息基础设施生产控制网中采用了大量的工业控制协议进行通信。工业控制协议深度包检测流程如图 8.12 所示。

（1）判断数据包的 IP 地址、MAC 地址是否合法，合法则进入下一步，不合法则丢弃并记录日志。

（2）解析数据包获得源端口、目的端口信息，判断端口是否合法，合法则进入下一步，不合法则丢弃并记录日志。

（3）判断数据包的协议类型，根据用户配置的协议过滤规则，判断该协议数据包的完整性、合法性，合法则进入下一步，不合法则丢弃并记录日志。

（4）根据协议类型，判断该协议中的某些字段，如功能码、参数等是否合法，合法则进入下一步，不合法则丢弃并记录日志。

（5）根据协议类型匹配预置规则库，合法则进入下一步，不合法则丢弃并记录日志。

（6）根据用户自定义规则进行匹配，合法则进入下一步，不合法则丢弃并记录日志。

8.2.3　关键信息基础设施安全分析及预警技术

关键信息基础设施安全分析及预警技术如图 8.13 所示，主要对采集到的多源数据进行分析，利用关联分析方法对来自各种设备的各类告警信息进行综合分析，从而挖掘出真正的网络攻击事件，发现入侵规律，预测未来可能遭受的威胁，发布预警，从而降低网络攻击的损害。

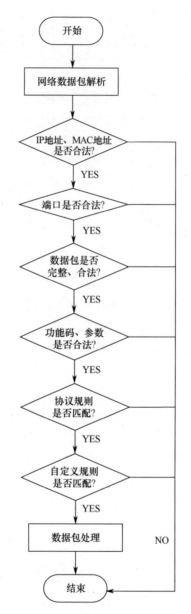

图 8.12 工业控制协议深度包检测流程

8.2.3.1 关键信息基础设施安全事件关联分析技术

关键信息基础设施安全事件关联分析通过采集全网流量及日志数据，结合关联分析算法，对海量异构的安全数据从资产、漏洞、威胁、脆弱性等维度进行关联分析，并将得到的结果以可视化的方式直观地呈现出来，支撑态势预警和决策响应，从而增强关键信息基础设施网络的整体安全能力。

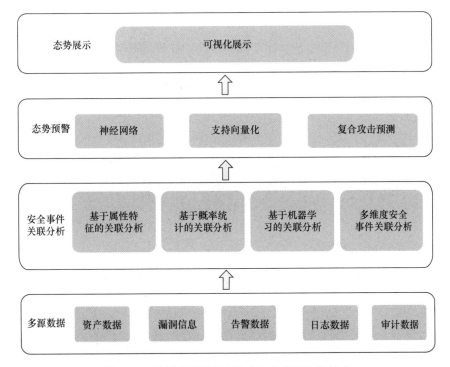

图 8.13　关键信息基础设施安全分析及预警技术

关联分析通过将来自不同功能、不同设备的各种安全监测工具所产生的各类告警信息进行综合分析，从而挖掘出真正的网络攻击事件。

传统的关联分析方法主要有基于属性特征的关联分析、基于逻辑推理的关联分析、基于概率统计的关联分析、基于机器学习的关联分析技术。

- 基于属性特征的关联分析技术：从事件自身的角度出发，分析属性特征之间的关联特性，并以此为基础配置关联策略，根据事件属性对其进行匹配检测。由于各种类型的安全事件本身具有特有的特征，因此此类方法要求人们对事件有较为深刻的理解，较多地依赖专家知识，无法对未知问题进行有效关联。

- 基于逻辑推理的关联分析技术：从事件之间的关联关系出发，合理选择和有效运用相关知识，利用专家知识进行推理，最后完成问题求解，其常用的技术方法是实例推断和模型推断。基于逻辑推理的关联分析技术的核心是推理控制策略的设计，即如何合理地选择所需知识。采用此类方法的优势在于可有效解决复杂问题，但是其消耗计算资源较多且实时处理效率不高。

- 基于概率统计的关联分析技术：从事件发生概率和统计数据角度出发，对报警信息间的关系以概率形式进行刻画，揭示网络安全事件的时序和因果关系。这种方法的优势在于现有统计分析方法已经较为成熟，但缺点也很明显，即需要借助专家知识进行验证和性能调优，因此针对未知攻击方式和存在大量冗余报警的事件集合的关联效果较差。

- 基于机器学习的关联分析技术：应用数据挖掘和机器学习的方法训练数据集，生成事件关联规则，通过关联分析得到新型攻击事件模式，是一种可实时运行的事件关联方法。这种方法的优点在于可以自动地为安全事件建立关联模型，为分析管理大量报警信息节省时间，其提供的结果信息便于分析人员阅读。其缺点在于需要对数据进行训练，可能造成结果线程过于庞大，而不存在于线程中的数据则无法进行关联，影响到最后的分析结果的准确性。

随着 5G 网络和工业互联网的发展，关键信息基础设施遭受的攻击越来越多，攻击形式变得多样化，攻击手段更加复杂，传统的关联分析方法已无法应对复杂未知的威胁攻击，结合多种关联分析方法，融入大数据、机器学习、行为识别等多种技术的智能化安全事件关联分析技术成为首选。

关键信息基础设施涉及的行业包括公共通信和信息服务、能源、交通、水利、金融等众多行业，监测预警对象涉及的网络设备、安全设备、主机设备和应用系统厂家、型号、版本差异较大，采用的数据采集规范标准、协议方式等也各不相同，在进行事件关联分析之前，需对这些多元异构数据进行清洗、整合，采用标准化格式对数据进行管理，借助安全事件关联分析模型对采集的数据进行融合。最新的安全事件关联分析研究都是基于多维度的信息关联，通过多源输入来获取更高的准确率。多维度安全事件关联分析如图 8.14 所示，可从资产关联、漏洞关联、逻辑关联、时间序列关联、威胁情报关联、基线统计关联等多个维度对采集的安全事件进行关联分析，从多个维度进行异常判别，寻找安全事件的潜在逻辑关系，发现网络攻击意图、步骤、危害、风险等信息。

图 8.14　多维度安全事件关联分析

8.2.3.2　关键信息基础设施安全态势预警技术

态势预警是实现关键信息基础设施网络安全主动防卫的关键环节。利用海量的报警数据，发现黑客入侵规律，根据入侵前奏实现入侵行为的早期预测，预测系统未来可能遭受的入侵行为、黑客入侵目的及可能遭受威胁的设备，即实现"分析过去，预测未来"的目的。只有准确地预测入侵行为，才能采取有效的针对性措施，加以阻止。

态势预警是在关键信息基础设施态势提取和分析完成之后，通过了解及掌握关键信息基础设施网络过去和现在的大量数据和运行情况，以此为基础来对关键信息基础设施网络未来的发展趋势和状况进行推理，做出定性或定量的描述，发布预警，为安全管理人员制定正确的规划、决策提供指导和参考依据，从而增强网络防御的主动性，尽可能地降低网络攻击的危害程度。态势预警是实现网络安全主动防御的关键环节。

随着工业互联网的发展，关键信息基础设施面临的攻击日益激增，由于网络攻击的随机性和不确定性，传统的预测模型方法已逐渐不能满足需求，态势预测越来越倾向于使用人工智能和机器学习等智能预测方法和技术，典型的如神经网络、支持向量机、遗传算法等智能预测方法。该类方法的优点是具有自学习性和自适应性，中短期预测精度较高，需要较少的人工参与等。但该类方法也有一定的局限性，如神经网络存在泛化能力弱、易陷入局部极小值等问题。

另外，随着复合式攻击逐渐成为网络攻击中的主流方式，针对复合式攻击的识别与预测也成为网络安全态势领域面临的一个重要问题。

1．基于神经网络的态势预测技术

神经网络预测是目前最常用的网络安全态势预测方法之一，神经网络预测模型属于人工智能领域，它是一种机器学习工具，具有良好的函数拟合性、对目标样本自学习和自记忆功能，还具有并行处理、高度容错和极强的函数逼近能力等特性，可以获取复杂非线性数据的特征模式。基于神经网络的态势预测技术的原理为：首先，以一些输入、输出数据作为训练样本，通过网络的自学习能力调整权值，构建态势预测模型；然后，运用态势预测模型，实现从输入状态到输出状态空间的非线性映射。

2．基于支持向量机的态势预测技术

支持向量机是一种基于统计学习的模式识别方法，主要用来解决非线性的分类、函数估算等一系列问题。它的基本原理是通过利用非线性的映射把输入到空间的向量映射到一个高维的特征空间内，并在高维空间的基础上对其进行线性回归操作。支持向量机的提出主要是由于以下两类分类问题的出现，它的目的是找到一个错分误差最小的超平面，通过超平面将训练样本分为两部分，被划分的两部分样本需要满足两个条件，分别是尽可能多地把同类样本分在同一个部分和划分完成后的两部分样本之间要保证尽可能

大的距离。与其他方法相比，支持向量机适用于专门研究小样本情况，其预测绝对误差小，能够保证预测的正确趋势率，同时能准确地预测关键信息基础设施网络安全态势。因此，基于支持向量机的态势预测技术是研究态势预测的热点方法之一。

3. 复合式攻击预测方法

对于当前网络的发展而言，复合式攻击已经成为目前网络攻击的主流方式，并且在未来长时间内有增扩的发展趋势，因此当前网络安全领域面临的一个重要性问题是复合式攻击识别与预测。但是在 2005 年以后国内外学者才开始对复合式攻击进行了大量的探索研究，因此和其他预测技术相比较，复合式攻击预测方法的研究还尚未成熟，还存在很大的研究空间。当下主流的复合式攻击预测方法主要包括基于贝叶斯博弈理论的复合式攻击预测方法、基于意图的复合式攻击预测方法、基于攻击行为因果关系的复合式攻击预测方法和基于 CTPN 的复合式攻击预测方法。

8.3 典型关键信息基础设施安全监测预警应用

8.3.1 电力行业安全监测预警应用

电力行业是国家关键信息基础设施的支柱行业之一。发电、变电、输电、配电、用电、综合调度等环节共同协作组成了电力行业的生产价值链，每个环节均部署有工业控制系统，包括数据采集及监控系统、配网自动化系统、变电站综合自动化系统等。随着工业信息化的发展，工业控制系统已由封闭转向开放互联，传统防护手段的"物理隔离"越发难以实现，越来越多的安全事件出现在电力行业中，造成了严重的经济损失和人员伤亡。国内机构纷纷开展电力工业控制系统网络安全防护技术研究，目前电力行业二次的安全防护方案大多数是通过部署物理隔离、防火墙、入侵检测系统、纵向加密设备、VPN 设备等关键的安全产品，初步建立了基础性的网络安全防护系统，并取得了很好的效果。但是，电力行业仍然存在未经允许的非法接入、非法互联、流量越界等问题，以及对于突发性内外部恶意攻击等非常规安全事件，缺少及时监测并有效预警的问题。

因此，针对电力监控系统网络空间巨大、安全管控任务艰巨的实际情况，各大电力企业积极开展电力监控系统安全监测预警、态势感知等技术平台建设工作，按照"设备自身感知、监测装置就地采集、平台统一管控"的原则，地级以上调控机构建设网络安全管理平台，变电（站控层）、电厂部署网络空间安全监测装置，运用实时监视、预警告警、定位溯源、审计分析、闭环管控等先进适用功能，全面监控网络空间内计算机、网络设备、安防设施等设备上的安全行为，进一步完善电力监控系统安全防护体系，推动网络安全管理从"静态布防、边界监视"向"实时管控、纵深防御"转变，全面实现"外部侵入有效阻断、外力干扰有效隔离、内部介入有效遏制、安全风险有效管控"的防控目标。

　　电力行业监测预警解决方案如图 8.15 所示，管理信息系统与监控信息系统间部署工业隔离网关、工业防火墙等隔离装置，实现分区控制和数据深度控制，通过工业控制信息安全监控系统对各安全区域数据实施深度审计，工业集中管理平台对全域的安全状态实施监控，对全局安全事件进行统计和分析。

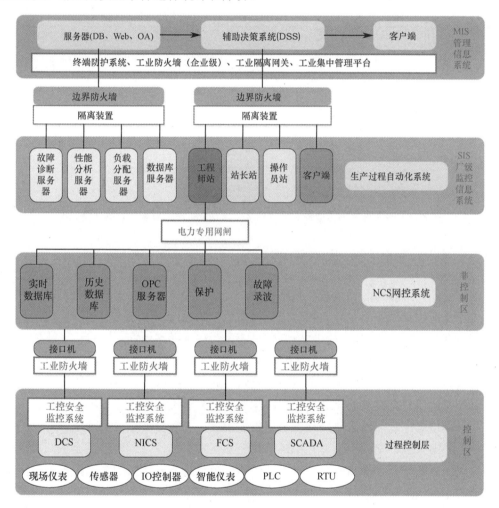

图 8.15　电力行业监测预警解决方案

　　部分电力行业工业控制安全解决方案针对发电厂电力监控系统，使用逻辑隔离产品将电力系统进行安全分区，对重要设备进行重点防护，利用统一安全管理平台对安全产品进行集中管理。国家电网南瑞电力工业控制系统网络空间安全监测预警解决方案功能架构如图 8.16 所示，该功能架构主要由应用模块、支撑模块、服务总线和消息总线组成。

该方案首次实现电力工业控制系统安全监测全覆盖，以及对主机、数据库、交换机、通用安全设备、专用安全防护设备等各类设备、安全事件的全面监控，已在多个电力工业控制系统中部署应用。

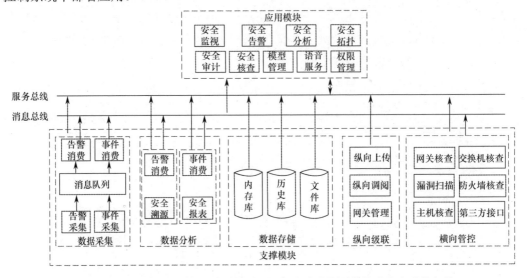

图 8.16　某典型电力工业控制系统网络空间安全监测预警解决方案功能架构

8.3.2　交通行业安全监测预警应用

城市交通系统作为国家重要的基础设施，关系到国家安全和国计民生领域和产业的重要支撑。近年来，城市交通系统自动化与信息化建设取得了很大进展，特别是随着信息化和自动化系统的深度融合，交通系统自动化和控制网络也向分布式、智能化方向迅速发展，越来越多的业务系统采用通用协议、通用硬件和通用软件，基于 TCP/IP 的通信协议和接口被广泛采用，实现各子系统的互联互通、资源共享，进一步提升了自动化水平。城市交通信息化系统的集成化、智能化程度越来越高，业务运行过程对信息系统的依赖性日益增强，随之而来的网络安全面临的挑战也变得更大。信息系统一旦停滞，车辆调度、故障报警、安全运维等各个环节都无法正常进行，后果将不堪设想。城市交通系统每天承载数千万人的出行，一旦出现网络安全事故将直接影响人民的正常生活，造成的损失不可估量。国家政府和各级管理单位高度重视城市轨道交通网络安全问题，相继出台一系列的网络安全管理和保障政策。

国家针对交通系统监测预警开展了相关标准规范的研究，如截至 2022 年 6 月 7 日，《交通运输网络安全监测预警系统技术规范》正处于批准阶段，该规范规定了交通行业具有普适性的监测预警系统的功能、性能要求。交通运输网络空间安全监测预警体系架构如图 8.17 所示，从部级、省级两个层级实现交通网络系统监测预警。该系统主要用于采集行业网站、关键网络节点和重要业务系统等的运行基础数据，实现资产识别、安全评估、监测预警、态势感知、威胁情报和信息通报等功能联动。同时，部级系统对接中央网信办、公安部等国家机构网络空间安全监测预警平台，共享国家网络空间安全监测数据；对接各省级系统，形成网络安全事件预警通报机制，并共享知识库、情报库数据。

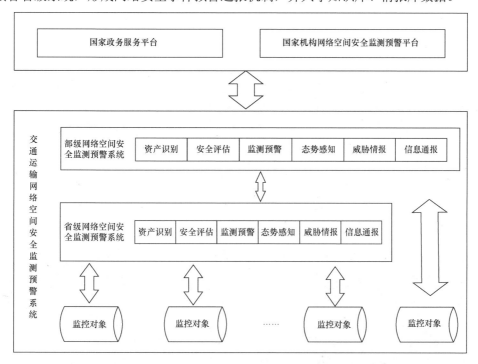

图 8.17　交通运输网络空间安全监测预警体系架构

交通运输网络空间安全监测预警系统逻辑架构如图 8.18 所示，可分为以下三层。

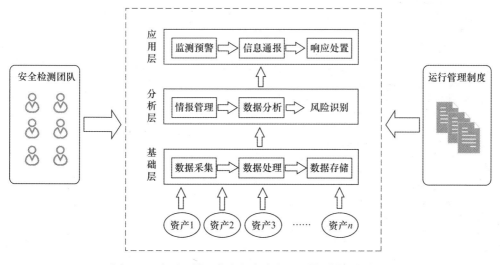

图 8.18　交通运输网络空间安全监测预警系统逻辑架构

（1）基础层：负责数据的采集、处理、存储并规定数据服务接口。

（2）分析层：接收经过预处理的数据，结合威胁评估对数据进行分析和识别，同时将产生的信息传给应用层。

（3）应用层：具备监测预警、信息通报、响应处置功能。

以轨道交通为例，轨道交通网络空间安全监测预警解决方案典型部署如图 8.19 所示，

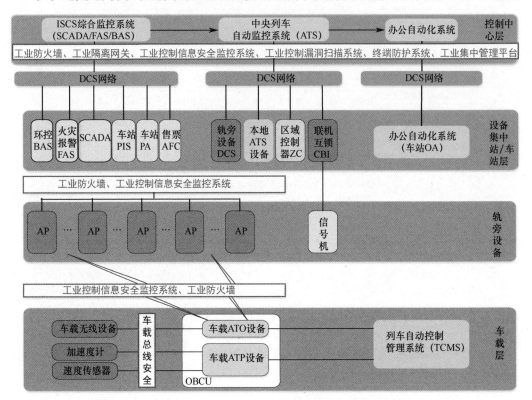

图 8.19 轨道交通网络空间安全监测预警解决方案典型部署

ISCS：Integrated Supervisory Control System，综合监控系统

ATS：Automatic Train Supervisory，列车自动监控

DCS：Data Communication System，数据通信系统

BAS：Building Automatic System，楼宇自动化系统，又称环境与设备监控系统

FAS：Fire Alarm System，火灾自动报警系统

SCADA：Supervisory Control and Data Acquisition，数据采集与监视控制系统

PIS：Passenger Information System，乘客信息系统

PA：Public Address System，公共广播系统

AFC：Auto Fare Collection，自动售检票系统

ZC：Zone Controller，区域控制器

CBI：Computer Based Interlocking，联机互锁

AP：Access Point，接入点

ATO：Automatic Train Operation，列车自动运行

ATP：Automatic Train Protection，列车自动防护

TCMS：Train Control and Management System，列车控制管理系统

OBCU：OnBoard Controlling Unit，车载控制单元

通过工业防火墙实现分区、分域管理，并对区域间的数据交互实现深度控制，利用工业控制信息安全监控系统对区域间业务和数据进行实时审计，利用终端防护系统实现对终端设备的管理，工业集中管理平台对全域实施监控，从而实现交通网络威胁和安全风险的及时发现、准确定位、适时预警及系统的恢复完善。

本章参考文献

[1]　康荣保，张晓，杜艳霞. 工业控制系统信息安全防护技术研究[J]. 通信技术，2018，51（8）：1965-1971.

[2]　李沁园，孙歆，戴桦，等. 工业控制系统设备指纹识别技术[J]. 网络空间安全，2017，1：60-65.

[3]　刘坤. 基于模糊测试的工控网漏洞发现技术研究[J]. 软件工程，2020，23（12）：4.

[4]　张蔚瑶，张磊，毛建瓴，等. 未知协议的逆向分析与自动化测试[J]. 计算机学报，2020，43（4）：653-667.

[5]　李韵，黄辰林，王中锋，等. 基于机器学习的软件漏洞挖掘方法综述[J]. 软件学报，2020，31（7）：22.

[6]　廖建飞. 网络流量的异常检测与业务类型识别方法的研究[D]. 南京：南京邮电大学，2013.

[7]　琚安康，郭渊博，朱泰铭，等. 网络安全事件关联分析技术与工具研究[J]. 计算机科学，2017，44（2）：38-45.

[8]　刘杰. 基于大数据的工控网络态势感知技术研究与应用[D]. 北京：中国科学院大学，2021.

[9]　景娜，韩勇，李腊，等. 电力工控系统网络安全监测预警解决方案[J]. 信息技术与标准化，2019，9：8-10.

[10]　国家保密局. 工业互联网资源测绘与安全分析平台体系研究[R/OL].[2022-04-22].http://www.gjbmj.gov.cn/n1/2022/0422/c411145-32406230.html.

[11]　安全内参. 工业互联网安全态势感知技术及其应用研究[R/OL].[2020-02-13].https://www.secrss.com/articles/17084.

[12]　安全内参. 关键信息基础设施安全态势感知技术发展研究报告[R/OL]. [2018-12-28].https://www.secrss.com/articles/7440.

第 9 章　网络空间安全监测预警技术发展趋势

9.1　网络空间安全监测预警新技术

9.1.1　网络攻击行为预测技术

　　网络空间安全是动态连续的，从网络空间的本质角度分析，网络攻击威胁是不可能被彻底防御或完全消失的。传统网络空间安全防御主要聚焦防护或降低网络攻击事件的影响。但是，网络安全技术和防御的实践从根本上说是反映式的或触发式的。近几年蓬勃发展的攻击威胁监测预警和事件响应技术主要围绕完整的、可固化的攻击行为所造成的危害结果而发挥作用。以数据为基础，对潜在或正在发生的网络空间攻击和威胁活动进行识别、分析、预测和告警是目前网络空间安全监测预警技术的主流特征，即主要是对已经发生的攻击行为或破坏结果的响应。近几年，在监测预警技术领域出现了一个更为主动的技术发展趋势——预测性防御，即在攻击行为发生或破坏效果未产生之前，预测攻击行为及其变化趋势，最大限度地降低安全攻击行为的影响。实现预测性防御的技术基础是威胁情报和网络空间态势的感知、协作和信息共享，以及其他人工智能技术方面的前沿进展。

　　网络攻击行为预测是网络空间安全防御领域一个非常有前景的方向，利用该技术可以实现更为主动、超前和灵活的安全防御操作。网络攻击行为预测是一种更为前置的监测预警技术理念，将使得防御方能事先掌握更多的攻击威胁细节，提前准备更合理的应对机制，先于对手一步削弱或完全控制住攻击行动。网络攻击行为预测是基于时间、空间、行为和态势发展趋势等多因素作出的综合性高级研判。国内外研究人员围绕网络攻击行为预测已经开展了很多方面的研究工作，并取得了一定的进展，如全网络范围的安全态势预测，包括攻击行为整体数量的增加或减少趋势预测。特别是网络安全攻击事件可以通过多种方法进行预测，甚至攻击事件的发生时间，以及恶意攻击者接下来将采取的攻击行为也可以在一定程度上进行预测。然而，由于网络空间环境复杂多样且持续变化，给网络攻击行为预测造成许多挑战，并且许多都是根本性、基础性的难题。例如，准确定义网络空间可以预测什么和如何有效运用预测结果将是一件非常困难的事情。利用过去时间周期的数据进行预测是较为通用的办法，但是这些数据并不能反映异常攻击行为和某个时间窗口期内的 0-day 漏洞。单纯预测攻击事件增加或减少的数量通常不需要深度关注攻击者，描绘攻击者下一步将采取的行动不需要关注太多的威胁场景。寻找通用的尺度或场景，对于对比和分析不同预测方法和技术的优势和劣势非常重要。此外，由于运行环境千差万别，如输入数据的缺失或错误将导致预测精确性的显著下降，研究试验工作和实际应用存在巨大的差异。攻击行为预测方法的弱证据或解释链条，也就是由机器学习算法所产生的不可解释性，将导致网络安全防护技术人员使用预测结果时会感觉很犹豫。因此，客观、持续地评估网络攻击行为预测技术的成熟度，以及发现预测方法在使用过程中存在的问题非常重要。

1．网络攻击行为预测技术的应用场景

网络攻击行为预测技术正处于不断更新迭代的发展阶段，目前其主要的应用场景包括三个方面，如表 9.1 所示。

表 9.1　网络攻击行为预测技术的应用场景

应用场景	预测能力描述
攻击行动或计划预测	攻击入侵者下一步将执行什么动作，整个攻击行动的组织者、时间、目标对象、预期达到的破坏目的等详细信息等
攻击行为预测	未来将发生哪种类型的攻击行为，包括时间、地点等内容
网络安全态势预测	网络安全态势的整体发展变化趋势，对攻击行为的数量、强度和持续时间预期和研判

第一种应用场景是攻击行动或计划预测，其存在的最大问题是对于 APT 攻击而言，从一系列相关的、不断发展变化的、琐碎的嗅探攻击行为中，准确预测出整个攻击计划的脉络细节。这种预测任务需要建立在对目标网络的近期持续观测的基础上，并且这种观测是适时性的。第二种应用场景是攻击行为预测，面临的挑战是需要准确预测接下来将要发生何种攻击行为，以及将在何时、何地发生。与第一种应用场景不同的是，攻击行为并未真正发生，其相关的攻击技术细节没有或极少，并且攻击行为随时可能出现。这种应用场景或技术有时会与风险评估过程重合。第三种应用场景是将长期网络安全态势预测与短期网络空间安全态势感知进行密切关联。这种应用场景不是只关注预测某一次特别的攻击行为，而是关注预测整个目标网络的威胁态势。网络安全态势预测的输出结果是攻击行为总体数量的增加或减少，以及当前网络环境中实时存在的漏洞。

2．攻击行动计划和意图的推测

攻击行动计划的推测是网络安全领域较为经典的应用场景，该方面的研究工作已经开展近 20 年，并一直在不断深化。为全面描绘出持续性攻击的整体情况并准确预测即将发生的攻击行为，需要详细记录攻击者的行为并建立攻击行为模型。很多类型的网络攻击行为往往伴随着一系列的连锁事件发生，这些事件可以通过网络流量或系统层面进行观测。例如，IP 网络渗透行动中，攻击入侵者首先直接对目标网络进行扫描，发现活动主机，然后扫描该活动主机中的开放端口，尝试暴力破解正在运行的认证服务，最终逐渐提升对受控系统的控制权限。在这样一个非常普通的入侵动作中，每一步都蕴藏着非常丰富的细节信息，如端口号、各类入侵工具的版本、利用的 CVE（Common Vulnerabilities & Exposures）漏洞及攻击指纹等，整个攻击行动计划一目了然。换一个角度思考该攻击行动，如果能观察到其中的一些事件，并符合已知的入侵攻击行动计划，就可以预测即将发生入侵的攻击事件，并预测攻击者下一步将采取什么行动。然而，对攻击行为的模糊性描述并不适合整个系统级或行动计划层面的预测，还需要更加形式化的攻击行为描述，如攻击图谱或攻击事件统计概率模型等。攻击事件统计概率模型可以更直观地展示攻击行为及其意图。此外，使用隐马尔可夫模型可以解决非观察行为或攻击行为观察失败问题。对整个攻击行动计划中涉及的所有攻击者进行建模预测也是一个重要环节，数据挖掘、数据湖等技术可以从海量数据中提出相关数据，并重构不同攻击主体的知识要素。

3．未知攻击行动的预测

与具有一定观测基础的已知攻击行动相比，网络空间防护者更关心对未知攻击行动的预测。漏洞及脆弱性、攻击传播、多阶段攻击和其他伴生性攻击事件预测是对未知攻击行动预测的重要内容，分阶段的早期预警技术也可以用于未知攻击行动预测。有些未知攻击行动有很多较为熟悉的细节可参考。例如，可以使用已经熟知的、仅有极少变化差异的攻击图谱模型开始预测攻击入侵行动计划。对未知攻击行动的预测一般不会开始于对一系列恶意攻击事件的观测，而应从网络中出现的特殊漏洞开始分析。另外，特定网络信息系统中标识一组攻击行为的时间序列特征，也可用于预测未来可能出现的未知攻击。未来更高级的未知攻击行动预测方法，是基于人工智能等技术将人的因素（含攻击者与被攻击者）与攻击目标、社会工程学等多维度因素进行关联，从认知域开始进行循序渐进的预测分析。

4．网络安全态势预测

网络安全态势预测关注的是对网络信息系统整体、全局安全威胁状态的预测。态势感知具体指的是：从网络空间环境中各种要素的时间、空间、行为及其发展变化等角度综合性感知整体趋势。当将态势感知应用于网络安全态势预测时，态势感知需要网络系统和入侵行为层面的综合监测预警。综合监测预警将包含网络空间态势理解，对于网络安全态势预测而言，则需要对攻击威胁及其相关安全告警信息的融合性理解，并包括对网络安全态势变化趋势的研判。

目前的网络安全态势主要基于时间进行定量分析，使用定量分析的数值结果表征某一时间的安全态势。这种方法不能提供未来攻击事件的细节情况，但可以支撑预警恶意攻击行为的增加或减少变化趋势。定量分析需要对当前网络安全态势的正确评测方法，目前已有的评测方法包括加权等级评估法和攻击强度估计法。加权等级评估法评估网络安全态势的整体情况，网络安全态势以当前网络空间环境中的每个信息资产实体为基础进行统计。每项资产的网络安全态势值依据其权重相加，进而计算出整体的网络空间安全态势情况，权重值通常反映资产的重要属性。攻击强度估计法从各个不同角度融合汇聚正在发生的攻击事件信息，并评估总体攻击强度。总体攻击强度值来源于对整个网络攻击的数量和攻击强度。攻击强度估计法具有预测或预警正在发生的网络攻击事件数目的增加或减少趋势的能力。

9.1.2　基于投票策略神经网络的监测预警技术

云计算、物联网、虚拟网络和移动互联网已经成为诸如移动支付、VR 虚拟交互游戏、P2P 文件共享、大数据和人工智能等应用的基础技术。但是，网络病毒却一直伴随这些应用不断增加，特别是近两年来日益猖獗的勒索病毒，已经给各行各业造成了严重的危害。当许多基于网络行为特征的威胁监测预警技术应用于勒索病毒监测时，面临的主要挑战是这些基于机器学习的方法具有较为明显的虚警和误报率。深度学习算法具备从非训练数据集合中学习特征知识的认知能力，网络安全工程师们将这一技术优势广泛应用于自然语言处理、图像和语音识别、网络行为分析等很多领域。目前已经发展了多种类型的深度学习模型，如深度神经网络（DNN）、循环神经网络（RNN）、卷积神经网络（CNN）、玻尔兹曼机（BM）和堆栈自动编码器（SAE）等算法。但这些算法各有优劣，缺乏协同。随着网络行为和业务类型的复杂多样，以及网络规模的不断堆叠扩大，面临的网络攻击威胁将呈现多阶段、多载荷和多形态的复杂特征，监测预警能力需要提升。

基于投票策略的神经网络的监测预警技术提供了一种通用的基于投票的机制，通过该机制可以集成多种深度学习算法的优势，并将学习能力进行放大。换句话说，众多深度学习算法的优势通过投票策略神经网络机制进行优化并可产生更先进的能力。基于投票策略的神经网络提供最佳的执行加权投票计算的方法，从而获得更高精度的深度学习能力。基于投票的神经网络是一种通用框架，首先使用数据的不同特征或不同类型的深度学习算法创建出多种不同的算法模型，然后将这些算法进行融合，最终生成融入众多深度学习算法特点的新的深度学习能力。基于投票策略的神经网络如图 9.1 所示。

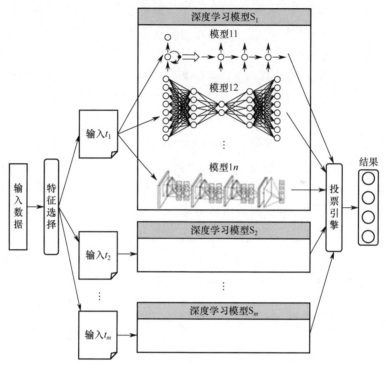

图 9.1　基于投票策略的神经网络

从 DNN、CNN、RNN、SAE 等多种不同深度学习算法的原始数据集萃取出的知识库，形成了基于投票的神经网络算法的输入。于是，在预测分析阶段，通过一个启发函数或"投票引擎算法"对所有这些输入特征数据进行处理，从而训练出最佳的、最大化地减少错误的深度学习算法，利用该算法进行投票计算将生成预测数据。

在对复杂大规模网络进行恶意攻击行为的监测预警分析过程中，适时地使用基于投票策略的神经网络算法，将可以在不同阶段、不同系统中使用最佳的深度学习算法，进而能极大地提高对那些跨系统、多阶段和高隐蔽性的攻击威胁行为的探测发现。基于投票策略的神经网络的监测预警技术提供了一种前所未有的灵活性和适应性，在对跨网、跨域型的高级持续性威胁监测方面具有明显的优势。

9.1.3　加密攻击流量智能监测预警技术

流量分类是网络空间安全监测预警的重要问题，网络应用流量的复杂多样，特别是大量加密协议的使用，导致网络流量分类变得越来越困难。深度包检测技术对于非加密流量的分类效果很明显，但加密流量的广泛使用，导致深度包检测技术出现了前所未有的瓶颈，检测能力明显退化。一般情况下，存在三种不同的加密流量分类任务：第一种是将流量分类为未加密流量和加密流量，又称加密流量识别；第二种是将加密流量分类为各种应用类型，如聊天应用、视频流应用等，又称流量特性刻画；第三种是将加密流量细化分类关联至具体的某种网络应用。加密流量识别相对简单，也较为基础，并且研究较为活跃。由于网络应用种类繁多且版本复杂，因此将加密流量分类关联至具体某个网络应用相对困难，存在很多问题。而流量特性刻画在监测预警任务中的需求较为明显，应用较为广泛。目前，机器学习在加密流量的分类和检测方面得到了广泛应用，主要涉及两个阶段：首先是对加密流量和非加密流量进行识别，并存储于不同的数据库中；其次是分别对加密流量和非加密流量进行细粒度识别，发现其中的基于 IP 的语音传输（Voice over Internet Protocol，VoIP）、网页流量、文件传输流等多种类型的网络应用流量。

目前，已有很多人工智能的方法应用于加密流量分类与识别领域，这些方法基于不同的数据集合进行训练，并面向不同的流量内容检测过程。检测识别精度、耗费时间和算法实现复杂度是评价这些方法是否有价值的重要指标。很多研究者倾向于使用朴素贝叶斯方法处理加密流量分类问题，以朴素贝叶斯方法为基础的加密流量分类器一般擅长于流量分类模型估计，并与流量快速关联过滤器结合使用。应用于加密流量识别的机器学习方法依赖算法的训练，导致流量分类器生成的成本和时间代价很高。于是，研究人员提出利用深度学习算法解决加密流量分类的思路，如自编码器神经网络和卷积神经网络，用于对加密流量进行特征提取和流量分类，甚至可以对具体的应用流量类型进行识别。一方面，人工智能算法在加密流量识别方面的应用有助于提高基于流量特征的加密流量分类的性能和效率；另一方面，从时间序列尺度建立加密流量的神经网络算法，也有助于提高加密流量分类的准确率。已有的研究工作表明，加密和非加密流量具有非常明显的数量和质量方面的差异化特征，如果将这些特征以时间尺度为基础，经过归一化处理，并放在以时间为纵坐标轴的坐标系中进行对比分析，将产生非常明显的突变或骤变趋势。同时，基于神经网络算法从时间序列尺度建立加密流量的累计广义平均值，那么该平均值的曲线在加密流量和非加密流量两种背景中将呈现截然不同的变化趋势，因此，基于累计广义平均值曲线的突变或跳变点，可以准确估计网络流量从一种状态变化到另一种状态，并且能捕捉到每一种流量的显著特征。当然，不同的网络应用流量应依据不同的特征或要素，选择合适的神经网络算法并计算其相应的累计广义平均值曲线。

9.1.4　基于数据可扩展性的监测预警技术

基于数据可扩展性的监测预警技术基于跨网络、云平台、终端节点和应用程序的数据可视性，进行上下文关联分析并自动化检测发现未知的、高级的攻击威胁。网络安全防御方使用基于数据可扩展性的监测预警技术，可以突破网络终端节点和服务器的单点信息屏障，引入更为丰富的威胁情报数据源，如防火墙、电子邮件、移动互联网终端、物联网终端等，进而实现对高级威胁进行分析、排序、查找，进而完成更深层次的防护。同时，基于数据可扩展性的监测预警技术通过安全信息关联和安全事件管理（SIEM）机制实现跨网络、云平台和终端节点的安全数据集中，并获得高度的可见性，跨网络实现安全产品威胁情报的关联，进而提高监测能力。基于数据可扩展性的监测预警技术使得一个企业、组织或团体拥有全面了解其网络安全态势和网络环境的能力。

基于数据可扩展性的监测预警技术提升了已有的、独立的终端或系统网络空间安全监测预警能力，扩展了攻击安全威胁监测预警分析的视角和层次，提升了威胁事件监测的时效性和准确性。基于数据可扩展性的监测预警技术最有前景的能力是其对网络安全威胁情报或数据的宏观可视化，该能力提供了全局性的、事件级的网络环境分析功能，使得可疑活动或异常行为等可以从实时路径、关联资产、实时行为、关联数据等多维度进行监测预警。值得关注的是，基于数据可扩展性的监测预警技术不断监测整个系统内的网络安全事件，实时支撑安全防护人员分析确定其组织是否正在遭受网络攻击，未来将发生什么。因此，安全防护人员可以持续监测所保护系统中可能出现问题的位置，而不是盲目相信任何独立的网络安全设备（如防火墙、入侵检测系统等）。从这个意义上说，基于数据可扩展性的监测预警技术为零信任安全技术的实施提供了保障。在那些涉及网络攻击威胁监测并基于监测结果进行实时性的安全防护响应场景中，基于数据可扩展性的监测预警技术将和零信任安全防护结构一起协同发挥作用。

9.2 网络空间安全监测预警新应用

9.2.1 太空互联网应用场景

太空互联网拓展了网络空间的内涵和外延，一方面，随着网络范围拓展、覆盖面增广、业务量增多，业务功能和用户体验得到了极大优化；另一方面，遭受网络攻击的风险威胁显著上升，攻击造成的连带后果更加严重。天地一体网络空间在结构功能和威胁属性演化上呈现全新的特点，大量伴生次生风险将不断涌现。太空互联网的不断推广将使得网络攻击主体多样性趋势不断明显，在天地一体网络空间接入速率稳定提升、网络质量逐步优化、使用成本迅速降低的整体趋势下，潜在攻击来源也将持续增加。太空互联网的网络攻击选项更丰富，所使用的网络攻击工具武器化、专业化程度不断提升，但操作难度不断下降，网络攻击工具在暗网、黑市的可选择性、可获得性也显著增强。太空互联网的网络攻击隐匿性增强，太空互联网将使世界上任何一部手机、计算机或其他智能终端都可随时随地并高速地接入互联网络，在带来便利性的同时也增大了攻击面。太空互联网的快速发展，必然致使国家网络边界走出国境、升向太空、拓展全域。新的防御视野必然要求能够监测和预警由网络空间任何角落发起的攻击。

网络空间安全监测预警技术是太空互联网安全防御的基础性机制之一，传统安全防御模式已无法满足太空互联网出现的网络适配新架构、感知新风险、抵御新攻击、处置新威胁的安全需求，具备先发制人、主动响应能力的积极防御体系成为太空互联网建设的根本性能力保障。太空互联网的网络空间安全监测预警技术将基于"感知–评估–决策–响应"的闭环处理模型，解决陆、海、空、天的全域、全程、全网实时监测、预警、管控、溯源和反制问题。同时，采用软件定义、动态赋能、海量异构资源深度融合技术和弹性安全能力资源池，建立适应大时空跨度、拓扑高动态、链路间歇连通和通信环境复杂多变等特点的太空互联网信息安全保障体系。网络空间安全监测预警技术在太空互联网的应用将产生新的发展趋势：

（1）网络空间安全监测预警的需求将发生变化，不同空间位置、不同的组网工作方式和不同的功能特点，将导致截然不同的网络空间安全监测预警需求。

（2）网络空间安全监测预警技术的覆盖范围将拓展至太空互联网或空间互联网领域，网络空间安全预警的范畴将容纳包括空间通信、太空网络及测控链路等方面的新型攻击威胁场景。

（3）网络空间安全监测预警技术处理的数据量将超常规扩大，并将在接收、处理、存储、分析、算力、算法和算例等方面诞生变革性技术。

（4）网络空间安全监测预警技术的内涵和外延将更新，在太空互联网中监测的对象范围（如将包含一系列太空互联网信息资产等）和预警的内容与方式等，将发生重大变化。

9.2.2　车联网应用场景

车联网又称车用自组织网络（Vehicular Ad-hoc Networks，VANETs）或车载感知网络（Vehicular Sensor Networks，VSNs），是指由车辆节点自组织形成车与车之间（Vehicle to Vehicle，V2V）及车与基础设施之间（Vehicle to Infrastructure，V2I）的异构通信网络。车联网是一种无线移动感知通信网络，智能车节点通过路边接入点（Access Point，AP）、蜂窝网基站（Base Station，BS）及公共 WiFi 热点与 Internet 互连。通常每个智能车节点装配无线通信设备、GPS 定位设备及各种传感器设备（如加速度传感器、速度传感器等）。逻辑上智能车有两种单元：操控单元（On-Board Unit，OBU）和应用单元（Application Unit，AU）。操控单元通常有获取感知数据、定位，以及无线和有线通信功能。应用单元通常由便携式设备构成，如笔记本电脑、个人数字助理（Personal Digital Assistant，PDA）等是智能车的附属部分，应用单元的功能是利用操控单元获取信息和实现具体应用。操控单元和应用单元之间可以通过有线方式互连，也可以采用无线方式，如蓝牙（Bluetooth）、无线 USB（Wireless USB，WUSB）等连接。

监测预警技术在车联网中的体系化应用，并以汽车总线系统、电子控制单元、车载诊断接口、车载通信模块、车载信息娱乐系统、车联网移动智能终端、车联网服务平台、网联车通信网络的安全威胁监测预警为基础，通过将威胁态势和告警信息直接反馈给司乘人员的方式实现非干预式监测预警。

在车联网安全状态数据监测环节，通过主动采集或接收控制局域网络、发动机管理系统、自动变速箱控制单元、车身控制模块、电池管理系统、轮胎压力监测系统、电子控制单元、车载诊断接口、车载通信模块、车载信息娱乐系统、车联网移动智能终端、车联网服务平台、网联车通信网络等多元数据信息，从合规性流量、信息熵、操作、协议报文，以及存在的漏洞等角度建立分析算法，识别出异常流量，并分析发现嗅探、渗透及攻击行为，并以仪表盘提示灯告警、语音信息播报等形式提示给驾驶员，进而进入以驾驶员为选择主体的防护环节。

而在车联网的网络安全防护环节，还将充分考虑现有车联网行业存在的大量存量车长期使用、前装阶段车商需要强力推动和后装阶段用户需求自主性较强的车联网网络安全实际情况，由驾驶员自主进行判断，可以做出三种选择：一是可以咨询相关机构，进而继续使用；二是立即暂停车辆使用，将智能汽车送至维修机构进行维修；三是加装车联网网络安全防护机制。车联网网络安全防护机制包括访问控制、身份认证、应用加密、通信隔离和安全加固（包括安全控制局域网络总线协议，安全控制局域网络总线等）。

未来，以威胁监测预警为基础的智能汽车网络安全体系将贯穿汽车电子功能安全生命周期，对智能汽车的前装和后装阶段都具有良好的适应性，一方面，在前装阶段，车商可以利用该模型的相关成果，在新车设计、生产和制造阶段就融入网络安全防护技术机制。在后装阶段，用户可以实践该模型的三个阶段，自主选择防护机制。另一方面，车联网的网络安全威胁监测预警技术为汽车驾驶员和汽车维修部门提供了一种新的车况告警模式，提示司乘人员尽快采取相应措施应对解决风险隐患，将解决防护问题的主动权交给汽车驾驶员和汽车维修部门，在立即停止使用、送检维修及安装相应车联网网络安全产品等多种方法之间做出选择，提高灵活性，最小限度地影响智能汽车内部结构和安全运行，并且对存量汽车有一定适应性，更容易被汽车厂商和车主接受。

9.2.3 5G 网络应用场景

5G 技术使得万物互联网成为可能，覆盖 eMBB（增强移动带宽）、uRLLC（高可靠、低时延通信）和 mMTC（大规模机器通信）三大场景。5G 移动通信在给人们带来随时随地享受信息服务便利的同时，由于无线信道本身固有的开放性、接入随机性和终端的随机移动性，与有线通信相比，5G 移动通信在无线信道层面更容易受到窃听、攻击和干扰等安全威胁。5G 网络新的架构、技术、业务、协议都对 5G 网络安全提出了新的挑战，特别是 5G 网络的正常运行需要依靠复杂庞大的协议体系，而网络安全性在这些协议的设计阶段并不是重点关注的内容，且应用时间并不长、成熟度不高，因此 5G 移动通信网络中的协议缺陷或漏洞极易成为恶意攻击者利用的武器。

　　监测预警技术在 5G 网络中的应用，主要解决无线信道层面和有线网络协议及应用层面的安全威胁发现问题。目前 5G 主要使用两个频段：Sub-6GHz 和毫米波，不同类型、不同厂商品牌和不同应用场景的 5G 通信网络设备，会有不同的技术实现方式，因而将产生不同的 5G 无线射频信号特征，利用这些无线信号特征可以构建监测预警的安全基线或白名单，进而实现监测预警。5G 无线信道面临的安全威胁主要来自中继系统、小区接入点和基站，在技术实现层面，5G 无线信道监测预警可以部署于这些位置或场景中。此外，导频污染是 5G 无线信道面临的另一类较为突出的攻击威胁，5G 导频污染主要源于在正交导频数量有限的情况下，相邻蜂窝小区间用户不得不复用相同或非正交的导频序列，导频系统的存在使得无法通过导频估计结果获得真实的信道环境而达到预期的性能。导频欺骗攻击是窃听者故意发送与合法用户相同的导频进而"破坏"信道估计，攻击行为和攻击方式均有较大不确定性。5G 导频攻击威胁监测预警主要有三种方法：①在标准的导频信号中叠加其他辅助监测信号；②利用上下行链路双向训练带来的信道特征不对称性进行监测；③将 5G 信道信息与先验参考信道信息作比对进行监测分析。

9.2.4　能源互联网应用场景

　　随着能源互联网研究的发展，能源、电网、信息通信、金融、设备制造等行业或领域研究学者从自身的角度出发，对能源互联网的理念和相关技术进行了探索，但是对于能源互联网尚未有明确的统一标准化认识，对于能源互联网的理解也不尽相同。目前，大多数学者普遍认为，能源互联网是以电力系统为根本，将互联网理念深入融合到能源的各个领域，完成从生产到传输，以及不同能源、不同属性网络的嵌入、整合和发展，实现能量、信息及经济的多元共进和一体化升级，推动具有可持续、智能共享、清洁高效的能源生态圈建设和发展。能源互联网是能源系统发展的新形态，其不仅由互联网与能源的生产、传输、存储、消费及能源市场深度融合而成，也是互联网的先进理念、先进信息技术与能源产业深度融合的产物。能源互联网的目标是最大限度地提高能源开发利用的效率及可再生能源利用率，以包含一次、二次能源的全部能源系统为研究对象，贯穿整个系统从始端的生产开发到末端的消费存储各个环节，以横向多能互补、纵向源-网-荷-储协调的形式，深度融合能量流、价值流、资源流、信息流等，最终改善能源供需结构，整体提升能源系统的综合利用效率，完成能源环境和人类经济技术发展的和谐共处，构筑和谐的能源生态系统。因此，能源互联网是复杂的物理、经济系统，也需要以"自平衡体"为基本单元，进行长期演化发展。

　　近年来，系列针对关键基础设施的攻击事件反映了能源互联网的网络攻击呈现新的趋势：由单纯经济牟利转向实施数据破坏、窃取战略机密、谋取政治诉求等多重企图，勒索意图愈加复杂化。因此，目前能源互联网安全防护较为迫切的需求是对高级持续性威胁及勒索病毒的监测预警。尽管在互联网信息安全领域已有大量成熟的安全防护技术，但由于能源互联网是时间关键型系统，在控制实时性和响应速度方面存在较为严格的要求，导致数据加密、基于深度包过滤的入侵检测等传统信息安全防护方法，无法直接应用于能源互联网中。

能源互联网在跨空间尺度上有不同的多能互补形式、不同的网络发展形态，以及不同的负荷和储能的利用形式。能源互联网的基本要素在于通过多能互补、源-网-荷-储协调实现资源的优化配置。因此，监测预警技术在能源互联网的应用将覆盖源-网-荷-储多层结构，并且在时空尺度上覆盖多个物理空间场景，如图 9.2 所示。

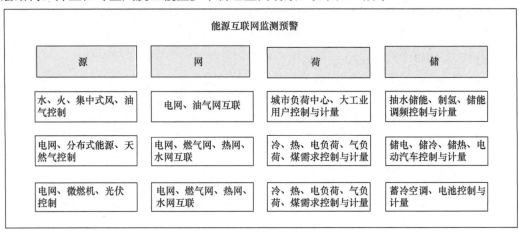

图 9.2   能源互联网监测预警

对能源互联网的各个环节进行监测预警，需要从信息物理系统（CPS）的角度开展，涉及三个层次的监测预警：第一层次是信息网络层次的监测预警，即对能源互联网中的信息流进行威胁探测与发现；第二层次是物理网络层次的威胁发现，涉及物理态的状态、参数及标度等；第三层次是对数字态和物理态数据融合后的多模态信息进行异常监测。

随着数字孪生、元宇宙、太空互联网等新技术的不断发展，网络空间安全监测预警技术的新场景、新应用也将不断演进迭代。网络空间新技术自身的发展需要安全监测预警技术的进步为其夯实应用能力，同时，网络空间安全监测预警技术将赋能网络空间的自我优化完善，为各行各业的发展保驾护航。

本章参考文献

[1] 饶志宏. 物联网网络安全及应用[M]. 北京：电子工业出版社，2020.

[2] 饶志宏，兰昆，蒲石. 工业 SCADA 系统信息安全技术[M]. 北京：国防工业出版社，2014.

[3] 兰昆. 工业互联网信息安全技术[M]. 北京：电子工业出版社，2022.